甲午
对中国人民和中华民族具有特殊的含义，
在我国近代史上也具有特殊的含义。

——习近平

谨以此书纪念
中日甲午战争爆发 130 周年。

沧海岁月

中华海洋文明史论

马骏杰 著

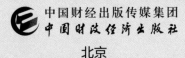
中国财经出版传媒集团
中国财政经济出版社
北京

图书在版编目（CIP）数据

沧海岁月：中华海洋文明史论 / 马骏杰著 . -- 北
京：中国财政经济出版社，2024.1（2024.12 重印）
ISBN 978-7-5223-2774-7

Ⅰ. ①沧…　Ⅱ. ①马…　Ⅲ. ①海洋—文化史—中国
Ⅳ. ① P7-092

中国国家版本馆 CIP 数据核字（2024）第 006150 号

责任编辑：潘　飞　　　　　　　　责任印制：史大鹏
策划编辑：潘　飞　　　　　　　　责任校对：张　凡

沧海岁月：中华海洋文明史论

CANGHAI SUIYUE：ZHONGHUA HAIYANG WENMING SHILUN

中国财政经济出版社 出版

URL：http：//www.cfeph.cn

E-mail：cfeph @cfemg.cn

（版权所有　翻印必究）

社址：北京市海淀区阜成路甲 28 号　邮政编码：100142

营销中心电话：010-88191522

天猫网店：中国财政经济出版社旗舰店

网址：https：//zgczjjcbs.tmall.com

中煤（北京）印务有限公司印刷　各地新华书店经销

成品尺寸：170mm×240mm　16 开　30.5 印张　411 000 字

2024 年 1 月第 1 版　2024 年 12 月北京第 2 次印刷

定价：120.00 元

ISBN 978-7-5223-2774-7

（图书出现印装问题，本社负责调换，电话：010-88190548）

本社质量投诉电话：010-88190744

打击盗版举报热线：010-88191661　QQ：2242791300

自序
ZIXU

中国是一个地域广阔、山海相依的国家，中华民族在数千年发展中从未远离大海，创造了灿烂的海洋文明。这些闪烁着中华民族智慧之光的精神和物质因素，在与政治、经济的互动中，产生了社会发展的驱动力。中华民族在创造海洋文明的过程中，留下了清晰、独特而丰富的足迹，这些足迹深深印刻在史籍文献的字里行间，隐没于历史遗迹的沉封之内，闪烁着神秘而诱人的光芒。数千年来，中华民族且行且珍惜，在与海洋互动的同时，不断梳理海洋文明发展脉络，探寻经略海洋的得与失，以求实现征服海洋、利用海洋、管控海洋、保护海洋的梦想。时至今日，经数百年积淀而形成的建设海洋强国意识，已上升为国家战略，成为民族复兴的重要支撑。

在中华民族灿烂的海洋文明成果中，最耀眼的莫过于舟船的创造和发明。据典籍记载和考古发现推测，中国古代舟船的诞生至少有万年以上的历史，远比文献记载的"三皇五帝"时期要早。而且这一伟大发明最有可能是华夏先民在无任何外来文化影响下独立完成的，体现了中国古代舟船道路的独立性和独特性。

在经略舟船的过程中，中华民族向世人呈现了无数精彩的发明与创造，橹、舵、碇、水密隔舱……每一项技术都让世界惊诧不已，它们所带来的福祉，至今滋润着人类世界。而我们对这些发明创造的认识，源于载体的重现和我们对海洋世界的不懈探求与追寻。舟船的诞生迈出了中华海洋文明发展的关键一步，为人类认识海洋世界开辟了更加广阔的通路，随之而来的海洋思想、航海技术、海上贸易、海上战争等领域的出现和拓展，把世界推上更加绚丽多彩的历史进程。这一切无不成为我们构建海洋文明体系的客观依据。

我关注和研究海军史、海权史、海洋文明史已有很长时日，屈指细算，至少在三十五年以上，可以说，我大半辈子所做的事，十有八九与海洋有关。我住在海边，几乎天天都要面对大海，眺望远处的船影，倾听海风送来的汽笛声，把无尽的遐想腹编成不同滋味的诗文对自己吟唱；我加入人民海军三十三年，在海军建设岗位上做了很多事，特别是培养了不少学生，他们分散于海军的各个战位，履行着神圣的使命；我研究海军史、海洋文明史，完成了诸如《郑和下西洋》《甲午！甲午！》《重读北洋海军》《中国海军长江抗战纪实》《论北洋海军章程》《"一二八事变"中的中国海军》等一些小作，为海洋文化之大波澜增添了几朵小浪花；我常年奔波于各个讲坛，宣讲和传播中华海洋文化，特别是在中央广播电视总台《百家讲坛》栏目开设了海洋文化专题，七次登上这个平台，成功开讲《甲午！甲午！》《走近林则徐》《郑和下西洋》《海上传奇》《乘风破浪五千年》等系列节目，收到了很好的效果。我坚信，先人们在与海洋的共生中留下的那些令人神往和惊奇的东西，将继续伴随我的余生。

我写这本书的目的很简单，就是要把我近十年来接触文献典籍和历史遗迹的所得所获、所思所想，用我自己的方式表达出来，以求对海洋知识的传播，并引发人们对海洋、海防、海军、海权等诸问题的关注与思考，使我们这个民族更好、更扎实地形成开发、利用、管控和保护海洋的意识。2021年我在央视《百家讲坛》栏目《海上传奇》讲座的基础上出版了《海上传奇：中华海洋文明发展通史》一书，这是我对讲座内容的全面梳理和凝练提升，也是我研究海洋文化相关问题取得的小小成果。2022年我又完成了《沧海岁月：中华海洋文明史论》书稿的写作，把后续的研究内容再次加以整理，作为前者的姊妹篇呈献出来，以期使我的研究成果系统化。本书从历史的角度，深入浩如烟海的文献史料，探寻和挖掘与海洋文明相关的一切讯息，以中华民族与海洋的关系为主线，通过二十个有重要影响而又鲜为人知的专题，阐发海洋文明理论，还原海洋历史真相，展示海洋文明独特价值，这在建设海洋强国的时代背景下，其意义一定是不小的。

马骏杰

壬寅年于山东威海

目录
MULU

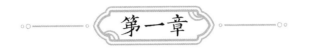

古者观落叶因以为舟

——中国古代舟船的诞生

2017年4月26日，一条来自国内的重大新闻迅速引爆网络：中国第一艘国产航空母舰下水了。这表明，中国已经有能力、有技术打造这样的国之重器。航空母舰是包含多个系统的大型海上作战平台，它不仅代表着一个国家的海军实力，而且体现了一个国家的船舶建造能力和科学技术水平。这艘国产航母的下水，在船舶发展史上具有划时代意义。然而，回望中国造船业的发展历史，她曾经经历过几千年的起起落落，有领先于世界的辉煌，有落后于世界的暗淡，尤其是近代一百多年中，中国的造船能力在世界范围内一度完全退出了与西方的角逐，使中华海洋文明丧失了应有的辉煌，给国家和民族带来了无穷灾难。那么，中华民族究竟走过了一条怎样的船舶发展道路呢？我们的"沧海岁月"就从探索这条道路的源头开始，先去领略一番远古时期舟船诞生的精彩历程。

一、早期的渡河泛海工具

中华民族发源于两河流域，长江与黄河为他们的生存提供了丰富的滋养，在此后数万年的发展中，华夏先民聚集在依山傍水的地方，依靠丰润、肥沃的土地，创造了灿烂辉煌的中华文明。在这耀眼的文明宝库中，海洋文明独树一帜、源远流长，对世界产生了广泛而深远的影响。数十万年以前，华夏先民进入渔猎时期，他们在水系发达的地方展开生存竞争。在与洪水猛兽的搏斗中，他们的生存本领在不断增强。然而在很长一个历史时期，如同面对其他自然现象一样，他们对水没有充足认识，无法征服这不羁的汪洋。大河对岸的猎物逍遥自在，却不能猎而食之；海边的大鱼成群结队，却可望而不可即；洪水奔涌而来，却不能逃脱被淹毙的命运。于是，他们面对水，一面存在着恐惧感，一面产生了征服欲。在反复实践中，他们不断获取真知，逐渐发现了水的奥秘。《世本》中记载的"古者观落叶因以为舟"①，就是华夏先民在落叶浮于水面现象的启发下想到造舟的一次深刻认识和实践。而《淮南子》中记载的"见窾木浮而知为舟"②，说的也是同样的情形。这说明，中华先民之所以能创造出舟船，最根本的动力源于生存和发展的需要。当然，在认识到这一本质问题之前，也有一些古人把我们祖先造舟的动因归结为垂象，认为"嘉圣人之神化，因垂象以造舟，济凌波之绝险，越巨川与悬流"③。所谓垂象，是古人认为的能够预示人间祸福凶吉的迹象。事实上这种把造舟动因神化为垂象的认识，是人类在揭开自身生存和自然奥秘之前的一种想象和附会。

一片飘落在水面上的树叶和一块中腹空虚浮于水上的木头，都给了华夏先民以极大的启发：为何不能借助于这些漂浮物来涉水呢？于是，人类历史上伟大的试验开始了。我们的祖先尝试着利用一切具有漂浮特性的物体，渡河越水。在早期涉水的借助物中，最常见的就是树干和竹竿了。它们来自高山、平原和海岸，取材方便，唾手可得，人们喜欢用它们来渡河泛海。比如折断一根树枝，或者一根竹竿，就可以抱着横渡小河、浮过海水。在盛产芦苇的地方，苇子也是涉水的理想工具。《诗经》中就有"谁谓河广，一苇杭

---

① 《世本》卷一。
② 刘安：《淮南子》卷十六。
③ 虞世南：《北堂书钞》卷一百三十七。

之；谁谓宋远，跂予望之"①的诗句。这些诗句的意思是：谁说黄河宽广，一具苇筏就可以航渡过去；谁说宋国遥远，跂起脚就可以望见。作者虽然在这里讲述了一个宋桓公夫人重义的故事，意不在颂扬对黄河的征服，但无意中提供了古人在黄河边使用苇筏渡河的证据。

在畜牧业发达的地区，皮囊成为渡河工具势所必然。皮囊在古代又被称为"浮囊"（见图1-1）、"浑脱"（见图1-2），是用家畜皮革制成的皮具。制作时，将家畜皮剥脱，用绳子将头、蹄等留下的孔洞扎紧，留一蹄孔向内吹气，形成皮囊，气满后将留孔扎死。渡河时将皮囊绑于腋下或腰间，借助其浮力便可到达对岸。唐代李荃在《太白阴经》中描述说："浮囊以浑脱羊皮，吹气令满，紧缚其孔，缚于胁下，可以渡也。"②

图1-1 《武经总要》中描绘的"浮囊"

---

① 《诗经·国风·河广》。
② 李荃：《太白阴经》卷四。

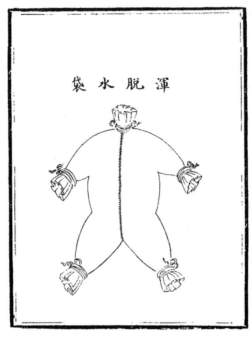

图1-2 《武经总要》中描绘的"浑脱水袋"

在远古时期，最有特色的渡河泛海工具，莫过于葫芦，虽然它的出现比较晚，使用却是相当普遍的。葫芦在中国古籍中又被称为"瓠""匏""壶"等，它的种植在我国已有7000多年的历史，用它过河，也有几千个年头了。因为葫芦种植简单、收获容易、使用方便，在我国南方和北方都有应用。《物原》中就有"遂人以匏济水"①的记载。遂人即燧人氏，为"三皇"之一，这里是说燧人氏可以借助葫芦涉水。《周易》有这样的占卜辞："包荒，用冯河；不遐遗朋亡，得尚于中行。"②这里的"包"是"匏"的假借字，是指葫芦；"荒"指空虚；"冯"指徒步涉水；"朋"是指贝币。这句话的意思是，葫芦挖空了可以用它来渡河，钱不慎丢失了，会在路上得到补偿，这一切皆得益于人的光明正大。虽然这里不是在强调葫芦可以用于渡河的特性，而是在强调光明正大的人可以促使事物从艰难转化为顺利的辩证规律，但拿葫芦能渡河来说事，足以说

---

① 汪汲：《事物原会》卷二十九。

② 《五经·周易》上经。

明此时葫芦用于渡河已成为普遍的生活常识。《诗经》说:"匏有苦叶,济有深涉。"①《国语》也说:"夫苦匏不材,于人共济而已。""匏有苦叶必将涉矣。"②两者都认为,葫芦对于人来说不能作为食材,但可作为渡河工具。《庄子·逍遥游》则讲了一个故事:"惠子谓庄子曰:魏王贻我大瓠之种,我树之成而实五石,以盛水浆,其坚不能自举也。剖之以为瓢,则瓠落无所容,非不呺然大也,吾为其无用而掊之。庄子曰……今子有五石之瓠,何不虑以为大樽而浮乎江湖?而忧其瓠落无所容,则夫子犹有蓬之心也夫。"③这段记载的意思是,惠子对庄子说:"魏王赠给我大葫芦的种子,我栽种成功后结了5石大的果实,用它盛水浆,葫芦皮薄脆拿不起来,把它剖开做成瓢,却因其太平浅而没有适合容纳的东西,葫芦是虚大啊,我认为它无用而打碎了它。"庄子说:"……如今你有5石大的葫芦,为什么不考虑把它做成舟用于浮渡江湖,却忧虑它太平浅没有适合容纳的东西呢?看来先生还是心窍不通啊!"西晋史学家司马彪把"大樽"解释为"腰舟"。何谓"腰舟",下文再作讨论。《庄子通·逍遥游》在解释这段记载时说:"此章言,大物固有大用,而不能用大者,以为无用,世安知无用之为大用也!大用者不独全生尽年而已也。"④虽然讲的是一个哲学道理,却记录了樽和葫芦都可以浮渡江湖的事实。

单个葫芦再大,用之渡河也有许多不便:浮力小,且沾水湿滑,难以把持,双手不能解放。为了解决这些问题,人们想到把多个葫芦用绳子串联起来,系在腰间,然后下水浮渡。这样,一件颇具特色的渡河工具就诞生了,人们给它起了一个通俗而恰当的名字——腰舟。腰舟不仅可以大大增加浮力,而且使人双手得以解放,能够携带更多的货物和器具。《鹖冠子·学问》中有"中河失船,一壶千金"之句,其注中云:"壶,瓠也,佩之可以济涉,南人谓之腰舟。"⑤《鹖冠子》是战国时期的典籍,这段记载说明,腰舟在战国时期很盛行。

---

① 《诗经·邶风·匏有苦叶》。
② 左丘明:《国语·鲁语》。
③ 《庄子》卷一。
④ 王夫之:《庄子通》卷一。
⑤ 《鹖冠子》卷下。

除此之外，在一些制陶技术发达的地方，人们也使用陶罐帮助泅渡，或者将它像葫芦一样使用，或者将它与其他浮物结合起来使用。

随着生产力的发展，单体的葫芦、芦苇、皮囊、树干、竹筒、陶罐等已经逐渐暴露出自身的缺点，远远不能满足涉水的需要了。第一，一捆芦苇、一根木头、一根竹竿、一串葫芦、一个皮囊，其浮力是有限的，不能携带大宗的货物和工具。第二，它们都呈圆柱形，或者球形，或者圆滑之形，很容易在水中翻滚，必须用双臂紧抱，以避免滑脱，这样，双手就不能他顾。即使有了腰舟这样的集合浮物，也难以完全解放双手。第三，借助于这些浮物，人的身体始终要浸在水中，货物和衣服都要被水浸湿。面对这些情况，人们期望能够创造出更加优越的渡河泛海工具，来克服上述问题，所以就尝试着将两件以上的单独浮物连接起来，或者同类浮物相连，或者异类浮物相连，总之把它们集合起来，形成面积更大的渡河泛海工具。这样，人类就开始步入创造船的阶段。

二、华夏民族创造船的三个阶段

从一般浮物的出现，到船的诞生，在中国经历了三个阶段，这就是筏、独木舟和木板船。

第一阶段：筏。

当人们认识到若干浮物需要集合起来使用时，筏就出现了。筏是指用木、竹等浮物平摆着编扎而成的水上交通工具。那么，是谁最早创造并使用了筏呢？《物原》中说："伏羲始乘桴"[1]，《事物原会》解释说："桴即筏也，今竹木之箄谓之筏是也。"[2]《物原》告诉人们，乘桴涉水是从伏羲氏开始的。伏羲生活在旧石器时代中晚期，按照《物原》的记载，筏在距今数万年至数十万年前就已经出现了。筏的制作材料很多，在树木繁盛的地方，人们把树

---

① 罗颀：《物原》卷十七。
② 汪汲：《事物原会》卷二十九。

干取下，用藤条捆扎起来做成木筏；在竹子生长的地方，人们把竹竿取下，捆扎起来做成竹筏；在芦苇茂盛的地方，人们将成捆的芦苇捆扎起来，做成苇筏；在畜牧业发达的地方，人们将多个皮囊联结在一起，或者把皮囊与树干、竹竿结合起来，做成皮筏……这里着重介绍一下皮筏。

皮筏就是将浑脱串联起来，缚于木排或竹排之下制成的筏子。这种水上交通工具从诞生之日起，一直延续了几千年，甚至后来在舟船诞生之后的很长一个时期，人们依然借鉴造皮筏的方法，把皮革拿来制船。北宋时期文臣曾公亮和丁度编撰的《武经总要·济水》就介绍了一种名叫"皮船"（见图1-3）的渡河工具："皮船者，以生牛马皮，以竹木缘之如箱形，火干之，浮于水。一皮船可胜一人，两皮合缝能胜三人，以竹系木助之，可胜十余也。"[①]清代学者赵翼所著《陔馀丛考》列有"牛皮船"专条，对历史上使用皮革制船列举了不少案例：

图1-3 《武经总要》中描绘的"皮船"

西番一带，山峦险陡，溪流湍悍，舡不得施，土人有用牛皮为船者。按《后汉书·匈奴传》，北匈奴遣骑侯望朔方，作马革船，欲度南匈奴叛者。《邓训传》任尚击迷唐羌，缝革为船，置牌上，以渡河。《晋》载记，慕容垂击翟钊军于黎阳，为牛皮船百余艘欲渡，以诱之。《北史》室韦国以皮为舟。又嘉良夷有水阔百余丈，用皮为舟以济。《新唐书》东女国有弱水，缝革为船。白香山《蛮子朝》诗云：泛皮船兮渡绳桥，来自巂州道路遥。《元史》世祖取大理，乘革囊渡金沙江。《汪世显传》宋兵屯万州，世显从上游鼓革舟径渡，袭其兵。《速哥传》帅帅攻蜀至马湖江，以革为舟夜渡。是牛皮为船，由来久矣，皆出于番俗也。然沈攸之进攻浓湖，造皮舰十乘，拔其营栅。周世宗亲攻寿春，赵太祖乘皮船入寿春濠中，则内地亦有用之者。

"牛皮船"专条注中又说："《明史·唐龙传》时吉囊居套中，西抵贺兰山，限以黄河不得渡，乃用牛皮为浑脱，渡入山后。然浑脱非船比，乃缝羊皮，吹气令饱，而人乘之以渡耳。"[1]

《元史》中也记载，元军统将舒穆噜安札率军进攻四川泸州时，与南宋军战于清河，"叙州守将横截江津，军不得渡，安札聚军中牛皮作浑脱及皮船，乘之与战，破其军，夺其渡口，为浮桥以济师"[2]。

可见在古代文献中，有时将马皮、牛皮、羊皮等多种皮质制成的皮囊均称为浑脱，有时仅将羊皮囊称为浑脱。《事物原会·浑脱》中特指羊皮囊为浑脱，并详细介绍了浑脱的制作方法："盖取羊皮去其骨肉，令不透水，以气管吹之，宛然羊也。盖浑脱其骨肉而制之，故以为名。"[3]这种羊皮浑脱在有些地区都十分盛行，广泛用于生产、生活和战争中。时至今日，在一些省份依然可见人们以羊皮囊缚于筏子之下渡河的场景。

在战争实践中，人们有时还适于形势，因地制宜，制作出一些新奇的

---

① 赵翼：《陔馀丛考》卷三十三。
② 宋濂、王祎：《元史》卷一五四。
③ 汪汲：《事物原会》卷二十九。

筏子来。《太白阴经·济水篇》中就记载了名为"浮罂""枪筏""蒲筏"（见图1-4）三种筏子的制作方法："浮罂，以木缚瓮为筏，瓮受二石力，胜一人，瓮阔五尺，以绳钩联，编枪于其上，令形长方，前置枝头，后置稍，左右置棹。枪筏，枪十根为一束，力胜一人，四千一百六十六根，四分为一筏，皆去鐕刃，束为鱼鳞，横而缚，可渡四百一十六人，半为三筏计，用枪一万二千五百根，率渡一千二百五十人，十渡则全军毕济。蒲筏以蒲九尺围，颠倒为束，以十道缚之，以束枪为筏，量长短多少、随蒲之丰俭载人。"[①]这些筏子已经是发展到一定阶段、结构复杂的筏子了。筏的诞生具有划时代的意义，它向船舶的演进迈出了第一步。

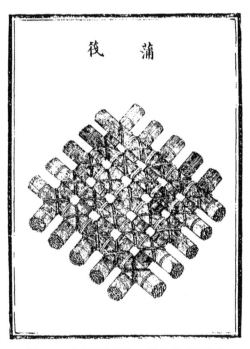

图1-4 《武经总要》中描绘的"蒲筏"

在西方，人类也有差不多的实践过程，人们把芦苇捆绑起来制成筏子，用于完成水上的航渡。这种简易的航行工具，人类学家和考古学家在中非的

① 李筌：《太白阴经》卷四。

维多利亚湖、图尔卡纳湖，以及欧洲、中亚、阿拉伯半岛、南亚甚至塔斯马尼亚等地都有发现。在埃及的壁画中，也有筏子的图案，说明这种航渡工具也曾流行于尼罗河流域。

在中国古代典籍中，不同材质、大小不一样的筏有不同的称谓，《尔雅》在解释"舫"字时曰"水中箄筏"。《国语》中有"方舟设泭，乘桴济河"的记载，其解释曰："方，并也；编木曰泭，小泭曰桴；济，渡也。"[1]东晋著名学者郭璞在注中云："木曰箄，竹曰筏，小筏曰泭。"[2]《论语》也说："乘桴浮于海。"这里的"桴"与"泭"相通。注中又云："桴编竹木，大曰栈，小曰桴是也。"[3]可见，对竹和木做成的筏，人们有时加以区分，有时不加区分，而大小筏的区分则是明确的。

筏子的优点很多，概括起来说主要有四点：第一，取材方便。由于制筏的材料多种多样、遍布各地，所以几乎有水的地方就可制作筏子。第二，解放双手。由于筏子具有一定的面积和空间，携带的货物可以置于筏子之上，人的两手完全不必时时控制货物，可以适当腾出做其他的事情。第三，节省体力。货物置于筏子之上，人体不必负重；而且在顺风顺水之时，人还可以采取坐姿或卧姿进行充分休息，这样就大大节省了体力。第四，人货不湿。筏子虽有一定吃水，但制筏材料选择得足够大时，其部分在水面之上，如船之有干舷，当风平浪静之时，人的身体和货物均可不被水浸湿。正因为筏子有如此多的优点，所以成为远古时期最重要的水上活动工具，使用的时间非常长，甚至在船诞生以后，筏子依然还活跃在江河湖海之中，当然，此时它的功能已发生了很大变化。《晋书》中就记载了一个巧用筏子的战例。太康元年（280年）正月，益州刺史王濬奉晋武帝司马炎之命，征伐吴国，王濬建造了大批大型楼船，组成强大水军，从成都沿沱江入长江。吴国人在长江险要之处以铁锁横截，又制作长丈余的铁锥，暗设于江中，以阻挡王濬的楼

---

① 左丘明：《国语·齐语》。

② 邵晋涵：《尔雅正义》卷三。

③ 郭璞、邢昺：《尔雅注疏》卷二。

船。晋军车骑将军羊祜捕获吴国间谍，了解了上述情况，王濬乃制作数十艘大型筏子，百余步见方，上面捆扎草人，令其披盔甲、持兵器，俨然如真人一般。再令水性好的兵士乘筏先行，楼船随其后。巨筏遇到铁锥，铁锥均钉于筏子之上。王濬又做成大型火炬，长十余丈，大数十围，中间灌以麻油，设置在巨筏楼船之前，当遇到铁锁之时，点燃火炬，用火烧之。不一会儿，铁锁融化断绝，消除了船行的障碍①。王濬用这些方法，打通了长江航道，最终打赢了灭亡吴国的战争。

筏作为辅助的交通运输工具，时至今日，在水系发达的地区人们依然在利用它，比如江南的木筏、漓江上的竹筏、藏族的牦牛皮筏、黄河沿岸的羊皮筏等，都在为百姓作着贡献。

筏作为远古时期主要的交通工具，不仅活跃于内陆江河，而且穿梭于大洋之上，《论语》中所说"乘桴浮于海"就是佐证。甚至有观点认为，筏也适合在大洋中漂流，"特别是中国首创的竹筏，体轻，抗折，它随着百越人的海上活动，最远传到了拉丁美洲的秘鲁沿海各地"②。那么，作为主要的运输和交通工具，筏究竟存续了多少年呢？筏出现于旧石器时代是可以肯定的，在木板船代替它之前，它一直是主要的水上运输工具，而木板船出现的下限一般认为在公元前21世纪。然而，伴随着社会的发展，人们的生活需求越来越高，筏的缺点也越来越显现出来，使它不能满足生产和生活需求了。

从严格意义上讲，筏子并不是船，而是船产生前的一种形态，它与船的最大区别在于它没有干舷，干舷是区别筏与船的重要标志。筏的主要缺点在于：第一，货物的安全性没有保障。由于筏没有干舷，在有风浪或激流的水面上航行时，货物和人依然容易被水浪浸湿。第二，抗风浪能力有限。限于科学技术水平，捆扎筏的材料和方式都处于比较低的水平，遇到激流险滩，筏很容易解体散乱。第三，难以在逆流和逆风中航行。与后来出现的独木舟

① 房玄龄：《晋书》卷四十二。
② 中国航海学会：《中国航海史（古代航海史）》，人民交通出版社1988年版，第10页。

和木板船相比，筏的制作材料是十分笨重的，人操纵起来并不容易，加之当时推动筏前进的动力主要来自篙，而无帆桨的使用，所以在逆流和逆风中是难以航行的。时至今日，在国内有些地方依然流行着"下水人乘筏，上水筏乘人"的谚语。如何解决这些问题呢？在一两万年以前，一种新的泛水工具在华夏大地上出现了，迅速被人们广泛应用，这就是独木舟。《拾遗记·轩辕黄帝》载：轩辕黄帝"变乘桴以造舟楫，水物为之祥踊，沧海为之恬波"[1]，说的就是从筏到独木舟的飞跃。独木舟的出现，使船的产生与发展进入了新的阶段。

第二阶段：独木舟。

独木舟，顾名思义就是以一根完整的木头制作的舟，对它的制作方法，古人用"刳木为舟"[2]四个字加以概括，意思是把一根完整的木干挖空做成舟。在石器时代，要将一根粗大的长木从生长的大树上截下，再"刳"成内部中空、外部圆滑的独木舟，是一项非常艰巨的工程。那么，古人是如何"刳木为舟"的呢？在古代文献中，目前还没有发现有详细、完整制作独木舟方法的记载，不过，国内出土的独木舟实物，可以给我们提供一些线索。2002年11月，考古人员对位于浙江省杭州市萧山区的跨湖桥遗址进行第三次发掘时，出土了一艘独木舟（见图1-5），经碳14测定，这艘独木舟距今已有7500年至8000年的历史。1982年，考古人员在山东省荣成市郭家村毛子沟出土了一艘商代独木舟，距今已有3000多年的历史（这艘独木舟出土后，还曾引发了关于独木舟是否存在水密隔舱的讨论）。20世纪80年代，考古人员对江苏省常州市武进区淹城遗址进行了发掘，出土了2800年以前的独木舟。这些独木舟实物，无一例外地都存在火烧的痕迹，在跨湖桥遗址出土的独木舟周围还出土了石锛。从这些情况来看，火烧是独木舟制作最基本的工艺，即把需要挖空的部分用火烧焦，用石制工具将木炭铲除，再火烧，再铲除，如此往复多次，最后用砺石进行内外打磨使其光滑，制成独木舟。至于制作舟

---

① 王嘉：《拾遗记》卷一。
② 虞世南：《北堂书钞》卷一百三十七。

12

的原材料，各个地区有所不同，《古今说海·溪蛮丛笑》中记载："蛮地多楠，有极大者刳以为舟。"[①]就是说，在一些偏远地区，普遍用楠木制作独木舟。显然，在不产楠木而生长着其他树木的地方，这些树木就是制作独木舟的主要材料了。比如在福建，发现了用松木制作的独木舟，在广东发现了用铁力木制作的独木舟，在跨湖桥遗址发现的独木舟也为松木制作。

图1-5　跨湖桥独木舟遗存

独木舟具有比筏更多的优点：第一，它有干舷，可以躲避水浪，给人和货物提供一个隔水的空间，保证了人和货物的干燥。第二，人是在坐着的状态下操作舟行的，可以获得休息的机会。第三，由于是一根树干做成，抗风浪能力强，不易解体。第四，独木挖得很薄，舟体轻盈，便于操作。特别是在独木舟诞生之时，桨也出现了，桨、舟配合，可以在逆风逆水中行驶。正是由于独木舟具有如此多的优点，所以在它诞生后获得了广泛应用。

一项科学技术的发明，一定是有发明人的。那么，独木舟的发明者是谁呢？真如《拾遗记》所说，是轩辕黄帝吗？其实，这个问题不单是今天的人们乐于追问的，自古以来人们都在寻找这个问题的答案。原因是独木舟

———————

① 陆楫：《古今说海·溪蛮丛笑》。

的产生，是真正意义的船的诞生，独木舟的发明者，必被置于中国船舶发展史上先驱的地位。所以，这个问题特别重要。带着这个问题，笔者再次深入古代典籍去探求真相。在翻阅了大量典籍之后，笔者发现了一个令人惊讶的事实：若干典籍都记载了独木舟的发明者，可是，它们记载的却不是一个人，而是多位人士。除了《拾遗记》记载的轩辕黄帝"变乘桴以造舟楫"以外，有明确文字记载的独木舟创造者不乏其人。《易经·系辞》中记载："黄帝尧舜……刳木为舟，剡木为楫，舟楫之利，以济不通，致远以利天下，盖取诸涣。"①"黄帝"是远古时代华夏民族的部落联盟首领，一说他就是轩辕；尧舜为传说中上古时期的两位贤明君主，是他们首先挖空木头制成独木舟，削扁木头制成桨，使人们借助于舟楫之利，到达那些过去到不了的地方，为天下人带来好处。《世本》说，共鼓、化狐作舟，注中记："共鼓见龥木可以浮水而渡，即刳木为舟；化狐见鱼尾画水而游，乃剡木为楫，以行舟路。"②"化狐"又称"货狐""货狄"，据宋代罗泌在《路史》中解释，"古货布货止作化"③，而"狐"与"狄"在字形上相近，故"狄"是"狐"的误写，造成不同典籍和版本三者均有出现。那么，共鼓和化狐是什么人呢？《说文解字系传》说："共鼓、货狄二人，黄帝臣也。"④于是，就有了以下传说：共鼓和化狐皆是黄帝手下的能臣，善于为百姓建造房屋、生产工具。一次在建造房子时遭遇洪水，被冲入一条大河，他们紧紧抱着一根树枝随水漂流，但无论河水如何翻滚，他们和树枝都没有沉入水底。不知过了多久，他们和树枝一起被冲到了岸上，从而得以生还。上岸后他们发现，他们所抱的是一根空心的木头，于是共鼓便想到了把木头挖空做成独木舟。而化狐则受到鱼在游动时用尾巴划水前进的启发，模仿着将木头削扁做成楫。还有典籍记载，是黄帝"命共鼓、化狐作舟车，以济不通"⑤。除此之外，《山海经·海内经》

---

① 《易经》卷三。
② 《世本》卷一。
③⑤ 罗泌：《路史》卷十四。
④ 徐锴：《说文解字系传》卷十六。

载："番禺是始为舟"①，据典籍记载，番禺是黄帝的曾孙②，不知因何而制成舟。《墨子·非儒下》曰："巧垂作舟。"③巧垂也称巧倕，是手工技术水平很高的工匠，也许他是在自然的启发下制成独木舟的。《吕氏春秋·勿躬》载："虞姁作舟。"④虞姁是何人不可考，一说为有虞氏家族中的成员，其祖先是虞舜，制作独木舟的动因也不明了。《束皙发蒙记》载："伯益作舟。"⑤伯益是颛顼的后裔，曾佐大禹治水有功，受有虞氏赐姓虞。或许就是受到治水的启发，而制成独木舟。

关于独木舟的发明者，有如此众多的说法，在这些发明者中，有传说中的人物，也有现实中的人物，但无论是哪类人物，他们大多与"三皇五帝"有关，其中究竟有何玄机？其实，这一现象并不难理解。造舟是一项改变人类生活方式的伟大发明，在古人看来，只有那些具有神力的圣明君主，才能站在造福民众的高度完成如此伟业。从另一角度讲，造舟又是一项需要动用相当大的人力物力的非凡活动，缺少一定的物质技术支持和权力号召力，也是难以有所作为的，这些圣明的君主恰恰具有这样的力量，自然就成了人们口头传诵和文字记载的发明者。《墨子·辞过》所言"古之民未知为舟车时，重任不移，远道不至，故圣王作为舟车，以便民之事"，即此意⑥。

当然，古人也有自己的看法，《事物原会·舟楫》中说："按舟名不一，造之者遂不一，其人故并列之。"⑦按照这种说法，上述所列人物因创造了不同类型的独木舟，而都被认为是独木舟的发明者。虽然目前尚未发现有早期独木舟分类的文献记载，但这种观点代表了古人的判断。事实上从出土实物来看，独木舟绝不会是"三皇五帝"时期的贤明君主或能臣发明创造出来

---

① 《山海经》卷十八。

② 屈大均：《广州新语》卷十八。

③ 《墨子》卷九。

④ 吕不韦：《吕氏春秋》卷十七。

⑤ 《世本》卷一。

⑥ 《墨子》卷一。

⑦ 汪汲：《事物原会》卷二十九。

的，单从时间上看就不可能。黄帝所处的时代最早不过公元前2700多年，即距今4700多年，而跨湖桥遗址出土的独木舟距今已有近8000年的历史，比黄帝时期要早得多，这可能还不是最久远的独木舟。在生产力极不发达的新石器时代，人类生活的环境是彼此相对隔绝的，在一定的时期内，他们的活动范围有限，各自在泛水需求的推动下独创独木舟是非常有可能的。当一艘独木舟发明之后，其他地区的人们在很长一个时期是不会共享到这一成果的，在这种情况下，在不同地区、不同时期，由不同人发明独木舟，是必然的结果。除了文献记载的以外，很有可能还存在其他发明独木舟的人。至于发明者，多与"三皇五帝"有关，或许是因为"三皇五帝"的贤明顺应了天势，将独木舟的发明者附会于他们，更能体现这一伟大发明的神圣。无论如何，独木舟是中华民族创造的最辉煌的海洋文明成果之一，即使是圣明的君主发明了它，他们也离不开千万年来华夏大地上发生的广泛而深刻的社会实践。或许用这样的表述更为确切：独木舟是在古代劳动人民广泛实践的基础上，由新石器时代圣明君主和能工巧匠发明创造的重要文明成果，它是中国古代劳动人民集体智慧的结晶。

独木舟的发明，开启了船舶发展历史上的崭新阶段，它以干舷阻挡了水浪对人体和装载物的侵袭，也为驾驶者提供了密闭的休息空间，大大拓展了人们在水上的活动范围。在大海之上，人们可以借助于独木舟完成中远距离的航行了。为了证实这一点，中外航海家多次进行仿古漂流，最近的一次发生于2010年，几名有着中国血统的波利尼西亚人，为了寻根，驾驶着一艘仿古独木舟，完全利用古代的航海技术，踏上了"寻根之路"，于7月27日从南太平洋的塔希提岛（大溪地）出发，经116天的航行，行程16000海里，于11月19日抵达了中国福建的马尾港。这一实例证明，独木舟确实能够远涉重洋。

独木舟的发明，为木板船的诞生奠定了坚实基础。然而，随着人类社会生产和生活实践的不断发展，独木舟的缺点越来越明显地暴露出来。最大的问题在于它受制作材料限制，空间不能做大，人员和货物的载运量太小，远远不能满足生产发展的需要。为了解决这一问题，人们思考着对独木舟进行改造。于是，船的发展就进入了一个更高的阶段。

第三阶段：木板船。

木板船，顾名思义就是指用木板通过一定的连接技术而建成的舟船。它出现的年代应在商代以前，因为商代出现的甲骨文中的"舟"字，已被公认为是体现木板船的象形文字，商代饕餮铜鼎上的"荡"字（见图1-6），仿佛是一个人肩挑着贝币站在小舟之上，另一个人在划水，表达的是木板船已用于商业运输的含义。这些情况都说明，在距今3600多年以前，华夏民族已经普遍使用木板船了，木板船的出现，应该远远早于这个时间。为什么会在这个时期产生木板船呢？大约在公元前4000年以前，人类进入了青铜器时代，随着青铜冶炼技术的不断提高，制造出了能够剖制木板的铜斧、铜凿等工具，为木板船制造技术的形成提供了重要前提，木板船也就在这一时期出现了。从文献记载和出土文物看，独木舟向木板船的演变有两种具体方式：第一，将单体独木舟连接成双体或多体独木舟，在其结构之上，再安设其他构件。也就是为了增加稳定性和载重量，人们将两只以上的独木舟通过一定的方式横向连接，做成宽大的独木舟复合体。《淮南子·汉涿郡》说："古者大川名谷，冲绝道路，不通往来也，乃为窬木方版，以为舟航。"注解释道："窬，空也，方，并也，舟相连为航也。"[1]《淮南子》的编撰者淮南王刘安是西汉时期的皇族，他将"窬木方版，以为舟航"的时代称为"古者"，这说明在比西汉早得多的时候，人们就已经把木头挖空做成独木舟，再将独木舟并连成航。1976年在山东省平度县出土的隋代双体独木舟提供了实物佐证，这艘双体独木舟是由两艘宽大的独木舟连接而成的，两舟之间安嵌着厚大的木板，木板下安装有方梁支撑，方梁两头分别穿过两艘独木舟舟体，工艺已经比早期独木舟复杂得多。不过这艘独木舟是木板船出现相当长时间以后的产物，显然不是从独木舟向木板船过渡的中间形态，它仅是独木舟向木板船

---

① 刘安：《淮南子》卷十三。

演化中间形态的遗留物。第二，在单体独木舟两侧添加木板和附属物。这种方式因属过渡形态，很难留存，所以在国内外并无实物出土，不过在西北太平洋地区的沿岸国家，至今有在小船两侧舷外设置支架的习惯，这是独木舟向木板船演变的不可逾越的阶段。

图1-6　饕餮铭文"荡"字

有学者认为，江苏武进古船和上海川沙川扬河古船是独木舟向木板船过渡过程中的典型实例①。这种观点并不能成立。前面已经谈到，木板船的出现应在商代以前，20世纪70年代中期，在旅顺铁山镇郭家村出土了一艘陶制小船模型，从这艘船模形制看，它已经不是用一块木头制作而成的独木舟，而是一艘用木板拼接而成的木板船，这说明在距今4000多年以前，独木舟就完成了向木板船的过渡。河南省出土的战国时期的宴乐渔猎攻战纹铜壶，距今已有2300多年，表面水战图案中的木板船已经十分成熟，看不出有独木舟的任何痕迹。江苏武进古船是西汉时期的古船，距今最多不过2200年，上海川沙川扬河的古船更晚，大概是隋代的古船，距今最多不过1500年。这两艘古船不可能在船舷和龙骨上依然保留着独木舟向木板船进化过程中某个阶段的特征。如果独木舟在隋代甚至更晚时期出现，只能说它是原始形态的留存，如在山东省平度县出土的隋代双体独木舟、广西合浦县出土的宋代以后的独

① 席龙飞：《中国造船通史》，海洋出版社2013年3月版，第30—33页。

木舟都属于此类情况。同样道理，今天在我国的一些地区依然有独木舟的身影，比如四川的纳西族还在使用被称为"猪槽船"的独木舟在泸沽湖上捕鱼，但我们绝不会说"猪槽船"是独木舟向木板船过渡的中间形态，也绝不会在现代造船技术中保留独木舟早已失去任何功能的那些设计和工艺。

在西方，完成由独木舟向木板船的过渡是在公元前3000年左右，西方学者认为，这个时期，美索不达米亚就开始使用木板制作的船只了，大约与此同时或者稍晚，埃及也制造了木板船只。到公元前2000年左右，木板船的优势在地中海、西欧、近东和印度洋地区被广泛利用[1]。

木板船在华夏大地出现后，经过了漫长的发展道路。事实上最晚在战国时期，中国的木板船建造已经达到了相当高的水平，无论是构造还是形状，都十分科学和考究。河北省文物管理处在平山县三汲乡发现了战国时期中山国都城灵寿遗址，其中有葬船坑，坑内有三艘木板船遗迹，这是我国迄今为止发现的最古老的船舶遗迹。这些木船尺度比例协调，船身具有相当理想的流线型，横剖线匀称，水线流畅飘逸，专家称，很难想象在2300年以前就能建造如此完美的船型[2]。

木板船的出现，为中国古代造船事业打开了无比广阔的空间，人们可以充分发挥聪明才智，运用无穷的想象力，制作出种类繁多、具有各种用途的木板船来。古代典籍把木板船泛称为舟，大致分为船（舡、舩）、舫、舰、艑、舠、艋、舸、舼、舲、艇等，又按不同的用途和形状分为若干种类，冠以各种各样的名称。汉代扬雄的《方言》云："舟，自关而西谓之船，自关而东或谓之舟，或谓之航。南楚江湘凡船大者谓之舸，小舸谓之艖。艖谓之艒䑠，小艒䑠谓之艇，艇长而薄者谓之艜，短而深者谓之䑸……方舟谓之横。"[3]唐代类书《北堂书钞》列举了唐以前用于帝王乘坐、军队作战以及百

---

① ［英］菲利普·德·索萨：《极简海洋文明史——航海与世界历史5000年》，中信出版社2016年版，第27页。

② 席龙飞：《中国造船通史》，海洋出版社2013年3月版，第45—46页。

③ 扬雄：《方言》卷九。

姓用于生产、生活的各种木板船，有大翼、小翼、突冒、楼船、常安、长安、飞龙、鸣鹤、鹦鹉、晨凫、仓隼、华渊、紫宫、青翰、赤漆、沙棠、青桐、五楼、五会、飞云、犇飞、云母、曜阳、升进、射猎、指南、余皇、大白、鸟浮、龙舟、松舟、桂舟、革船、胶船、漆船、油船、金船、铁船、铜船、土船、蠡舟、具船、竹船、瓠船、芥舟、蓝舟、扁舟、瓜皮、掘头、鸟舟、龙舟等①。唐代类书《初学记》也列举了前代典籍中所记录的各种舟船。有鸣鹤舟、容与舟、清广舟、采菱舟、越女舟、飞云船、苍隼船、先登船、飞鸟船、紫宫舟、升进舟、曜阳舟、飞龙舟、射猎舟、指南舟、云母舟、无极舟、华泉舟、常安舟、云丽、沙棠舟、芙蓉舰、浔阳船、博昌船、翔风、鹢首、鸭头、驰马、逐龙、鸿毛、青翰、仓隼、青雀、五楼、三翼、云母、海胴、锦维、绋系、鹦鹉、鹲鸽等②。北宋类书《太平御览·舟部》除了列举前两部类书中所列的舟船外，还列有千翼、赤马、长舣船、雀船、天船、豫章、小儿、华润舟、鸟舟、舲舟、鸭头船、桥船、飞集、戈船、树船、飞仓、集船、凌波舰、掀电舰、斗舰、橦雷舸等③。明代的《事物绀珠·古舟名类》列举了更多种类，除了上述列举的外，还有云舟、影娥、犀舟、朱雀、浮桁、莲叶舟、飞凫、青凫、凫车、太白、凌风、轻利、鳊鱼舟、朱雀航、灵芝、翔螭、浮景、凤艒、翔风、十层赤楼、帛阑船、木龙、白鹄、浮云、荃桡、万斛舟、千料船、大乌龙、大绿、十样、锦胜、金羁、螺舟、鹦鸽船、大海鳅、木兰舟、八槽舰、夫容、霞舟、翠龙、洪橹、连舳接舻、须虑、霞水、仙舻、干舟、齐舰、兰鹢、燕舟、鹏航、䑦、浩漂、鰅艎、姚舸、䑩䑶、轮舟、马船、座船、站船、红船、黑楼子、瓜皮船、切瓜船、混江龙、撞倒山、海运船、梭船、水月楼、雪月槎、烟水浮、居烟波、钓艇、天上行舟、海鹢、滩浅、边江、浔阳船、傅昌船、赣船、和船、长船、苍沙船、澧船、川船、竹船、划子船、夜航、螺子船、艖船、怅口船、扳桨船、

---

① 虞世南：《北堂书钞》卷一百三十七。
② 徐坚：《初学记》卷二十五。
③ 李昉：《太平御览》卷七百六十八至七百七十。

满江红、渔船、横江船、鸟尾船、福清船、乌艚、白艚、游军、浮宅、水中龙、水靴鞋、水马等①。这些木板船，有的适合于内河、湖泊航行，有的适合于海上航行，其中，最能体现造船技术水平的是帝王乘坐的大船和水军作战的战船。

在春秋末期以前，并没有专门用于作战的战船，各诸侯国建造的船只，平时用于生产、生活，战时用于作战。即使王侯乘坐的大船，平时乘之游历大海大川，在关键时刻也要参加作战。比如，春秋时期吴国公子光乘坐艅艎大船，率领水军逆长江而上，进攻楚国，结果被楚国水军打败，连艅艎也被掳去。这艘艅艎大船是吴国先王乘的坐船，被楚国掳走，公子光难以向先王交代，于是他设计将艅艎夺回。艅艎在古代很多典籍中都有记载，它是王侯乘坐的豪华大船，高大坚固，性能优越，作战时一般担任船队的旗舰，它的船头上绘有鹢鸟图案，鹢鸟是类似于鹭的一种水鸟，非常壮观。那么，专门用于作战的战船是何时出现的呢？

从目前所见到的古代文献看，有两种不同的记载。一是《太白阴经·水战具篇》里所说的"水战之具始自伍员，以舟为车，以楫为马"②。这种观点认为，专门用于作战的战船出自春秋末期吴国大夫伍子胥之手。伍子胥名员，字子胥，楚国人，其父兄被楚王所杀，他逃到吴国做了大夫，帮助吴国训练水军，建造了用于水战的各种战船。二是《新镌古今事物原始全书·战舟》《事物原会·战船》等典籍所载："墨子曰：公输般自鲁至楚为舟战之具，谓之钩拒，此战舟之始也。"③查《墨子·鲁问》原文谓："昔者楚人与越人舟战于江，楚人顺流而进，迎流而退，见利而进，见不利则其退难。越人迎流而进，顺流而退，见利而进，见不利则其退速。越人因此若执，亟败楚人。公输子自鲁南游楚焉，始为舟战之器，作为钩强之备，退者钩之，进者强之，量其钩强之长，而制为之兵。楚之兵节，越之兵不节，楚人因此若

---

① 黄一正：《事物绀珠》卷二十一。
② 李筌：《太白阴经》卷四。
③ 徐炬：《新镌古今事物原始全书》卷十七；汪汲：《事物原会》卷二十九。

执，亟败越人。"①公输般，又称公输子、鲁班等，鲁国人，出生于工匠世家，善发明创造。大约在公元前450年，他从鲁国来到楚国，为楚国制造兵器，其中一项重要的兵器发明是专门用于水战的钩拒，也叫钩强，楚国人利用钩拒打败了越国舟师。自从钩拒用于水战，改变了水战战术，专门用于水战的战船也就此诞生。

古代文献中的两种记载，看似都有道理，但仔细分析，战船的出现从伍子胥训练舟师开始更具有合理性，因为伍子胥生活的年代比公输般大约早了50年，那时战船的种类已经分得很细了，有大翼、小翼、突冒、楼船、桥船等，这些战船已经被赋予了不同的作战功能，公输般发明钩拒时，这些战船已经奔波于内河和外海战场了。

战船之所以作为木板船的一个重要类别，在春秋晚期被从木板船中分离出来，是因为此时诸侯国的兼并战争开始加剧，中国即将进入战国时代，战争的残酷和激烈对作战战具的要求越来越高，作战战船需要适用靠帮、接舷、冲撞等种种水战战术，建造得更加高大、灵活和坚固，一些最新、最先进的造船技术便理所应当地出现于战船的制造中，这一理念成为后来舰船发展史上的一条规律。

汉代以后，战船的建造更趋专业化，据《太白阴经·水战具篇》载，汉武帝平百粤时，凿昆明池，用于建造楼船，并设楼船将军，还留下了"泛楼船兮济汾河，萧鼓鸣兮发櫂歌"②的诗句。其后马援、王濬各造楼船，以习江海之利。楼船的阔狭、长短、大小皆以米为衡量标准，一个人相当于一石米的重量，这样装载人数的多少就可以计算出来。船上的楫、棹、篙、橹、绚索、沉石以及调度与其他的船没有区别，但建筑设计却适合水上作战，"船上建楼三重，列女墙、战格，树旗帜，开窗穿穴，置炮车雷木铁汁，状如城垒"。晋代王濬讨伐吴国时，造大船长200步，上面设置飞檐、阁道，可奔车驰马。虽然这样的设计在遇到暴风时，靠人力不能控制，但作为水军战船不

---

① 《墨子》卷十三。
② 虞世南：《北堂丛钞》卷一百三十七。

可不进行这样的建造，"以张形势"①。

中国古代战船种类既多，而其性能又如何呢？《北堂丛钞》所记三国时期的"渤海习舟"可从一个侧面为我们提供一些依据。曹操重臣王粲为征讨孙权，曾派周曜、管容、李恕、张涉、陈光勋等率领将帅、战士入渤海七八百里，阴习舟楫，四年之内无日休解，后皆能"击櫂如飞，回柂若环"②。如果战船性能不过硬，何以在方圆七八百里的渤海之内训练达四年之久？

总而言之，在中华民族海洋文明史上，舟船的发明与创造是最为耀眼的成果之一，它充分说明：中华民族自古以来就生活在江河湖海之间，在与大自然的相处中，出于生存与发展的需要，产生了强烈的征服和利用水资源的愿望，成为创造舟船的强大动力；中华民族具有超强的智慧和能力，在漫长的社会实践中，在相对隔绝的环境中，在不借鉴外来文化的前提下，独立创造了舟船，是中华海洋文明当之无愧的创造者；中国古代舟船文化的发展，是中华文化发展的缩影，它既是社会生产力发展的必然结果，又对社会生产力起到了强大的推动作用。今天，我们依然延续着这一文化的发展方向。

---

① 李荃：《太白阴经》卷四。
② 虞世南：《北堂丛钞》卷一百三十七。

从楼船到宝船

——中国古代舟船的发展

　　竹子是一种常见的植物，在我国的种植已有3000多年的历史了。竹子在文人墨客的眼里，是坚韧和气节的象征；在能工巧匠手里，是建造舟船、房屋、器具的重要材料。竹子在我国南北方都有生长和应用，作为一种材料，它的突出特点就是外壳坚硬、内部空虚，由竹节把中空部分分成若干个密闭的空间。日常生活中人们常常利用竹子的这一特点，用它盛水、烧饭，甚至做成笔筒一类的小容器。也许大家不知道，在中国古代造船史上，有一项重要发明与竹子的这一特点有关，这项发明就是水密隔舱技术。有人认为，舟船的水密隔舱，是中国古代人受到竹子结构的启发而发明的。美国记者罗伯特·坦普尔（Robert Temple）在《中国：发明与发现的国度——中国科学技术史精华》一书中就谈到这个问题，这部书是他根据世界著名科技史学家李约瑟（Joseph Needham）的巨著《中国科学技术史》提炼而成的。书中写道："建造船底舱壁的想法是很自然的，中国人是从观察竹竿的结构获得这个灵感的：竹竿节的膈膜把竹分隔成好多节空竹筒。由于欧洲没有竹子，因此欧洲人没有这方面的灵感。"① 如果这位美国记者说的是事实的话，那么这一定

---

　　① ［美］罗伯特·K.G.坦普尔：《中国：发明与发现的国度——中国科学技术史精华》，21世纪出版社1995年版，第384页。

是一个精彩的海上传奇故事。

中国古代的造船事业，走的是一条独立的发展道路，在一个很长的历史时期，没有受到外来文化的影响。恰恰是这条独立的发展道路，使中国造船业长期处于世界领先地位，创造出若干灿烂辉煌的文明成果，引领着世界造船业的发展。

一、船具的发明与创造

船具是指控制舟船航行所需要的工具或者构件，比如桨、篙、帆、锚等。它不仅关系到舟船功能的发挥，而且影响着舟船的发展走向。自从木板船在青铜器时代诞生之后，经过了夏、商、周各个历史时期的发展，船的形体越来越大、种类越来越多、功能越来越全，这就要求船具必须跟上形势的发展，不断实现改造与创新。在这里，笔者主要通过对三种具有典型意义的中国船具橹、舵和碇的介绍，来说明中国古代船具的发明与创造情况。

1.橹

橹是一种推进船前进的工具。在"刳木为舟，剡木为楫"的时代，船的动力来自船桨。船桨的动力原理十分简单，使船者用桨板划水，获得水对桨板的反作用力，从而推动船前进。由于使船者的划桨动作是间歇性的，因而获得的反作用力也是间歇性的。也就是说，依靠船两侧的桨推动船前进，不可能获得连续的推动力，这样的推进方式显然是效率不高的。在长期的实践中人们发现，如果把桨板放到水里不离开水面，桨板在水中不是前后划动，而是前后或左右搅动，它也会产生向前的推力，并且这种推力是连续的，于是，在这样的机理启发下，一种新的船具就诞生了，这就是橹。关于橹的发明者，《名物考》中说："帝喾观鱼翼而创橹。"[①] 就是说，帝喾受到鱼翅划

---

① 汪汲:《事物原会》卷二十九。

水的启发而发明了橹。帝喾即高辛氏，为黄帝曾孙，是传说中的古代帝王，《名物考》中的记载显然是传说（见图2-1）。

图2-1 《三才图会》所载"观鱼翼而创橹"的帝喾

橹是在桨的基础上被发明出来的。从形状上看，它与桨有些类似，但又有很大不同，不同点就在于，桨是平直的，而橹是弯曲的。橹由三部分组成，即橹柄、二壮和橹板。橹柄是操作者手握的地方，橹板是搅动水的部位，二壮是连接橹柄和橹板的中间部分。橹需要安装在船上才能使用。安装时先在船舷或船尾边缘部位钉上一个带有球形头的铁钉，俗称"橹人头"，再在橹板上钉上一块硬木，在硬木上挖出一个球形小洞，俗称"橹脐"，将"橹人头"置于"橹脐"之内，这样就在橹板上形成了一个可以做球面运动的支点。然后在橹柄上拴一根绳子，叫作"橹担绳"，"橹担绳"另一端拴在甲板的一个铁环上，形成了一个固定点。对橹板在水中的深度，可以通过延长和缩短"橹担绳"的长度来调整。操作时，操橹人一手握住橹柄，一手把住"橹担绳"，以"橹人头"为支点前后摇动，使水中的橹板形成旋转式的摆动，船就往前行进了。

　　橹的动力原理是通过橹板旋转式的摆动，使水产生向上的升力，从而推动船前进。这种升力已经不再是间歇性的了，而是连续性的，这就大大提高了效率。橹的原理与现代螺旋桨的原理极为相似，虽然我们不能说螺旋桨是在橹的基础上发明的，但橹与螺旋桨有相似的推进方式。

　　橹在刚刚发明的时候和桨一样，安装在船的两侧，后来挪到了船尾。一般小船装有一具橹，大船装有多具橹。北宋画家张择端的《清明上河图》所描绘的大大小小的船只，许多都设置了橹（见图2-2）。宋代客船"在竹篷之上，每舟十橹，开山入港，随潮过门，皆鸣橹而行，篙师跳踯号叫，用力甚至，而舟行终不若驾风之快也"①。明代的"八橹船"设置有八具橹，巨大的郑和宝船也安装有多具橹，在进港或浅水区不能使用风帆的时候使用。时至今日，在沿海一带以及江南水乡，依然能看到橹的影子。

图2-2　《清明上河图》中描绘的船尾大橹

那么，橹是什么时候出现的呢？

　　在东汉时期刘熙编辑的《释名》中就有橹的记载："在旁曰橹。橹，膂也，用膂力然后舟行也。"②这说明，至少在汉代橹已经成为船的主要推进工

---

① 徐兢：《宣和奉使高丽图经》卷三十四。
② 刘熙：《释名》卷七。

具了，这比西方人发明螺旋桨早了2000多年，不能不说它是船舶动力中带有突破性的重大发明，是对世界造船技术的重要贡献。李约瑟对中国人发明的橹给予高度评价，他说橹是中国人的发明中最科学的一个。

2.舵

舵是一种控制船方向的工具。今天，人类所建造的船舶，即使再大、再先进，也离不开舵的控制，可见舵的发明有多么重要。在汉代以前，船航行在大海上，它的方向是由桨来控制的。船往左转时，用力划动右舷的桨；船往右转时，用力划动左侧的桨。这种方法控制小船的方向是非常灵便的。但是，随着木板船的形体越来越大，用这种方法控制船的方向就显得特别困难了，需要安排大量的划桨手来完成这一任务。比如西汉以前的战船，需要安排编制员兵的几乎一半甚至更多担任划桨手，这在一定程度上影响了作战，更重要的是限制了船的发展。为了解决这个问题，人们特意安排一名或几名划桨手专门控制船的方向。这些划桨手手中的桨，已经做了改进，形状发生了变化，桨板更加宽大，桨臂更加粗壮。这些划桨手的位置也由舷侧逐渐挪到了船尾。这样，这些专门用于控制方向的桨，就演变成舵的雏形。也就是说，舵是在船桨的基础上产生的。

那么，真正意义上的舵出现于何时呢？东汉时期的《释名》就有舵的记载："其尾曰柂。柂，拖也，后见拖曳也，且弼正船使顺流不使他戾也。"[1] "柂"即"舵"，拖曳在船尾，能使船不致偏离航向。1954年在广州市郊出土的东汉陶制船模上，就有舵，它的形状与桨很相似，说明是舵的早期形态。这具船模证明，在东汉时期我国已经普遍使用舵了。舵传到欧洲，被欧洲船只使用，是在公元10世纪左右。罗伯特·坦普尔说："大约在公元1180年，在教堂的雕刻上出现了欧洲最早的舵，不久，欧洲出现了最早的船用指南针。看来舵和指南针几乎是同时传到欧洲的，对此人们并不感

---

[1] 刘熙:《释名》卷七。

到惊讶，因为舵和指南针本来就是紧密联系在一起的。舵使人更好地驾驶船，而指南针帮助人们掌握航向。"①所以中国人使用舵比西方早了约1000年（见图2-3）。

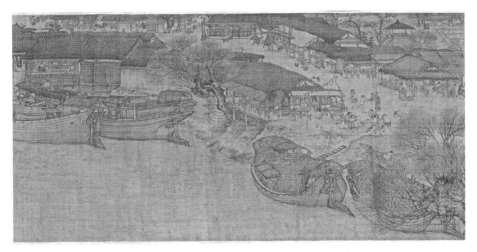

图2-3 《清明上河图》中描绘的"船尾舵"

舵出现以后，在漫长的历史过程中得到完善和发展，出现了更省力和更易于操作的各种舵。如平衡舵，部分舵叶在支撑绞盘杆前部凸出，使用起来十分方便和省力；开孔舵，是在舵叶上打上许多孔，使其在水中减少阻力，转动更加容易，并且毫不影响对航向的控制；三角舵，将舵制成三个受力面，操作灵活；升降舵，有升降装置，可以调节舵在水中的深度，若遇浅滩，可以升起，避免损坏。除了种类多以外，舵在船上的数量也有不同，宋代出现了装有三副舵的客船，徐兢在《宣和奉使高丽图经》中描述这种船时说：客船"后有正柂大小二等，随水浅深更易，当桥之后从上插下二棹，谓之三副柂，惟入洋则用之"②。宋人把舵的作用发挥得淋漓尽致。

---

① ［美］罗伯特·K.G.坦普尔：《中国：发明与发现的国度——中国科学技术史精华》，21世纪出版社1995年版，第372页。

② 徐兢：《宣和奉使高丽图经》卷三十四。

3.碇

碇是将舟船稳定于水面的工具,古代称之为"碇""椗",又称之为"锤舟石",近代以后称之为"锚"(见图2-4)。舟船在水上航行要有行有止,行靠桨、橹、帆等推进船具,而止则需要碇。那么,碇在中国出现于何时呢?《资治通鉴》载:

> 权遂西击黄祖,祖横两蒙冲,挟守沔口,以栟榈大绁系石为矴,上有千人,以弩交射,飞矢雨下,军不得前。偏将军董袭与别部司马凌统俱为前部,各将敢死百人,人被两铠,乘大舸,突入蒙冲里,袭身以刀断两绁,蒙冲乃横流,大兵遂进[①]。

图2-4 《兵镜辑要》中描绘的"船椗"

这段文字描述的是东汉时期的一场著名水战——沔口之战,这次水战发

---

① 司马光:《资治通鉴》卷六十五。

生于汉献帝建安十三年（208年）。孙权占据江东以后，政权逐步稳固，为图霸业，要继续谋取荆、楚之地，开始实施全据长江的方针。建安八年（203年），孙权出兵攻击江夏，企图首先歼灭江夏郡太守黄祖的军队。十月，他率水陆军队沿长江西进，大破黄祖水军，但攻城未克，被迫退兵。建安十二年（207年），孙权再次西攻黄祖军，掠夺人财而回。建安十三年（208年），孙权第三次进攻江夏，这次黄祖为抵抗孙权军，在沔口设置了水上防线，于是就有了《资治通鉴》的记载。

"蒙冲"是一种用于冲击的战船，它体型狭长，一般外裹牛皮，《太白阴经·水战具篇》中记载，蒙冲船船身舷板用犀牛皮包裹，就是一种既能抵抗冲撞，又能冲击敌船的战船。东汉刘熙在《释名·释船》中也说，"外狭而长曰艨冲，以冲突敌船也"。晚清思想家魏源在《圣武记》中这样描绘蒙冲："多张生革，矢石是蔽。篙师在内，弩枪是卫。但取神速，乘其不备。空见船行，曾惊入渭。"[①] 三国时，刘表治水军，蒙冲、斗舰乃以千计，此时的蒙冲船"以生牛皮蒙船覆背，两厢开制棹孔，左右有弩窗、矛穴，敌不得近，矢石不能败。此不用大船，务于速疾，乘人之所不及，非战之船也"[②]。"栟榈"即棕榈树，它的树干外面所包裹的网状纤维，可以编织成绳子；"继"是粗大的绳子。沔口位于汉江与长江交汇处。《资治通鉴》的记载说明，江夏太守黄祖为阻击孙权大军，在沔口横置了两艘蒙冲战船，为了在湍急的江水中将两艘蒙冲固定住，黄祖用棕榈纤维编织的粗大绳子，系上石头作为碇，投入江中，将蒙冲固定于水面上。船上伏有千人，以弓弩阻挡孙权的进攻。弩箭雨点般落下，孙权的军队不敢近前。随后孙权军组成敢死队，身披铠甲，乘大船突入蒙冲之中，用刀斩断绳子，使蒙冲顺流漂移，孙权军才得以推进，最终击败黄祖军。这说明，最早出现于东汉时期的碇是石碇。沔口之战中，虽然黄祖的水军未能挡住孙权水军的进攻，最终全军覆没，黄祖也被杀了，但石碇在黄祖水军建立水上防线中发挥了关键作用，要冲破黄祖用

① 魏源：《圣武记》卷十四。
② 司马光：《资治通鉴》卷六十五。

蒙冲构建的防线，孙权军不得不冲入蒙冲，砍断绳索才得以奏效。从此以后，碇得到了更加广泛的应用。宋人徐兢在《宣和奉使高丽图经》中介绍了客舟碇的使用方法："下垂碇石，石两旁夹以二木钩，船未入洋，近山抛泊，则放碇，著水底如维缆之属，舟乃不行。若风涛紧急，则加游碇其用，如大碇而在其两旁，遇行则卷其轮而收之。"①1954年在广州市郊出土的东汉陶制船模的船首就设有碇。被命名为"南海一号"的宋代古船，是迄今为止发现的最完整的一艘古船，它的船头就有木石结合的石碇，这个石碇有一个横向的石质碇杆，它的作用原理与20世纪初西方发明的钢质的带有横杆的海军锚已非常接近，为宋代的碇提供了实物佐证。

除了橹、舵和碇以外，中国古代在桅、帆等船具的使用上，也有重要发展。《释名·释船》载："其前立柱曰桅。桅，巍也，巍巍高貌也。""桅"即"桅"，因其高耸，而采用"巍"之读音，以体现其"巍巍"之势。《释名·释船》还载："帆，泛也，随风张幔曰帆，使舟疾，汎汎然也。"②意指帆的作用在于使船在水面上轻捷疾驰。"汎汎"，即轻捷疾驰之貌。这说明，在东汉时期，国人已经对桅、帆等船具的作用有了比较深刻的认识，在日常生活中也在大量使用它们。到了宋代，客船"大樯高十丈，头樯高八丈，风正则张布飐五十幅，稍偏则用利篷，左右翼张，以便风势。大樯之巅，更加小飐十幅，谓之野狐飐，风息则用之。然风有八面，唯当头不可行。其立竿以鸟羽候风所向，谓之五两。大抵难得正风，故布帆之用，不若利篷，翕张之能顺人意也"。把"飐""帆""篷"结合起来，形成合理布局，最大限度地使"八面"风都获得利用。当遇到午后南风益急时，"加野狐飐，制飐之意以浪来迎舟恐不能胜其势，故加小飐于大飐之上，使之提挈而行"③。不能不说，此时对帆的利用已经达到了一个新的高度。正是这些船具的发明和创造，大大推动了中国造船技术的提高。

---

①③ 徐兢：《宣和奉使高丽图经》卷三十四。
② 刘熙：《释名》卷七。

二、造船技术不断成熟

中国古代造船技术领先于世界1000年以上。在这个历史过程中，中国人的造船技术有若干重要突破。

1.铁钉连接技术

木板船的诞生有一个技术前提，那就是要把木板连接起来。在木板船出现的青铜器时代，人们还没有意识到要使用铜钉，这时的木板连接主要用卯榫结构，就是在一块木板上用青铜工具挖出孔眼即卯眼，再在另一块木板上用青铜工具刨出凸起部分即榫头，将卯眼和榫头穿插结合，两块木板就连接起来了。当铁器出现以后，人们为了加固卯榫结构，就在木板接缝两侧打孔，用粗铁条或一二指宽的铁片穿入孔内缠绕，形成铁箍，再用铅或木楔将孔堵上，这样就使卯榫结构得到进一步加固。河北省平山县三汲乡发现的战国时期船舶采用的连接技术就是如此。造船者先在相邻的两列船板上，于距离船板边接缝40至50毫米处各凿一个20毫米见方的穿孔，以铁片经穿孔绕扎3至4道，相邻的两块船板就拼接在一起了。然后再将穿孔的间隙以木片填塞，再注入铅液封固。这种拼接方式极其牢固可靠①。然而，这种用铁条或铁片缠绕的连接方法比较麻烦、费时费料，后来人们进行了改进，发明了钯钉（也叫锔钉、蚂蝗钉），类似我们今天订书钉的形状，在木板接缝处打上钯钉，相当于铁条或铁片的半缠绕。大约在秦汉时期，人们开始认识到铁钉的功效，便把直铁钉用于连接船板。有了铁钉之后，木板的连接方式发生了根本性的改变，除了采用卯榫结构以外，还采用了更简便的方法，即将木板上下搭接，然后用铁钉钉牢，并且在钉铁钉的时候，有的铁钉是垂直穿钉，有的则是斜穿，使木板连接更加

① 席龙飞：《中国造船通史》，海洋出版社2013年3月版，第47页。

结实。这种方法不仅简便，而且使船板由单层增加到双层甚至多层，大大增加了船舶结构的强度。1974年在福建泉州出土的宋代海船，它的船板就是3层，总厚度达18厘米。不过，当铁钉进入造船工艺时，它并未完全取代锔钉，在一些连接部位，锔钉依然在发挥作用，这种状况至少持续到宋代。

在造船中究竟使用多大的铁钉合适，这要视造船规模以及木料大小而定，在古代典籍中目前还找不到确切的记载。但是，出土的铁钉实物却给我们提供了重要参考。2003年8月，在南京宝船厂遗址出土的宝船使用的铁钉中，最长的是一种直头钉，长达77厘米。南京宝船厂所造宝船，并不是郑和下西洋最大的宝船，只能算中型宝船，因此，大型宝船使用的铁钉，应当远远超过77厘米。正因为有了这样的木板连接技术，郑和宝船才能在七下西洋中经受住惊涛骇浪的考验，安全返航。

2.水密隔舱技术

水密隔舱技术是将舟船的船舱间隔为若干个相互密闭的舱室的技术。今天没有人对船舶拥有水密隔舱感到惊奇，但是在千余年以前，这项技术却是了不起的发明创造。这还要追溯到东晋末年爆发的一次农民大起义。

东晋末年，朝廷统治出现危机，吏治腐败，民不聊生，天下动荡不安。太元二十一年（396年），沉湎于酒色的孝武帝病死，由白痴安帝即位，朝廷大权旁落司徒、会稽王司马道子及其子司马元显手中。司马父子挥霍无度、滥杀无辜，致使国库空虚，民间怨声载道，一些民众忍无可忍、蓄谋起事。隆安三年（399年），浙江省舟山群岛一带百姓在孙恩领导下发动了大规模起义，当年十一月攻陷会稽。孙恩，字灵秀，琅邪人，世代信奉五斗米道。叔父孙泰以五斗米道"私集聚众，三吴士庶多从之。于时朝士皆惧泰为乱"，司马道子将其捕杀。孙恩逃到海上，聚合百余人，誓为叔父报仇，乃攻破上虞，杀死县令，又攻陷会稽，一时间八郡响应，"旬日之中，众数十万"。孙恩占据会稽，自称"征东将军"，畿内诸县处处蜂起，"朝廷震惧，内外戒严"①。吴会一带承平日久，人不习战，又缺乏器械，故多地被攻破。朝廷急忙派遣卫将军谢琰、镇北将军刘牢之前往征讨，孙恩被迫逃往海岛。隆安四年，孙恩再次率领水军自浃口入余姚，再破上虞，进至刑浦，杀死谢琰，朝廷为之震动，只能通过加强海防来防备孙恩的进袭。隆安五年，孙恩第三次出击，他采用机动作战战术，浮海航行400里，直趋长江口，"陷沪渎，杀吴国内史袁崧，死者四千人"②。六月又率官兵10余万人，楼船千余艘，溯长江而上，奄至丹徒，直逼京都建康，"朝廷骇惧，陈兵以待之"③。未几与官兵战于蒜山，失败退至江上，重整船队，欲再图之。可是，楼船高大，溯流而上，船速缓慢，孙恩改变作战计划，出其不意挥师攻下长江北岸重镇广陵，杀官兵3000人。接着，他又率船队驶出长江，浮海北上，攻克郁洲，击败并生擒宁朔将军高雅之。朝廷诏调刘裕为下邳太守，往攻郁洲，双方几经战事，孙恩败走，率领船队缘海南退，其实力自此渐见衰弱。元兴元年（402年）三月，孙恩第四次率军出击沿海，在临海为太守辛景击败，孙恩"恐为官军所获乃赴海死"④。孙恩死后，"余众数千人，复推恩妹夫卢循为主"⑤。卢循，字于先，小名元龙，是司空从事中郎卢谌的曾孙，他"双眸冏彻，瞳子四转，善草隶弈棋之艺"⑥，娶孙恩的妹妹为妻，给孙恩出谋划策。鉴于他有文人气质，当他主领起义军时，"太尉玄欲抚安东土，乃以循为永嘉太守"。卢循出任起义军领袖是临危受命，然而，"循虽受命，而寇暴不已"⑦，依然没有放弃孙恩的起事目标。元兴二年正月，卢循率军进攻东阳，八月，又攻永嘉，均被刘裕所击败，退至晋安。次年十月，卢循率军泛海到番禺，击破广州，号"平南将军"，向朝廷遣使献贡。当时，东晋朝廷刚刚平定桓玄之乱，中外多虞，即于义熙元年（405年）四月任命卢循为征虏将军、广州刺史、平越中郎将，由此卢循占据广州六年。义熙五年，刘裕北伐南燕慕容超，卢循与其姐夫、始兴太守徐道复于次年乘虚攻袭建康。他们兵分两路，依靠水军，连克数城，在长江中下游大败朝廷水军，直逼建康。然而，

---

①③⑥　房玄龄：《晋书》卷一百。
②④⑤⑦　司马光：《资治通鉴》卷一百一十二。

此时卢循与徐道复就如何进攻发生分歧，给了官军喘息机会，朝廷召回北伐大将刘裕及青州、兖州、并州刺史，入卫建康，卢循和徐道复不得不率军撤离，夺取建康未能实现。这年七月，刘裕率军南下与卢循军作战，半年之中双方多次交战，卢循军损失很大，被迫退回广州。义熙七年二月，刘裕派兵征伐卢循军，徐道复战败捐躯。四月，卢循退出广州，官军乘胜追击，连破循于苍梧、郁林、宁浦、交州，卢循眼见战船被焚，兵众大溃，遂投水自尽。

孙恩、卢循领导的海上大起义，前后持续了12年之久，由于他们主要转战于东南沿海和长江流域，常常以海岛为根据地，所以建立了一支庞大的水军，拥有战船几千艘。

东南沿海盛产竹子，在率军作战的过程中，孙恩、卢循军大量地使用竹子，用竹竿盖房子、造船，用竹筒盛水、做米饭等。有一次，卢循在剖开竹筒时突然眼前一亮，他发现竹筒空的部分非常像船舱，而竹节的构造把空的部分隔成了一个个相互密闭的空间，由此他受到启发，如果把船舱也隔成相互密闭的多个舱室，即使一个船舱进水，其他的船舱也会完好无损，这不就增加了船的抗沉性了吗？于是，一项新的造船技术就在卢循的手上发明出来了，这项技术就是水密隔舱技术。也就有了《艺文类聚》中这样的记载：

卢循新作八槽舰九枚，起四层，高十余丈[①]。

有学者认为，"八槽舰"中的"舰"是战船的一种，"槽"是密闭的舱室即水密隔舱，说明卢循在率领水军作战的过程中，新造了9艘各带有8个水密隔舱的大型"八艚舰"，船上起楼4层，高10余丈。笔者认同这种观点，这是有关中国古代出现水密隔舱的最早记载。一些西方学者也坚定地认为，卢循是受了竹子结构的启发而发明水密隔舱技术的。他们还认为，此时的欧洲还没有竹子这种植物，欧洲人是绝不会受到竹子的启发而发明水密隔舱

---

① 《艺文类聚》卷七十一。

的。水密隔舱技术直到18世纪中叶才由中国传到欧洲。那么，水密隔舱技术都有哪些优点呢？

水密隔舱技术的优点主要表现在三个方面：第一，增加了舟船的抗沉性。把船舱由一个舱室分隔为多个舱室，即使一二个舱室破壁漏水，也不会很快导致整艘船的沉没，这样就为船舶的急救争取了时间。第二，增加了船体的坚固性。舱室是由横向的舱壁相隔而成，多道舱壁的设置等于增加了多道横向支撑，不仅稳固了纵向的骨架，而且使两舷、甲板、船底等部位的强度都得到了加强。第三，增加了桅杆的牢固性。船上的桅杆需要与船体牢固地结合在一起，才能支撑起帆。横向的舱壁不仅为桅杆提供了稳固的基座，而且使多桅多帆成为可能。1973年6月，在江苏如皋县出土了一艘古代木船，经考古学家鉴定为唐代木船，它长约18米，宽约2.6米，有9个水密隔舱；1974年夏天，在福建泉州又出土了一艘宋代古船，它长约30米，宽9米多，有13个水密隔舱。

水密隔舱的重要价值在于它的密闭性，如果失去了这一点，其意义将会大打折扣。要使水密隔舱真正做到密闭，捻缝技术是必不可少的配套技术。中国古代的捻缝技术，要优于同时代亚洲其他国家的技术，上述两艘出土古船都证明了这一点。唐代古船是用桐油和石灰调和剂进行捻缝的，而宋代古船除了用桐油和石灰调和以外，还混合有麻丝进行捻缝，这说明捻缝技术是在不断革新和进步的，这就保证了水密隔舱的密闭性。

三、舟船形制逐渐完善

所谓船的形制，是指船的形状和制式。古代船舶的形制是根据船的功能来设计的。木板船诞生以后，随着造船技术的不断提高，船的功能分类越来越细，有专门用于运输的，有专门用于游览的，有专门用于帝王起居的，有专门用于作战的，等等。专门用于作战的自然是战船，战船对造船技术和船舱形制的要求更高、分类更细，有用于进攻的，有用于防御的，有用于侦察的，有用于通风报信的，等等。在这里，笔者主要介绍几种具有典型意义的著名古船。

1.楼船

楼船，顾名思义就是在甲板上建有楼房的大型船只，它是根据作战的需要而被发明创造出来的，它的每一个设计都有利于作战。关于它的结构，东汉刘熙在《释名》中有比较详细的描述：

其上板曰覆，言所覆，众枕也。其上屋曰庐，象庐舍也。其上重室曰飞庐，在上故曰飞也。又在上曰爵室，于中候望之，如鸟雀之警示也[1]。

可见汉代以前的楼船甲板上起三层楼房：第一层叫作"庐"，有"庐舍"的意思，是官兵居住、休息和等待作战的场所。第二层叫作"飞庐"，是士兵作战的场所。它开有若干弩窗，每一个弩窗之前设置一名弓弩手，用以居高临下射击敌人。第二层的四周设有女墙，起防护作用。第三层叫作"爵室"，是观察敌情、指挥作战的场所，有"鸟雀之警示"的意思，所以也叫"雀室"。爵室之上装备有兵器，例如抛石装置，也设置有女墙进行防护。

北宋曾公亮以汉武帝设昆明池训练楼船军为据，对楼船的设置做了进一步补充：

汉武伐南越，于昆明开池，习水战，制楼船，上建楼、橹、戈、矛，船下置戈、戟，以御蛟鼍水怪之害[2]。

由上述两段记载可见，楼船置三层楼结构，兵器林立，旌旗招展，远

---

① 刘熙：《释名》卷七。
② 曾公亮等：《武经总要》前集卷十一。

远望去，高大、威严、壮观，能给敌人构成强大威慑。司马迁在《史记》中称赞汉代楼船："高十余丈，旗帜加其上，甚壮。"所以楼船是船队的中坚力量，如果以今天的舰队编制设"旗舰"的话，楼船是当之无愧的"旗舰"。

汉代以后的楼船经历了不断发展变化的过程，到了三国至晋时期，它的形制大为改观。《晋书》有这样的记载：

武帝谋伐吴，诏濬修舟舰。濬乃作大船连舫，方百二十步，受二千余人。以木为城，起楼橹，开四出门，其上皆得驰马来往。又画鹢首怪兽于船首，以惧江神。舟楫之盛，自古未有。濬造船于蜀，其木柿蔽江而下①。

这段记载，说的是晋武帝为灭吴而令王濬造楼船之事。王濬，字士治，"博涉坟典，美姿貌，不修名行，不为乡曲所称"，晋武帝时，他先后参征南军事，转车骑从事中郎，后任广汉太守、益州刺史等职。担任益州刺史时，奉晋武帝之命，在蜀建造楼船，其船型之大、数量之多，均为历史上之少见，说明三国至晋时期建造楼船的技术已经相当成熟，以至于历史上有人认为，王濬所造楼船当为楼船之始。如明代徐炬在他辑录的《新镌古今事物原始全书》"舟"字条中就记载："其楼船始于晋王濬伐吴造舟，以木为城，上起以楼，驰马往来。"②事实上，楼船的出现有明确的史料记载，《越绝书》早就载明楼船于春秋时期就用于水战，当时伍子胥给吴国训练舟师，舟师战船中就有了楼船。伍子胥向吴王报告说，水上楼船的作用，就如同陆上军队的楼车一样，不仅起着指挥船队的作用，而且起着稳定整个船阵的作用。从春秋时期，一直到隋代，楼船始终是各个朝代的主力船舶，帝王的重大行动都少不了楼船。比如派徐福出海寻找长生不老之药，是秦始皇高度关注的一次行动，徐福提出什么样的要求，秦始皇都给予满足。徐福提出要建设一支既具有运载能力，又具有作战能力的船队时，秦始皇立刻答应，并给予强大支

---

① 房玄龄：《晋书》卷四十二。

② 徐炬：《新镌古今事物原始全书》卷九。

持，为徐福打造了一支以楼船为主力的强大的船队，才使得徐福成功东渡日本。汉武帝为了平定百粤，专门挖凿了昆明池，建立了楼船军，设置了楼船将军，指挥楼船数千艘。汉武帝多次东巡，是他晚年最重大的事情，所以他每次东巡到沿海，都要率领一支庞大的船队，这支船队以楼船为主力，舳舻千里，从长江入海，驶往沿海目的地。东汉时期，伏波将军马援南征时，曾率大小楼船2000多艘、战士2万多人，可见当时的楼船军规模之大。

既然如此，徐炬为什么还要把王濬建造的楼船看作楼船之始呢？原因在于，徐炬所说的"其楼船始于晋王濬伐吴造舟"，含义并非"楼船由此开始"，而是"大船连舫式楼船自此开始"的意思。很明显，在徐炬看来，"按光武时，虽有'泛楼船兮济汾河'之歌，考之群书，未闻有起楼驰马之盛"①，他把是否具有"起楼驰马之盛"作为楼船的判断标准。看来古人对楼船内涵的认识和界定并不一致。

到了北宋，曾公亮对前代楼船形制进行了归纳：

楼船者，船上建楼三重，列女墙、战格，树幡帜，开弩窗、矛冗（穴），外毡革御火；置炮车、擂石、铁汁，状如小垒，其长百步，可以奔车驰马②。

那么，王濬建造如此巨大的楼船，是否有利于作战呢？唐代的李筌有过评价，他说：

楼船，船上建楼三重，列女墙、战格，树旗帜，开弩窗、矛穴，置抛车、垒石、铁汁，状如城垒。晋龙骧将军王濬伐吴，造大船，长二百步，上置飞檐、阁道，可奔车驰马。忽遇暴风，人力不能制，不便于事，然为水

---

① 徐炬：《新镌古今事物原始全书》卷九。
② 曾公亮等：《武经总要》前集卷十一。

军，不可不设，以张形势①。

李荃认为，王濬的楼船有利有弊，如此巨大的船体，当遇到风暴的时候，是无法以人力控制的，也就是说，这种楼船一般不适合海上作战。可他又说，要打造水军，以大型楼船营造声势是不可少的。与李荃同时代的杜佑亦持同样观点②。北宋曾公亮也有类似评价，他认为汉武帝所置楼船"形制之盛，不若轻疾之利焉，故张威、畜（蓄）器械以楼船大舰为先，趋便利立功效，则走舸、海鹘为其用，或伏袭而入敌境，则凡舟皆可用也"。对于王濬所建楼船，曾公亮同意李荃的观点："若遇暴风，则人力不能制，不甚便于用，言施之，水军不可以不设，足张形势也。"③李荃、曾公亮的评价是中肯的，王濬的作战实践也证明了这一点。

对于晋武帝伐吴的军事行动，王濬有自己的看法，他上疏说：

臣数参访吴楚同异，孙皓荒淫凶逆，荆扬贤愚无不嗟怨。且观时运，宜速征伐。若今不伐，天变难预。令皓卒死，更立贤主，文武各得其所，则强敌也。臣作船七年，日有朽败，又臣年已七十，死亡无日。三者一乖，则难图也，诚愿陛下无失事机④。

王濬的核心思想就是赶快发兵。晋武帝采纳了王濬的建议，迅即发诏，令王濬统兵，分令诸方节度。太康元年（280年）正月，王濬率军从成都出发，先后攻克丹杨、西陵、荆门、夷道、乐乡，后又兵不血刃、攻无坚城，连克夏口、武昌，濬军"于是顺流鼓棹，径造三山"，吴国末帝孙皓"闻濬军旌旗器甲，属天满江，威势甚盛，莫不破胆"⑤。最终，吴国灭亡。在晋

---

① 李荃：《太白阴经》卷四。
② 杜佑：《通典》卷一百六十。
③ 曾公亮等：《武经总要》前集卷十一。
④⑤ 房玄龄：《晋书》卷四十二。

灭吴的战争中，楼船发挥了关键的作用。

自晋代以后，再无发现有如王濬所造超大型楼船的记载，显然楼船的大型化并不是古代战船的发展方向，到唐宋时期，楼船的小型化趋势越来越明显，例如宋朝时期，"宋太祖于朱明门外造楼船百艘，选卒习战池中，号水虎捷"[1]。这时的楼船，放在池中习战，说明其船型并不是很大。宋代以后，国内发生的战争大多在内河中进行，大型楼船失去了用武之地，逐渐退出主力战船的行列，但它的形制延续了很长时间，直到元末明初，依然有人在建造楼船。在实战中最后一次大规模使用楼船，是在元末朱元璋与陈友谅之间进行的鄱阳湖水战中。当时，陈友谅"忿疆土日蹙，乃大治楼船数百艘，皆高数丈，饰以丹漆，每船三重，置走马棚，上下人语声不相闻，橹箱皆裹以铁"[2]，装备水军，实力远超朱元璋水军，但朱元璋正确地运用战术，将陈友谅水军引入鄱阳湖交战，虽然"友谅兵号六十万，联巨舟为阵，楼橹高十余丈，绵亘数十里，旌旗戈盾，望之如山"[3]，但巨大的楼船在浅而复杂的水域中，优势无可发挥，最终落得全军覆没的结局。正如后人评价的那样："是战也，太祖舟虽小，然轻驶，友谅军俱艨艟巨舰，不利进退，以是败。"[4]也许是朱元璋在此次水战中看到了楼船的局限性，在建立明代水军时，他并不追捧高大的楼船。郑和下西洋组建船队时，明政府也没有采用楼船形制建造宝船，采用的是福船形制，这就表明楼船已经基本退出了历史舞台（见图2-5）。

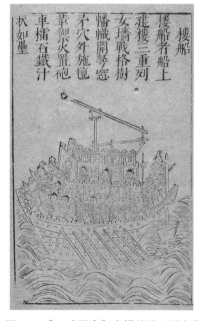

图2-5 《三才图会》中描绘的"楼船"

① 徐炬：《新镌古今事物原始全书》卷九。

②④ 张廷玉：《明史》卷一百二十三。

③ 张廷玉：《明史》卷一。

纵观楼船发展历史，古人对其进行了这样的评价："重列女墙，战士凭之。窗矛穴弩，炮车外施。湿毡生革，御火是宜。周环如垒，可战而驰。牙旗金鼓，大将之威。无风难使，多则非宜。此皆用以统率者也。"[①]此言既总结了它的特点和优势，又概括了它的局限，同时还暗示了它退出历史舞台的原因。

2.斗舰

斗舰是东汉以后出现的一种新型战船，"斗"有战斗、格斗之意，"舰"是"上下重床""四方施板以御矢石"[②]的战船。斗舰，显然是一种兼顾进攻和防御的专门用于战斗的战船。成书于唐乾元二年（759年）的《太白阴经》对斗舰的形制做了详细描述：

斗舰，船舷上设中墙半身墙，下开掣棹孔，舷五尺又建棚，与女墙齐，棚上又建女墙，重列战格，人无覆背，前后左右树牙旗、帜幡、金鼓，战船也[③]。

此后成书的唐代杜佑的《通典》、北宋曾公亮的《武经总要》（见图2-6）、明代茅元仪的《武备志》等，其记述都与《太白阴经》基本相同。这些记载突出了斗舰的三个特点：一是设置女墙、棚等设施用于兵卒隐蔽；二是设置战格用于兵卒作战；三是树立牙旗、帜幡、金鼓等装具用于官兵发号施令和营造声势。因此斗舰是为水上格斗而建造的战船，必在作战中冲锋在前。

---

① 魏源：《圣武记》卷十四。
② 刘熙：《释名》卷七。
③ 李荃：《太白阴经》卷四。

图2-6 《武经总要·前集》中描绘的"斗舰"

　　斗舰出现以后，逐渐装备于水军部队，并在水战中发挥了明显的作用，尤其是在东汉末年至三国时期的水战中大显风采。

　　东汉末年，政权纷争加剧，各政权都注重打造战船、建立水军。此时的战船种类，有些是从汉代继承下来的，如楼船、蒙冲、斗舰、赤马、先登、斥候等，有些是根据水战需要创造发明的，如走舸、油船等，其中斗舰占有相当大的比重。《三国志》记载，荆州"刘表治水军，蒙冲、斗舰乃以千数"①，而孙权的将军贺齐"性奢绮，尤好军事，兵甲器械极为精好，所乘船雕刻丹镂，青盖绛襜，干橹戈矛，蒩瓜文画，弓弩矢箭，咸取上材，蒙冲、斗舰之属，望之若山"②，都证明此时水军的规模宏大，而"望之若山"的蒙冲、斗舰是水军的主力战船。在著名的赤壁之战中，斗舰发挥了至关重要

────────────

　　① 陈寿：《三国志》卷五十四。
　　② 陈寿：《三国志》卷六十。

的作用。曹操初步统一北方后，于建安十三年（208年）春，在邺修建玄武池训练水军。七月，曹操统兵20多万，大举南下，企图先消灭刘表，再顺长江东进击败孙权。九月，曹操进至新野，此时刘表已死，其子刘琮不战而降，原刘表水军数以千计的蒙冲、斗舰，悉归曹操所有，曹操水军实力大增。依附于刘表屯兵樊城的刘备，闻讯后辗转退至樊口，面对严峻形势，他决定联吴抗曹。孙权接受联合抗曹建议，任命周瑜、程普为左右都将，以鲁肃为赞军校尉，率3万精锐水军，联合刘备军共5万人，溯长江西进，在赤壁与曹军隔江对峙。曹操虽然兵势强盛，但官兵多为北方人，不习水战，周瑜部将黄盖献计说："今寇众我寡，难与持久。操军方连船舰，首尾相接，可烧而走也。"周瑜采纳黄盖的火攻之计，"乃取蒙冲、斗舰十艘，载燥荻、枯柴，灌油其中，裹以帷幕，上建旌旗，豫备走舸，系于其尾。先以书遗操，诈云欲降。时东南风急，盖以十舰最著前，中江举帆，余船以次俱进。操军吏士皆出营立观，指言盖降。去北军二里余，同时发火，火烈风猛，船往如箭，烧尽北船，延及岸上营落。顷之，烟炎张天，人马烧溺死者甚众。瑜等率轻锐继其后，雷鼓大震，北军大坏"[1]。

赤壁之战后，曹魏、蜀汉、东吴三政权形成鼎立之势，水军得到进一步发展，曹操先前号称"治水军八十万众"[2]，实属夸耀之词，事实上吴国延续建强水军的传统，水军战斗力最强，在三国中独树一帜，其中斗舰依然占据主力战船的地位。三国末期，晋武帝灭掉吴国，缴获水军战船数千艘，其中包含了大量斗舰。从史料记载看，在整个晋朝，斗舰始终活跃在水战舞台上。到了东晋末年，在与卢循军队作战过程中，朝廷水军中的斗舰依然是主力。在一次战斗中，卢循率军数万乘船沿长江顺流而下，刘裕率官军拒之。刘裕派出轻便的斗舰，亲自操纵幡鼓，命官兵奋力抵抗，又令屯驻西岸的步骑军配合水军作战。右军参军庚乐生乘舰不进，被刘裕所斩，众军遂腾勇争先，"军中多万钧神弩，所至莫不摧陷"[3]。刘裕亲自乘船在江之中流指挥战

---

①②③　司马光：《资治通鉴》卷六十五。

斗，令西岸岸上军先备火具，然后趁着风势向卢循水军船上投火，卢循水军战船遭焚烧，顿时大乱，卢循只领少量兵卒乘单舸趁夜逃走。

3.五牙舰

五牙舰是典籍中记载的一种著名战船，它为何名为"五牙"、是否与它设有五层楼有关，典籍中并无记载，学术界也未展开讨论，笔者根据《武经总要·前集》卷十一所载图示[①]推测，应与五层楼有关。从图上看，五层楼船头一侧上下取齐，而船尾一侧则犬牙交错，有可能时人因此将其称为"五牙舰"。

关于五牙舰的形制，《隋书》中有较为详细的记载：

素居永安，造大舰，名曰五牙。上起楼五层，高百余尺，左右前后置六拍竿，并高五十尺，容战士八百人，旗帜加于上。次曰黄龙，置兵百人。自余平乘、舴艋等各有差。及大举伐陈，以素为行军元帅，引舟师趣三硖[②]。

"素"即杨素，字处道、弘农，华阴人，隋武帝时任车骑大将军。这段记载说明，杨素的水军拥有五牙、黄龙、平乘、舴艋等各种战船，其中最大者为五牙舰，起5层楼，高百余尺。以北周及隋尺合现尺0.7353尺计算，每尺应为24.51厘米[③]，"高百余尺"则高达24.5米以上。考虑到船的稳定性，起高24米以上的楼房，船长至少在50米。如此长度的船舶航行于长江之中，绝对是巨型战船了。

关于五牙舰的动力装置，典籍中并无文字记载，图示中也没有标示，不外乎桨和橹，因船上起5层楼，树桅帆的可能性也不大。橹的设置可能在甲板以上的船尾，也可能在甲板以下舱内尾部，而桨则一定设置于甲板以下的

---

① 曾公亮等：《武经总要》前集卷十一"战船"条，将"五牙舰"图标为"游艇"，系明显错误。
② 魏征：《隋书》卷四十八。
③ 吴承洛：《中国度量衡史》，商务印书馆1932年版，第192页。

船舱中。五牙舰载员为800人，划桨手不会少于半数。

《隋书》中还记载了五牙舰在水战中的作用。杨素伐陈时，军至流头滩，陈将戚欣以青龙船百余艘，屯兵数千人守狼尾滩，以阻遏杨素军的进路。狼尾滩地势险要，杨素军中诸将担心陈军利用地势之利，自己难以取胜。杨素说："胜负大计，在此一举。若昼日下船，彼则见我，滩流迅激，制不由人，则吾失其便。"[1]杨素乃利用夜幕的掩护，亲自率领黄龙数千艘，衔枚而下，派遣开府王长袭率领步卒从南岸袭击戚欣的别栅，令大将军刘仁恩率领甲骑直趋白沙北岸，两军黎明时分到达发起攻击，戚欣军败逃。与此同时，杨素亲率水军东下，舟舻被江，旌甲曜日。杨素乘坐平乘大船，容貌雄伟，陈人望之皆害怕。陈南康内史吕仲肃驻屯岐亭，正据江峡，于北岸凿岩，缀铁锁三条，横截上流，以阻遏杨素水军战船。杨素与刘仁恩率军登陆，先攻吕仲肃的营栅，吕仲肃军趁夜溃逃，杨素趁机去除铁锁，水军继续东下。吕仲肃军溃逃至荆门，据于延洲。杨素派出巴蜒卒千人，乘4艘五牙舰，以拍橦击碎陈军战船十余艘，遂大破陈军水军，俘虏甲士2000余人，吕仲肃仅以身免。纵观这场水陆联合作战，杨素把水军的作用发挥得淋漓尽致。他不仅令水军兵卒直接从事陆战，发挥陆战队的功能，而且善于根据地形和水势有层次地调动战船。他先亲自乘坐平乘大船，率领千余艘黄龙战船顺流而下，冲击在前，发挥平乘、黄龙这两种战船吃水浅、速度快的特点，扰乱敌水军阵势，而后派出吃水深、行动慢、威力大的五牙舰，集中攻击陈军大型战船，消灭敌水军主力，最终获得水上作战的胜利，乃至整个战斗的胜利。这场战斗说明，杨素是一位熟练掌握战船特性、精通水上战术、善于谋划水陆协同的称职将领。

4.车船

车船是由车轮旋转作为驱动力的船。它的形制，是在船的两舷安装若干

---

[1] 魏征：《隋书》卷四十八。

个带有轮叶的木质轮子，通过轮子旋转、轮叶拍打水面而产生推力，推动船前进，类似于近代西方出现的明轮船。其动力原理是在船的舱内，设置一个木质装置，类似古代农村灌溉提水用的水车，装置上的横杆连接船外的轮子，横杆上有踏板，当人踩踏踏板时，就会带动船外轮子旋转。这样，船上要安排一部分人力，不断踩踏踏板，以保持船外轮子的持续旋转。这种船早期被称为车轮舟，后来被称为车船。《武备志》中介绍了一种名叫"车轮舸"的船，它是车轮舟的一种（见图2-7），具体形制和作战使用是："长四丈二尺，阔一丈三尺，外虚边框各一尺。空内安四轮，轮头入水约一尺，令人转动，其行如飞。船前平头长八尺，中舱长二丈七尺，后尾长七尺，为舵楼舱上居中通前彻后，用一大梁盖板，自两边伏下，每一块长五尺，阔二尺，下安转轴如吊窗样。临敌，先从内里放神砂、神箭、神火，彼不能见。敌势少弱，我军一齐掀开船板，立于两边，即同旁牌与舱俱用生牛皮张裹，人立于内抛火球，放镖枪，使钩钜等器，敌船必焚破也。"[1]该书配有车轮舸示意图，虽与舰船法式不相符合，但可提供形象参考，无疑车轮舸是一种战船。

图2-7 《兵镜辑要》中描绘的"车轮舸"

　　事实上古代的车船多用于战争，因为其是在战争中发明出来的。前面已经提到，晋代末年爆发了孙恩、卢循领导的海上农民大起义，这次起义势如破竹，持续12年之久。为了镇压这次起义，晋朝政府动用了大量人力和物力，在军事上主要依靠大将刘裕，刘

---

① 茅元仪：《武备志》卷一百十七。

裕颇动脑筋，在水战装备上进行了改造和加强，可能是他，也可能是他的部下，受到民间灌溉提水所用水车的启发，发明了车船。虽然对他在与起义军作战中如何使用车船，典籍中没有记载，但笔者可以断定，在与起义军的多次江海作战中，他都大量使用了车船。关于这一点，后来的记载可以提供间接证明。在镇压了孙恩和卢循起义之后，刘裕又率军大举进攻建都长安的后秦。刘裕的部将王镇恶于义熙十三年（417年）奉命率水军由黄河进入渭水，向长安进发。关于这次水上进军，《南史》中有这样的记载：

　　镇恶所乘皆蒙冲小舰，行船者悉在舰内，溯渭而进，舰外不见有行船人。北土素无舟楫，莫不惊以为神[①]。

　　这段记载是说，王镇恶乘坐的船都是蒙冲小船。众所周知，蒙冲是一种体形狭长的冲击战船，它的驱动力一般来自橹和桨，而橹和桨都要设置在船外，远远就可望见。但是，王镇恶的蒙冲却有些奇怪，驾驶船的人全部在船内，从船的外面是看不到的。北方的船本来就很少，北方人见到这种船后，莫不惊以为神。为什么蒙冲在看不到驾驶者的情况下，依然能逆流而上？很有可能是对这种蒙冲进行了改造，在船内加了车轮驱动装置，驾驶者是在舱内操控船只的，如果这是事实的话，这种蒙冲就是车船了。这说明，可能在晋代末年就已经有人将蒙冲安装上车轮驱动装置改造为车船，并编入水军用于实战了。这次作战，刘镇恶到达目的地后，率军弃船登岸，让河水将蒙冲以及上面所载粮食全部冲走，断了官兵的退路。随后，他身先士卒，冲向长安城。官兵们义无反顾，发起攻城战，最终攻下长安城。这一战，大有可能是车船立了头功。

　　车船在晋代的出现，无疑是中国古代船舶发展史上的一项重大技术突破，它不仅操纵起来更省力，而且进退自如，提高了行驶中的灵活性和机动性，更有利于水上作战。有关资料显示，欧洲的明轮船第一次试验，是1543

---

① 李延寿：《南史》卷十六。

年在西班牙的巴塞罗那进行的。英国学者李约瑟写道："这种船在中国肯定流传下来了，因为在鸦片战争期间（1839—1842年），有大量的踏车操作的明轮作战帆船派去同英国船作战，而且证明颇为有效，虽然结果并没有带来什么希望。由于向来的那种自鸣得意，西方人曾认为中国的这些船是模仿他们的明轮船而制造的。但对中国当时的文献进行的研究表明，根本就不是那么回事。在4世纪的拜占庭，曾经提出了一项用牛转动绞盘驱动明轮船的建议，但没有证据说明曾经建造过这种船。由于手稿仅仅在文艺复兴时期（14世纪到16世纪）才被发现，因而不可能对中国造船匠产生什么影响。"[1]中外文献证明，几乎欧洲在4世纪末刚刚提出车轮船设想时，在417年中国车轮船就可能出现了。无怪乎有学者认为："轮桨在我国创用之早以及后来宋代车船种类之多，规模之大足以震惊世界。它使船舶的人力推进工具产生了一个飞跃，达到了半机械化程度，成为古代船舶人力推进技术的最高水平。"[2]

至南北朝时期的南朝，车船已经成为水军作战的主力战船。梁朝的水军将领徐世谱颇懂造船，在作战中，他打造了多种战船，其中就有车船。《陈书》记载：

世谱乃别造楼船、拍舰、火舫、水车，以益军势[3]。

"拍竿"是一种大型水上作战兵器，后文将详细介绍；"火舫"是用于火攻的战船；"水车"就是车船。

至唐代，水军中出现了专门由车船编成的船队。《旧唐书》记载：李皋"常运心巧思为战舰，挟二轮蹈之，翔风鼓疾，若挂帆席，所造省易而久固"[4]。"挟二轮"就意味着船队中的车船普遍使用两轮相对的装置，航行时

---

[1] 潘吉星：《李约瑟文集》，辽宁科学技术出版社1986年版，第261页。
[2] 周世德：《中国古船桨系考略》，《自然科学史研究》1989年第2期，第190页。
[3] 姚思廉：《陈书》卷十三。
[4] 《旧唐书》卷一百三十一。

配合以风帆，以增加船行速度，同时简化车船装置的复杂性，毕竟轮车在当时是造船中一项比较复杂的装置，航行中，尤其是作战中极易出现故障，需要有备用的动力手段。李约瑟对李皋的成就给予高度评价，他在《科学与中国对世界的影响》一文中写道："这种船的结构以及其湖上和河上进行水战，在8世纪是十分明确的。那时候唐曹王李皋建造并率领了这样一支船队。"①

到了宋代，车船进入大发展时期，水军大量装备车船。据宋代文献记载："偶得一随军人，原是都水监白波辇运司黄河扫岸水手都料高宣者，献车船样……打造八车船样一只，数日并工而成。令人夫踏车于江流上下，往来极为快利。船两边有护车板，不见其车，但见船行如龙，观者以为神奇，乃渐增广车数，至造二十至二十三车大船，能载战士二三百人。"②古代的都料即木匠，在船者为船匠，高宣就是这样一位匠工兼水手。他极善发明，将自制的车船样式献给水军，并按图样打造了一艘有8个轮子的车船，两舷有护板护住轮子，令人在江上踏车而行，速度之快使旁观的人只见船行如飞、不见车轮，都感到非常神奇。晚清思想家魏源在《圣武记》中曾经赞颂过一种名叫"八轮船"的车船："厚板五槽，中有八轮。其上三桅，柁楼后响。顺风使帆，逆风转轮。帆索药浸，雨火不侵。周以生革，捍矢卫军。狼牙钉底，用防奸人。攻守皆用，风涛不偏。"③这种"八轮船"竖帆以与车轮相配合，甲板上建有高高的柁楼，而且使以若干防御方法，如在帆索上浸药，防止水火；在船舷四周裹以生皮，增加防护力；在船底钉狼牙钉，防止敌人水下破坏等。这款车船，很有可能是高宣建造的8个轮子车船的升级版，其作战能力更强。后来高宣又在8个轮子的基础上增加轮子的数量，建造了有20至23个车轮的车船，之所以会出现23个这样单数轮子的车船，是因为其中有一个轮子安装于船尾。这样的车船每艘能装载二三百人，属于大型车船。魏源还介绍了一种名叫"火轮神舟"的车船："形如海艘，生草障矢。上下三重，旁轮激水。中层刀钉，机关以俟。下舱伏卒，阚疑神鬼。募泅善橹，破浪如驶。佯败争泅，空舟以委。践机触刃，精卒骤起。火器四发，樯队披靡。此用以哨探者也。"[1]在魏源的笔下，火轮神舟是一种攻守兼备、虚实并蓄，冷热兵器俱全，具有相当战斗力的车船。

北宋时期的水上作战，常常以车船为主力。建炎四年（1130年）二月，钟相、杨么发动反宋起义，宋朝廷"遣统领官安和率步兵入益阳，统制官张崇领战舰趋洞庭，武显大夫张奇统水军入澧江，三道讨之"。绍兴元年（1131年），"鼎澧镇抚使程昌禹造二十至三十车大船"，只可惜程昌禹不听部下劝阻，必欲向起义军炫耀其大型车船的威力，"竞发车船以进"。奈何起义军有备，不仅虏得程昌禹的大型车船，还获得了随车船作维修工作的都料高宣。《杨么事迹考证》记载："水寨得车船的样及都料手后，于是杨么造和州载二十四车大楼船，杨钦造大德山二十四车船，夏诚造大药山船，刘冲造大钦山船，周伦造大夹山船，高癫造小德山船，刘诜造小药山船，黄佐造小钦山船，全琮造小夹山船。两月之间，水寨大小车楼船十余制样，势益雄壮。"[2]这是一段有关车船种类最多的记载。杨么获得建造车船的人才和技术之后，可谓如鱼得水，迅速用车船把水军武装起来，在起义两年以后，其水军规模与气势之宏令官军忌惮。当时的文献记载，绍兴二年（1132年），"时鼎寇杨么、黄诚聚众至数万，么主诛杀，诚主谋画，据江湖以为巢穴，其下又有周伦、杨钦、夏诚、刘冲分布远近，共有车船及海鳅船多数百只。盖车船如陆战之阵兵，海鳅船如陆战之轻兵，而官军船不能近，每战辄败大率。伦、钦虽各有寨，而专恃船以为强；诚、冲虽各有船，而专恃寨以为固"。李龟年在《杨么本末》中解释杨么水军中的车船时说："车船者，置人于前后踏车，进退皆可，其名大德山、小德山、望三州及浑江龙之类，皆两重或

---

① 魏源：《圣武记》卷十四。

② 鼎澧逸民：《杨么事迹考证》，商务印书馆1935年版，第5—6页。转引自席龙飞：《中国造船通史》，海洋出版社2013年3月版，第176页。

三重，载千余人。"①然而，杨幺起义最终还是失败了，失败的原因不在车船建造多寡，而是岳飞用计智取的结果。

绍兴五年（1135年），杨幺率水军活动于洞庭湖一带，此时岳飞任镇宁、崇信军节度使，湖北路、荆襄潭洲制置使，他奉都督军事的张浚之命，招捕杨幺。他根据杨幺水军的情况，尤其是车船作战的特点，又鉴于本军官兵均为西北人不习水战的劣势，决定采取招降和军事进攻并重的手段，瓦解和消灭杨幺军。杨幺部将黄佐得知岳飞招降措施后认为，"岳节使号令如山，若与之敌，万无生理，不如往降。节使诚信，必善遇我"，便单独投降岳飞。岳飞为表达诚意，授予黄佐武义大夫，并单枪匹马前往黄佐营帐，拍着黄佐的背说："子知逆顺者。果能立功，封侯启足道？欲复遣子至湖中，视其可乘者擒之，可劝者招之，如何？"黄佐感动而泣，发誓以死相报。按照岳飞部署，黄佐返回湖中，袭击杨幺部将周伦，将其杀死，还生擒其统制陈贵等。岳飞为表彰黄佐之功，升迁其为武功大夫。岳飞向张浚进言，如果以官兵攻击杨幺的水军是很困难的，而让杨幺水军内部相互攻杀，然后消灭杨幺就很容易了，因为"水战我短彼长，以所短攻所长，所以难。若因敌将用敌兵，夺其手足之助，离其腹心之讬，使孤立，而后以王师乘之，八日之内，当俘诸酋"。张浚同意了岳飞的建议。

岳飞来到鼎州，黄佐又先后招杨幺部将杨钦、余端、刘诜等率数万人来降，杨幺军的力量大大削弱。然而，"幺负固不服，方浮舟湖中，以轮激水，其行如飞，旁置撞竿，官舟迎之辄碎。飞伐君山木为巨筏，塞诸港汊，又以腐木乱草浮上流而下，择水浅处，遣善骂者挑之，且行且骂。贼怒来追，则草木壅积，舟轮碍不行。飞亟遣兵击之，贼奔港中，为筏所拒。官军乘筏，张牛革以蔽矢石，举巨木撞其舟，尽坏。幺投水，牛皋擒斩之"②。

上述记载表明，岳飞先采取诱降、离间、激将等办法，扰乱杨幺军的思想和情绪，再瞅准车船动力装置的弱点，使其优势不能发挥，最终将杨幺

① 熊克：《中兴小记》卷十三。
② 脱脱：《宋史》卷三百六十五。

军消灭。否则，杨幺水军将车船优势发挥出来，就很难在短期内将其置于死地。杨幺败于谋略不足。南宋诗人陆游在晚年曾对岳飞灭杨幺战事作过补充说明：

> 鼎澧群盗如钟相、杨幺，战舡有车船，有桨船，有海鳅头；军器有拶子，有鱼叉，有木老鸦。拶子、鱼叉以竹竿为柄，足二三丈，短兵所不能敌。程昌万（禹）部曲虽蔡州人，亦习用拶子等，遂屡捷。木老鸦一名不藉木，取坚重木为之，长才三尺许，锐其两端，战船用之，尤为便捷。官军乃更作灰炮，用极脆薄瓦罐，置毒药、石灰、铁蒺藜于其中，临阵以击贼船，灰飞如烟雾，贼兵不能开目。欲效官军为之，则贼地无窑户，不能造也，遂大败。官军战船亦仿贼车船而增大，有长三十六丈，广四丈一尺，高七丈二尺五寸，未及用而岳飞以步兵平贼。至完颜亮入寇，车船犹在，颇有功云①。

陆游在这里补充了两条重要信息：一是官军拥有杨幺所没有的利器灰炮，水战中占有优势，杨幺因为没有窑户而无法仿造；二是官军模仿杨幺水军赶造更大的车船，未及用于实战杨幺水军便被消灭了。这说明，无论是官军还是杨幺军，都在水战中彼此学习对方的长处，来提高自己的战斗力。关于官军仿造车船事，《宋会要》也提供了佐证：

> （绍兴）四年二月七日，知枢（密）院事张浚言：“近过澧、鼎州，询访得杨幺等贼众多系群聚土人，素熟操舟，凭恃水险，楼船高大，出入作过。臣到鼎州，亲往本州城下鼎江阅视。知州程昌禹造下车船，通长三十丈或二十余丈，每支（只）可容战士七八百人，驾放浮泛往来，可以御敌。缘比之杨幺贼船数少，臣据程昌禹申，欲添置二十丈车船六只，每支（只）所用板木材料、人工等共约二万贯。若以系官板木，止用钱一万贯，共约钱六万

---

① 陆游：《老学庵笔记》卷一。

54

贯。乞行支降，及下辰、沅、靖州计置板木。如系私下材植，即行支给价钱，和买使用。"①

　　张浚经过视察，发现官军战船与杨幺水军战船有一定差距，并获悉知州程昌禹欲集中建造20丈车船6艘补充水军，便进言朝廷，下拨相应款项支持造船。而程昌禹欲造车船，显然是模仿杨幺车船样式。

　　除了镇压杨幺起义外，沿海防御也大量使用战船，绍兴五年（1135年）五月，"江浙诸州军打造九车、十三车战船，以备控扼。缓急遇敌，追袭掩击，须用轻捷舟船相参使用"②。

　　车船在南宋时期的水军抗金、抗元作战中，也都发挥了重要作用。南宋诗人杨万里在他的《诚斋集·海鰌赋》中写道："绍兴辛巳，金亮至江北，掠民船指麾其众欲济，我舟伏于七宝山后，令曰：旗举则出江。先使一骑偃旗于山之顶，伺其半济，忽山上卓立一旗，舟师自山下河中两旁突出大江，人在舟中踏车以行船，但见舟行如飞，而不见有人，敌以为纸船也。"③杨万里所赞颂的这场战斗发生于绍兴三十一年（1161年），金国废帝完颜亮为统一华夏，亲率大军南征南宋，他"驻军江北，遣武平总管阿林先渡江至南岸，失利上还和州，遂进兵扬州。甲午会舟师于瓜洲渡，期以明日渡江"④。当时宋军18000人守长江以北的采石（今安徽省马鞍山南部），要抵抗金兵数十万大军，将领王权弃军而去，接防的将领李显忠尚未到任。到采石犒师的虞允文勇挑重担，代替主帅主持抗金。十一月初八，金军水军战船加之抢夺的民船共数百艘，在完颜亮指挥下强渡长江。虞允文对迎战做了部署，将水军战船伏于七宝山后，在山顶设一骑为观察哨，带金军战船渡江至半，以举旗为号，战船发动攻击。据《宋史》载，按照约定，虞允文"命战士踏车船中流上下，三周金山，回转如飞，敌持满以待，相顾骇愕。亮笑曰'纸船

---

①②　徐松：《宋会要辑稿》食货五〇。

③　杨万里：《诚斋集》卷四十四。

④　托克托：《金史》卷五。

耳！'"①可是，就是这种被完颜亮笑谈为"纸船"的车船，将金军水军打得大败，完颜亮也在此役后被手下所杀。采石水战是南宋军大规模使用车船以少胜多的典型战例。

元代以后，车船在典籍中的记载渐少，直至完全销声匿迹。这说明，由于车船动力装置的复杂性，给水战带来了越来越多的困扰：远距离作战火器的发展，大大增加了车船动力装置损坏的可能性，机械维修压力变得越来越大，于是，车船就被其他种类的战船所代替了。

5.宝船

宝船是明朝政府为郑和下西洋专门打造的大型海船，也是中国古代船舶的登峰之作，在这种驰名中外的古船身上，至今还有许多谜团没有被解开。

郑和下西洋所用船舶之所以被称为"宝船"，据典籍记载，它含有"西洋取宝之船"的意思，在历史上有两层含义：一是郑和下西洋所用船舶的通称，二是特指郑和等领导人所乘坐的大、中型船舶。本书采用第二种含义。

宝船在其他典籍中也有"宝舟""龙船""宝石船""宝舡"等称谓。由于郑和下西洋档案丢失，"宝船"的大小、结构、样式等在相当长的时期内无人知晓。从现有史料看，最早记载宝船尺度的文献是马欢的《瀛涯胜览》，这部书的卷首中写道：

> 宝舡六十三号，大者长四十四丈四尺，阔一十八丈；中者长三十七丈，阔一十五丈。
>
> 舟楫之雄壮，盖古所未有。

《客座赘语》《国榷》《明史》《郑和家谱》等典籍对宝船的尺度均有相同记载，《三宝太监西洋记通俗演义》也作如是描述。这些典籍和文学作品对

---

① 脱脱：《宋史》卷三百八十三。

宝船尺度的描述，很有可能都来自《瀛涯胜览》的记载。根据这一记载，按照南京宝船厂遗址出土的明尺0.313米计算，大型宝船长约139米，相当于今天一艘重型护卫舰的长度，宽约56米，相当于今天一艘重型护卫舰宽度的3倍；中型宝船长约116米，宽约47米。据此计算，大型宝船的甲板比一个标准足球场还要大，其规模之宏，令人叹为观止。巩珍在《西洋番国志》中虽然没有记载宝船的具体尺寸，但他对郑和宝船的大却毫不掩饰：郑和宝船"体势巍然，巨无与敌，蓬、帆、锚、舵，非二三百人莫能举动"，印证了郑和宝船的巨大。2010年6月在江苏省南京市郊区祖堂山南麓发现的洪保墓葬，也提供了一组非常有说服力的证据。墓葬中有一合洪保的寿藏铭，其中就明确记载，大型宝船是"大福等号五千料巨舶"。这里的"料"字，据清代学者段玉裁解释，是一种计量单位，他说："称其轻重曰量，称其多少曰料。"[1]很显然，"轻重"是指物体的重量，而"多少"则是指体积。那么，"料"字用在造船上是指何物的体积呢？是载物或载人的容量体积还是造船所用木材的体积？事实上在学术界这两种认识都存在，有的认为是指载物或载人的空间体积，有的认为是指造船所用木料的体积。但无论指什么，它都决定了船的尺寸和排水量的大小。进一步说，"料"的多少一定与船的大小成正比。《宋会要辑稿》中载，建炎三年（1129年）四月，平江府造船场曾造四百料八桨战船，这种船通长8丈；乾道五年（1169年）十月，"水军统制官冯湛近打造多桨船一艘，其船系湖船底、战船盖、海船头尾，通长八丈三尺，阔二丈，并淮尺计八百料，用桨四十二枝，江、海、淮、河，无往不可"[2]。按照宋代打造的这些战船料和尺寸的大致比例，如果此时能造5000料战船的话，其长、宽必达40余丈和十几丈。明代在南京有一座著名船厂名龙江船厂，据《龙江船厂志》记载，400料战座船的长度大约6丈，约合19米，宽度大约1丈6尺，约合5米。按照这一数据来推断，5000料的船舶尺寸达到长44丈4尺、宽18丈，是毫不奇怪的。可以说，宝船是中国古代造船技术和建造规模

---

① 段玉裁：《说文解字注》第十四篇上。

② 徐松：《宋会要辑稿》食货五〇。

的巅峰之作，也是世界造船史上空前绝后的最大木板船。

关于宝船的制式，因其为大福船，按《明史·兵志》载大福船制式应为：

底尖上阔，首昂尾高，桅楼三重，帆桅二，傍护以板，上设木女墙及炮床。中为四层：最下实土石；次寝息所；次左右六门，中置水柜，扬帆炊爨皆在是；最上如露台，穴梯而登，傍设翼板，可凭以战。矢石火器皆俯发，可顺风行①。

根据上述记载，宝船的大小和制式都应该是明确的。然而在几百年中，人们对宝船大小的认定却有很大分歧，笔者在此将各种观点加以罗列，以在对比分析中窥探宝船的秘密。

事实上争论是紧紧围绕着《瀛涯胜览》记载的真实性展开的。有人认为，《瀛涯胜览》对宝船大小的记载，是中国古人为炫耀大明朝国威和强盛而进行的有意夸张，并不可信；也有人认为，《瀛涯胜览》的作者马欢既是郑和下西洋的亲历者，又是一位严谨的学者，既然郑和下西洋是无与伦比的壮举，就无须以夸耀和虚构来彰显它的伟大，记载是可信的。

持"不可信"观点的人主要有如下四点理由。

第一，中国古代造船技术达不到。

虽然中国明代造船技术已经领先于世界，但在尚无镙焊工艺的时期，要造出如此巨大的船舶来，实在难以想象。即使在科学技术非常发达的今天，全部用木头造出这样大的船，也是不可思议的。中国科学院院士、造船专家杨槱先生认为，造一艘大型郑和宝船等于建造三个太和殿，造一个太和殿就需要很长的时间，要造一艘大型宝船恐怕几年也造不出来②。他还认为，从船体强度理论来看，当船长于90米，船体所受纵向弯曲力距很大，木质船体的

---

① 张廷玉：《明史》卷九十二。
② 见中央电视台大型系列节目《1405：郑和下西洋》第二集对杨槱先生的访谈。

强度要求很难保证。在与现代钢船比较后推算出宝船"船底板和甲板板厚约为钢船的20倍,分别为340毫米和380毫米",从而得出了"这是非常惊人和难以办到"的结论,进而认为建造"'长四十四丈,广一十八丈'的宝船是不可能的"[①]。

第二,宝船的长宽比例严重失调。

近现代海船是细长形的,有利于减少水的阻力。民国时期的学者管劲丞就认为:"航海的船舶,为了波涛汹涌之故,更需要减少水的阻力;而愈短阔则阻力愈大,又是古今不变的。那就可以断言,当时造船,一定不会采用这样的长方形。而且,在我们眼中,江海之上也不曾有这样的船型。"他列举了民国时期建造的军舰,比如"宁海"巡洋舰,其长宽比是9:1。他又查阅了1932年海军部的统计,知道海军舰队除"宁海"舰以外还有51艘军舰,它们的长宽比例都在6:1到7:1之间[②]。现代学者也有相同的看法,他们认为,现代海船的长宽比较民国时期更大,比如集装箱船,装载8000多个箱的集装箱船,它的长是300多米、宽40多米,长宽比是7.5:1。再看军舰,现代军舰的长宽比一般是7:1、8:1,甚至是9:1,比如美国安装有"宙斯盾"系统的"阿利·伯克"级驱逐舰,它的长是156.5米、宽是20.4米,长宽比是7.7:1。再比如俄罗斯的"无畏"级驱逐舰,它的长是163.5米、宽19.3米,长宽比是8.5:1。这样的船型航行起来速度才快,抗风浪的能力才强。而大型宝船的长44丈4尺、宽18丈,它的长宽比是2.5:1;中型宝船的长37丈、宽15丈,长宽比也是2.5:1。试想,这样的船型能抗击风浪吗?能够快速航行吗?

第三,郑和使团的官兵数量与宝船尺度不符。

杨槱先生认为,郑和每次率船队下西洋,团队成员有27000多人,按每次出海宝船数量为62艘计算,每艘船上的成员为450人左右。一艘十几丈长的海船可容纳数百人,还可装载上百吨的货物。62艘大船,再加上一些较小

---

① 杨槱、杨宗英、黄根余:《略论郑和下西洋的宝船尺度》,《海交史研究》1981年第3期。

② 管劲丞:《郑和下西洋的船》,《东方杂志》1947年第43卷第1期。

的船，就能胜任上述的大规模远航了，并不需要建造一批特大的空前绝后的船舶。船队有秩序地安全航行的关键是船的适航性和操纵性，而不是船的体形的庞大。综合种种因素考虑与分析，可以认为郑和下西洋所用的船是我国沿海久经考验的普通海船，大约长十几丈，容量是2000料，较小的1500料的、1000料的也参加了航行。长44丈、宽18丈的海船，既不需要，也无可能[①]。杨槱先生在另一篇文章中甚至直接给出了最大宝船的尺寸：长18丈，宽4.4丈[②]。辛元欧先生以一些学者推算的郑和宝船为20000吨级大船为设定，认为：在航海技术不发达的古代，船舶吨位的大小与所需船员的比例并不会成正比增长，船愈大，操驾愈困难，所需人员将成倍增加，按最保守的估计，20000吨级的郑和宝船少说也应有8000名船员。可是所有郑和下西洋的历史文献均认定，郑和每次下西洋的全部人员只有27000人左右。那么第一次下西洋如按62艘宝船计算，则一艘船上只能分到436名船员；按费信《星槎胜览》所说，郑和第三次下西洋有48艘宝船，那么一艘船上也只能分到563名船员。由此看来，这62艘船绝不可能是20000吨级船，而只是600吨的海船。而第三次下西洋的船似乎要大些，充其量也不过是800吨的海船了。如果还要硬说这些海船有20000吨级，那么郑和宝船队谅必严重缺员，而一定是开不出去的了[③]。

第四，古代西方国家没有造如此大船的先例。

欧洲在15世纪初已经出现1500吨左右的大型卡拉克船，在这一时期，热那亚、威尼斯和法国均能建造2000吨级的大船。然而，在此后的船舶发展中，虽然欧洲各国加紧了海上霸权的争夺，各国越来越推动战船建造向大型化发展，但直到18世纪末期，也未能突破3000吨级的关口，这并非船舶建造者不想建造再大一些的战舰，而是船体木壳结构和连接件等的限制条件使

---

① 杨槱：《郑和下西洋所用的船舶——从航海与造船的角度考虑》，《郑和下西洋论文集》第一集，人民交通出版社1985年版。

② 杨槱、杨宗英、黄根余：《略论郑和下西洋的宝船尺度》，《海交史研究》1981年第3期。

③ 辛元欧：《关于郑和宝船尺度的技术分析》，《郑和研究》2002年第2期。

然。即使到后来使用了铁骨和铁铆钉等更为强力的连接件，所建造的船舶也只能达到5000吨，其中有一艘战舰达到过6690吨，但使用寿命不长，已是勉为其难了。对于中国明代的造船技术而言，建造一艘甲板面积比一个100米的体育场还要大的郑和宝船，仅用铁钉和拐角那样的小型连接件，是不可能的，即使对现代人来说亦是不可想象的[①]。

持"可信"观点的人理由有如下五点。

第一，《瀛涯胜览》为第一手史料，可信度高。

《瀛涯胜览》的作者马欢是郑和使团中的教谕和通事，曾经跟随郑和三次下西洋。他聪明、敬业，在出使各国的时候，放弃了从海外携带珍宝回国发大财的机会，每到一地，潜心观察和研究当地的情况，记录了许多珍贵的信息。他不仅对郑和船队的情况相当熟悉，而且有很强的责任心，所以他的记录可信度极高。此外，除了《瀛涯胜览》以外，还有很多典籍与《瀛涯胜览》的记载完全相同，比如《郑和家谱》《客座赘语》《三宝太监西洋记通俗演义》《明史》等。这些文献，有的可能参考了《瀛涯胜览》的记述，有的可能来源于其他记载。来自其他记载的典籍，是对《瀛涯胜览》的印证。

第二，明代以前中国已能建造巨舶。

在古代，中国人民创造了灿烂的海洋文明，造船技术是其中最耀眼的"明珠"。在《易经》中就有"黄帝刳木为舟，剡木为楫"的记载，说明生活在距今4500年以前的黄帝就已掌握了制作独木舟的技术，把木头挖空了做成船，把木头削扁了做成桨。在漫长的历史过程中，炎黄子孙不断发挥自己的聪明才智，把造船事业一次又一次推向世界的顶峰。

成书于三国时期的《南州异物志》记载：

外域人名舡曰舡，大者长二十余丈，高去水三二丈，望之如阁道，载

---

① 辛元欧：《关于郑和宝船尺度的技术分析》，《郑和研究》2002年第2期。

六七百人，物出万斛①。

唐代《一切经音义》在解释"船舶"时说：

大船也，今江南泛海船谓之舶，崑崙及高丽皆乘之，大者受万斛也②。

"斛"是一个容量单位，据《说文解字》解释，"斛"与"石"是相同的，也就是10斗，那么换算成重量是多少呢？宋人沈括在《梦溪笔谈》中记载："钧石之石，五权之名，石重百二十斤，后人以一斛为一石，自汉代已如此。……今人乃以粳米一斛之重为一石，凡石者以九十二斤半为法，乃汉称三百四十一斤也。"③这九十二斤半相当于现在的110斤左右。这样算来，宋代的大船长度达56米多，水上高度10米左右，能装载550吨货物。"阁道"就是拥有屋顶和竖向围护结构的长廊，远远看去非常的华丽。据推测，这样的船排水量在一两千吨以上。宋人吴自牧在《梦粱录》中说得更加直接："浙江乃通江渡海之津道，且如海商之舰大小不等，大者五千料，可载五六百人；中等二千料至一千料，亦可载二三百人。余者谓之钻风，大小八橹或六橹，每船可载百余人。"④这说明航行于浙江沿海的商船，最大者已达5000料，与最大的郑和宝船相当，而比宝船的出现早了至少130多年。

到了元代，造船技术和规模又有了发展。威尼斯人马可·波罗在中国工作17年之久，对中国十分了解。由他口述的《东方见闻录》（也称《马可·波罗游记》）就有关于中国船舶的描述。他说，中国的大船有12张帆。12张帆是一个什么样的概念呢？一艘船帆的多少，也是衡量一艘船大小的标志。古代的大船有"九桅十二帆"之说，就是说，帆是要挂在桅杆上的，12

---

① 李昉：《太平御览》卷七百六十九。
② 释慧琳：《一切经音义》卷十三。
③ 沈括：《梦溪笔谈》卷三。
④ 吴自牧：《梦粱录》卷十二。

张帆最少要有9根桅杆。据《天工开物》记载，按照古代造船技术的要求，每船长10丈，要立2根桅杆[①]，如果一艘船有9根桅杆，那么它的船长一定不少于40丈，也就是在100米以上。所以，在元代中国的大船的长度已经达到了100米以上，也与郑和宝船的大小不相上下。

至明代，中国造船技术继续领先世界，在这种情况下造出长44丈4尺、宽18丈的大船，是毫不奇怪的。

再从明代造船的实际数据看。龙江船厂是明代设于南京的一个著名造船厂，大量商船与战船建造于此。明朝嘉靖年间的工部主事李昭祥曾经主持过龙江船厂，他后来撰写了一部《龙江船厂志》，在这部志书中，李昭祥虽然没有明确记载5000料船舶长宽几何，却有100料、150料、200料和400料战座船的船长数据，它们的长度分别是49.2尺、55尺、60.8尺和89.5尺。根据不同料数战座船的船长数，不考虑其他因素的影响，当可大致推算出5000料大船的理论长度。管劲丞先生据此以2000料为目标做过推论（当时还未发现有5000料宝船记载），经过推算他认为，200料战座船比100料战座船在容量上大一倍，但在长度上并未加倍，故而认为"料数加倍，长阔不加倍"，如2000料宝船容量是400料战座船的5倍，但长度绝无5倍之理。如果坚持要按倍数计算，那么44丈4尺的宝船至少应为22000料，如其舱深加半，那就相当于33000料了。于是他得出结论：长44丈4尺、宽18丈的宝船是不存在的[②]。

管先生在文章中并未提供详细的计算过程，我们并不清楚他是如何得出这样结论的。按照李昭祥提供的数据，其实可以这样计算：把100料战座船和200料战座船的料数和船长相比可知，每增加100料，长度增加11.6尺；把100料战座船与400料战座船相比可知，每增加100料，长度增加13.4尺。在此我们以每增加100料船长增加11.6尺计算，2000料宝船船长为220.4尺，也就是22丈多；5000料宝船船长为568.4尺，也就是56丈8尺多。与龙江船厂

---

① 宋应星：《天工开物》卷中·舟车第九卷。

② 管劲丞：《郑和下西洋的船》，《东方杂志》1947年第43卷第1期。

遗址出土的宝船舵杆实物相匹配的2000料宝船，复原后的长度是61.2米，合明代尺子214.7尺，与推算的2000料宝船长度220.4尺十分接近，说明上述推算是有道理的。《瀛涯胜览》中记载的大型宝船船长44丈4尺，比推算的数据还要小，说明这种宝船还达不到5000料，还不是郑和宝船中最大的，其存在是毫无疑问的。至于马欢为什么在《瀛涯胜览》中没有将最大宝船的尺度记录在案，可能是因为每次下西洋郑和船队的最大宝船尺度都不一样，马欢所参加的第四、第六、第七次下西洋，他所见到的最大宝船长度是44丈4尺，而洪保出海时所乘坐的最大宝船是5000料。

近十几年来，世界水下考古取得很大进展，一些考古成就为《瀛涯胜览》记载的宝船尺度的可靠性提供了新的证据。德籍华人陶景怡曾致信南京郑和研究会，通报了考古新情况。他在信中说，1999年7月在马来西亚北婆罗洲附近海底，发现了大批明朝宣德年间的瓷器和木船残件，马来西亚和法国考古人员用电脑进行了数据分析，他们推算出这些船的大小，惊讶地发现，这些船舶比葡萄牙当代的巨型帆船大3倍，也就是说船长约100米、宽约40米，与《瀛涯胜览》中记载的长37丈、宽15丈的中型宝船是一致的，有力地证明了《瀛涯胜览》记载的可靠性。

第三，洪保寿藏铭提供有力佐证。

在南京祖堂山南麓发现的洪保墓葬，其寿藏铭提供了关于宝船的珍贵证据。洪保曾奉皇帝之命七下西洋，其中有4次是以副使太监的身份跟随郑和一起出使西洋的。洪保不仅是一个外交家，而且是一个航海家，他的寿藏铭记载：

永乐纪元……充副使，统领军士，乘大福等号五千料巨舶，赍捧诏敕使西洋各番国，抚谕远人①。

---

① 《大明都知监太监洪公寿藏铭》。

这段话是说，永乐年间，洪保充当副使，统领团队，乘大船出使西洋各国，把大明皇帝的敕谕传颂到这些国家。其中最关键的一句话是"乘大福等号五千料巨舶"。这句话给我们提供了两个信息：一是洪保所乘坐的宝船类型是福船；二是他乘坐的宝船是5000料的巨舶。"料"是古代代表船舶大小的计量单位之一，它的本意是指建造船舶时用的物料的多少，主要是指木料，作为衡量船的大小，可能是指木料的重量或体积，也可能是指船的载重量或容积。

今天，一艘船的大小是用排水量来衡量的，古代对船的大小，是用"料""斛""石"这些单位来衡量。"料"用来划分船的等级，一般取整数。比如古代有300料船、400料船、1000料船等，没有见过类似325料、458料这样的记载。洪保的寿藏铭中记载的宝船是5000料的大船，它是目前古代典籍中所记录的级别最高的船舶。

那么，"料"与船的尺度有何关系呢？毫无疑问，"料"与船的尺度是成正比的，道理很简单，造船用料越多，船的尺度越大。至于比例如何，由于古代的船舶多种多样，使用的木料各不相同，不可能有一个统一的标准。

至此，人们不免会提出一个问题：5000料宝船换算成今天的排水量应是几何？船舶的排水量是把空船重量和载重量相加所得到的一个总重量。由于"料"是指建造船舶所需木料的体积、重量，还是船舶的载重量、容积，史料没有明确记载，学术界至今无法确定。有观点认为，"宋元明三朝船舶所用'料'是指船上可利用载人、货的容积"，其估算方法是："船料＝船底长（尺）×船面宽×舱深（尺），再除以十而得。"[1]也有观点认为："宋元明时期史籍记述古船时出现的'料'字是表示船舶大小档次的量度单位之一，就其本意而言，它既不是指船舶载重量也不是指船舶容积，而是指船用物料。料与船舶的载重量和容积一样，都正比于船的长、宽、深，因此，料与载重量和容积之间必然存在一定的内在联系。"[2]还有观点认为："中国古船中的

① 苏明阳：《宋元明清时期船"料"的解释》，《海交史研究》2002年第1期。
② 何国卫：《析中国古船的料》，《国家航海》第一辑。

'多少料船'，如'四百料战座船''贰佰料巡沙船'中号称的'料'，既不是指建造船舶所用物料的多少，也不是指船的容积，更不是指船的载重量，而是指船体中纵剖面面积，且一料计为一平方尺。此'料'不仅能明显反映造船工程量的大小，而且与船体的体积、容积密切相关，因而在熟悉船的制式的基础上可以方便地用来估算船的载重量和船体建造所需物料的多少。"[①] 所以，对5000料宝船的排水量也就无法进行精确的计算。不过，学术界根据现代造船的数据，给出了一个大致推断，认为5000料宝船的排水量当在5000吨至10000吨之间，相当于一艘中型导弹驱逐舰的吨位。有的学者直接推算出5000料宝船的排水量是11700吨[②]，也有学者推算为22307吨[③]，还有学者推算出是在22848吨至28561吨之间[④]。虽然郑和宝船未必有这么大，但即使在5000吨至10000吨之间，也是古代中国人民了不起的伟大成就了。

第四，宝船长宽比适合海上航行。

洪保在寿藏铭中除了强调他所乘的宝船是5000料巨舶以外，还告诉人们他乘坐的宝船类型是大福船，或者叫"福船一号"。福船是宋代以后产于福建省的海船，所以被称作"福船"。这种船在不同的时期有不同的特点，以宋元时期的福船最有代表性，它的形状是小方头、阔尾、尖底，适合在海上航行。明代的宝船沿用了这种形状。

大型宝船的长宽比是2.5∶1，这样的比例是否适合海上航行呢？有学者以现代军舰比例来类比，这显然是不可取的。关于中国古代船舶如此比例的记载并不少见，《资治通鉴》中就说："贞观廿年六月于剑南道伐木造舟舰，大者或长百尺，其广半之。"[⑤] 这艘船是一艘长宽比为2∶1的中小型船只。在福船中长宽比为2.5∶1的船更是常见。宋代典籍记载："船方正若一木斛，非

---

① 何志标：《从明代古籍所载战船尺度推测中国古船"料"的含义》，《国家航海》第九辑。

② 郑明等：《论南京宝船厂遗址出土舵杆与郑和二千料宝船匹配关系》，《郑和研究》2006年第1期。

③ 杨培漪、卢银涛：《郑和船队复原研究》，《船史研究》1997年第11—12期。

④ 席龙飞、何国卫：《试论郑和宝船》，《武汉水运工程学院学报》1983年第3期。

⑤ 司马光：《资治通鉴》卷一百九十九。

风不能动"①，这里的斛是一个量器，这说明宋代有如同一个方方正正量器一样的海船，"非风不能动"则说明此类海船船型巨大。1974年，在福建泉州的后渚港出土了一艘完整的宋代海船（见图2-8），它是典型的福船，其出土时残长24.2米、宽9.15米、深1.98米，长宽比是2.6∶1。专家根据残船的尺寸，推算出它当年的尺度是长30米，水线长27米，甲板宽10.5米，型深5米，吃水3.75米，排水量454吨，有13个水密隔舱。这是对福船长宽比例的实物佐证。

图2-8　福建省泉州湾后渚港出土的宋代海船水密隔舱

那么，古人为什么要把海船造成这样的形状呢？古船的建造材料主要是木头，它的强度远远比不上今天的钢铁，如果把木船造得过于狭长，在海上航行极易因风浪冲击而断裂。另外，狭长的船体也增加了不稳定性，很容易在风浪中倾覆。为了避免这些弱点，古代海船牺牲了船的速度，而提高船的稳定性，故而造得十分宽大。当然，宽度的增加带来了船的稳定，但并不能完全解决强度问题，宝船的强度主要依靠水密隔舱和船板连接技术来实现。泉州宋船以12道隔壁分隔成13舱，采用水密舱壁建造，隔板厚度达10至12厘米，每道隔壁用三四块木板榫接而成，并和肋骨紧密结合在一起。这种方

① 朱彧：《萍洲可谈》卷二。

法从功用到结构及装配形式，与近代铆接钢船上的水密舱壁及其周边角钢都非常相像，不仅是抗沉性的有力措施，而且在保证横向结构的强度和增强纵摇时的承压力方面均起了重要作用①。明代中国出使琉球时所造的长15丈的海舶就有23个隔舱，比泉州宋船长了5丈、多了10个隔舱，也就是说，随着船体长5丈而增加了10道隔壁与肋骨。这说明，通过增加隔舱的数量就能使越造越大的海船保证相应的横向强度，宝船就是如此。

第五，造大船是"耀兵"和"示富"的需要。

"欲耀兵异域，示中国富强"虽然不是郑和下西洋任务中的重中之重，却是目的之一。要实现这一目的，建造数量众多的大船是前提条件。试想，一支帆樯林立、气势如虹的大舰队航行于海上，它将产生怎样的威慑力；一支货物充盈、绚丽无比的豪华船队，它将展示何等的经济实力。关于这一点，庄为玑、庄景辉两位先生早在20世纪80年代就已经做了比较充分的论述。他们认为：其一，建造大船是装载官军及应用物资的需要。对一艘出海一次来往需要3年远洋航行的宝船来说，具备充裕的船上人员的日常生活应用物资是非常必要的。它包括官兵的"一应正钱粮""随舡合用军火器、纸札、油烛、柴炭""内官合用盐、酱、茶、酒、烛等件"。更为重要的是淡水，"凡舟船将过洋，必设水柜，广蓄甘泉，以备食饮，盖洋中不甚忧风，而以水之有无为生死耳"。其二，建造大船是装载赏赐品和贸易货物的需要。郑和下西洋，是明成祖朱棣出于进一步在国内强化统治、在国外扩大声威的政治上的需要，而更重要的是以封建统治阶级为了追求奢侈品满足腐朽生活为真正目的的，因而宝船上装载的就不只限于上述之日常生活应用货物，而且更大量的是用于与海外各国交易的"陶瓷、丝绣、币帛"等商品，还有用来"赏赐番王头目人等彩币等物"和他国"进贡方物给赐价钞买到纻丝等件"。其三，建造大船是"欲耀兵异域，示中国富强"的需要。明成祖朱棣为了提高他在海外的威望、扩大他的政治影响，给官方的对外贸易抹上了一

---

① 席龙飞、何国卫：《对泉州湾出土的宋代海船及其复原尺度的探讨》，《武汉理工大学学报（交通科学与工程版）》1978年第2期。

层浓厚的政治色彩。这便是采取"开读赏赐"的形式，以"昭示恩威"而达到"其王亦采方物赴中国进贡"的目的。这种耀武扬威于"四海"、显示富强于"万方"的需要，正是建造"盖古所未有"的大型宝船的最重要原因[①]。

另外，说古代西方国家没有造如此大船的先例也缺乏根据。德国人汤若望在《火攻挈要》中记载，在我国明朝末年，西方国家用于海上作战的战船，已经达到了"大者长六十丈，阔二十丈；中者长四十丈，阔十二丈；小者长二十丈，阔六丈"[②]的规模，最大者已经超过了郑和船队最大的宝船。当然，这已经是郑和下西洋200多年以后的事了。

综上所述，中国古代的造船业领先世界千年以上，为世界海洋文明作出了重大贡献，有许多发明创造至今造福人类。也正是有了这样发达的造船业，才推动着中华民族驶进深海大洋，创造着一个又一个海上传奇。

---

① 庄为玑、庄景辉：《郑和宝船尺度的探索》，《海交史研究》1983年第5期。
② 汤若望：《火攻挈要》卷下。

桔槔的启示

——中国古代的海战兵器

在中国古代，民间有一种从井里提水的工具，名叫桔槔，它是在井台上架起一个支架，用一根长杆搭在支架上，长杆的前端用长绳系一水桶，另一端由人操作。先将长绳深入井中，把水桶打满水，然后由人操纵另一端，利用长杆将水桶从井中提起。这是一种既省力又简便的提水方式，至今在一些地方还在使用。可令人难以置信的是，这种名叫"桔槔"的提水工具，竟然被搬到战船上用于作战，后来发展成为一种专门用于水上作战的大型兵器。那么，这究竟是一种怎样的发明创造呢？笔者就从中国古代水战兵器的产生开始讲起。

中国古代兵器以火药的发明为界限，分为前后两个阶段：前阶段因为没有使用火药，被称为"冷兵器阶段"；后阶段由于使用了火药，被称为"火器阶段"。

一、冷兵器阶段的水战兵器

自从有了人类，就有了战争；有了战争，就有了兵器。人们在作战中为了赢得胜利，都想方设法打造最有威力、最顺手的兵器。在数千年的实践中，人们先后发明了刀、枪、剑、戟、弓、弩等各种经典兵器。水战也需要兵器，早期的水战兵器是由水上作战方式决定的。中国古代早期的水战方式是冲撞战、接舷战、跳帮战、击凿战、火攻战等。所谓冲撞战，就是敌对的双方船只利用冲力相互碰撞，造成对方船只撞坏甚至沉没，从而决出水战胜负。所谓接舷战，就是敌对双方将船舷对舷靠在一起，人员展开厮杀，以决出胜负。所谓跳帮战，就是当双方船只靠在一起时，士兵互相跳到对方船上展开厮杀，从而夺取对方的战船。所谓击凿战，就是派出擅长游泳的士兵，潜到敌方战船底部，用工具破坏船板，使敌船沉没或失去航行能力。所谓火攻战，就是利用火船、火箭（在弓、弩箭镞上蘸油点燃发射）等引起敌方战船燃烧，从而失去作战能力。这五种方式，第一种是战船之间较量，看谁的船更坚固。第二种和第三种都是短兵相接，既然是短兵相接，陆战的兵器就可以派上用场了。第四种和第五种是一方破坏另一方的战斗。既然要破坏敌方战船，也需要击凿工具和远距离投放火种的兵器。所以，早期的水战兵器与陆战兵器是基本没有差别的，依然是刀、枪、剑、戟、弓、弩、火箭一类。

可是，随着战船的发展，水上作战的战术发生了变化，作战方式也随之改变，人们开始追求水战中的居高临下和先发制敌，也就是在双方短兵相接之前就展开厮杀，以争取主动。这样，兵器就发生了相应的变化，这种变化并不复杂，就是把刀、枪、剑、戟的手柄加长，使弓箭和弩级的射程更远，便于在较远的距离上击杀敌人。比如，1935年在河南省汲县出土的战国时期青铜器"宴乐渔猎攻战纹铜壶"和1965年在四川省成都市百花潭中学出土的战国时期青铜器"水陆攻战纹铜壶"，上面都有水战的场面，双方士兵所持兵器都是长柄兵器和弓箭，说明在春秋至战国时期，水战兵器就是经过改造的陆战兵器。当然，这些兵器都不是专门为水战而发明的。就在陆战兵器向水战兵器演进的过程中，人们也在发明专门用于水战的兵器。那么，最早出现的专门用于水战的兵器是什么呢？《墨子》有这样的记载：

公输子自鲁南游楚焉，始为舟战之器，作为钩强之备，退者钩之，进者强之，量其钩强之长，而制为之兵①。

这段记载是以楚越水战为背景的。在古代兵法中，有"水战以顺风为势"和"水战以上流为势"②之说，这是从一般意义上来说的。然而，战争是复杂的，需要根据具体情况判断客观条件的利弊得失。春秋时期，楚国与越国在长江中交战，由于楚国在长江上游、越国在长江下游，所以楚国舟师进攻时要顺流而下。与下游敌军作战有利有弊，益处是行动迅速，冲击力强，弊端是一旦遭遇不利，战船需要撤退时，逆流将使他们难以脱身。楚国舟师常常因此而打败仗。越国却恰好相反，舟师进攻时是逆流而上，进攻之初遭遇逆流，往往可因准备充分而将弊端克服。当形势不利需要撤退时，遇到的是顺流，可以快速脱离险境。越国常常因此而打胜仗。鲁国人公输子（即公输般、鲁班）南游楚国，了解了楚越长江水战的情况后，着手发明能让楚国舟师摆脱不利境况的水战兵器，不久他制造出一种兵器，命名为"钩强"。所谓"钩"，意为钩住，就是当敌人战船欲逃跑时，用钩强将其钩住，所以在兵器前端设置有金属弯钩；所谓"强"，意为拒之，就是当敌人战船进攻时，用钩强将其推开，所以在兵器前端又设置有金属矛头。因而"钩强"又叫作"钩拒"。楚国得到钩强后，根据作战需要，将其柄设置成恰当长度而作为水战主要兵器，装备舟师部队。使用钩强之后，楚国舟师在与越国舟师交战中逐渐改变了不利局面。

公输子所发明的钩强，是中国古代典籍中记载的最早专门用于水战的兵器。此后，水战专用兵器逐渐多了起来，并发展了1000多年。与钩强相类似的兵器是钩镰（见图3-1），"此器用之于水，或割贼缭或钩贼船，用之于陆，或钩贼足或勾马足，昔岳武穆用之以破金兀术之拐子马者是也。须柄长而

---

① 《墨子》卷十三。
② 李盘:《金汤借箸十二筹》卷十一。

坚，刃弯而利，乃得实用"①，可知钩镰发明于水战、借用于陆战。另有一种类似的兵器名叫"撩钩"（见图3-2），专门用于水战，"两船犁沉贼舟用此，捞级或勾搭贼船，使不得去，或勾缭索以牵其棚。舟中必不可少者。但须勾粗筲固，十数人扯拽，勾万钧而不曲乃可。勾柄长手执难以着准，须用三勾一搭即得粘挂也"②。还有一种投掷兵器，名叫"犁头镖"，"敌舟低小我舟高大用此器最利，掷之如雨，无不中贼。但习之不熟，或番筋斗，或中而无力，皆为徒费。锋须有钢精利，头重尾轻，用竹尤妙。盖竹体和软，头粗尾细，相宜也。如无竹处，必用木杆，须使头粗尾细，取其颤软发之，有力而准，不番筋斗也"③。犁头镖用镖头杀伤敌人，以多取胜，每次使用，必"掷之如雨"才能取得良好效果。

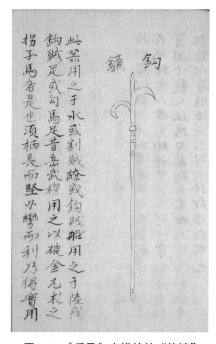

图3-1 《兵录》中描绘的"钩镰"

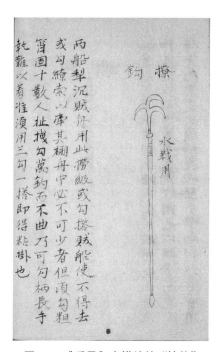

图3-2 《兵录》中描绘的"撩钩"

随着造船技术的不断发展，战船的大型化趋势越来越明显，特别是在海

①②③ 何汝宾：《兵录》卷六。

图3-3 《三才图会》中描绘的"桔槔"

战中，战船越大就越能体现优势。这样，就使得早期接舷、跳帮等作战方式变得困难了。当作战双方的战船大小、高矮相差悬殊时，就很难发生接舷战和跳帮战。那些用于近距离作战的轻型作战兵器如刀、枪、剑、戟以及钩拒等，就远远不能满足需要了，迫使人们去创造一些高大的、能居高临下或远距离打击敌人的水战兵器。这样，本章开头讲到的桔槔（见图3-3）就登上了古代水战的舞台。

桔槔作为一种农用工具，在春秋时期即已出现，《庄子》在讲述子贡的故事时曾经提到桔槔，说它"后重前轻，挈水若抽，数如沃汤，其名为槔"，并解释说，桔槔"引之则俯，舍之则仰"，说明它是借助于杠杆原理，在井台上支一三角木架，上面搭一横杆，横杆一端用绳挂一水桶，另一端栓一重物，平时水桶悬在空中，处于"仰"状，提水时将水桶拉下处于"俯"状，落入井中装满水后借助重物重力提起。用这种提水方式灌溉土地，"一日浸百畦，用力甚寡，而见功多"①。那么，一种普通的农具，缘何与水战兵器联系在一起了呢？

西晋末年爆发了一次流民起义。所谓流民，就是从一地流亡到另一地的居民。巴蜀地区的流民由于不满当地豪族对他们的欺侮，遂发动起义，推举一位叫杜弢的人出任起义首领。杜弢字景文，蜀郡成都（今四川省成都市）人，"初以才学著称，州举秀才"。年轻时遭遇李庠之乱，避乱于南平，太守应詹爱其才而给予他礼遇。后来杜弢出任醴陵县令。当时巴蜀之地流民有数

---

① 《庄子》卷五。

万家，推举杜弢做了起义首领。在与官军作战中，杜弢建立了一支庞大的水军。因作战需要，他注重改造和创设新的水战兵器。他平日对提水工具桔槔非常熟悉，便突发奇想第一次将桔槔搬上战船，利用桔槔的杠杆原理，把提水的水桶换成巨石，用人操纵巨石的升降。当接近敌船时，操纵桔槔的人松开长杆一端的绳索，使另一端的巨石自由落下，借助巨石下落的冲力，来击碎下方的敌船。在冷兵器时代，杜弢的奇想果然奏效，桔槔在作战中表现出了很大的威力，迫使晋代水军不得不采取一些措施进行防备。据《晋书》记载，振武将军周访奉命"与诸军共征杜弢，弢作桔槔打官军船舰，访作长岐桩以拒之，桔槔不得为害"[①]。为了对付杜弢的桔槔，周访用很长的木棍将桔槔的巨石拨开，免遭打击。这是古代文献中把桔槔作为水战兵器的最早记载。到南北朝时期，桔槔经过改进，发展成为水战利器拍竿。据明代的《金汤借箸十二筹》记载：

　　拍竿，其制如大桅，上置巨石，下作辘轳，绳贯其颠，施大舰上，每舰作五层楼，高百尺，置六拍竿，并高五十尺，战士八百人。旗帜加于上，每迎战，敌船迫逼，则发拍竿击之，当者立碎[②]。

　　《武经总要》等有相同的记载。可见拍竿已成为水战的重兵器。前章介绍五牙舰的时候，曾谈到拍竿在五牙舰上的设置。当时隋高祖命杨素伐陈，自信州下驶，造大型战船名"五牙舰"，上起楼5层，高百余尺，左右前后置6具拍竿，并高50尺，容战士800人，旗帜加于上。作战中，杨素调动"五牙舰"4艘，用拍竿击碎陈军战船10余艘，从而夺取了江路[③]。拍竿以落石击船，属近距离打击兵器，远距离打击则使用炮石。炮石又称抛车、抛石机，原是陆上作战兵器，它的基本结构是，在坚固的木架上设一横轴，把一根坚韧的木杆打一孔，让横轴从孔中穿过，木杆的一端固定一结实的皮窠，另一端拴上若干条绳索，发射时将石块放在皮窠中，数人各持一条绳索猛

---

①　房玄龄：《晋书》卷五十八。

②③　李盘：《金汤借箸十二筹》卷十一。

拉，使石头瞬时抛射出去，打击敌人。由于炮石高大笨重，为便于移动，在木架上按上4个轮子，故称"车"。范蠡在其兵法中说：炮石"飞石重十二斤，为机可击三百步"。《新镌古今事物原始全书》认为，"今边城有炮，盖出于范蠡飞石之制始也"[1]。三国时，袁绍筑土山、设高橹，以攻击曹操军营，曹操使用"霹雳车"将袁绍橹楼击毁。"霹雳车"即炮石，因石头在空中飞行时会发出鸣响而得名。后来炮石被移于战船之上，成为水战兵器，在楼船等大型战船上均留有专门用于移动炮石的通道，这种兵器在水战中的破坏力也是相当大的。

南宋时期，拍竿依然在水战中应用。建炎四年（1130年）二月，钟相、杨幺发动反宋起义，建立了水军，建造了大量战船，在其中高大的车船上，设置了拍竿，"其制如大桅，长十余丈，上置巨石，下作辘轳，贯其颠，遇官军船近，即倒拍竿击碎之"[2]。当时，杨幺利用俘获的都料高宣建造车船时，还发明了配合拍竿使用的新式兵器"木老鸦"，在水战中屡试不爽。对此，《建炎以来系年要录》中有明确记载：绍兴三年（1133年）十月甲辰，"荆潭制置使王燮，率水军至鼎口，与贼遇。贼乘舟船高数丈，以坚木二尺余，剡其两端，与矢石俱下，谓之木老鸦。官军乘湖海船，低小，用短兵接战不利。燮为流矢及木老鸦所中，退保桥口"[3]。很显然，木老鸦是与矢石一起由拍竿发出的，可以断言，由于坚木与石头的重量不一样，其飞行轨迹定不相同，所以两者配合扩大了杀伤范围。

隋唐时期，中国人发明了火药。火药是中国古代四大发明之一，它源于中国古老的炼丹术。在唐朝末年，火药被应用于军事。火药在作战中的应用，改变了武器的形态，从而使兵器进入了"火器阶段"。然而，在火器阶段，冷兵器并没有退出战争舞台，依然发挥着不可替代的作用，一直沿用至今。在明代，军事家们把冷兵器与火器结合起来，创造出独特的兵器。《武备志》中列

---

① 徐炬：《新镌古今事物原始全书》卷十七。
② 熊克：《中兴小记》卷十三。
③ 李心传：《建炎以来系年要录》卷六十九。

举的火枪、梨花枪、飞天神火毒龙枪、神机万胜火龙刀、倒马火蛇神棍、荡天灭寇阴阳铲、雷火鞭等都是在各种冷兵器的前端绑缚火药筒，或在兵器前端内部安放火药，在击杀的同时，用火药燃烧后形成的烟、火、毒杀伤敌人。

二、火器阶段的水战兵器

火药在被制成火器之前在军事上就有应用，比如制成烟火。军事演习和军事校阅都需要营造氛围，火药最先派上了用场。宋末元初的《武林旧事》就描绘了浙江水军在钱塘江进行的一次军事校阅的盛况，其中火药的作用一目了然。当然，此时火器早已产生，水军只不过沿用了火药早期的使用方法罢了。《武林旧事》写道：

每岁京尹出浙江亭教阅水军，艨艟数百，分列两岸，既而尽奔腾分合五阵之势，并有乘骑弄旗，标枪舞刀于水面者，如履平地。倏尔黄烟四起，人物略不相睹。水爆轰震，声如崩山，烟消波静，则一舸无迹，仅有敌船，为火所焚，随波而逝。吴儿善泅者数百，皆披发文身，手持十幅大彩旗，争先鼓勇，泝迎而上，出没于鲸波万仞中，腾身百变，而旗尾略不沾湿，以此夸能[1]。

在这场校阅中，火药的作用有二：一是发烟火营造气氛，二是作为燃烧性火器烧毁靶船。从中，我们看到了火药的早期使用方法。然而，当火药制成火器的时候，它在战争中的使用前景就无比广阔了。

火药被制成火器用于军事，最早当在唐朝末年唐哀帝天祐元年（904年），它以燃烧性火器出现于火攻作战中。当时，藩镇割据，战争频繁，各种战术战法在作战中纷纷被使用。据《九国志》记载，唐昭宗天祐初年，左先锋都尉郑璠在围攻豫章时，"以所部发机飞火，烧龙沙门，率壮士突火先

---

① 周密：《武林旧事》卷三。

登入城，焦灼被体"①。"飞火"是何物？《虎钤经》解释说："飞火者，谓火炮火箭之类也。"②这里的火炮、火箭，按照《武经总要》的说法，都是早期最简单的燃烧性火器。火炮是用炮抛射的各种火球，如引火球、蒺藜火球等③。"火箭，施火药于箭首，弓弩通用之，其傅药轻重，以弓力为准。"④"如短兵放火药箭者，如桦皮羽，以火药五两贯镞后，燔而发之。"⑤上述说明火箭是一种在箭头之后附着一个环绕箭杆的球形火药包的简单火器，是最原始的燃烧性火药兵器。天佑初年唐军所用的"飞火"，就包括这样的火器。

火器的出现，是我国兵器发展史上的一座里程碑，它开启了一个崭新的兵器时代，也将战争推向了更高的发展阶段。进入宋代，宋仁宗赵祯鉴于北方御侮的紧迫性，要求文武大臣和统兵将领熟谙军事技术，制造新式兵器，下令由天章阁待制曾公亮、工部侍郎丁度等人，对前人创造的战术、战法、战具等进行通览，编纂一部军事百科性质的通典，他们在庆历四年（1044年）刊印了《武经总要》，其中完整记录了火药用于军事的配方，这些配方及其配制方法，是迄今为止世界上所能找到的最早的火药配方及其配制方法，是火药发明与火器用于作战的唯一历史性标志⑥。元、明时期高度重视火器在战争中的运用，明人何汝宾在《兵录》中把火器置于海战的核心地位。他说：

一队专习鸟铳；二队专习佛狼机、百子铳、大发熕；三队专习火箭、火礶、喷筒等项；四队专习长枪、钩镰；五队专习藤牌、弓矢等器⑦。

中国古代发明的火器，分为燃烧性火器、爆炸性火器和管状火器三类，水战火器也是如此。

---

① 路振：《九国志》卷二。
② 许洞：《虎钤经》卷六。
③⑤ 曾公亮等：《武经总要》前集卷十二。
④ 曾公亮等：《武经总要》前集卷十三。
⑥ 王兆春：《中国火器通史》，武汉大学出版社2015年版，第14页。
⑦ 何汝宾：《兵录》卷十。

1.燃烧性火器

燃烧性火器就是通过火药的燃烧造成目标损害的火器，它的杀伤力来自火器内部的火药产生的火焰，或火器内部各种药料燃烧后形成的毒气、毒烟。早期的燃烧性火器种类不少，有火箭、烟球、火球、火蒺藜等十几种，明代以后的燃烧性火器就更多了，可达几十种，包括西瓜炮、群蜂炮、天坠炮、轰雷炮、火妖、火砖、大蜂窠等。这些燃烧性火器，既可用于陆战，也可用于水战。明人李自蕃的《神火歌》唱道："神火烧营第一方，石黄一味最难当。烧酒浸来麻油炒，足用三斤性太刚。加上雄雌并黑信，芦花艾肭并松香。豆末搅合银杏叶，更加干粪与巴霜。松香一斤余四两，三七分均火药强。飞云炮裹深藏贮，能烧贼人及辎粮。"[1]在火器初创时期，典型的燃烧性火器包括烟球、火球、火箭等，其存在的意义不容小视。

烟球和火球是中国古代典籍中记载的最早的拥有明确配方和制作方法的火器。烟球的制作方法是："球内用火药三斤，外傅黄蒿一裹，约重一斤，上加火球捣法涂傅之，令厚，用时以锥烙透。"[2]这是一种最普通的烟球，用于发烟障目或熏呛敌人。黄蒿是一种多年生草本植物，现在人们常常把它用作家畜的饲料，它本身含有芳香油，有特殊香味，容易燃烧，但没有毒性，古人将其用于烟球，可能是因为它既可以助燃，又能发烟的缘故。显然，这种烟球的杀伤力是十分有限的。然而毒药烟球（见图3-4）就完全不一样了，它的配方和制作方法是：

球重五斤，用磂黄一十五两、焰硝一斤十四两、草乌头五两、芭豆五两、狼毒五两、桐油二两半、小油二两半、木炭末五两、沥清二两半、砒霜二两、黄蜡一两、竹茹一两一分、麻茹一两一分，捣合为球，贯之以麻绳一条，长一丈二尺，重半斤，为弦子。更以故纸一十二两半、麻皮十两、沥清

---

[1] 李自蕃：《练兵节要》卷三。

[2] 曾公亮等：《武经总要》前集卷十一。

二两半、黄蝎二两半、黄丹一两一分、炭末半斤，捣合涂傅于外，若其气熏人，则口鼻血出，二物并以炮放之[1]。

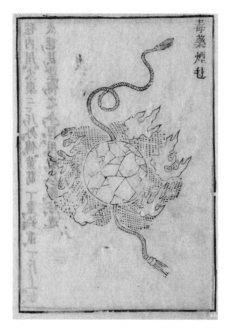

图3–4 《武备志》中描绘的"毒药烟球"

从结构看，毒药烟球分为内外两层，内层是圆球，包含形成炸药的三成分：磂黄（硫磺）、焰硝和木炭，还含有草乌头、芭豆、狼毒、桐油、小油、沥清、砒霜、黄蜡、竹茹、麻茹等物质，构成烟球的主体；外层是由故纸、麻皮、沥清、黄蝎、黄丹、炭末等物质的混合物构成。在所有成分中，除了磂黄、焰硝和木炭用于引火爆炸外，草乌头、芭豆、狼毒、竹茹、麻茹、黄蝎、黄丹等都属于有毒或无毒的中草药，燃烧后会产生一定的毒性；砒霜是毒药；桐油、小油、沥清（松脂）、黄蜡等是助燃剂，具有一定的附着性，可使毒药粘在人体上持久发挥药力；故纸和麻皮拥有很多纤维，掺入外层易形成硬壳，起成型作用。内外两层以点火引信贯通。在使用前，先点燃毒药烟球引信，然

---

① 曾公亮等：《武经总要》前集卷十一。

后用炮①抛射出去，引起爆炸后产生的气体，可使人口鼻流血直至丧失战斗力。

我们再看火球。火球是把各种药料混合于火药之中揉成的圆球。早期的火球在揉成圆球后，还要将旧纸、麻皮等多种材料捣碎，调成糊状，涂在圆球外表，将火球定型。或者将圆球装进瓷罐。火球中的药料有发烟的，有生毒的，火药本身是发火的，就是说，火球是靠烟、毒、火来杀伤敌人。火球在使用时首先要点燃，点燃的方式有两种，一种是用铁锥点燃，另一种是用引信点燃。对那些用旧纸、麻皮包裹的火球，用烧红的铁锥刺入圆球内直接点燃火药；对用瓷罐盛装的火球，就用引信点燃。点燃以后的火球，可以用抛石机顺风发射，也可以用人力居高临下抛掷。

火球在宋代初年就已出现，咸平三年（1000年）八月，神卫水军队长唐福就向朝廷献上了他所制作的火球和火蒺藜②。40多年以后的《武经总要》收录了更多的火球种类，如粪炮罐、金火罐、引火球、蒺藜火球、霹雳火球、铁嘴火鹞、竹火鹞等，它们有的可以放火，有的可以施毒，有的有明确配方，有的没有明确配方。它们都可作为攻城火器使用，当然用于水上作战也毫无问题。比如，蒺藜火球的形制和配方是：

以三枝六首铁刃以药，药团之中贯麻绳，长一丈二尺，外以纸并杂药傅之。又施铁蒺藜八枚，各有逆须，放时烧铁锥烙透令焰出。火药法用硫黄一斤四两、焰硝二斤半、粗炭末五两、沥青二两半、干漆二两半捣为末；竹茹一两一分、麻茹一两一分剪碎，用桐油、小油各二两半、蜡二两半镕汁和之，傅用纸十二两半、麻一十两、黄丹一两一分、炭末半斤，以沥青二两半、黄蜡二两半镕汁和合，周涂之③。

---

① 《武经总要》收录的炮样，有炮车、单梢炮、双梢炮、五梢炮、七梢炮、旋风炮、虎蹲炮、拄腹炮、独脚旋风炮、旋风车炮、卧车炮、车行炮、旋风五炮、合炮、火炮等15种，均可抛射毒药烟球等火器。陈规在《守城录》卷一中说："单梢炮上等远至二百七十步，中等二百六十步，下等二百五十步。""其小炮每十人已上不过十五人施放一座，亦可以致数十步。"

② 脱脱：《宋史》卷一百九十七。

③ 曾公亮等：《武经总要》前集卷十二。

与烟球相比，蒺藜火球减少了草乌头、芭豆、狼毒、砒霜等毒药成分，增加了助燃物干漆，以及制成火药的硫黄和焰硝的比重，提高了燃烧性能。与之相类似的还有霹雳火球、陶火罐等。宋代还有一种火球叫"万火飞沙神炮"，是用14种药料制成的，其中包括烧酒、石灰、砒霜、火药等，杀伤力极大。

另一种常见的燃烧性火器是火箭。火箭最早出现于宋代初期，宋开宝三年（970年）五月，"兵部令史冯继昇等进火箭法，命试验，且赐衣物、束帛"[①]。咸平三年（1000年）八月，"神卫水军队长唐福献所制火箭、火球、火蒺藜；造船务匠项绾等献海战船式，各赐缗钱"[②]。冯继昇、唐福所献火箭，是火箭发展的初始阶段，它是一种用弓弩发射的燃烧性火器，它的制作和使用方法是：用纸或布将火药包成球状或筒状，然后捆绑在箭杆上，发射时先用烧红的铁锥烙透，点燃火药包，然后用弓弩将箭射向目标，引起燃烧。它也是唐宋时期水上火攻战术中常用的一种兵器，对烧毁战船作用颇大。大规模地使用火箭还是发生在陆上作战中。宋靖康元年（1126年），宋军和金军在汴京发生激战，宋军统制姚仲友"建议于东壁欲择使臣善射者一百人、班直三百人、子弟所二百人，各授以火箭二十只、常箭五十只，每一血盆内烧锥十个，共二十人。射者并分布于受敌楼子上，至四鼓初每日敌人交番休息之时，盖金人睡不解衣，不喜夜战，乘此之时，击鼓一声为号，火箭俱发，凡五百人各一十只，以数计之，五千火箭也。其火箭绝，继以炮、蒺藜炮、金汁炮、应炮齐发，火炮继之。绝后又以草炮，用草一束，以竹篾三系之，置火其中，以助火势。火既盛，敌必仓皇救火，然后用常箭射之，各五十只，五百人则二万五千只也。矢石如雨，则寨必乱，继以敢战之士五百，乘势拆桥，敌炮座既坏，则桥亦毁"[③]。一次战斗就能用5000支火箭，足见火箭数量的庞大。此后的作战火箭使用的数量越来越多。嘉定十四年（1221年），金军围攻蕲州，南宋军在抵抗作战中大量使用火箭，一天之内就从武器库中调拨出"弩火药箭七千只、弓火药箭一万只、蒺藜火炮三千只、皮火炮二万

---

① ② 脱脱：《宋史》卷一百九十七。
③ 徐梦莘：《三朝北盟会编》卷六十八。

只，分五十三座战楼，准备不测"①。

燃烧性火器在宋元之交得到了比较充分的发展。

成吉思汗统一蒙古各部建立大蒙古国之后，先后发起与西辽、西夏、花刺子模、金国等政权的战争，蒙古军在作战中逐渐学会了使用火药，制作了燃烧性火器。宋嘉定七年（1214年），成吉思汗率军征讨西辽，攻打塔实干城，"次阿穆尔河，敌筑十余垒，陈船河中，风涛暴起，宝玉令发火箭射其船，一时延烧，乘胜直前，破护岸兵五万，斩大将缫哩，遂屠诸垒，收玛勒四城"②。文中的"宝玉"是金国降将郭宝玉，是唐代名将郭子仪后裔，也是成吉思汗的得力干将，他在作战中使用火箭将守军战船烧毁。这可能是蒙古军最早使用火器的记载。金天兴元年（1232年），蒙古军一路攻占三峰山、钧州，兵临汴京城下。汴京"城上楼橹皆故宫及芳华、玉溪所拆大木为之，合抱之木，随击而碎，以马粪麦秸布其上，纲索旐褥固护之。其悬风板之外皆以牛皮为障，遂谓不可近。大兵以火炮击之，随即延爇不可扑救"③。这里的"大兵"是指蒙古军，他们用火炮烧毁了城头守兵瞭望敌情的无顶高台。宋代的火炮既有燃烧性的，也有爆炸性的，蒙古军使用的显然是燃烧性的。

元朝建立以后，火器在战争中的应用就更加频繁了，排在第一位的仍然是燃烧性火器，这方面的战例在《元史》中有多处记载。例如至元十二年（1275年），元宋焦山之战，元军兵分多路从水路和陆路向宋军发起进攻，"大战自辰至午，呼声震天地"，元军"乘风以火箭射其箬蓬"，宋军大败④。

到了明代，燃烧性火器既保持了传统的制作和使用方法，又在原有基础上有所改进和创新。明代军事将领何汝宾在其著述的《兵录》中指出，陆上守城宜大量使用火器，敌进攻时以火器抗拒，反攻时频繁使用燃烧性火器消灭敌人。他指出："每遇晦夜雨雪，乘贼倦怠之时，则开城门纵出，或以

---

① 赵与裦：《辛巳泣蕲录》。

② 宋濂：《元史》卷一百四十九。

③ 托克托：《金史》卷一百十三。

④ 宋濂：《元史》卷八。

火炮，或以白拳，或以骨朵乱欲其营，聚散倏忽，人自为战。遇有顺风以火器、火炮烧其积聚，得便则取器械辔勒刺马匹，惊则乱与同惊，睡则乱与同睡，但以无声为妙。"①这里的火炮与宋元时期没有本质差别，依然靠烟毒、燃烧来杀伤敌人，尤其是夜间作战，使用传统燃烧性火器比使用爆炸性火器更隐蔽。戚继光就十分推崇一些简易的燃烧性火器，他在《纪效新书》中列举了满天烟喷筒、火砖、火妖、飞天喷筒（见图3-5）、大蜂巢（见图3-6）等几种，《武备志》中也列举了神火飞鸦、毒药喷筒、满天喷筒、毒龙喷火神筒、一把莲、飞空砂筒、钻穴飞砂神雾筒、神水喷筒、平旷步战随地滚、风雷火滚、铁嘴火鹞、竹火鹞、燕尾炬、飞炬、冲阵火葫芦、对马烧人火葫芦等。戚继光解释说："火器之法，制度甚多，其实大同小异，皆不甚利于用，只此数种尽其妙。"②戚继光在此说明了一个道理，即在战争形态没有发生本质改变的情况下，传统的火器依然会发挥作用。

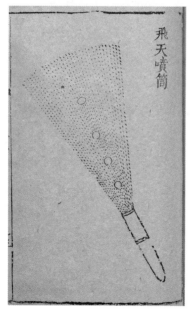

图3-5 《三才图会》中描绘的"飞天喷筒"

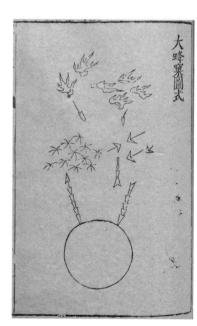

图3-6 《三才图会》中描绘的"大蜂巢"

---

① 何汝宾：《兵录》卷八。
② 戚继光：《纪效新书》卷十八。

以火球为例，明代的火球与前代相比种类更多，结构更加复杂，杀伤力也更大。明人李自蕃的《毒火歌》唱道："黑砒先捣巴霜浸，毒气冲人呕见心。干漆晒和干粪炒，松香艾肭更均停。雄黄一味独为主，透彻光明用一斤。石黄诸味各四两，四六火药配分明。炮发闻气贼昏倒，燎着皮肉便杀人。"[1] 戚继光在抗倭时就设计了一种火球，名叫"大蜂窠"，就是大蜂巢的意思。这种火球用上百层纸糊成，为了坚固结实，中间还夹杂着十层布。蜂巢的中心部分装有火药，设置了引信，在每一层中间，夹杂着各种各样的材料，有容易引起燃烧的松香、人发，有产生火花的铁屑，有产生臭味的粪汁和动物的角屑，有产生烟雾的煤灰，有产生毒气的砒霜、硫磺，等等。可见这种火球具有全方位的功能，它用焰、声、光、雾、味、毒等致盲和杀伤敌人。戚继光说，这种"大蜂窠"是战船上的第一火器。戚继光在与倭寇的海上较量时之所以屡屡得胜，与装备了这些独特的兵器是分不开的。《武备志》记录的火球有滚球、引火球、蒺藜火球、烟球、毒药烟球、大火球、火弹等，还记载了一种类似火球、专门对付战船的兵器，名叫"飞火降魔槌"，它长8寸，圆围3寸，状如棒槌，用白杨木做成。制作时将它中间挖空，装入火药，由里向外钉上锋利的"倒须钩钉"，作战时将它点火打到敌船上，不容易脱落，从而烧毁敌船[2]。明代军事家在探讨水军海上作战准备时，特别指出要防备燃烧性火器造成的损害。何汝宾在《兵录》中指出：

各船每兵备水桶一只，遇敌时船面用水灌淋三四次，以极湿为度，仍将木桶贮水，尽置船面中路，以防贼人掷火。及将竹竿三四根缚成草帚打湿，与水桶同放，以防风蓬火箭[3]。

明代改进和新发明的火器也很多，火箭就是典型一例。明代的火箭新旧

① 李自蕃：《练兵节要》卷三。
② 茅元仪：《武备志》卷一百二十八。
③ 何汝宾：《兵录》卷十。

并存，既有宋元最简单的火箭品种，又有改进后的品种。戚继光在《练兵实纪杂集》中要求部队使用弓箭绑缚纸药筒制成的火箭，这种火箭属于原始火箭，戚继光这样要求并不是因为制作技术达不到，而是因为这样可以节省经费[①]。此时，火箭在水战中的作用是引起棚帆的燃烧，进而烧毁敌方战船。为此戚继光提醒说："火箭只着棚帆当中一点打去，常高中则不可救，低则易救。"[②]《武备志》中介绍的简单火箭种类就更多了，有飞刀箭、飞枪箭、飞剑箭、燕尾箭、神机箭、弓射火石榴箭等。不过，在复杂的作战环境下，仅用简单的火箭是不够的，必须使用更有技术含量、杀伤力更强的火箭种类。这些类型的火箭，其发射方式已经不再是弓箭发射，而是利用火药燃烧产生的反作用力来发射，简单的有火弩流星箭、鞭箭、火药鞭箭、小竹筒箭、单飞神火箭、火龙箭等。《武经总要》介绍了弓火药箭、鞭箭、火药鞭箭等火箭类型，与初始阶段的火箭有较大区别。以鞭箭为例，它"用新青竹，长一丈，径寸半，为竿下施铁索梢系丝绳六尺。别削劲竹为鞭箭，长六尺，有镞度正，中施一竹臬（亦谓之鞭子），放时以绳钩臬，系箭于竿，一人摇竿为势，一人持箭末，激而发之。利在射高中人"[③]。这种构造与发射方法，与弓箭发射药包完全不同。复杂的分为单级和多级发射，单级火箭就是使用一个药筒发射多枚箭矢的火箭，发射时点燃火药，用火药燃烧产生气体的反作用力，将箭矢发射出去，落到敌船上，引起燃烧，如双飞火龙箭、一虎追羊箭、一只虎钺、五虎出穴箭、小五虎箭、十箭箭、九龙箭、九矢钻心神毒火雷炮、四十九矢飞廉箭、百矢弧箭、百虎齐奔箭、群豹横奔箭、长蛇破敌箭、群鹰逐兔箭、一窝蜂等；多级火箭就是使用两个药筒以上发射多枚箭矢的火箭，发射时先点燃一个药筒，把火箭发射出去，第一个药筒燃尽，点燃第二个药筒，把箭矢发射出去，在敌船上引起燃烧。明代有一种比较复杂的火箭叫"火龙出水"（见图3-7），是海战中的重要火器，它就属于多级火箭。

---

① 戚继光：《练兵实纪杂集》卷五。
② 戚继光：《纪效新书》卷十八。
③ 曾公亮等：《武经总要》前集卷十二。

《武备志》中记载了"火龙出水"的做法：取5尺长的竹筒，把竹节打掉，竹皮刮薄，两端装上木雕的龙头和龙尾。竹筒内部装有数支火箭。竹筒两侧各绑缚两个火药筒作为推进器，火药筒内装满火药，设置引信，4条引信汇集一处，拧在一起。这4条引信又分别与竹筒内的各支火箭相连。水战时，可距离水面三四尺点燃引信，火箭筒能在水面上飞行二三里远，"如同火龙跃出水面"，所以叫"火龙出水"。当4个火药筒的火药燃烧将尽时，竹筒内部的数支火箭点火起飞，飞向敌船引起燃烧①。嘉靖三十年（1551年），著名的假倭寇王直率众驻泊金塘的烈港，参将俞大猷率水军数千人将王直包围，王直眼看有被围歼的可能。可是，王直的战船之上配备了大量的包括"火龙出水"在内的各种火箭，他命令各船同时发射火箭，突围而逃②。

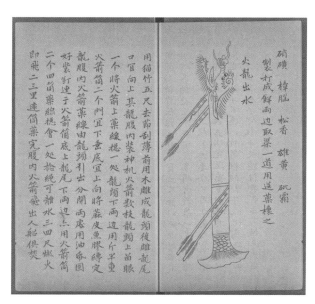

图3-7 《兵镜辑要》中描绘的"火龙出水"

明代还有一种专门用于水战的火器，名"飞空滑水神油礶"，这种火器是将鹅蛋、鸭蛋、鸡蛋清与桐油混合，装入瓷罐中，将口封闭，用细绳捆

---

① 茅元仪：《武备志》卷一百三十三。

② 佚名：《王直传》。

紧。水战时，选臂力强的勇士持罐，在距敌约二三丈时抛向敌船。瓷罐破碎后，油体四散流溢，如遇风波汹涌，敌兵滑不可立，无法作战。此时再以其他火器击船，引起燃烧。趁此时机，"或扬神砂以迷其目，或纵神火以冲其阵，或举火炮以突其锋"。虽然这种兵器为"微法小技"，但"取胜之功则甚大"①。

清代的管状火器呈迅猛发展之势，使得燃烧性火器逐渐走向衰落，在实战中基本退居次要地位，有些则自行消失了。从典籍记载来看，清代的燃烧性火器主要有火弹、火罐、火球、火砖、火斗、喷筒、火箭等，它们的形制及制作方法与明代大同小异，时常以辅助火器出现于战斗中。崇德二年（1637年），皇太极颁布上谕发给各军军器，"水师则有排枪、钩镰枪、标枪、火箭之属"。雍正六年（1728年），清政府议准福建水师战船士兵除装备排枪外，还各备火药、弹子、火罐、火箭之属②。乾隆三年（1738年），清政府曾命令湖广清军大量制造火枪、火弹、火箭、火筒、火炮等火器，用来焚烧苗寨的茅屋和储积的资粮③。在此后的100余年中，清军虽然没有全部淘汰燃烧性火器，但是在作战中大规模使用燃烧性火器十分鲜见。即使在常常采用火攻战术的水战中，使用燃烧性火器也是辅助手段。其根本原因是各种火炮的普遍使用，部分火炮也兼有施火的功能。例如嘉庆十四年（1809年）清军歼灭海盗的一次海战，火炮起了决定性作用。福建提督王得禄和浙江提督邱良功联合围剿蔡牵海盗帮，双方发生激战，官兵"枪炮齐发，刀斧交攻，盗匪见势凶勇，俱纷纷跳水"④。蔡牵船上的炮弹打光，将银子装入炮膛继续射击。王得禄指挥其他船只向蔡牵船上投掷火罐、火斗等火器，引起燃烧。从这个战斗场面看，枪炮是海战中的主要兵器，而火罐、火斗则起辅助作用。

---

① 茅元仪：《武备志》卷一百三十三。
② 《清朝文献通考》卷一百九十四。
③ 《清高宗实录》卷六十九。
④ 《雷塘庵主弟子记》卷三。

2.爆炸性火器

爆炸性火器就是通过火药的燃烧产生热量和气体使容器发生爆炸而造成目标伤害的火器。它比燃烧性火器的出现稍晚一些，主要是因为人们对火药爆炸性的认识稍迟于燃烧性的认识。中国古代最早出现的爆炸性火器，当属宋代的霹雳炮。靖康元年（1126年），金军围攻汴京，宋军"夜发霹雳炮以击贼，军皆惊呼"[①]。可惜的是，这种用于守城的霹雳炮，其形制没有在典籍中留下任何记载。霹雳炮再次出现在人们的视野中是在500多年以后，此时它已经演变成一种专门用于水战的火器了，至于它是如何演变的，我们已无从知晓，抑或它们根本就是两种同名而不同形制的爆炸性火器。南宋诗人杨万里在《诚斋集》中说，发生于绍兴三十一年（1161年）的宋金采石水战中，宋军发射霹雳炮袭击金军，杨万里记道："舟中忽发一霹雳炮，盖以纸为之，而实之以石灰、硫黄，炮自空而下，落水中。硫黄得水而火作，自水跳出，其声如雷。纸裂而石灰散为烟雾，眯其人马志目，人物不相见，吾舟驰之，压敌舟人马皆溺，遂大败之。"[②]杨万里的记载表明，霹雳炮要经过两次发射才能发挥威力：第一次是以炮将霹雳炮发射于空中，然后落入水中；第二次经硫磺、石灰与水发生作用后点火，将霹雳炮推出水面击中目标。这一发射过程从科学角度讲似乎是不可能的，因为硫磺和石灰遇水是不可能发火的，退一步说，即使硫磺能够被点燃，也不会推动霹雳炮离开水面。从杨万里描述的过程看，霹雳炮很有可能是一种经过两次推射的烟球或火球，它由两部分组成，一部分是含有各种物质，能够爆炸、发烟或发火的药球；另一部分是推射装置。推射装置有可能是一级，也可能是二级。如果是一级，它的第一次发射是借助于外力，比如抛石机、各种炮等，将其点燃引信抛射于水中；第二次发射是利用纸筒中硫磺、硝石和木炭制成的火药，经点火爆炸后，将药球发射至目标，然后再引爆。如果是二级，它的推射装置分为上

---

① 李纲:《靖康传信录》卷中。
② 杨万里:《诚斋集》卷四十四。

下两节，各节都装有硫磺、硝石、木炭制成的炸药。抛射时将下节引信点燃，火药爆炸后将霹雳炮推入空中，然后落入水中。此时下节引信燃尽，引燃上节引信，上节火药爆炸将纸筒推出水面，同时将药球点燃，药球爆炸引起大火，并释放出有毒气体，既致盲了敌人眼睛，又毒害了敌人身体，同时又可点燃敌方战船，具有今日烟幕弹、毒气弹和燃烧弹的三重作用。

另一种比较著名的爆炸性火器是金国的震天雷。北宋时，金国发明了一种铁制爆炸性火器，名为"震天雷"，这种火器是将火药装入铁制容器之内，用引信引出容器口外，类似近代以后的手雷。使用时点燃引信，抛掷于敌人的阵地上或者船只上，引起爆炸，声音巨响，铁片能穿透铁甲和船板。《金史》中就记载了一次使用震天雷的战斗。正大八年（1231年）十一月，蒙古军进攻河中，守城金军溃败，"板讹可提败卒三千夺船走，北兵追及，鼓噪北岸上，矢石如雨，数里之外有战船横截之，败军不得过，船中有赍火炮名'震天雷'者连发之，炮火明，见北船军无几人，力斫横船开，得至潼关，遂入阌乡"[①]。这是金军使用震天雷最早的记载。作战中，金军将震天雷自船上抛掷出去，抛掷方式虽未载明，但可想见，它是用抛石机、炮等装置，或使用人力抛掷出去的。陆战中使用震天雷也有战例。金正大九年（1232年），金军守凤翔城，"其守城之具有火炮名'震天雷'者，铁罐盛药，以火点之，炮起火发，其声如雷，闻百里外，所爇围半亩之上，火点著甲铁皆透。大兵又为牛皮洞，直至城下，掘城为龛，间可容人，则城上不可奈何矣。人有献策者，以铁绳悬'震天雷'者，顺城而下，至掘处火发，人与牛皮皆碎迸无迹"[②]。守城战中震天雷的使用，多了悬置一法。

宋代的爆炸性火器还有火炮、铁火炮、火蒺藜等。

元代的爆炸性火器在典籍中鲜有专门记述，但零星记载还是不难找到的。至元十七年（1280年），扬州发生过一次事故，透过这次事故，我们可窥见元代爆炸性火器的威力。当时，火药库的管理人员不熟悉炸药药性，在

---

① 托克托：《金史》卷一百十一。
② 托克托：《金史》卷一百十三。

碾碎硫磺的时候，引发爆炸，"光焰倏起，既而延燎，火抢奋起，迅如惊蛇，方玩以为笑。未几，透入炮房，诸炮并发，大声如山崩海啸，倾城骇恐，以为急兵至矣，仓皇莫知所为。远至百里外，屋瓦皆震，号火四举，诸军皆戒严，纷扰凡一昼夜。事定按视则守兵百人皆糜碎无余，楹栋悉寸裂，或为炮风扇至十余里外，平地皆成坑谷，至深丈余，四比居民二百余家悉罹奇祸"①。从这段详细的记述来看，扬州的这次事故的确是一次"奇祸"，它由碾硫引起，导致库内火炮爆炸，冲击波延至十余里外，造成的人员伤亡、房屋损坏以及百姓的恐慌，令人触目惊心。元代初期所制爆炸性火器威力如此之大，令人难以料见，它在战争中发挥巨大威力就不足为奇了。

至元十二年（1275年）二月，荆湖行省左丞相伯颜率元军水陆大军十余万人，以宋降将吕文焕为前锋，沿长江一路东进，进至安庆，南宋摄政太皇太后谢道清急令丞相贾似道率精兵13万人、战船2500艘，以步帅孙虎臣为前锋、淮西制置使夏贵为水军统帅，屯驻于丁家洲（今安徽铜陵东北江中），准备迎战。夏贵将2500艘战船"横亘江中"，"伯颜命左右翼万户率骑兵，夹岸而进，继命举巨炮击之。宋兵阵动，夏贵先遁。似道错愕失措，鸣钲斥诸军散，宋兵遂大溃。阿术与镇抚何玮、李庭等舟师及步骑，追杀百五十里，得船二千余艘，及军资器仗、督府图籍符印。似道东走扬州"②。此役中元军使用的"巨炮"，是从两岸以抛石机发射的爆炸性火器，其火力与声势令"宋军阵动"，足见其威力之大。元军在丁家洲之战中大获全胜，巨炮发挥了关键作用。

明代使用的爆炸性火器种类不少，《武备志》列出的有霹雳火球、神火混元球、烧贼迷目神火球等。明代的水战爆炸性火器最为引人注意，它们往往设计巧妙、独具匠心，有些原理已经接近现代兵器。比如水底龙王炮（见图3-8）、八面神威风火炮、既济雷、水底雷、水底鸣雷、混江龙等，都体现了古代水战火器的最高水平。

---

① 周密：《癸辛杂识》前集。

② 宋濂：《元史》卷八。

图3-8 《武备志》中描绘的"水底龙王炮"

水底龙王炮的原理类似于现代水雷，它的制作方法是：先用熟铁打造一个空心铁球，重量4斤到6斤，铁球上留有一个圆形的小口，内装炸药5升至1斗，从圆口插进一根香作为引信，香的长短根据目标距离而定。作战时，先将香点燃，将铁球装入牛皮囊中，从牛皮囊中引出一根羊肠，以通空气，然后将牛皮囊密封，再将牛皮囊固定在一块木板上，木板下方拴上石头，用石头将木板坠入水中。石头的大小以将皮囊悬浮于水中为宜。引出的羊肠开口端，固定于一个用鹅、雁翎做成的浮筏上，以保证皮囊内空气畅通。根据潮水的涨落，趁着黑夜将整个装置放于水中，使之慢慢接近敌船。当香火燃尽时，就会点燃炸药，引起爆炸[1]，是为定时漂雷。

八面神威风火炮"用精铜镕铸，长三尺，后为蘸尾，下为水架，另铸提心五枚，每炮一架，用兵二人，一装一放，冲入贼船队内，八面旋转，攻

---

① 茅元仪：《武备志》卷一百三十三。

打无休。一炮可透数人，下打船底，板遇碎裂，水漏船沉，不劳余力而贼可擒也。中藏铅弹发药，远则攻打二百余步，近则攻打一百余步，遇人则穿心透腹，遇船则竟透木板。远近之机，在低昂之侧；发药之多寡，系铅弹之重轻。水战中远近击之器最利者，莫过于此"①。

既济雷是专门用于攻击敌船船底的爆炸性火器，它属铁铸大炮，炮身长1尺5寸、直径4寸，内装火药2斤以及大黄4两、百草霜4两、炭末1斤、不灰木4两、蜀葵根2两等药研成的粉末。炮内装有2斤重的大铅弹，用黄蜡将炮口密封，将引信引出，连接在一根香上。再用一张狗皮缝制成皮袋，将炮整个放于其中。使用时，将狗皮的四足用铁锥钉在敌船的底部，一艘船须钉8个既济雷，点燃香火，香尽引发爆炸。"船底粉碎，则舟沉贼可生擒也。"②

混江龙的构造和形制与水底龙王炮基本相同，只是把引火的香换成绳索，绳索连接着皮囊中的火石或火镰，一拉绳索，打火点燃炸药引发爆炸。这是一种由岸上或船上控制引爆的水雷。

清代的爆炸性火器仅有地雷等少数几种，用于陆上炸毁敌方设施，水上作战的爆炸性火器因火炮的发展而逐渐消失，或者火弹、火罐、火球等燃烧性火器兼有爆炸功能，但其威力与火炮相比已经微不足道了。

3.管状火器

管状火器就是通过火药在管状物体中的燃烧，喷火或发射弹丸的火器，今天的枪炮都属于这一类。中国古代最早的管状火器是陈规发明的火枪。陈规，字元则，密州安丘人，曾任安陆县令、德安府镇抚使、淮西安抚使、德安知府等，在任期间，多次率军作战，积累了丰富的战斗经验，写成《守城机要》等。绍兴二年（1132年）六月，流寇李横率五六千人攻德安城，陈规率兵防御。李横在近城下寨大小70座，将城围得水泄不通。七月，李横招来随州至襄阳一带的木匠、铁匠，造天桥、大炮、云梯等攻城器械，准备攻

---

①② 茅元仪：《武备志》卷一百三十三。

城。八月初五日发起攻城战。陈规料定李横"必是欲以炮打城门并城上人，使住立不得，然后进洞子向前填平壕，便推天桥就城，因以上城"，即令人在城上用大木搭起上下两层的战棚，立起大炮，安装防御设施，特别是"以火炮药造下长竹竿火枪二十余条，撞枪、钩镰各数条，皆用两人共持一条，准备天桥近城于战棚上下使用"①。对于此战，《宋史》中也有记载："会濠桥陷，规以六十人持火枪自西门出，焚天桥，以火牛助之，须臾皆尽，横拔砦去。"②陈规制造的"长竹竿火枪"是迄今为止典籍中记载的最早的管状火器。由于这里对长竹竿火枪的构造说得并不清楚，所以它的规制我们无从知晓。从作战目的来看，它的杀伤力来自喷火，可以断定它没有装填弹丸，此时陈规还不知道利用火药燃烧所产生的气压发射弹丸杀伤敌人，所以长竹竿火枪仅是真正意义上的枪诞生前的原始阶段。

可能受了宋军制造火枪的启发，金军在与蒙古军作战中，也发明和使用了火枪。正大九年（1232年），金军将一种名为"飞火枪"的兵器用于防守凤翔城。此"飞火枪，注药以火发之，辄前烧十余步，人亦不敢近"③。可见它与陈规的长竹竿火枪十分类似，是用喷火来杀伤敌人的，同样不可能装置弹丸。在此后的作战中，金军还使用了"火枪"。火枪出现于天兴二年（1233年）五月，当时金国忠孝军首领蒲察官奴反叛，挟金哀宗与蒙古军作战，对此《金史》有如下记载：

五月五日，祭天。军中阴备火枪战具，率忠孝军四百五十人，自南门登舟，由东而北，夜杀外堤逻卒，遂至王家寺。上御北门，系舟待之，虑不胜则入徐州而遁。四更接战，忠孝初小却。再进，官奴以小船分军五七十出栅外，腹背攻之。持火枪突入，北军不能支，即大溃，溺水死者凡三千五百余人，尽焚其栅而还。

---

① 《守城录》卷四。
② 脱脱：《宋史》卷三百七十七。
③ 托克托：《金史》卷一百十三。

《金史》对此战的记载，特别强调了火枪的作用。忠孝军在备战时准备的是"火枪战具"，作战时"持火枪突入，北军不能支"，似乎此次作战，忠孝军的主要兵器就是火枪。紧接着，《金史》对火枪的形制做了说明：

枪制，以敕黄纸十六重为筒，长二尺许，实以柳炭、铁滓、磁末、硫黄、砒霜之属，以绳系枪端。军士各悬小铁罐藏火，临阵烧之，焰出枪前丈余，药尽而筒不损。盖汴京被攻已尝得用，今复用之[①]。

这段文字明确了两点：一是火枪中装填物是用于发火、喷毒的，火枪是用毒火焰杀伤敌人的；二是使用时间为天兴元年，即正大九年，与金人发明飞火枪几乎是同时。或有可能飞火枪和火枪根本就是一种枪。这里值得注意的是，在火枪的装填物中有铁滓，铁滓就是碎铁屑，它的用途是发火，不过在近距离内如果打入人体，也可以造成伤害。铁滓虽然不能看作枪的弹丸，但具有后来出现的子窠的部分功用，可看作向弹丸发展的一个前期阶段。

火枪再次出现于人们的视野中，是在南宋时期的开庆元年（1259年），其名曰"突火枪"。据《宋史》记载，开庆元年安徽寿春府创制了突火枪，这种枪"以巨竹为筒，内安子窠，如烧放，焰绝然后子窠发出，如炮声，远闻百五十余步"[②]。与先前金人发明的飞火枪和火枪不同，突火枪"内安子窠"，以子窠来杀伤敌人，这是管状火器发展中的一个重大突破。

子窠是现代枪械子弹和炮弹的雏形。《宋史》的记载表明，突火枪是用粗竹筒做成的，其中装上火药和子窠，以引信点燃火药，火药燃烧将子窠推出竹筒，射向目标，其声音如炮声，在150步开外都能听见。据学者考证，当时的子窠一般用瓷片、碎铁屑和碎石一类的东西充当。可以断定，突火枪的威力不会很大，因为以竹筒为枪管，如果子窠装填得过于松散，火药燃烧

---

① 托克托：《金史》卷一百十六。
② 脱脱：《宋史》卷一百九十七。

的推力就会外泄，子窠不会飞得太远；如果子窠装填得过于紧密，火药燃烧的推力虽然不会外泄，但容易炸膛。尽管如此，它依然是中国古籍中记载的最早的真正意义上的枪械或炮械，是现代枪炮的鼻祖，它的出现具有划时代的意义。

至于突火枪是枪还是炮，需要稍作讨论。有学者根据突火枪是用巨大的竹筒制作、用火药发射子窠等特点判定，"无论从突火枪的口径和形体，还是从利用火药燃烧产生气体压力发射大型的弹丸来看，突火枪应该属于火炮的范畴。所以，寿春的突火枪应该是目前所知我国最早的火炮"①。笔者基本同意这种观点，因为枪和炮的区别就在于口径，现代观点认为，口径在20毫米以上的为炮、以下的为枪。制作突火枪的"巨竹"究竟有多大，《宋史》中虽然没有说明，但就一个"巨竹"已经可以判断，它的直径应超过20毫米。不过，寿春人在刚刚发明突火枪的时候使用的是巨竹，在后续制作和使用过程中，也不能完全排除他们使用更细的竹子做成突火枪的可能性。那么，寿春人为何将使用"巨竹"做成的突火枪称为"枪"，而不称为"炮"呢？这是因为古代人对枪和炮的界定标准与现代人是完全不同的。古人所说的"枪"有两种含义：一是指可以用于刺杀的长柄冷兵器，如拐突枪、抓枪、拐刃枪、捣马突枪、双钩枪、单钩枪、环子枪、素木枪、鸦项枪、锥枪、梭枪、槌枪、太宁笔枪、拒马木枪等；二是指能够喷火的管状火器，如长竹竿火枪、飞火枪等。"炮"也有两种含义：一是指发射球形火器或石头等具有杀伤性物体的装置，如炮车、单梢炮、七梢炮、旋风炮、虎蹲炮（见图3-9）、车行炮、旋风五炮、合炮、火炮等；二是指用火药制成的具有爆炸或燃烧性能的球状火器，如震天雷、霹雳炮、烟球、火球、火炮等。弄清了"枪"与"炮"的含义，寿春人将突火枪称为"枪"就容易理解了。

---

① 《中国古代火药火器史》，第32—33页。

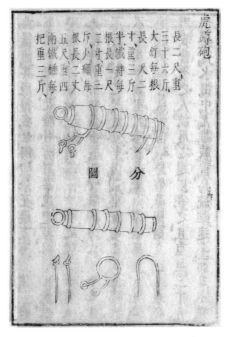

图3-9 《武备志》中描绘的"虎蹲炮"

　　元代的管状火器较之宋代有了比较大的发展，最重要的标志是出现了金属管状火器，关于这一点，可以从出土文物中得到印证。1970年7月，考古人员在黑龙江省阿城县出土了一尊铜制火铳，属元代火铳，它长34厘米，重3.5千克，口径2.6厘米，分为前膛、药室和尾銎3部分。虽然铳的造型比较简单，做工也比较粗糙，但它是从竹子迈向金属的重要证据，也是目前世界上发现的最早的金属管状火器实物。在这尊火铳被发现的同一年，北京市通州县又出土了一尊元代铜制火铳，它长36.7厘米，与前述火铳相同，也分为前膛、药室和尾銎3部分，前膛呈喇叭状，长18厘米，外口径2.6厘米，内口径1.6厘米，整个制造工艺也比较粗糙。从上述两件文物的长度看，它们均属于小规模的手铳，从工艺看，它们都是元代初期的火器。元代中期以后，火铳在形制上与初期相比没有太大差别，但工艺上有了较大的改进，不仅精细了很多，而且坚固程度也大有提高，铳身上安装了箍。最值得一提的是，元代中期以后出现了现代意义上的火炮。在北京中国国家博物馆内，陈列着一尊制于至顺三年（1332年）的铜制火炮，之所以称之为"炮"，是因为它的口径已超过20毫米，达到了105毫米，是现代意义上的"炮"了。这尊炮长35.3厘米、重6.94千克。炮身下部有一引火孔，尾部两侧各有一个2厘米的方孔。有人对其形制进行考证，认为这种火炮是安装在木架上发射的。木架的形状像一条长板凳，将炮筒嵌装上去，然后在炮身尾部的两个方孔中穿一根铁栓，使炮筒和木架牢固地结合成一体。这根铁栓既起木架和炮筒的联结作用，又起火炮的耳轴作用。发射时根据所射击的目标距离远近，在炮筒下加垫木楔，构成不同的射角，以射击不同距离的目标①。

元代管状火器在实战中的应用，大约是在元代末期。至正十三年（1353年），张士诚起兵反元，次年正月元朝廷派淮东宣慰司纳速剌丁率兵前往镇压，元军在作战时"发火箭火镞"，射杀张士诚部下多人②。这里的"火箭"即"火筒"，也就是火铳。在镇压农民起义过程中，元军和起义军都使用管状火器用于城池攻防战，也用于大规模水上作战。至正二十三年（1363年）七月，朱元璋率水军20万人至鄱阳湖，同陈友谅主力进行决战，陈友谅水军装备有数量众多的大型楼船，并以铁锁相连，气势如山。朱元璋水军船小势寡，不敢正面仰攻，便利用陈军"巨舟首尾连接不利进退"的弱点，将水军分为11队，"火器、弓弩以此而列"，命令诸将接近敌船后，"先发火器，次弓弩，及其舟则短兵击之"，这一战术果然奏效，将陈军打得大败③。在朱元璋水军所使用的火器中，必有碗口铳、手铳一类的管状火器，因而有学者认为，碗口铳便成为世界上最早的舰炮，朱元璋也因此而成为世界海（水）战史上创造火器与冷兵器并用的水战战术的统帅④。

明朝建立以后，金属管状火器的制造逐渐走向规范，"凡火器成造，永

---

① 王荣：《元明火铳的装置复原》，《文物》1962年第3期。

② 宋濂：《元史》卷一百九十四。

③ 《明太祖实录》卷十二。

④ 王兆春：《中国火器通史》，武汉大学出版社2015年版，第90页。

乐元年奏准，铳炮用熟铜或生熟铜相兼铸造。弘治九年令造铜手铳，重六斤至十斤。又令神枪神炮，在外不许擅造"①。这说明，明代的主要管状火器是铳和炮，需要由专门机构来制造，并有明确的规制。这时的炮已经具有现代意义。明初的造兵机构包括宝源局、军器局、兵仗局、鞍辔局以及军队造兵单位，制造数量和种类从《大明会典》的记载中可见一斑。弘治以前朝廷的定例是军器局和鞍辔局每3年生产一次火器，品种和数量是：碗口铜铳3000个，手把铜铳3000把，铳箭头90000个，信炮3000个，椴木马子30000个，檀木槌子3000个，檀木送子3000根，檀木马子90000个。其他机构没有定例，生产的管状火器种类繁多，包括大将军、二将军、三将军、夺门将军、神枪、神铳、斩马铳、手把铜铳、手把铁铳、碗口铳、襄阳炮、信炮、盏口炮、神炮、大样神机炮、小样神机炮、碗口炮、铜炮、大炮、小炮、旋风铜炮、炮裹炮等，弘治以后又增加了大样、中样、小样佛朗机铜铳、佛朗机铁铳、木厢铜铳、觔缴桦皮铁铳、十眼铜铳、九龙筒、飞枪筒、无敌手铳、鸟嘴铳、流星炮、三出连珠炮、百出先锋炮、铁棒雷飞炮、火兽布地雷炮、虎尾铁炮、石榴炮、龙虎炮、发熕火器、千里铳、毒火飞炮、连珠佛朗机炮等②。《武备志》记载一些《大明会典》中不曾有的铳和炮，有八面旋风吐雾轰雷炮、飞礞炮、铅弹一窝蜂、攻戎炮、神铳车炮、千子雷炮、噜密鸟铳、子母铳、子母百弹铳、拐子铳、直横铳、七星铳、夜敌竹铳、冲锋追敌竹发熕、威远炮、百子连珠炮、毒雾神烟炮等。由此可见，明代是中国古代火器尤其是管状火器发展的顶峰时期，无论是技术水平还是数量，都超过其他朝代。这里主要介绍几种在水战中广泛应用的管状火器。

明代的管状火器有大口径和小口径之分。大口径的主要有碗口铳、铜发熕、虎蹲炮等。碗口铳因其口形像大碗而得名，它由口部、前膛、药室和尾銎四部分组成。碗口用于放置大石头和铁、铅制弹丸，火药从铳口装入药室，药室呈隆起形状，上开有火门。尾部较大，便于安装于船或城头固定铳架上。为增加铳身强度，外侧增加了几道箍。碗口铳分为大小两种口径，大口径碗口铳一般用于守御关隘，如洪武十八年（1385年）永平府制造的大碗口铳，全长52厘米，口径108毫米，重26.5千克[1]，在当时已是重型防御武器了。小口径的碗口铳用于随军机动或水上作战，做得较小，如洪武十一年（1377年）永宁卫制造的碗口铳，全长31.8厘米，口径75毫米，重8.35千克，1977年在贵州赫章县出土[2]。

虎蹲炮是一种铁制炮，创制于明朝嘉靖年间。它炮身长2尺、重36斤，炮身上加了多道铁箍。炮口处支撑有两个叉开的铁爪，上面留有钉钉的圆孔。炮身支立在地上，就像一只持蹲姿的老虎，故名"虎蹲炮"。如在船上发射，发射前须先将两个铁爪用铁钉钉在甲板上，然后将100枚5钱重的小铅子或小石子装入炮膛，上面用一个重30两的大石子或大铅子封住，最后点燃炮膛尾部引信，将炮弹发射出去。虎蹲炮的优点是"比佛狼机而轻，比鸟铳一可当百"[3]，属海战利器。

小口径管状火器有翼虎铳、万胜佛郎机、击贼泛铳、神威烈火夜叉铳、神仙自发排车铳、独眼神铳、单眼铳、大追风枪、神枪、夹欐铳、十眼铳、五雷神机、三捷神机、五排枪、八斗铳等。明代中期以后，随着中西文化的交流，西方的火器逐渐传入中国，如佛郎机，中西技术实现融合，出现了一些融合型管状火器，如上述万胜佛郎机等。

明代也保存了历史上颇具特色的竹制或木制管状火器，《武备志》中记载的"无敌竹将军"（见图3-10）就属这一类，制作时，取4尺许长圆厚猫竹一段，中间留一竹节，距离竹筒后端一尺四五寸，其余关节打通。另制一木柄，其粗细根据竹筒内径尺寸而定，将木柄从竹筒后端插入，用于手持。从竹筒前段装入润黄泥2寸，用一枚一分厚的与竹筒口径相仿的大铁钱放于黄泥上，然后灌入火药，药量以一斤为适中，根据竹筒的粗细可以增减。用木

① 陈烈:《河北省宽城县出土明代铜铳》,《考古》1986年第6期。
② 殷其昌:《赫章出土的明代铜铳》,《贵州社会科学》1982年第5期。
③ 茅元仪:《武备志》一百二十二。

杆火药轻轻捣实，再塞入纸团或干土，使之进一步坚实，将一枚上述大铁钱，打上莲房式的孔，置于火药之上，这样就形成了一个药室。事先在药室壁上开一火门，将双药引信设置好。从竹筒前段装入与竹筒内径相仿的大石球，压在莲房式大铁钱上，如果上面再装入碎生铁、小铅弹，杀伤效果更好。如果单用石弹，莲房式铁钱就不必用了，杀伤力自然就会减弱。这些工作全部做完后，再将苎麻打成辫子，或拧成三股绳，从柄至竹筒前口紧紧缠绕一遍，使之牢固，无敌竹将军就制成了。发射前还要取直径1寸、长3尺许木柴2根，交叉捆成支架，发射时将支架插入地，将筒身置于支架上，以手持柄，点火即可。这种用竹筒制成的管状火器，"其体甚轻，每兵可担十数位，而威力则犹在佛狼机上。发时响声震地，其力可及七八百步之远，故以将军名之，尊其威也"[1]。李盘在《金汤借箸十二筹》中对这种火器大加赞赏，总结了它的七大利处："竹将军即竹发损，虽木亦可为之，亦谓之木发损，北方谓之千里胜。其器虽一发而坏，然不似铜铁崩毁伤人，其利一；敌人得去不可再用，其利二；每位通计工价不过七分费，廉工省一刻可就，其利三；无难取之物，随地可造，其利四；体轻可以远负，其利五；易于分布，易于舍弃，其威猛与铜铁相等，能灭敌心，能壮吾胆，其利六；南北水陆，无所不宜，匠不论工拙，皆能造，其利七；对垒立阵，防营守城，无不可者。但安药信并制药，又与别器少异，不然则横出者多，而直出者少矣。"[2]

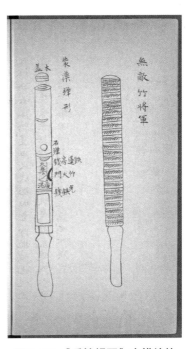

图3-10 《兵镜辑要》中描绘的"无敌竹将军"

---

① 茅元仪：《武备志》卷一百二十三。

② 李盘：《金汤借箸十二筹》卷四。

此外，《武备志》还介绍了一种木质管状火器也颇具特色，它就是"木炮"。该火器"用坚木造式，无论大小，浑凿空腹，外铁箍四道，下开线眼装火药，杵实，口入黄土少许，次进石铁子。药线穿联机槽，火发炮碎飞伤，便于守城，事急为易造耳"①。然而，竹木火器毕竟受材料限制，无法进一步提高杀伤力，随着战争越来越残酷、规模越来越大，竹木火器肯定不是管状火器的发展方向，在科学技术的强力推动下，金属火器的发展趋势不可逆转。

清朝也是依靠战争立国的，在这一时代，管状火器有了较大发展。早在天聪五年（1631年），匠人在西方传入的红夷炮基础上制成红衣大炮，钦定名为"天佑助威大将军"炮。天聪七年（1633年），皇太极即令明朝降将孔有德、耿仲明等携来红衣炮及大小火炮，枪炮弓矢教演不得间断。此后，他高度重视枪炮装备部队。崇德二年（1637年），他令水陆各军都要演习大炮，每千名士兵配备大炮10门，水师须将炮存放于战船上，以便随时训练②。此时的枪炮类型还比较单一，枪以鸟枪为主，炮以红衣炮为主。从顺治朝开始，枪炮的种类和数量逐渐增多，明代的一些炮式出现于清军的装备之中。到乾隆二十一年（1756年），皇帝钦定了工部则例造兵仗式，其中"火器"一项指出："大者曰炮，其制或铁、或铜、或铁心铜体、或铜质木瓖、或铁质金饰。重自五百六十斤至七千斤，轻自三百九十斤至二十七斤。长自一尺七寸七分至一丈二尺。其击远或宜铁弹，或宜铅子，均助以火药，引以烘药。铁弹自四十八两至四百八十两，铅子自二两至二十两。火药自一两三钱至八十两。烘药自三四钱至二两，皆按炮尺高下度数以定。小者曰鸟枪、曰火砖、曰火球、曰火箭、曰弩箭、曰喷筒、曰铳，皆随时成造。"③这段记载清楚地表明，在清代火器中，火炮发展较快，出现了多种制式和变种，而枪却发展缓慢、样式单一，虽有变种但不多。此时钦定的火炮制式包括母子炮、威远炮、靖氛炮、行营炮、铁行炮、靖海炮、红衣炮、西洋炮、发贡炮、霸王

---

① 茅元仪：《武备志》卷一百二十三。
②③ 《清朝文献通考》卷一百九十四。

鞭炮、百子炮、班机炮、过山鸟炮、佛郎机炮、劈山炮、信炮、号炮、河塘炮、连珠炮、转轮炮、独弹炮、车炮、地雷炮、肆把连炮、磨盘炮、漆炮、西瓜炮、砂炮、碗口炮、坐地炮、九箍炮、竹节炮、虎蹲炮、铜沙炮、铜贡炮、扳槽炮等85种，远远超过前代。枪则有鸟枪、叉子鸟枪、虎枪、排枪、铰枪、盘条鸟枪、马上枪、大鸟枪、威子追风鸟枪、神枪、荡寇枪、琵琶枪、长柄叉枪、攒把鸟枪、藤牌小鸟枪、三眼枪、四眼枪等17种①。

对于枪，清政府强调部队的装备数量和使用效率，康熙三十年（1691年）清政府设八旗火器营，装备鸟枪和子母炮等，同年，荆州将军奏请4000兵内每旗派100名习鸟枪，得奏准。雍正五年（1727年），朝廷议准，"官兵所用军器内，鸟枪一项能冲锐折坚，最为便利。如腹内省分地势平坦，利用弓矢，至沿海沿边省分，利用鸟枪。应将腹内省分每兵千名设鸟枪三百杆，沿海沿边省分每兵千名设鸟枪四百杆"。鸟枪的使用率大大提高。雍正六年又议准福建水师战船大赶缯船设兵80名，设排枪42杆；中赶缯船设兵60名，设排枪30杆；小赶缯船设兵50名，设排枪25杆；大艍船设兵35名，设排枪16杆；中艍船设兵30名，设排枪16杆；小艍船设兵20名，设排枪10杆。水师兵卒拥有排枪率超过50%。雍正七年，又议准云南、贵州、广西三省各营每兵千名设鸟枪兵600名②。可以说，至乾隆二十一年（1756年）钦定造兵制式，100多年中，清军装备枪的数量有了大幅度增加，但枪的改进与发明却进展缓慢，鸟枪始终保持了长身管、小口径、嵌装于木床上的制式，除了类似增加瞄准装置的小改革外，从文献记载中看不到有突破性的发明与创造。

对于火炮，清政府的态度与对待枪的不同，强调向大型化发展。以康熙朝为例，铸造的大炮钦定名称的有天佑助威大将军炮、神威大将军炮、神威无敌大将军炮、神威将军炮、威远将军炮、武成永固大将军炮、神功将军炮、制胜将军炮、威武制胜大将军炮等；中央和地方铸造的其他炮有浑铜

---

①② 《清朝文献通考》卷一百九十四。

炮、台湾炮、九节十成炮、子母炮等，其中不乏大型火炮。崇德七年（1642年），朝廷遣官往锦州造神威大将军炮，该炮为铜制，炮身长8尺5寸，隆起4道，炮重3800斤，用药5斤，铁子重10斤，以炮车载运。康熙二十八年（1689年），朝廷制武成永固大将军炮61位，该炮炮身重3670斤至六七千斤，长9尺7寸5分至1丈2尺，口径3寸8分至4寸9分，弹重10斤至20斤，装药重5斤至10斤，用铁轴炮车运载[①]。

火炮重量的增大，虽然提高了作战能力，但也为铸造工艺提出了更高的要求。一是要求制炮材料质量更高，以避免炸膛；二是要求铸造工艺更加科学。清代制炮技术人员从两个方面入手解决这些问题：一方面，把质体粗疏的生铁除去杂质，炼成熟铁；把铜的杂质进行剔除，掺兑少许上好的碗锡，提高铜的强度。另一方面，发明了铁模铸炮法。此法是嘉兴县丞龚振麟于道光二十一年（1841年）发明的，它是一种先用泥模翻铸铁模，然后再用铁模铸造火炮的方法，为大型火炮的铸造提供了技术条件。

燃烧性火器、爆炸性火器和管状火器，是中国古代水上作战特别是海上作战的主要兵器，它凝结着中国古代劳动人民的聪明才智，体现了中国古代科学技术的进步。火器在使用过程中，历来都不是单一的，历代军事家都根据当时战略战术、战场情况，取长补短，搭配使用各种火器，并在战争中不断总结经验，制定出战斗单位的火器标准。例如军事家戚继光，在与倭寇的长期斗争中为水军主力战船制定了火器标准：福船配备的火器包括大发熕1门、大佛郎机6座、碗口铳3个、喷筒60个、鸟嘴铳10把、烟罐100个、火箭300支、火砖100块、火炮20个；海沧船配备的火器包括大佛郎机4座、碗口铳3个、鸟嘴铳6把、喷筒50个、烟罐80个、火炮10个、火砖50块、火箭200支；苍山船配备的火器包括大佛郎机3座、碗口铳3个、鸟嘴铳4把、喷筒40个、烟罐60个、火砖20块、火箭100支。显而易见，这些标准是由战船的大小、兵员的多少以及各船所遂行的战斗任务决定的，是明代将领们在战

---

① 《钦定大清会典事例》卷八百九十四。

争实践中用鲜血换来的宝贵经验，也是获取抗倭作战胜利的根本保证。

　　总而言之，中国古代的水上作战兵器经历了冷兵器、火器两个发展阶段，在明代以前，走的是一条独立的发展道路，尤其是火药发明以后，中国的水上作战兵器不仅领先于世界，而且由于火药技术在西方的传播，改变了西方水上作战兵器的发展轨迹。明代以后，由于西方火器的传入，中国的水上作战兵器逐渐融入了西方技术，伴随着中国海洋文化的衰落，水上作战兵器也逐渐失去了优势，在清代以后已落后于西方国家。作为技术因素，中国近代水上兵器的衰落，也对中华民族的命运产生了影响。

第四章

神秘的"海洋经典"

——《山海经》蕴含的海洋文化信息

图4-1 《山海经》版本之一

在中国民间流传着许多神话故事，几千年来经久不衰，比如盘古开天、夸父追日、大禹治水等。其中有一个关于人和海的神话，更是家喻户晓。这个神话讲的是一个小女孩在大海中溺亡，她的灵魂不灭，化作一只小鸟，为报淹死之仇，不断从西山衔来石子，扔到东海之中，要把大海填平的故事。这个故事就是著名的"精卫填海"，它出自古代典籍《山海经》（见图4-1）。虽然"精卫填海"的故事在中国已是家喻户晓，但人们未必知道这个故事所隐含的所有深意。在本章中笔者将从《山海经》与海洋的关系入手，去探寻《山海经》为后人构造的神秘世界，从而揭开精卫填海的秘密，领略先人对人与海洋关系的独特思想表达。

一、《山海经》是一部什么样的书

在很多人的眼里，《山海经》是中国古代的一部奇书。说它奇，是因为它创作的年代久远，它所记述的内容，或见于《尚书》，或见于《易》，或见于殷墟卜辞，可见它源远流长；说它奇，是因为至今无人知道它的作者是谁，连它的书名都经历了漫长的演变过程，《庄子》《吕氏春秋》等先秦诸子在引用它的内容时，并无注明书名，司马迁称之为《山经》①，刘向称之为《山海经》；说它奇，是因为它全书仅有31000多字，它的形式有些简短散乱，内容有些荒诞不经，它所记述的怪物，连司马迁也说"余不敢言之也"②；说它奇，更是因为它的视野在数千年以前就已经拓展到了全世界，远远超出了现代人对那个时代的认知水平。这般奇书，在历史上不被关注和评说是说不过去的。那么，它究竟是一部什么性质的书呢？

笔者在此梳理一下历史上对于《山海经》性质认定的几种观点。

第一，《山海经》是地理学著作。

从《山海经》的成书结构看，它以区域划分为基本框架，各部分都涉及地理、博物、民族、宗教等内容，以此观之，它更像是一部地理学著作。早在西汉末年，侍中奉车光禄大夫刘秀（刘歆）在其《上山海经表》中首次言及《山海经》的性质时就说：《山海经》"内别五方之山，外分八方之海，纪其珍宝奇物，异方之所生，水土草木禽兽昆虫麟凤之所止，祯祥之所隐，及四海之外，绝域之国，殊类之人。禹别九州，任土作贡，而益等类物善恶，著《山海经》。皆圣贤之遗事，古文之著明者也"③。显然，在刘秀的心目中，《山海经》大致属于记载山海水土、风俗物产的地理学著作。600多年后的

---

① 《汉书》《论衡》所引《史记》曰《山经》，《史记》原作为《山海经》。见《汉书》卷六十一，《论衡》卷十一。

② 司马迁：《史记》卷一百二十三。

③ 袁珂：《〈山海经〉校注》，上海古籍出版社1980年版，第477页。

《隋书·经籍志》则直接把《山海经》列为地理类，此后不少史书也都如此。今人沿用这种观点者的也很多，如杨超先生认为："这部书应该说是以地理为纲，地理中大致可分为自然地理与人文地理，所以顾名思义叫做《山海经》。"①彭永岸先生认为：《山海经》是原始而又深奥的地理著作。它是靠日月星辰定方向，靠步伐量测距离的原始手段和方法写成的。"②

既然《山海经》是一部地理学著作，那么，它记载的地理范围究竟有多大？在这个问题上人们的意见并不统一，宫玉海认为，"《山海经》是以中国为中心的世界地理书"③。芦鸣说得更加肯定，他认为，《山海经》是"毫无争议的地理志，说的是全世界的风土人情，标的是整个地球的山水、注解的是整个人类的区域"④。他们主张地域范围应涉达全球。凌纯声先生则认为：《山海经》"是以中国为中心，东及西太平洋，南至南海诸多，西抵西南亚洲，北到西伯利亚的一本《古亚洲地志》"⑤，他主张地域范围应涵盖亚洲。张中一先生认为：《山海经》"从内容上看，这是我国最古老的一部中国《地理志》"⑥。他主张地域范围仅限于中国。扶永发先生的观点最令人称奇，他认为，《山海经》的地理位置应是在今日的云南西部横断山一带⑦，主张把地域范围集中于云南一隅。仅一个地域范围的确定，就有如此巨大的认识差距，可见读懂《山海经》难度之大。

第二，《山海经》是神话类著作。

《山海经》讲述了多个神话故事，夸父追日、大禹治水、黄帝大战蚩尤等，世代传颂。从这个意义上讲，说它是神话类著作毫不为过。袁珂在其著作中说："《山海经》匪特史地之权舆，乃亦神话之渊府……其中《海经》部

① 杨超：《〈山海经〉新探·前言》，四川社会科学出版社1986年版，第1页。

② 彭永岸：《地理学破解〈山海经〉——古神州在横断山区·前言》，云南人民出版社2013年版，第1页。

③ 宫玉海：《〈山海经〉与世界文化之谜》，吉林大学出版社1995年版，第5页。

④ ［澳］芦鸣：《〈山海经〉探秘·前言》，北京时代华文书局2014年版，第2页。

⑤ 凌纯声：《中国边疆民族与环太平洋文化》下册，台北经联书局1979年版，第1577页。

⑥ 张中一：《〈山海经〉并非世界地理志》，《岳阳职业技术学院学报》2007年第5期。

⑦ 扶永发：《神州的发现：〈山海经〉地理考·自序》，云南人民出版社2006年版，第1页。

分，保存神话之资料最多，除《楚辞·天问》，他书均莫与享，为研究神话之入门……"①在另一部著作中他又说："保存神话资料最丰富的一部书，自然不能不首推《山海经》。"②袁先生以精细的分析和严密的论证，概括了《山海经》的神话特征，得出了上述结论。持与袁先生相同观点的学者还有吴志达、石昌渝、杨义等，他们在《中国文言小说史》《中国小说源流论》《中国古典小说史论》等著作中都认为，《山海经》是一部中国古代神话总集，体现了独特的神话思维。

第三，《山海经》是小说类著作。

《山海经》塑造和虚构了若干人物和故事，其情节和叙事手法，颇有街谈巷议、道听途说的特征，与官方雅言的庄重"大说"有着明显的区别，因而自古以来就有人将其划入小说类。明代学者胡应麟先把《山海经》说成是"古今语怪之祖"，然后说这些"妖怪相书""盖古今小说之祖"③。《钦定四库全书总目》也因《山海经》"实则小说之最古者"，将其归入"小说家类"④。承此旧说，现代有学者也认为《山海经》为志怪小说，如李剑国在《中国小说通史》中说："地理博物志怪体小说是以《山海经》为开端的专门记载山川动植、远国异民传说的志怪，如《神异经》《十洲记》《洞冥记》等等。"⑤用今天的话说，《山海经》所记述的多是民间的叙事，有小道消息的意味。

第四，《山海经》是巫觋或方士之书。

从上古时代到春秋战国时期，巫觋的祭祀活动非常频繁，《山海经》就记载了许多与祭祀有关的仪式和活动，很像一部巫觋和方士的专业书籍。所以鲁迅先生在《中国小说史略》中谈道："《山海经》今所传本十八卷，记海内外山川神祇异物及祭祀所宜，以为禹益作者固非，而谓因《楚辞》而造者

① 袁珂：《〈山海经〉校注·序》，上海古籍出版社1980年版，第1页。
② 袁珂：《中国神话史》，上海文艺出版社1988年版，第17页。
③ 胡应麟：《少室山房笔丛》卷三十二、卷三十六。
④ 《钦定四库全书总目》卷一百四十二。
⑤ 李剑国：《中国小说通史》，高等教育出版社2007年版，第56—57页。

亦未是：所载祀神之物多用糈（精米），与巫术合，盖古之巫书也。"① 与鲁迅先生持相同观点的学者不乏其人，袁行霈在其《〈山海经〉初探》一文中提出，《山海经》之《山经》是巫觋之书，成书于战国初、中期；《海经》是秦汉间的方士之书②。袁珂在其《中国神话史》中也认为，《山海经》确可以说是一部巫书，是古代巫师们传留下来、经战国初年至汉代初年楚国或楚地的人们（包括巫师）加以整理编写而成的。战国时代的巫师去古未远，又多来自民间，所以保存了这些原始神话而未加以大的改动。这部巫书为什么除神话传说外，又包罗了上至天文、下至地理……那么多的学科？这也并不奇怪，正是原始时代原始先民通过神话思维探讨、认识外界事物刻印下来的痕迹。古代的巫师，实际上就是古代的知识分子，甚而可以说是高级知识分子，一切文化知识都掌握在他们的手里，他们并不是浅薄无知的③。言外之意，说它是巫觋之书，并不会贬低《山海经》的价值，相反，会给它以更高的社会和历史地位。

第五，《山海经》是名物方志书或类书。

从现代视角看，《山海经》涉及的领域十分广泛，包含了很多学科和门类，不啻一部古代的名物方志和百科全书。有鉴于此，袁珂认为，"《山海经》这部书，总共虽然只有三万一千多字，却是包罗万象。除神话传说外，还涉及地理、历史、宗教、民俗、历象、动物、植物、矿物、医药、人类学、民族学、地质学……甚至连海洋学探讨的问题，也能在《山海经》这部书里，得到某些启发和印证。它真可以说是一部奇书，一部古代人们生活日用的百科全书"④。承袁先生的观点，倪泰、钱发平也认为，"《山海经》被称为中国最早的、具有百科全书性质的文明典籍。它涉及学科之广，令人叹为观止。举凡地理、历史、宗教、文学、哲学、民族、民俗、动物、矿物、医

---

① 《鲁迅全集》第九卷，人民文学出版社1982年版，第18页。

② 袁行霈：《〈山海经〉初探》，《中华文史论丛》1979年第3期。

③ 袁珂：《中国神话史》，上海文艺出版社1988年版，第18页。

④ 袁珂：《中国神话史》，上海文艺出版社1988年版，第17—18页。

药……无所不包"①。吕子方同样认为，《山海经》"涉及面广泛，诸如天文、地理、动物、植物、矿物、医药、疾病、气象、占验、神灵、祀神的仪式和祭品、帝王的世系及葬地、器物的发明制作，以至绝域遐方，南山北地，异闻奇见，都兼放并录，无所不包，可说是一部名物方志之书，也可以说是我国最早的类书"②。徐显之则认为，"《山海经》是一部最古的方志，其中《山经》部分是以山为经的方物志，《海经》部分是以氏族为经的社会志，其《海内经》部分具有制作发明的科技志的性质。它是产生于氏族社会末期的我国一部古代氏族社会志"③。

除了上述观点之外，历史上对《山海经》的性质也有另外的看法：王应麟《王会补传》引朱子之言，"谓《山海经》记诸异物飞走之类，多云东向，或曰东首，疑本因图画而述之。古有此学，如《九歌》《天问》皆其类"④，把《山海经》定性为图画说明。现代学者叶舒宪、萧兵所著《山海经的文化寻踪》一书认为："《山海经》一书的构成，带有明确的政治动机……它是一部神话政治地理书。"⑤两位学者并从文化的视角阐释了《山海经》中所记载的地理区域表现出的文化、政治意义与价值。刘宗迪在《失落的天书:〈山海经〉与古代华夏世界观》一书中提出，根据《山海经》的《山经》和《海经》的文字风格等方面的差异性，应将《山经》和《海经》分别加以定性，《山经》无疑是一部以实证性的地理实录为主而偶或掺杂神怪内容的地理博物著作，而《海经》是述图之文，其所依托的图画虽然消失了，但古图的特征肯定能从述图之文中反映出来⑥。

说完《山海经》的性质，必然要谈到它的作者。《山海经》的作者究竟

① 倪泰、钱发平:《〈山海经〉——一部想象力非凡的上古百科全书·序》，重庆出版社2006年版，第1页。

② 吕子方:《读〈山海经〉杂记》，浙江人民美术出版社2018年版，第1页。

③ 徐显之:《山海经探原》，武汉出版社1991年版，第1页。

④ 《钦定四库全书·子部十二·山海经》。

⑤ 叶舒宪、萧兵:《山海经的文化寻踪》，湖北人民出版社2004年版，第52页。

⑥ 刘宗迪:《失落的天书:〈山海经〉与古代华夏世界观·导言》，商务印书馆2006年版，第10页。

是谁？从历史文献的记载看，最早读过《山海经》的应是西汉的董仲舒，王充在《论衡》中说："董仲舒睹重常之鸟，刘子政晓贰负之尸，皆见《山海经》，故能立二事之说；使禹益行地不远，不能作《山海经》，董刘不读《山海经》，不能定二疑。"①然而，其中所说《山海经》为大禹和伯益所作，是王充的观点，并非董仲舒所言，故董仲舒在读《山海经》时并未明确其作者是谁。之后的司马迁也读过《山海经》，也没有谈到作者问题。最初回答《山海经》作者问题的是刘秀的《上山海经表》。刘秀在这篇表文中不仅明确指出作者是谁，而且讲述了作者创作《山海经》的过程。他说，在上古唐尧、虞舜时期，泛滥的洪水漫淹至所有国家，人民居无所依，处境艰难地栖身于高山丘陵之上和林木之中。大禹的父亲鲧治水没有成效，帝尧派大禹接替父亲继续完成治水任务。大禹乘坐舟船，随山伐木，勘察高山大川。他更与伯益一起区分禽兽，给山川命名，给草木分类，让水土有别。四岳山神帮助他们，踏遍四方人迹罕至、舟船难以到达的地方，将五方之山、八方之海分得清清楚楚，并将珍宝奇物、各地所产之物，以及水土、草木、昆虫、麟凤等特性、状态和它们所隐含的吉祥征兆全部记录下来，还记录了四海之外的世界、遥远的国度和奇异的人族等。大禹划分九州，根据土地肥瘠多少不同制定贡赋等级。而伯益等人则将生物划分善恶类别，因此撰写了《山海经》。刘秀的讲述明确告诉后人，《山海经》的作者是大禹和伯益。此后历代都有继承这一观点的学者，王充显然采纳了刘秀的说法。东汉赵晔的《吴越春秋》也讲述了大禹和伯益写作《山海经》的故事：禹"遂巡行四渎，与益、夔共谋，行到名山大泽，召其神而问之，山川脉理，金玉所有，鸟兽、昆虫之类及八方之民俗、殊国异域土地里数，使益疏而记之，故名之曰《山海经》"②。这与刘秀表达的意思差不多。《隋书·经籍》则云："汉初萧何得秦图书，故知天下要害。后又得《山海经》，相传以为夏禹所记。"③明确表示，夏

---

① 王充：《论衡·别通篇》。
② 赵晔：《吴越春秋》卷六。
③ 魏征：《隋书》卷三十三。

禹作《山海经》是历史流传的说法，而且这里没有提到伯益。郦道元写《水经注》时亦云"大禹记著《山海》"①。刘知几《史通》亦有"夏禹敷土，实著《山经》"②之说。颜之推《颜氏家训》同样肯定了《山海经》为"夏禹及益所记"③。由此可见，在唐代以前，大禹、伯益作《山海经》说颇为盛行。可是到了清代，就有一些不同的声音出现，毕沅在《山海经新校正》中称"作于禹益，述于周秦"④。就是说，毕沅虽然承认《山海经》作于大禹和伯益，但他认为，其内容在周秦时期又有大量补充，至于补充者是谁，那就无法考究了。到了现代，唐之前的观点被学者全面质疑，蒙文通认为，《山海经》的《大荒经》以下5篇的写作时代最早，大约在西周前期；《海内经》4篇较迟，但也在西周中叶；《五藏山经》和《海外经》4篇最迟，是春秋战国之交的作品。至于产生地域，则《海内经》4篇可能是古蜀国的作品，《大荒经》以下5篇可能是巴国的作品，《五藏山经》和《海外经》4篇可能是接受了巴蜀文化以后的楚国的作品⑤。就是说，其作者是巴蜀人。袁珂在此基础上进一步认为，夏禹、伯益本身已是神话人物，如何能作出这样一部书，故这种说法不足凭信。他认为，《山海经》实际上是在相当长一段时期内众多的无名氏的作品。根据他的初步考察，此书大概是由从战国初年到汉代初年的楚国或楚地人所作⑥。另外，还有一些学者另辟蹊径，推断出与众不同的观点。卫聚贤在《〈山海经〉的研究》一文中根据书中地名、物名、神怪图像，以及称书为"经""藏"等因素，推断此书可能是从印度至中国各地的一路记录，而记录者是战国时墨子的弟子印度人随巢子⑦。

笔者在此无意介入这场跨越千年的历史论争，只想把各种观点呈现出

① 郦道元：《水经注·序》。
② 刘知几：《史通》卷十。
③ 颜之推：《颜氏家训·书证第十七》。
④ 毕沅：《山海经新校正·序》。
⑤ 蒙文通：《略论〈山海经〉的写作时代及其产生地域》，《史学论丛》1934年第1册。
⑥ 袁珂：《中国神话史》，上海文艺出版社1988年版，第17页。
⑦ 卫聚贤：《山海经的研究》，《古史研究》第二集（上册），商务印书馆1934年版。

来，并从地理、民俗、文学等多个角度，梳理和分析《山海经》所包含的海洋文化信息及其价值。

二、《山海经》隐含着怎样的海洋文化信息

我们首先来看《山海经》的书名。"山"指的是山川；"海"指的是"海洋"；"经"并非现代人理解的"经典"，而有经界、经历之意。经界就是疆界、界限的意思，经历乃《书·君奭》所言"弗克经历"中的"经历"，即"经久历远"，即《孟子·尽心下篇》中"经德不回"的"经"，也就是"行"，与"经历"之义相近。如此看来，"山海经"即"历经山海之疆界"。毫无疑义，《山海经》与海洋有着密不可分的关系。事实上，它的内容也大量涉及海洋，文字中"海内""海外""东海""南海""渤海"等关键概念的出现便是证明。虽然"山"也是它叙述的主要内容之一，但在描述山的时候，都伴随着水的追根溯源，而大多数发源于山的江河，在作者的笔下也与大海相连。所以，从山海关系的角度讲，《山海经》是一部以叙述山和海界限为主线的综合性作品。有学者认为，它"是中国海洋文化的开山之作"，"是中国古代第一部写海洋的经典"①。这些观点虽然还没有获得广泛的认同，但它比较准确地表达了《山海经》与华夏海洋文明之间的关系。那么，《山海经》都有哪些内容与海洋直接相关呢？

第一，记载了沿海地理情况。

《山海经》分为《山经》5卷、《海外经》4卷、《海内经》4卷、《大荒经》4卷、《海内经》1卷，共18卷。其中，前面《海外经》4卷主要介绍海内南、西、北、东4个区域的情况；而后面《海内经》1卷主要概括海内区域情况。从《山海经》内容构成看，它涉及4个主要的地理概念，即"山""海内""海外"和"大荒"，其中"海内""海外"和"大荒"都与海有着直接

---

① 方牧：《〈山海经〉与海洋文化》，《浙江海洋学院学报（人文科学版）》2003年第2期。

关系，"山"也间接与海洋有关。那么，何谓"海内"，何谓"海外"，何谓"大荒"呢？

《诗经》中说，"溥天之下，莫非王土，率土之滨，莫非王臣"①。这里的"滨"字，有"边缘"之意，自然也包括海滨。这句话是说，普天之下，都是君王的土地；四海之内，都是君王的臣民。很显然，这时的人们把君王的统治限定在土地之上，是不包括海洋的，在上古时期人的思想中，海洋是由神来统治的。《山海经·大荒东经》中载："东海之渚中有神，人面鸟身，珥两黄蛇，践两黄蛇，名曰禺虢。黄帝生禺虢，禺虢生禺京，禺京处北海，禺虢处东海，是惟海神。"即说，在东海的沙岛上，有个神长着人头鸟身，耳朵里冒出两条黄蛇，脚下踩着两条黄蛇，名叫禺虢。黄帝生禺虢，禺虢生禺京。禺京居住在北海，禺虢生活在东海，是各治一方的海神。由此我们可以知道，古代人们以海岸线为界线，把眼前之世界划分为"海内"和"海外"，"海内"是指海岸线以内的陆地，"海外"是指海岸线以外的海洋和陆地。当然，这里的海岸线是一个宽泛的概念，华夏先民居住的岛屿当然属于海岸线以内的。《山海经》中所说的"海内"与"海外"大致就是这个意思。"大荒"是指人迹罕至、非常荒漠的地方，在大海方向上，就是指比"海外"更遥远的地方。

由此可见，《山海经》所涉及的地理范围是广大的，正如有些学者认为的那样囊括了整个世界。那么，它所记载的地理区域与现实之间是否存在出入呢？答案是肯定的。由于先人们受客观条件和知识水平所限，他们对事物的认识存在着很大的局限性，再加上几千年甚至上万年的地理变迁，书中所记述的区域已经发生了沧海桑田般的变化，不可简单对比，纵是大致吻合，已是相当不易。

在《山海经》的记述中，与沿海地理相吻合的例子比比皆是，琅琊台即其中之一。《海内东经》载：

---

① 《诗经·小雅·谷风之什·北山》。

> 琅琊台在渤海间，琅琊之东。其北有山，一曰在海间。

这句话的含义很明确，琅琊台位于琅琊东部的渤海之中。历史上的琅琊（也记作"琅邪"）位于密州诸城县东南，即现在山东半岛南部的胶州湾的青岛市黄岛区琅琊镇，如今琅琊台已与陆地相连。春秋时，琅琊是齐国的城邑，越王勾践灭掉吴国后，将越国都城由会稽迁往琅琊。在琅琊东部的海中有一座山，越王在山上筑起观台，台周围7里，以望东海，故名"琅琊台"（一说山上本有台，勾践特更增筑，而称琅琊台）。秦始皇当年东巡时，多次登上琅琊台，在台上留下"始皇碑"，碑上有600字可识。汉代在琅琊设琅琊县，汉武帝东巡时也多次登台。清代时"山下井邑遗迹犹存，登山石道如故，土人名曰御路。谢朓诗：'东限琅琊台，西距孟诸陆。'"[①]至于琅琊台以北的那座山，据清代郝懿行考证，即劳山，劳山在海间，又叫牢山[②]，方位是准确的。

会稽山也与现代地理相吻合。《海内东经》载：

> 会稽山在大楚南。

"大楚"在哪里？现代学者彭永岸认为，"大楚为国名，会稽山在大楚南，即在今巍山坝子北部祭穴山。据《南次二经》载，会稽山当在今巍山县鼠街乡岩子村西北。相传大禹死后，葬于会稽山，即葬于祭穴山。今浙江绍兴的会稽山当是古神州大迁徙时，原在巍山的先民迁徙到浙江后怀念会稽山，而在新居地重新命名的"[③]。彭先生在阐述这些观点时主观臆断较多，未提供有效的参考文献，例如根据《南次二经》的记载，无论如何也读不出"会稽山当在今巍山县鼠街乡岩子村西北"的结论；再如"今浙江绍兴的会

---

① 吴任臣：《山海经广注》卷十三。
② 郝懿行：《山海经笺疏》，卷十三。
③ 彭永岸：《地理学破解山海经——古神州在横断山区》，云南人民出版社2013年版，第307页。

稽山当是古神州大迁徙时，原在巍山的先民迁徙到浙江后怀念会稽山，而在新居地重新命名的"这样的结论，没有任何根据，自然令人难以信服。实际上从古至今，对于"大楚"早有解释，大致有三种观点：一是清代学者毕沅认为，"大楚，禹时无此国，盖周秦人释图象之词"[①]。即说，在上古时期还没有"大楚"这个方国，它是周秦时人们解释图象时的一个地理词汇。二是清代学者吴承志认为，"大楚"是《山海经》在撰写的过程中被误写的，应为"大越"，因为汉代《越绝书》有记载，大禹治水时到过大越，登临过茅山，在山上进行过治水的筹划，而将茅山改名为会稽山。"会稽山在会稽郡山阴南，上有禹冢、禹井"，"会稽山在大越南甚明，大楚犹钜，燕时越地已入楚，故云大楚"[②]。显而易见，"大越"或"大楚"就在今江苏和浙江一带。三是现代学者认为，《史记》有"三楚"的记载，即西楚、东楚、南楚，西楚包括淮北、沛、陈、汝南、南郡；东楚包括东海、吴、广陵；南楚包括衡山、九江、江南、豫章、长沙[③]。东楚恰位于今江苏省区域，很显然，"大楚"指的是东楚。

这三种解释指向都很明确，即"大楚"在今江苏至浙江一带，会稽山就位于这一带的南部。我们再看看会稽山今天的位置，它位于浙江省中部的绍兴、嵊县、诸暨、东阳间，与《山海经》记载完全相符。

另外，瓯、闽也可在现代地理中找到其位置。《海内南经》载：

瓯居海中。闽在海中，其西北有山。一曰闽中山在海中。

郭璞解释说："今临海永宁县即东瓯，在岐海中也。""闽越即西瓯，今建安郡是也，亦在岐海中。"郝懿行说："岐海谓海之槎枝。"[④]瓯是浙江温州

---

① 汪绂：《山海经存》卷七。

② 吴承志：《山海经地理今释》卷六。

③ 司马迁：《史记》卷一百二十九。

④ 郝懿行：《山海经笺疏》卷十。

的别称，汉代初期温州一带为东瓯，今浙江省东南境有瓯江，也称永宁江。闽是今福建省的简称。瓯、闽都是我国古代氏族，其聚居地为浙江、福建及沿海岛屿，是确凿无疑的。

即使今天我们对《山海经》记载的很多区域或方国难以判断它的真实性，我们也必须考虑到，距今数千年前的上古时期地理，以我们今天的眼光窥之，也实难洞穿其中的所有奥妙，也就不可能作出全面准确的诠释。正如若干考古发现令我们感到震惊一样，也许《山海经》对上古时期地理记述中隐含的真相，也是令人震惊的。

第二，描述了海外方国情况。

所谓方国，是指上古时代以及夏商时期出现的部落国家，与现代国家的概念有所不同，方国的区域很小，一般拥有一块封地，或一个区域。《山海经》大量描述了方国的情况，据统计有40个左右，其中有相当一部分位于"海外"和"大荒"之中。那么，这些位于"海外"和"大荒"中的方国是否真的存在呢？关于这个问题，学术界也存在着很大争议。有人认为，这些方国大多数都不存在，它们是《山海经》作者想象和虚构出来的；也有人认为，这些方国确实存在，但它们不是在海外，而是在海内的某个地方，因为研究发现，作者对一些海外方国的描述，与海内方国有多处雷同；还有人认为，有些海外方国确实是存在的，只不过我们不能简单地与现在的海外国家进行"对号入座"，因为它们毕竟经过了几千年的变迁。笔者认为，《山海经》所记载的海外方国，至少有一些是真实存在的，只不过它们经过了几千年的变迁之后，有些面目全非，但在研究中我们依然可以清晰地感受到它的存在。《海外东经》提到的黑齿国就是如此：

黑齿国在其北，为人黑，食稻啖蛇，一赤一青，在其旁。一曰在竖亥北，为人黑首，食稻使蛇，其一蛇赤。

文中的"其"是指竖亥，即说，在竖亥以北有一个黑齿国，这里的人是黑色的，吃稻和蛇，身旁有一条红蛇和一条青蛇。一说黑齿国在竖亥以北，这里的人长着黑头，吃稻用蛇，其中一条蛇是红色的。《大荒东经》再次提到了这个方国："有黑齿之国。帝俊生黑齿，姜姓，黍食，使四鸟。"帝俊是传说中上古时代的帝王，这里是说，黑齿国人是帝俊的后代，姓姜，吃黍，驱使四只鸟。《山海经存》有注云："南蛮人好食槟榔，故多黑齿。"[①]说明黑齿国人的黑齿是因饮食习惯而自然形成的。《山海经》对黑齿国的记述并不是孤立的，这个方国在其他的历史典籍中也有记载，《后汉书·东夷》说，"倭在韩东南大海中"，"倭国大乱，更相攻伐，历年无主"，有一女子被立为王，称为"女王国"，自女王国往南四千余里是朱儒国，"自朱儒东南行船一年，至裸国、黑齿国，使驿所传，极于此矣"[②]。这里叙述了黑齿国与人们熟悉的倭国之间的位置关系。《南夷志》载："黑齿以漆漆其齿"[③]，已不再因食槟榔而黑齿，而是故意以漆漆之。《异物志》载，黑齿国也叫"西屠国"，"在海水，以草漆齿，用白作黑，一染则历年不复变，一号黑齿"[④]。与《南夷志》所载相似。现代学者认为，按照黑齿国与倭国的地理关系判断，黑齿国应是现在的东南太平洋上的岛国，这一带的居民在数千年中保持黑齿的传统，开始可能因吃槟榔所致，后刻意用植物将牙齿染黑，以黑齿为美，而且黑齿国人有着中国人的血统。那么，中国人是否在上古时代就具备了到达这些岛国的能力呢？孙光圻认为，"中国沿海居民很有可能曾在遥远的时代就从海上航行到东南亚与南洋一带，并成为波利尼西亚混合民族的主要人种来源之一"[⑤]。

《大荒西经》记载的寿麻国，也是重要例证：

有寿麻之国……寿麻正立无景，疾呼无响。爰有大暑，不可以往。

---

① 汪绂：《山海经存》卷八。
② 《后汉书》卷一百十五。
③ 李昉：《太平御览》卷七百八十九。
④ 李昉：《太平御览》卷七百九十。
⑤ 孙光圻：《中国古代航海史》，海洋出版社2005年版，第42页。

寿麻国特点鲜明，这里的人正午时分站在阳光之下没有影子，大声呼喊也听不见声音。这里酷热难当，不可以前去。"正立无景"，是因为阳光垂直照射；"疾呼无响"，是因为在炎热的旷野中，空气仿佛不流动了，给人的感觉就是大声说话也听不到。这些特点，都是位于赤道国家的特点，可以肯定，这个寿麻国指的是现在位于赤道上的某个国家。郭沫若《驳〈实庵字说〉》认为，"寿麻"应该是古代巴比伦的先祖苏美尔（Sumer）；徐南洲认为，"寿麻"应该是"Sumatra"的对译，也就是如今的苏门答腊[1]；袁珂认为，"寿麻"之国应是古楞伽（Lenga），即现在的斯里兰卡，其地处北纬8°，正好在南北回归线之内，符合"正立无景"的描述。还有胡远鹏认为，"寿麻"应该是非洲的索马里。可见许多学者认同寿麻国的存在。古人对赤道并无概念，仅以太阳下站立无影判断，仿佛处于世界的中心，如《吕氏春秋》："白民之南，建木之下，日中无影，呼而无响，盖天地之中也。"[2]

《海内经》记载的天毒国，也可以作为《山海经》载方国存在的例证：

东海之内，北海之隅，有国名曰朝鲜、天毒，其人水居，偎人爱之。

对于朝鲜，文献记载颇多，其在东海之内，也毫无疑义。而对天毒国却鲜有谈及。晋代郭璞在注中说："天毒即天竺国，贵道德，有文书、金银、钱货，浮屠出此国中也。"天竺国是指古代的印度，按照郭璞的解释，天毒国即古代的印度。那么，郭璞的依据何在呢？依据就在于"偎人爱之"四个字。"爱"字在古文中有借"薆"的用法，"薆"其意为"隐蔽"，如《诗经·静女》中有"爱而不见"之句，意为"隐而不见"。郭璞说："偎亦爱也。""偎"在这里也是隐蔽的意思，联系上句"其人水居"，可解释为天毒国的人时常隐蔽在水中。《括地图》明确指出："天毒国最大最热，夏草木皆干死，民善没水以避日，

---

① 徐南洲：《〈山海经〉——一部中国的上古史书》，见《山海经新探》，四川省社会科学院出版社1986年版，第250页。

② 吕不韦：《吕氏春秋》卷十三。

入时暑常入寒泉之下."①这解释了天毒国没入水中的原因。那么，古代印度人有没有经常隐蔽在水中的习惯呢？虽然目前还没有见到直接的史料记载，但马可·波罗在游记中对印度洋港口城市忽鲁模思的描述，可作为重要参考：

每逢夏季，城内居民因天气酷热，容易患病，因此，人民陆续地移居海滨或河边去避暑。他们住在一种柳枝构成的水上小屋里，躲避溽暑的侵袭。这种水上小屋构造极其简单，用柳树椿钉在水里，围成一圈，将水掏干；靠岸一边则利用河沿挡风，上面用树叶遮蔽阳光，小屋就这样构筑成功。他们每日在水屋栖息的时间，大约从九时起到正午止。因为这段时间有一股热风从内地刮来，炎热炙人，使人呼吸困难，甚至窒息致死。在沙漠里遇到这种热风袭来，人畜决不能幸免于难。这里的人，当他们一旦发觉这股风即将刮来的时候，迅速将全身没入水里，直到下颚为止，等到热风过后才敢离出水面②。

忽鲁模思即现在的霍尔木兹，位于阿拉伯海通往波斯湾的咽喉之处，其对面的大陆与印度半岛相连，夏天遭遇的热风袭击与印度半岛极为相似，这里的人们为躲避酷热袭击而躲入水中的做法，想必也会被印度人所采纳。马可·波罗的描述无疑给郭璞的观点提供了翔实注脚。

然而，有一个问题还无法解释：《山海经》在指示天毒国方位时说，其在"东海之内，北海之隅"，这显然与位于印度洋的古代印度对不上号。正因为如此，明代学者王崇庆对郭璞的观点表示怀疑："天毒疑别有意义，郭以为即天竺国，天竺在西域，汉明帝遣使迎佛骨之地，此未知是非也。"③可见对于郭璞的认定与天毒国方位之间存在的矛盾，王崇庆采取了谨慎存疑的态度，未作出直接解释。袁珂也认为，"天竺即今印度，在我国西南，此天毒则在东北，方位迥异，故王氏乃有此疑"。不过他怀疑《山海经》的记述"或者中有脱文

① 欧阳询：《艺文类聚》卷五。
② 《马可波罗游记》，福建科学技术出版社1981年版，第25页。
③ 王崇庆：《山海经释义》卷十八。

121

伪字，未可知也"[1]，同样没有直接否定郭璞的观点。对此，笔者深以为然。

《山海经》对海外方国情况的记载，反映了上古时期中国人对海外区域的认识，从而提醒人们，早期的中国人很有可能涉足过这些地方。

第三，记载了沿海民族习俗。

龙崇拜是中华民族最重要的图腾崇拜和神崇拜之一，而沿海民族无疑是龙的最早崇拜者。那么，华夏先民为什么要崇拜和祭祀龙呢？这是由渔猎时代社会生产方式决定的。在旧石器时代，农业还没有产生，人们以渔猎和采集作为最基本的生活方式。要渔猎不可避免地就要与水打交道，而水既是自然的恩赐，又是灾难的根源。在长期的交互过程中，人们相信，水和其他自然物一样，是有生命和灵魂的，需要对其施以敬畏之心，从而形成了对水的崇拜。随着人类原始思维的发展，人们由对自然物的崇拜，逐渐转向对自然主宰者的崇拜，即神崇拜，将水的主宰权交给了龙，龙即水神，龙崇拜由此产生。可见，龙崇拜是水崇拜和图腾崇拜相结合的产物。《山海经》为我们提供了上古时期华夏民族龙崇拜的依据。

《山海经》多处提到龙，但意义却不相同。有时作为描述山神或怪兽的参照，如《南次二经》《南次三经》《东山经》《中山经》所列举的山神，要么"龙身而鸟首"，要么"龙身而人面"，要么"人身而龙首"；有时作为神的坐骑，如《海外南经》《海外西经》《海外东经》《海内北经》《大荒西经》所列举的祝融、夏后启、蓐收、句芒、冰夷等诸神，都骑两龙。这些对龙的描述虽然体现了龙神在诸神中的地位，但涉及的并非龙崇拜。真正与龙崇拜密切相关的，是《大荒东经》和《大荒北经》对应龙的记述。

《大荒北经》载：

蚩尤作兵伐黄帝，黄帝乃令应龙攻之冀州之野。应龙畜水，蚩尤请风伯雨师，纵大风雨。黄帝乃下天女曰魃，雨止，遂杀蚩尤。

---

① 袁珂：《山海经校注》，上海古籍出版社1980年版，第441页。

应龙已杀蚩尤，又杀夸父，乃去南方处之，故南方多雨。

蚩尤是炎帝的大臣，"蚩尤作兵伐黄帝"是由黄帝和炎帝的斗争引起的。黄炎大战，炎帝兵败，蚩尤奋起为炎帝复仇。应龙是有翼的龙，黄帝命令它在冀州之野攻打蚩尤。应龙蓄水，蚩尤请来风伯、雨师，制造了大风雨。黄帝请下天女魃，雨就停了，于是杀了蚩尤。杀死蚩尤和夸父后，应龙去了南方，故南方多雨。

《大荒东经》载：

大荒东北隅中有山，名曰凶犁土丘，应龙处南极，杀蚩尤与夸父，不得复上，故下数旱，旱而为应龙之状，乃得大雨。

应龙本居天上，由于杀了蚩尤和夸父，不得重回天庭。在大荒的东北角有一座山，名叫凶犁土丘，应龙就住在这座山的最南端。由于不能重回天庭，应龙也就不能从天降雨了，于是大地持续干旱。如果出现干旱，人们就做成应龙的形状向上天求雨，天就会下大雨。很显然，《山海经》是把龙和应龙区别开来的，赋予应龙以降雨的权力。

那么，《山海经》为什么要把应龙塑造为雨神呢？原因是多方面的，其中最主要的原因是作者相信天降雨水与地上的水有关。远古时期，人们对宇宙的认识有限，认为天上不可能大量蓄水，水蓄于地上的江河湖海，尤其是大海，一片汪洋，是水主要的贮存处，天上之所以能降雨，是由某种动物将水输送上天所致，而这种动物便是龙，《山海经》将其称为"应龙"（见图4-2）。自从应龙具有了降雨的神力，人们对它产生了崇拜之心。在后世的塑造中，人们就把龙和应龙逐渐融为一体，就有了龙和应龙关系的解说。南北朝《述异记》称："水虺五百年化为蛟，蛟千年化为龙，龙五百年为角龙，千年为应龙。"[①]汉代《桓子新论》也说："刘歆致雨具作土龙、吹律及诸方

———————————

① 任昉：《述异记》卷上。

术，无不备设。谭问：求雨所以为土龙，何也？曰：龙见者，辄有风雨兴起以送迎之，故缘其象类而为之。"①很显然，《山海经》告诉我们，祭祀龙的习俗，是从上古时代华夏先民尤其是沿海民族崇拜应龙开始的。

图4-2 《山海经》插图之一：应龙

《山海经》还多次谈到沿海民族的其他习俗，例如饮食习惯。海外和大荒有多个方国的人以吃鱼为生，他们的捕鱼方式多种多样。《大荒北经》说，无肠国、深目民国的国民都以吃鱼为生。《大荒南经》介绍了一个叫张弘的方国，那里的人长得象鸟，有喙，有翅膀，能驱使4只鸟在海上捕鱼。《海外南经》介绍了长臂国（见图4-3），那里的人们手臂很长，"捕鱼水中，两手各操一鱼"，这两条鱼并不是他们的收获，而是捕鱼的工具，也就是用鱼捕鱼。还有一个叫玄股国的方国，"衣鱼食鸥，两鸟夹之"，就是以鱼和海鸥为食，驯养鹭鸶一类的鸟，帮助捕鱼。另外，沿海和海外方国的人民也吃肉、黍等。这些描述，虽然都把人神化了，但是所反映的上古时代沿海民族的生活状况却是真实的，因为有些习俗如沿海居民吃鱼的习惯、渔民驯养鸟用于捕鱼等，我们依然保持至今。

---

① 桓谭：《桓子新论》。

第四，讲述了远古海洋神话。

《山海经》以简短的语言，讲述了多个海洋神话，而这些神话包含了作者对海洋等自然景象的认知。《大荒东经》载：

> 东海中有流波山，入海七千里。其上有兽，状如牛，苍身而无角，一足，出入水则必风雨，其光如日月，其声如雷，其名曰夔。

图4-3　《山海经》插图之一：长臂国

为进一步理解故事中的"兽"与现实海洋生物的关系，笔者将这段话加以直译：在东海之中有一座山，名叫流波山，深入大海7000里，山上有一种野兽，形状像牛，深青色的身体，没有角，一条腿，入水和出水时必卷起风雨。身上发出的光如日月一样明亮，它的叫声像打雷。这种动物名叫夔（见图4-4）。看到这样的描述，我们是否会想到生活在海洋中的海狮呢？海狮是一种海洋动物，生活在北极圈和北太平洋的寒温带海域，在现在的南美海岸也比较多。它性格温顺，以鱼类为主要食物。它的身体像牛，只不过为了适应海洋生活，它的四肢均变成了蹼，但两个后蹼看上去更像一条大尾巴，这是它长期进化的结果。我们完全可以想象这样的场景，在皎洁的月光之下，一头海狮从海中出水，寄于礁石之上，身上的海水加上黑青色的皮肤，反射着耀眼的光亮。在它的身后，拖着粗壮的尾巴，就像一条腿一样，于是夔的形象就诞生了。《大荒东经》对夔的描绘，很像海狮一类的动物，而作者却赋予它强大的能量，不仅能掀起风雨，而且还与日月同光。那么，《山海经》为什么要这样描述呢？笔者认为，作者一方面是要向人们展现海洋能量的强大和海洋的恐怖，他告诉人们，大海中充斥着像夔一样具有超能量的生物，是会杀死人的；另一方面，他又提醒人们，这些超能量的生物，人类是可以战胜的。因为《大荒东经》紧接着就讲述说："黄帝得之，以其皮为鼓，橛以雷兽之骨，声闻五百里，以威天下。"就是说，黄帝曾经杀死了一头夔，用它的皮做成鼓，用它的骨头做成鼓槌，敲起来500里范围内都能听到，声威震动天下。清代马骕在《绎史》中转引《黄帝内传》说："黄帝伐蚩尤，玄女为帝制夔牛鼓八十面，一震五百里，连震三千八百里。"[①]这说明，虽然夔的能力十分强大，但黄帝的力量更加强大，他不仅能够深入大海7000里，而且能杀死夔。黄帝是华夏民族的始祖，《山海经》的记载，不仅暗示我们，上古时代华夏先民已经能够涉猎大洋，而且告诫后人华夏民族有征服海洋的能力和力量，要树立起战胜大海的信心。

图4-4 《山海经》插图之一：夔

《山海经》体现华夏民族征服海洋的愿望和精神的故事，还不止黄帝杀夔这一个，本章开头讲到的"精卫填海"故事，更具代表性。

---

① 马骕:《绎史》卷五。

《北山经》载:

又北二百里,曰发鸠之山,其上多柘木。有鸟焉,其状如乌,文首、白喙、赤足,名曰精卫,其鸣自詨。是炎帝之少女,名曰女娃。女娃游于东海,溺而不返,故为精卫,常衔西山之木石以堙于东海。

发鸠山位于古代上党郡长子县以西,就是今山西省长治市长子县以西,山上生活着一种鸟,形状像乌鸦,头上长有花纹,喙是白色的,足是红色的,名叫"精卫"。精卫鸟鸣叫着大声说,它是炎帝的小女儿,名叫女娃,在东海游玩时被淹死,化作精卫。它常常从西山衔起草木和石子,填入东海,目的显然是想把东海填平,以报被淹亡之仇。

南朝《述异记》延续了精卫填海的故事:

昔炎帝女溺死东海中,化为精卫,其名自呼,每衔西山木石填东海。偶海燕而生子,生雌状如精卫,生雄如海燕。今东海精卫誓水处曾溺于此川,誓不饮其水,一名鸟誓,一名冤禽,又名志鸟,俗呼帝女雀①。

"精卫填海"的故事流传至今、经久不衰,原因在于它体现的海洋精神符合中华民族几千年来与海洋相处中形成的情感认同。"精卫填海"所表达的思想内涵主要包括两个方面:第一,海洋拥有巨大的能量,人类在海洋面前是渺小的、孱弱的,正如《庄子》所言,"天下之水,莫大于海,万川归之,不知何时,止而不盈;尾闾泄之,不知何时,已而不虚"②。意即万条江河无休无止地流归大海,却不见海水溢出;尾闾无休无止地将海水泄掉,却不见大海的水减少。人类必须建立起对海洋的崇拜和敬畏。第二,海洋并不能左右人类的所有,人类在与海洋的相处和斗争中,可以掌握自己的命运,

---

① 任昉:《述异记》卷上。
② 《庄子》卷六。

人类必须拥有征服海洋的信心和勇气。这就是《山海经》透过几千年的时空传达给我们的信息。

还有一则神话是由太阳从海而出引发的。《大荒南经》载："东南海之外，甘水之间，有羲和之国。有女子名曰羲和，方日浴于甘渊。羲和者，帝俊之妻，生十日。"《大荒西经》："有女子方浴月。帝俊妻常羲，生月十有二，此始浴之。"这两段记载是说，帝俊的妻子羲和生了10个太阳，而妻子常羲生了12个月亮，她们为日月沐浴。中国古代所谓沐浴并非简单的洗澡，而与生殖繁衍有关，古人认为，入浴则宜子。之所以有这样的观念，是因为先民认为水是生命的源泉，各种不同的生命形式从根本上来说都是从水中孕育出来的。《山海经》之所以创造了羲和和常羲生日月而沐浴的神话，是沿海先民观察到海上日出日落、月出月落的结果，他们认为，日月从海中沐浴后升起，预示着新天地的诞生，所以郭璞解释说，"羲和盖天地始生，主日月者也"[1]。而这一周期性的景象，又体现着时间的轮回。因而笔者认为，羲和和常羲的神话，不仅反映了远古时期华夏先民对日月流转的渴望，而且反映了他们对天体运行规律的认识。

第五，记载了舟船发明者。

舟船是海洋文明的重大成果，它对于人类征服海洋具有特别重要的意义。《山海经》有多处提到造舟，《大荒西经》载："丘方员三百里，丘南帝俊竹林在焉，大可为舟。"即说，位于方圆300里的卫丘，其南部是帝俊的竹林，大的竹子可以用于制造舟船。《海外东经》记载了一个方国，名叫大人国："为人大，坐而削船。"这是说这个国家的人长得很高大，坐在那里就可以制作独木舟。关于舟船，《山海经》中还有一条更重要的信息。前已述及，不同文献典籍记载了独木舟的不同发明者，有共鼓、化狐、黄帝、尧舜"刳木为舟，剡木为楫"，有巧倕作舟，有虞姁作舟，有伯益作舟，等等。而《山海经》给出了关于独木舟发明者的另一种说法，这也是目前看到的最

---

[1] 《山海经》卷十五。

早记载，说"淫梁生番禺，是始为舟"。那么，番禺是谁呢？《海内经》说："帝俊生禺号，禺号生淫梁，淫梁生番禺。"也就是说，番禺是帝俊的曾孙，是他发明了独木舟。这一记载虽然只是众多说法之一，但它反映了中华海洋文明的源远流长，是非常有价值的。

除了以上海洋文化信息以外，《山海经》还在叙述地理舆图、神话传说、土风异俗中无时不透露着海洋的灵性。《大荒西经》载："有鱼偏枯，名曰鱼妇。颛顼死即复苏，风道北来，天乃大水泉，蛇乃化为鱼，是为鱼妇。"水中存在半人半鱼的生物，不禁令人联想到古人认为海中存在的"人鱼"，这种奇思妙想一定与海洋有关。《大荒北经》载："西北海之外，赤水之北，有章尾山。有神，人面蛇身而赤，直目正乘，其瞑乃晦，其视乃明，不食不寝不息，风雨是谒。是烛九阴，是谓烛龙。"这个被称为烛龙的神，眼睛张合，便是昼夜。不寝不食，只以风雨为食，仿佛体现的是海洋恒动不息的性格。

三、《山海经》对后世海洋文化的影响

《山海经》是一部保存有上古时代和夏商周时期丰富海洋文化信息的重要著作，它思想庞杂、荟萃万象，充分体现了海洋文化自身的嬗变更新与对异质文化的包容气魄，也表明中华民族是一个善于经略海洋、敢于征服海洋的民族，早在5000年以前就创造了灿烂的海洋文明。《山海经》的流传于世，预示着这一文明必将发扬光大、源远流长。那么，《山海经》对后世海洋文化的发展究竟产生了哪些影响呢？

首先，《山海经》将视野拓展到遥远的大荒，引导后世迈向海洋，创造出灿烂的海洋文明。中国古代传统文化思想是一个以王权为中心的封闭系统，即所谓"四海之内，莫非王土；率土之滨，莫非王臣"。然而《山海经》从一开始就不局限于这一封闭系统，而是向遥远世界展开想象的翅膀。海经

分东西南北，而且在4个方向上又分海内与海外；大荒经也是如此，不仅分东西南北，而且在4个方向上延伸至比海外更遥远的大荒。这个广阔的海域，海阔天空、沧海桑田，作者插上想象的翅膀，把现实世界与虚幻世界结合起来，勾勒出众多方国、众多民族的轮廓，展现出那里的奇风异俗、奇谈侠事，为中华海洋文化的创造与发展开拓了更广阔的空间，使人浮想联翩。后世怀着对大荒的向往，沿着这一视野，乘船踏海，从"帝芒十二年，命九夷东狩于海，获大鱼"，到北海之神对河伯进行关于海洋之大、世界之广的启蒙，一个开放多元的空间越来越广阔，人类一切生机勃勃的发明与创造将在这里一一实现。

其次，《山海经》将海洋文化的传播寄予巫的活动，为后世打开了一条传播海洋文化的渠道。对海洋的描绘，占了《山海经》很大的篇幅，沿海、海外以及大荒的风物、异趣、鸟兽等，无不散发着海洋气息。在中国古代，沿海及海外之域多雨、多雾、多湿，草木滋繁、蛇虫孳生、疾病猖獗，人们生死无常，只能依靠求神问卜来祈福消灾，于是巫风盛行。《山海经》多处写到"巫"，如《大荒西经》载："有灵山，巫咸、巫即、巫盼、巫彭、巫姑、巫真、巫礼、巫抵、巫谢、巫罗十巫，从此升降，百药爰在。"《海内西经》载："开明东有巫彭、巫抵、巫阳、巫履、巫凡、巫相，夹窫窳之尸，皆操不死之药以距之。"中国古代的巫，是一种十分崇高的职业，他们用占卜、祀神的方法，用虚构的超自然力解释人们对自然界的种种疑惑，是最初的海洋文化传播者。《山海经》塑造了多个巫的形象，很多人将其作为"巫书"。鲁迅先生就认为《山海经》是巫书，作者也是巫，"神事"即"人事"，只是做了变通处理。《山海经》对巫的塑造，无疑为后世提供了范例，有水必有巫，《道德经》洋洋五千言几乎都是在讲水，讲水的哲学，诠释"柔弱胜刚强"的玄理，因而也被视为巫书。可见《山海经》之后，巫成为中华海洋文明中的重要元素。

最后，《山海经》创造了海上仙境，塑造了海上神仙，成为后世文化创造的重要蓝本。《大荒东经》载："东海之渚中有神，人面鸟身，珥两黄蛇，践两黄蛇，名曰禺䝞。"《大荒南经》载："南海渚中有神，人面，珥两青蛇，践两赤蛇，曰不廷胡余。"《大荒北经》载："北海之渚中有神，人面鸟身，珥两青蛇，践两赤蛇，名曰禺强。"《海内北经》载："列姑射在海河洲中。射姑国在海中，属列姑射，西南，山环之。"《海内经附传》对列姑射山和射姑国的关系做了解释："由列姑射循海东南行，得襄阳府，即射姑国。有投射山与姑射东西相对，故曰射姑。海水环其东北，故曰在海中。此皆在倭北也。"这些在海中的半人半动物的神仙形象，或许是早期沿海民族的图腾，但他们一定是后世塑造的海神的先祖。《列子》载："列姑射山在海河洲中，山上有神人焉，吸风饮露，不食五谷；心如渊泉，形如处女；不偎不爱，仙圣为之臣；不畏不怒，愿悫为之使；不施不惠，而物自足；不聚不敛，而已无愆。"[1]这里的"列姑射山"显然来自《山海经》中的"列姑射"，海中有仙山和海神的理念，遂被后世接受，世代相传。小说在魏晋为志怪、唐宋为传奇、元明为话本，在很大程度上，它们与《山海经》同辙，有些则是对《山海经》故事的二度创作、三度创作。如从元代杂剧《争玉板八仙过沧海》中的八仙和玉皇大帝、西王母、白云仙长、四海龙王等诸神的塑造，以及他们之间的斗争情节，都可看到《山海经》的影子。再如名著《西游记》讲述了唐僧、沙僧、猪八戒、孙悟空等这些非同世俗的人物西天取经的故事，他们所经历的高山大河、广海深渊、方国属地，领略的奇风异俗，无不带有《山海经》的风味；他们沿途所遇到的山精水魅、海神龙王、熊妖狮怪、虎豹蛇蝎，无不与《山海经》同出一辙；他们自身就是黄帝、蚩尤、夸父、应龙一类的人物。除这些名作之外，带有《山海经》痕迹的作品还有不少，诗歌便是题材之一。隋代会稽诗人虞世基的《奉和望海》写道：

清跸临溟涨，巨海望滔滔。十州云雾远，三山波浪高。长澜疑浴日，连岛类奔涛。神游藐姑射，睿藻冠风骚。徒然虽观海，何以效涓毫[2]？

---

① 《列子》卷二。

② 冯惟讷：《诗纪》卷一百二十四。

诗人面对无边无际、风波滔滔的大海，联想到传说中的海中仙岛"十洲"以及海外仙山"三山"。"十洲"出自汉代东方朔的《海内十洲记》："汉武帝既闻西王母说，八方巨海之中有祖洲、瀛洲、玄洲、炎洲、长洲、元洲、流洲、生洲、凤麟洲、聚窟洲。有此十洲，乃人迹所稀绝处。"这无疑是从《山海经》仙山衍生出来的海外神仙之地。而蓬莱、方丈、瀛洲三座神山，也能在《山海经》中找到踪迹。接下来诗人继续描写海的壮阔，说海中掀起的巨浪让人怀疑是羲和浴日溅起的水花，而远方连绵的岛屿看起来好像是奔涌的波涛。结尾诗人以羲和、藐姑射等人物、山川营造神话意象。羲和在《山海经》作者的笔下是帝俊的妻子，是十日的生母，而藐姑射则是《庄子》对《山海经》列姑射山的另类解说，从而增加了海洋的虚幻之美。

如此诗作，在中国古代还有不少，笔者就不在此一一列举了。

从"船驶八方风"到"过洋牵星术"

——中国古代航海技术的演变

　　1996年，我国渔民在南海西沙海域华光礁附近发现了一艘古代沉船，国家文物部门将其命名为"华光礁一号"。此后，经国家文物局批准，由国家博物馆水下考古研究中心和海南省旅游和文化文电体育厅文管办共同承担，调集全国水下考古专业人员组成西沙群岛水下考古工作队，分别于2007年3月至5月和2008年11月至12月对沉船遗址进行发掘，这是中国首次大规模远海水下考古发掘，共出水古瓷器11000件。通过对一件刻有楷书"壬午载潘三郎造"字样的青白釉碗以及其他一些器物的研究，考古人员推断，这是一艘南宋时期的海上贸易商船。这艘船拥有6层船体，造船工艺相当精湛。当年，它可能是从福建泉州港起航，要驶向东南亚地区进行贸易，可是行驶到南海海域沉没了。那么，这艘有着先进造船工艺的海船为什么会沉没呢？考古发掘发现，这艘沉船仅有下部结构残骸散落在华光礁礁盘上，而上层甲板踪迹全无。据此推断，货船是在靠近华光礁处航行时，因驾船或操纵失误，导致船只被风浪托起，抬入礁盘内浅水珊瑚丛中搁浅，并造成船体破碎①。

　　那么，这艘海船为什么会操控失误？在行驶到华光礁附近时究竟遭遇了

---

　　①　《宋代沉船"华光礁1号"驶入南博，再现海上丝绸之路兴旺景象》，《澎湃新闻》2016年4月1日。

什么状况？这就要谈到中国古代的航海技术了。

　　华夏民族踏入深海大洋有着悠久的历史，至少在新石器时代就已经出现了远洋航海的萌芽。《论语》中说："乘桴浮于海。"[①]"桴"是一种小型的筏子，也就是说，先人们乘着小型的筏子就可以航行于深海。那么，是谁开了这样的先例？据明代的《物原》记载："伏羲始乘桴。"[②]伏羲，又称宓羲、包牺、伏戏等，是传说的中华民族的始祖，关于他的功业，《易经》有比较全面系统的叙述："古者包牺氏之王天下也，仰则观象于天，俯则观法于地。观鸟兽之文与地之宜，近取诸身，远取诸物，于是始作八卦，以通神明之德，以类万物之情。作结绳而为网罟，以佃以渔，盖取诸离。包牺氏没，神农氏作……神农氏没，黄帝尧舜氏作，通其变，使民不倦，神而化之，使民宜之。"[③]但此时的伏羲还是半人半神的形象。晋代皇甫谧所著《帝王世纪》把伏羲列为三皇之首，但依然是"蛇身人首，有圣德"的神，其功业列有"继天而王""作瑟三十六弦""制嫁娶之礼""取牺牲以充庖厨""造书契""画八卦""制九针以拯夭枉"等。从其功业推断，伏羲虽然以神的形象出现，但确有其人，只不过他可能是一个人，也可能是许多人的集合，因为他（或他们）创造的功业是确确实实存在的。看来，"始乘桴"只不过是伏羲功业中的一项。既然伏羲是最早乘桴涉水的人，那么他就有可能也是乘桴泛海最早的人。伏羲所生活的时代，距今大约有一万年的时间，这就说明，我们的祖先早在一万年以前就可以利用最简陋的航海工具涉足海洋了。

　　在漫无边际的大海中航行，只有掌握一定的航海技术才能保证安全和畅达，从古至今莫不如此。然而，航海技术的产生，受制于人们对地理、气象要素、天气、气候等知识的认识。从现代意义上讲，气象要素是指气温、气压、湿度、风、云、雾、能见度等表征大气状态的物理现象，水温、海浪、海流、海冰等水文要素也可被看成广义的气象要素；天气是指一定区域在较

---

① 《论语》卷三。
② 罗颀：《物原》卷十七。
③ 《易经》卷三。

短时间内各种气象要素的综合表现；气候则是指某一区域各种气象要素的多年平均特征。华夏先民虽然不可能对这些科学知识了如指掌，但他们在漫长的航海实践中逐渐掌握了部分地理和海洋气象知识，摸清了一些海洋规律，在此基础上发明和创造了适应海洋规律的航海技术，并不断将其发展和完善，使之在很长一个历史时期内处于世界领先水平。中国的考古发现充分证明了这一点。位于福建省东山县陈城镇大茂新村东北的大帽山遗址，属于新石器时代的贝丘遗址，距今4300年至5000年，经发掘发现，大帽山与澎湖和台湾本岛的密切联系表明当时这里的人们已经掌握了高超的航海技术，可以自如地跨越台湾海峡。很多研究者认为，台湾海峡新石器时代的航海术是后期南岛语族航海术的发端。在许多年前，居住在东山岛上的是一个择水而居、擅长造船和航海的民族，他们是古书中记载的古越族的一支，后来中原地区的华夏文明越来越兴盛，越族人面临着被同化或被消灭的命运，他们不得不将目光投向那一片浩瀚无际的蓝色大海。他们中勇敢的一群人，驾着竹筏，在星辰的指引下，乘着季风和洋流，驶入了茫茫的太平洋深处[①]。

那么，中国古代先人的航海技术都包括哪些内容呢？

笔者将其概括为三个主要方面。

一、把握季风海流规律

风是相对于地面或海底水平运动的空气，它既有大小，又有方向。风对于航海影响巨大，航海活动既可以获得风的便利，也可能因风而遭受损害。对船舶运动影响颇大的海浪和海流，主要也是由风直接引起的。所以把握风的规律，是航海技术的重要内容。然而，风是有日、年和季节变化的。风的日变化幅度，晴天比阴天大，夏天比冬天大，陆地比海洋大；风的年变化因地而异，风向的年变化在季风地区有明显的规律。季风是指大范围风向随

---

① 陈立群：《南岛语族：六千年前驶向太平洋的中国人》，《中国国家地理》2009年第8期。

季节而有规律转变的盛行风。在季风中，海陆季风对航海影响最大。在地球上，海陆或山脉的分布对大气的运动有重大影响。由于海陆分布的影响可以形成风系，因此这种风系随季节的改变有极明显的差异，称为海陆季风。海陆季风主要是由于海陆热力差异引起的，因为这种差异使大陆和海洋在一年中增热和冷却程度不同，所以季风与海、陆气压的年变化有密切关系。冬季大陆上高压发展，而海洋上则低压发展，水平气压梯度的方向由大陆指向海洋，形成了从陆地吹向海洋的冬季风，正如古代谚语所说，"山抬风雨来，海啸风雨多"①；夏季则相反，大陆上低压发展，海洋上高压发展，水平气压梯度的方向由海洋指向大陆，形成了从海洋吹向大陆的夏季风②。

中国人对风的认识是比较早的，在商代以前就知道来自不同方向的风。殷墟出土的甲骨卜辞中就有东、南、西、北四方风的记述。《淮南子·齐俗训》说："故终身隶于人，辟若倪之见风也，无须臾之间定矣。"③倪是一种测风用的羽毛，殷商时期人们将其用于船上测风，看见倪的状态，立刻就可判断风的状况。此处虽然是告诫人们做人的道理，但无意间记载了殷商时期的测风方法。到春秋战国时期，人们对风的方向划分得更加细致，产生了"八方风"与"十二方风"的概念。《吕氏春秋》说："何谓八风？东北曰炎风，东方曰滔风，东南曰熏风，南方曰巨风，西南曰凄风，西方曰飂风，西北曰厉风，北方曰寒风。"④《周礼·春官》说：保章氏"以十有二风，察天地之和命，乖别之妖祥"。"十有二风"，是指十二个月皆有风，保章氏根据12个月的风，来观测天地之气的"和"与"不和"所预示的妖祸吉祥。这说明在春秋战国时期，人们已经能够较为精细地判别风向，随着季节变化的规律用风使舵。虽然目前从文献中还找不到春秋战国时期利用季风进行航海的记载，但从沿海的吴、越、齐三国利用舟师长途奔袭从事海上战争的史实来

---

① 杨慎：《古今谚》卷一。

② 陈家辉、张吉平主编：《航海气象学与海洋学》，大连海事大学出版社2001年版，第53—54页。

③ 刘安：《淮南子》卷十一。

④ 吕不韦：《吕氏春秋》卷十三。

看，此时人们已经掌握了一定的季风规律，利用恒风助力航行了。至少在汉代以后，文献对海上利用季风航行有了明确的记载。东汉时期的典籍《风俗通义》中提道："五月有落梅风，江淮以为信风。"也就是说，在江淮一带有一种信风叫"落梅风"，它是每年的梅雨季节过后由东南方向吹来的风，有利于海上航行。对于这种风，其实汉代的崔寔在《农家谚》中早就将其称作"舶䑲风"。"舶"就是大海船，"䑲"也称棹，是一种划船的桨。"舶䑲风"，说得通俗点，就是在航海中驱动船前进的恒风，每当梅雨季节接近尾声的时候，"舶䑲风"就吹起来了，船舶就可以出海了。因而崔寔在《农家谚》中收录农家谚语，叫作"舶䑲风云起，旱魃深欢喜"[1]。旱魃是传说中导致干旱的鬼怪。这句谚语是说，当舶䑲风吹起的时候，预示着梅雨季节将要过去，干旱时节就要到来，所以旱魃就很高兴。宋代诗人苏轼曾有一首诗名《舶趠风》，这里的"舶趠风"，就是"舶䑲风"，诗云：

三旬已过黄梅雨，万里初来舶趠风。几处萦回度山曲，一时清驶满江东。惊飘籁籁先秋叶，唤醒昏昏嗜睡翁。欲作兰台快哉赋，却嫌分别问雌雄。

苏轼在诗序中说："吴中梅雨既过，飒然清风弥旬，岁岁如此，湖人谓之舶趠风。是时海舶初回，云此风自海上与舶俱至云尔。"[2]另一位宋人陈岩肖也说："吴中每暑月则东南风数日，甚者至逾旬而止，吴人名之曰'舶趠风'，云海外舶船祷于神而得之，乘此风到江浙间也。"[3]可见宋人利用舶趠风航行已司空见惯。

对于风的具体利用，东汉以后出现了平衡纵帆驶风技术，三国吴人万震所著《南州异物志》载：

---

① 陶宗仪：《说郛》卷七十四。

② 《东坡全集》卷十一，见《苏轼诗集合注》，上海古籍出版社2001年版，第937—938页。

③ 陈岩肖：《庚溪诗话》卷下。

其四帆，不正前向，皆使邪移，相聚以取风吹，风后者激而相射，亦并得风力，若急则随宜城减之。邪张相取风气，而无高危之虑。故行不避迅风激波，所以能疾[①]。

这就是说，汉代海船在驶风航行时，根据风向，相应地调整帆的角度，使之获得向前的风力，亦即俗话所说的"船驶八面风"。这样的技术与现代帆船驶风时对帆位的布局设计已经没有太大的差别了。

隋唐时期人们对季风的规律性认识有了新的提高，按时间将季风分为不同的种类，如李肇就指出，"扬子钱塘二江者，则乘两潮发棹，舟船之盛，尽于江西。编蒲为帆，大者或数十幅，自白沙泝流而上，常待东北风，谓之潮信。七八月有上信，三月有鸟信，五月有麦信。暴风之候有抛车云，舟人必祭婆官而事僧伽"[②]。在此认识的推动下，唐代开辟了多条航路，其中中日之间的航路十分通畅，每年的4月到7月，中国船舶利用西南季风航向日本，8月至9月，日本船舶利用东北季风航向中国。宋代对季风和风向的利用较之前代更有进步，朱彧在《萍洲可谈》中就记载了船舶出海和归航时利用季风和风向的情况："舶船去以十一月、十二月就北风，来以五月、六月就南风。船方正若一木斛，非风不能动，其樯植定而帆侧挂，以一头就樯柱如门扇，帆席谓之'加突'，方言也。海中不唯使顺风，开岸就岸风皆可使，唯风逆则倒退尔，谓之使三面风，逆风尚可用矴石不行。"[③]不仅能熟练运用冬季和夏季季风出海和归航，而且可使用"三面风"航行，遇到逆风则抛矴石停泊。

潮汐是指海面周期性的涨落运动。潮汐过程中海面上升的过程称为涨潮，当海面升到最高时，称为高潮；海面下降的过程称为落潮，当海面降到最低时，称为低潮。伴随着海水周期性的涨落，还同时产生海水周期性的水

① 李昉：《太平御览》卷七百七十一。
② 李肇：《国史补》卷下。
③ 朱彧：《萍洲可谈》卷二。

平运动，即潮流。远古时期，我们的祖先对潮汐的把握和利用没有留下资料记载，但我们可以根据考古发现作出判断。在江苏省常熟经太仓至上海市奉贤一线，有一种名叫"古岗身"的设施，据考古学家判断就是距今4000多年以前人类所建造的原始海塘，它的作用是阻挡海潮的侵袭。远古时代生活在海边的人们一般是依山傍海而居，为的是在大海潮水到来之际，能及时退到山上，以避免灭顶之灾。而"古岗身"则是为了阻止或延缓海潮上岸而修建的设施[1]，这充分说明远古时代的沿海居民已经对海潮相当熟悉，甚至在一定程度上掌握了海潮的规律。

海流是指海洋中海水具有相对稳定速度的流动，是海水运动的形式之一。引起海流的因素包括风、地球的自转和海水的密度等。海洋上的海流主要以风海流为主。"风海流"顾名思义就是在海面风作用下形成的海水流动，它的强度较其他海流更强，因而这里所说的海流主要是指风海流。那么，海流是如何形成的呢？当风向不变的风持续吹过海面的时候，会对海面产生切应力，在这个力的作用下，表层海水开始沿风的去向流动。流动一开始，海水便受到地转偏向力和下层静止海水对上层运动海水的黏滞作用，当切应力与摩擦力和地转偏向力达到平衡时，便形成稳定的海流。现代海洋学将大范围盛行风所引起的流向、流速常年都比较稳定的风海流称为定海流，亦称为漂流或吹流，而将某一短期天气过程或阵性风形成的海流称为风生流。观测表明，风海流一般只存在于洋面以下200米至300米的深度以内，在特殊情况下受其他因素影响，其深度会增加。除了风海流外，还有地转流等海流种类[2]。

季风和海流对远洋航海具有重大益处，航海者可以借助于季风和海流顺风顺水而行。所以，海洋上的航线，往往都是航海者沿着季风和海流的方向来开辟的，这样不仅安全，而且省力。

---

[1] 中国科学院自然科学史研究所地学史组主编：《中国古代地理学史》，科学出版社1984年版，第252页。

[2] 陈家辉、张吉平主编：《航海气象学与海洋学》，大连海事大学出版社2001年版，第253—254页。

最晚在春秋战国时期，人们对潮汐和海流就有了深刻认识，并学会了利用海潮和海流进行海上活动的方法。《管子》说：

渔人之入海，海深万仞，就彼逆流，乘危百里，宿夜不出者，利在水也[①]。

从事渔业生产的人进入深海，就要顺着大海的潮水和海流而动，虽然此时身处危险的境地，但能够昼夜处于大海之中，还能航行百里而安然无恙，这都得益于掌握了海的习性。渔人如此，其他的航海者更是如此。

到了秦代，航海家们对季风和海流的规律把握得更加纯熟。我们以徐福东渡为例。徐福为秦始皇出海寻找长生不老之药，最终到达了日本。当时，中国到日本还没有开辟航线，船具也十分简单，没有橹和舵，仅靠划桨和风帆，徐福船队是如何到达日本的呢？

有两个因素对徐福东渡的成功应该起了重要的支撑作用：第一，徐福船队是沿着海岸行驶的，避开了季风的影响；第二，徐福船队充分利用了海流。除此之外，没有其他的办法。

在西太平洋海域中，有一股世界上著名的海流——黑潮。黑潮发源于赤道，形成的原因是受到北纬10°至25°东南信风的驱动。这股海流水温较高，透明度大，水色深蓝发黑，故名黑潮。它宽约185千米、深约400米，平均每天流动55千米至150千米。黑潮在沿亚洲大陆东岸北上途中，因受地球自转偏向力的影响，它的主流逐渐向东北偏移，流向日本群岛；它的支流则在我国东海水域继续北上。支流中的一大部分被称为"对马暖流"，它穿越对马海峡进入日本海，并沿着日本本州岛和北海道岛的西侧北上，逐渐消逝在津轻海峡和宗谷海峡。而支流中的一小部分折向西北，在我国山东半岛的阻挡下，转而右旋，奔向朝鲜半岛，然后再沿半岛南下，汇入对马暖流，流向日本海。

---

① 《管子》卷十七。

可见，黑潮形成了一条连接中国和日本的"海中河流"。徐福作为一名方士，具有比较丰富的航海知识，他一定知道这条"海中河流"的存在，并利用了这条河流，实现了自己的梦想。那么，徐福是沿着一条怎样的航线航行的呢？虽然我们找不到文献的记载，但我们可以根据海流的流向，大致还原徐福船队的航线。

徐福船队从山东半岛南部的琅琊利根湾出发，经灵山湾、胶州湾，折向东北方向，抵达山东半岛东端的成山头，然后向西航行，沿山东半岛北岸驶达芝罘港，再继续西行驶达蓬莱头，沿渤海海峡逐岛航行，经庙岛群岛的南长山岛、北长山岛、猴矶岛、砣矶岛、大钦岛、小钦岛、南隍城岛、北隍城岛，抵达辽东半岛南端的老铁山，然后沿辽东半岛海岸北上鸭绿江口，再沿朝鲜半岛西岸南下，经长山串、白翎岛、扶南、罗州群岛折向东，绕过朝鲜半岛南端，横渡对马海峡，再经辰韩、对马、远瀛、中瀛，最终到达日本北九州筑前的胸形（今宗像）。

秦代以后，中国人对季风和海流规律的把握越来越娴熟，西汉元鼎五年（公元前112年）汉武帝遣伏波将军和楼船将军南下闽越，元鼎六年汉武帝遣横海将军渡海南下进攻东越，以及在这期间远航印度洋等航海行动，无不利用季风完成。明代郑和船队七次下西洋，往返东南亚、西亚，更是依靠季风和洋流获得前所未有的成功。

二、实施气象海况预报

海洋是深邃而可怕的，人们之所以对海洋具有恐惧感，是因为它瞬息万变。此刻风平浪静，下一刻就有可能波涛汹涌。远古航海者对海上缺乏足够的了解，对海上的这一现象无法作出科学的解释，于是，他们就有了这样的认识：海洋是由神物主宰的。神物的喜怒哀乐、一举一动决定着大海的状况。神物高兴的时候，大海就会风平浪静；神物发怒的时候，大海就会巨浪滔天。神物在海中的活动会引起大海的各种变化。《山海经》就认为，大海的潮汐是由海鳅出入穴引起的。《水经》继承这一观念，说："海鳅，鱼长数千里，穴居海底，入穴则海水为潮，出穴则水潮退。出入有节，故潮水有期。"[①]宋人吴自牧认为，海上风雨雷电、狂风巨浪都与龙直接相关，他说："若经昆仑、沙漠、蛇龙、乌猪等洋，神物多于此中行雨，上略起朵云，便见龙现全身，目光如电，爪角宛然，独不见尾耳，顷刻大雨如注，风浪掀天，可畏尤甚。"[②]正是因为有这样的认识，人们才产生了对海中神物的敬畏和崇拜。可是，在与大海的长期相处中，古代的航海者也认识到，海中神物的情绪变化和活动不是杂乱无章、没有头绪的，而是有章可循的，是可以预测的，比如神物在情绪变化或活动之前，海面会是什么样子，天空会是什么样子，岸上的动植物会是什么样子，根据这些事物的变化，可以判断神物的情绪和活动即将给天气和海况带来的影响，而"航舶之所通，每视风雨之向背而为之"[③]。这就是古代航海者预报天气和海况的目的和由来。事实上，世界上是没有神的，海洋的一切变化都是自然界运动的结果。随着中国古代科学技术的进步，航海者对天气和海况的预报越来越摆脱神化而趋于科学。还以潮汐为例，五代邱光庭在《海潮论》中说，《山海经》以"海鳅出入穴而为潮"，王充《论衡》以"水者，地之血脉，随气进退而为潮"，窦叔蒙《海涛志》以"月水之宗，月有亏盈，水随消长而为潮"。而他自己却认为，"水之性，祗能流湿润下，不能乍盈乍虚。静而思之，直以地有动息上下，致其海有潮汐耳"[④]。所以有学者评价邱光庭的《潮汐论》一文，认为他提出了关于潮汐生成的理论，其理论是建立在新的天地结构模式基础上的，其天地结构模式对张衡浑天说的天地结构模式做了重大的修正，具有相当重要的理论意义[⑤]。宋代徐兢在《宣和奉使高丽图经》中对潮汐有更加详尽的描述，把潮

---

① 徐坚：《初学记》卷三十。
② 吴自牧：《梦粱录》卷十二。
③ 徐兢：《宣和奉使高丽图经》卷三十四。
④ 王水照编：《传世藏书·集库》，海南国际新闻出版中心1997年版，第6438页。
⑤ 陈美东：《中国科学技术史（天文学卷）》，科学出版社2003年版，第424页。

汐的形成与日月运行相联系，多有自己的见解，这就为人们把握潮汐奠定了基础。

中国古代的气象预报，有文字记载的可追溯到商代，在甲骨文卜辞中就有对"风""云""雨""雪"的预测，当时人们对气象的认识，自然而然地会被应用到航海中。到了春秋战国时期，各地人民为了生产生活，都尝试通过观察自然现象来预测气象和海况，甚至各诸侯国出现了专门从事气象和海况预测的官员。当然，最丰富的气象和海况预报经验来自百姓，比如在处于沿海的吴国，民间就流传着这样的谚语：

鱼儿秤水面，水来淹高岸。水面生青靛，天公又作变①。

吴人认为，当鱼群聚集在海面上的时候，大潮就会出现，就会造成水灾；当海水变成深蓝色的时候，预示着就要变天了。

后来人们越来越多地掌握了利用自然界动植物、景物的变化预测气象和海况的办法，这些办法不仅用于生产生活，而且还用于军事。比如对飓风的认识，南北朝时就有人注意到飓风出现前的征兆，南朝宋人沈怀远说："熙安间多飓风。飓风者，具四方之风也，一曰惧风，言怖惧也，常以六七月兴，未至时，三日鸡犬为之不鸣。大者或至七日，小者一二日，外国以为黑风。"②唐人李肇也说："南海人言，海风四面而至，名曰飓风，飓风将至，则多虹霓，名曰飓母，然三五十年则一见。"③他们都认为飓风是从四面吹来的，到来之前或者"鸡犬为之不鸣"，或者出现"虹霓"，总之都有一定的先兆。正是由于注意到了事物的变化与气象和海况之间的联系，人们学会了"占天""占海""占风""占云""占日""占虹""占电"等技能，即对气象和海况进行预报。例如唐代就有"舟人言鼠亦有灵，舟中群鼠散走，旬日必有覆

---

① 杨慎：《古今谚》卷一。
② 李昉：《太平御览》卷九。
③ 李肇：《国史补》卷下。

溺之患"[1]的判断，说的是老鼠的反常行为与风浪之间的关系，虽未解释"群鼠散走"的原因，但已发现天象和海况与老鼠反常行为的联系，提醒人们做好应对船舶遭遇海难"覆溺"的准备。宋元时期，航海者对气象海况的预报能力更强，已经达到"善料天时""审视风云天时而后进"的水平[2]，舟师已能"观海洋中日出日入，则知阴阳；验云气，则知风色逆顺，毫发无差；远见浪花，则知风自彼来；见巨涛拍岸，则知次日当起南风；见电光则云夏风对闪。如此之类，略无少差"[3]。在徐兢奉使高丽的记录中，类似"四山雾合西风作""星斗焕然，风幡摇动""早雾昏曀，西南风作"的记录也不少，说明使团在航海中时时根据天气和海况的预报决定船队的行止。元代时，人们采用易于上口和记忆的歌诀将一些经验表达出来。《海道经》将云与风、雨之间的关系写成"占云门"：

　　早起天顶无云，日出渐明；暮看西边无云，明日晴明。游丝天外飞，久晴便可期。清朝起海云，风雨霎时辰。风静郁蒸热，云雷必振烈。东风云过西，雨下不移时。东南卯没云，雨下巳时辰。云起南山暗，风雨辰时见。日出卯遇云，无雨天必阴。云随风雨疾，风雨霎时息。迎云对风行，风雨转时辰。日没黑云接，风雨不可说。云布满山低，连宵雨乱飞。云从龙门起，飓风连急雨。西北黑云生，雷雨必声訇。云势若鱼鳞，来朝风不轻。云钩午后排，风色属人情。夏云钩内出，秋风钩背来。晓云东不虑，夜雨愁过西。云阵雨双尖，大飓连天恶。恶云半开闭，大飓随风至，风息始静然。乱云天顶绞，风雨来不少。风送雨倾盆，云过都暗了。红云日出生，劝君莫出行。红云日没起，晴明便可许。

　　《海道经》还在"占风门"中说："秋冬东南风，雨下不相逢；春夏西北

① 李肇：《国史补》卷下。
② 徐兢：《宣和奉使高丽图经》卷三十四。
③ 吴自牧：《梦粱录》卷十二。

风，下来雨不从。""春夏东南风，不必问天公；秋冬西北风，天光睹可喜。"特别提醒在易刮大风、危及航行的日子出航要谨慎："初三须有飓，初四还可惧；望日二十三，飓风君可畏。七八必有风，汛头有风至。春雪百二旬，有风君须记。二月风雨多，出门还可记。初八及十三，十九二十一，三月十八雨，四月十八至。""七月上旬争秋风，稳泊河南莫开船。八月上旬潮候时，风雨随潮不可移。""占日门"提醒的是日光现象与风、雨之间的关系："早间日珥，狂风即起；申后日珥，明日有雨。""午前日晕，风起北方；午后日晕，风势须防。""早白暮赤，飞沙走石。日没暗红，无雨必风。""占雾门"说，"晓雾即收，晴天可求。雾收不起，细雨不止。三日雾濛，必起狂风。白虹下降，恶雾必散"。尤其值得注意的是，元代航海者还能通过观察海洋表面现象以及各种海生动物的状态来预测近期风浪的变化。《海道经》"占海门"说："蝼蛄放洋，大飓难当，两日不至，三日无妨。满海荒浪，雨骤风狂。大海无虑，至近无妨。金银遍海，风雨立待。海泛沙尘，大飓难禁。若近山岸，仔细思寻。""白虾弄波，风起便和。"蝼蛄是生活在土壤里的一种昆虫，这里是说，如果海上有蝼蛄飞舞，是飓风到来的前兆，如果飓风两日不到，到了第三日其规模就难以防范了。蝼蛄之所以能出现于海上，有两种可能：在近海，它是从陆地上飞来的；在远海，它是从船上种植植物的土壤里飞出来的。生活于土壤中的昆虫出现于海上是一种非常反常的现象，恰恰是这种反常，给人们预测海况提供了帮助。至于蝼蛄出现在海上，为什么会与飓风有关系，我们目前还不得而知。但笔者相信，古代用蝼蛄来测海，一定是有道理的。"金银遍海，风雨立待。海泛沙尘，大飓难禁"的意思是说，如果在白天或夜晚，海面上出现了像金银一样的波光，表明风雨就要来临；如果海上扬起沙尘，则是飓风到来的前兆。这些歌谣把海洋与陆地、海洋气象与海生动物等各种因素综合起来进行考察，并融入航海者的实践经验，得出了具有实用价值的结论，这充分说明元人在航海技术上取得的巨大进步。

明代继承了宋元的基本经验和方法，并在此基础上向前推进了一步。王在晋撰写的《海防纂要》中也有"占天""占日""占云""占海""占风"等内容，他编撰辑录的"定各色恶风"歌谣，读来朗朗上口：

云横日赤，烟雾四塞，日月昏晕，海面浮赤，云行如箭，禽鸟高飞，天色昏暗，人身首热，天色冲高，大鱼高跳，海水汾浊，海糠多浮，西南星动，海蛇戏水，无风作涌，无雷海响，蜻蜓多飞，礁头乱响。凡此各色，风飐异常①。

他把云雨雾雷、日月星辰、人鸟鱼蛇、水色石响等各种异常现象作为飐风到来的先兆，依此对是否出海作出判断。此外，他在"占天"中根据天色判断风雨："朝看东南黑，势急午前雨；暮看西北黑，半夜看风雨。东南朝黑云，风急午时霖；西北暮黑云，半夜风雨均。朝看天顶穿，日出渐炎炎；暮看四脚悬，明日必晴天。"在"行船占日月星云风涛"中说："凡风起早晚和，须防明日再多。""凡东风急，风急云起愈急，必雨，雨最难晴。""水际生靛青主有风雨。"在"占潮"中根据不同地区标明潮水特点："北海之潮，终日滔滔；高丽潮来，一日一遭；莱州洋水，南北长落，北来是长，有来方觉；扬子江内，粮舟之患，最怕船密。"②

由此可见，在明代预测气象和海况不仅十分普遍，而且方式方法多样。郑和船队中就配备有阴阳官，专门负责天气和海况的预报。这些阴阳官如果发现了"占海歌"中出现的征兆，就会对风暴到来的大致时间作出推断和预测，有了预测，船队就可以提前或延迟起航，也可以及时躲避于港湾之内，这样就会避免海难的发生。

从明朝末期到清朝晚期，中国的航海科技并未超过郑和下西洋以前的水平，但这并非说这300余年中航海科技没有发展，而是说这段时间里人们注重经验、轻视理论，所取得的航海科技成果大多是航海实践经验的总结，例

---

①② 王在晋：《海防纂要》卷十三。

如明朝末年的《顺风相送》，可谓古代航海科技的专著，它对天文、气象等方面的观测与预报，与之前的著作相比经验更多、更趋实用。它对季风和天气的预测有云：

　　春夏二季必有大风，若天色温热，其午后或云起，或雷声，必有风暴，风急，宜避之。秋冬虽无暴风，每日行船，先观四方天色明净，五更初解览，至辰时以来，天色不变。若有微风，不问顺不顺，行船不妨。云从东起必有东风，从西起必有西风，南北亦然。云片片相逐围绕日光，主有风。云行急主大风，日月晕主大风。云脚日色已赤，太白昼见，三星动摇，主大风。每遇日入，夜观于四方之上，若有星摇动，主有大风。人头频热，灯火焰明，禽鸟翻飞，鸢飞冲天，俱主大风[①]。

　　不仅描述了天象、海象与风暴的关系，而且提出了船舶行至的建议，无疑是航海者的经验之谈，可操作性颇强。成书于明万历年间的《东西洋考》，也有对天文、气象、水文、潮汐等方面的占验内容，包括"占天""占云""占风""占日""占雾""占电""占海""占潮"等。除了航海专著以外，明代还涌现出若干涉及航海的著作，如郑若曾的《筹海图编》、戚继光的《纪效新书》和《练兵实纪》、郑开阳的《郑开阳杂著》、茅元仪的《武备志》、黄省曾的《西洋朝贡典录》等，其中对气象、海况预报多有涉及。清代虽然没有分量更重的涉及航海的著作问世，但也不乏精彩之作，如黄叔璥的《台海使槎录》、周煌的《琉球国志略》、郁永河的《采琉日记》、王大海的《海岛逸志摘略》等，在气象、海况预报方面值得一提的是林君升的《舟师绳墨》一书，该书是清代水师训练教科书，包括"教习弁言""捕盗事宜""舵工事宜""缭手事宜""斗手事宜""碇手事宜""众兵事宜"等内容，从军事角度讨论航海诸问题较多，保留了许多珍贵的航海技术资料。其

---

① 向达校注：《两种海道针经》，中华书局1961年版，第26页。

中，"舵工事宜"明确指出："仰观之法如何？风云不测，变化无穷。虽古今推算之书甚多，有曰'乾坤秘录'，有曰'雷霆都司'，有曰'测天赋'，有曰'泄天机'。细究其法，都不过占风云气象而已。"如何占风，书中指出："雾后须防风飔，夏秋更有雷风，秋天夜间有露决无飔，交冬北风虽大，不为飓。夏至以后，北风一起，即有风飓。又要晓得，六月雷响止九飓，七月雷响九飓来。但风飓雷飔，各有云象可观。总之，四季有不应时之风，就知不宜。每天再看日月出没，若有黑云横蔽，非风即雨。兼以天神未动，海神先动，或水有臭味，或水起黑沫，或无风偶发移浪，礁头浪响，皆是做风的预兆。"①

在清代的气象、海况预报方面，《舟师绳墨》是具有代表性的作品，它在具体、实用方面较之前代确有进步，但从本质上说，它并未跳出传统实用航技的窠臼，在理论上远远构不成突破。在这种情况下，随着西方自然科学的发展以及航海技术的传入，中国传统的占天测海方法自然就落后了。

三、掌握导航定位技术

导航定位是航海技术的核心内容。一艘船航行在茫茫大洋之上，如果操船者不知道自己的位置，或迷失了方向，轻则达不到目的，无功而返，重则将随时面临触礁、搁浅、碰撞，进而导致遭遇灭顶之灾的危险，所以当人类涉足海洋的时候，第一要务就是解决导航定位问题。

远古时期生产力十分低下，人类涉足海洋使用的航海工具极其简陋，在海上活动的范围十分有限，他们的视野基本不会脱离陆地，只能在沿岸或视距范围内的岛屿之间进行短距离的航行，因而导航定位技术非常简单，仅仅采用地标定向定位技术就可满足需要。所谓地标定向定位技术是指利用陆上的标志物确定方向和位置的技术，它一般利用岸上的山川、近岸的岛屿等标

---

① 林君升：《舟师绳墨·舵工事宜》。

志物或方位物指示方向、确定位置。这种导航技术在现代航海理论中被叫作地文导航技术。这里以山东半岛与辽东半岛之间的航行为例。山东半岛和辽东半岛中间隔着渤海，考古人员发现，早在6000年以前，山东半岛原始文化出现繁荣迹象，沿海地区早期遗址密集，在庙岛群岛的许多岛屿发现有该时期的居住遗址，两个半岛之间的文化交流频繁进行。辽东半岛的小朱山、吴家村遗址中出土的陶器，都带有山东大汶口文化的特征；同样，在山东烟台的白石村遗址、蓬莱的紫荆山遗址中出土的器物，也带有明显的辽东半岛小朱山文化的特征。那么，在6000年以前，两个半岛之间的交流是如何实现的呢？两个半岛之间的通道无非两条：一是陆上，二是海上。陆上通道不仅地理环境复杂，而且十分遥远，要绕过渤海湾，在远古时期的交通条件下完成这段旅程绝非易事。那么海上通道如何呢？山东半岛与辽东半岛之间横隔着渤海海峡，该海峡南起山东烟台的蓬莱头，北至辽宁大连的老铁山，其间宽度为59海里，6000年前的先民能够驾驶独木舟横跨渤海海峡吗？答案是肯定的。翻开地图我们会发现，虽然渤海海峡有近60海里的宽度，但是其间坐落着大大小小的岛屿32个，形成了一条岛链，把两个半岛连接起来，这条岛链就是庙岛群岛。庙岛群岛南起南长山岛，向北依次是北长山岛、庙岛、大黑山岛、猴矶岛、砣矶岛、大钦岛、小钦岛、南隍城岛、北隍城岛等主要岛屿，将渤海海峡分割成12条水道，其中绝大多数水道的宽度不超过5海里，最宽的老铁山水道也在24海里以内，晴天的时候，水道两侧陆地清晰可见。在这样的地理条件下，即使利用独木舟，也可以以岛屿为标志逐岛航行，不会迷航。如果遭遇恶劣海况，也有避难之所，所以利用地标进行定向定位、实现渤海海峡的跨越是没有问题的。因而笔者认为，沟通山东半岛和辽东半岛，最便捷的通道是海上通道。在6000年以前，先民们完全可能认识到这条通道的便捷性，避开遥远的陆路，实现两个半岛之间的文化交流。

东部沿海的舟山海域情况也是如此，舟山群岛散布着大大小小1300多个岛屿，沿海先民利用岛屿作为地标，航行在各岛之间。浙江余姚河姆渡遗址显示，早在距今7000年前，沿海居民就已经能够驾驭独木舟远离海岸到深海水域进行航海活动了，在遗址中出土的船桨、陶舟以及大量如鲸鱼、鲨鱼等深海鱼类骨骸，就可证明这一点[1]。

进入夏商周时期以后，生产力有了很大提高，中国出现了木板船和风帆，较大规模的航海活动已经开始了，航迹到达了今天的日本列岛、朝鲜半岛、中南半岛甚至更远。随着人们的航行线路不断往海外延伸，仅以地标来定向定位已经远远不够了，必须采取更加有效的导航方法。于是，天文导航技术又出现了。《易经·系辞》说："易与天地准，故能弥纶天地之道。仰以观于天文，俯以察于地理，是故知幽明之故。"[2]意为《易经》依随自然界的规律，所以能够涵盖天地之间的一切道理。仰头观看天体在宇宙间的运行现象，俯首考察大地的风貌，因此可以知晓黑暗与光明的道理。这里虽然论述的不是航海中的"观天文"与"察地理"的技术，而是人对自然的认识，但此时人们已经建立起天地兼通的观念，这种观念自然会应用于航海中，作为探索定向定位技术的指导思想。

天文导航技术就是利用天体进行导航的技术。殷商时期，人们就学会了用天体确定方位的方法，白天看日出日落，晚上看星星和月亮的运动，殷墟卜辞中就有"旦""中日""昏"三个时辰太阳位置确定的表述，无疑具有导航意义。甲骨文中的"斗"字也与天体有关。春秋战国时期，各诸侯国出于政治、经济、文化的需要，十分重视天体的观测与研究，《晋书》载："诸侯之史，则鲁有梓慎，晋有卜偃，郑有裨灶，宋有了韦，齐有甘德，楚有唐昧，赵有尹皋，魏有石申夫，皆掌著天人，各论图验。其巫咸、甘石之说，后代所宗。"[3]可见诸侯各国均有在天文方面著书立说之人，其中尤以巫咸、甘德、石申夫为著名，甘德有《天文星占》，石申夫有《天文》，他们都是后人的宗师。在此基础上，人们发现了北极星的定向定位作用，并且尝试

---

① 浙江省博物馆自然组：《河姆渡遗址动植物遗存的鉴定研究》，《考古学报》1978年第1期。
② 《易经》卷二十二。
③ 房玄龄：《晋书》卷十一。

量取星辰距离海面的高度。宋人沈括说:"北极谓之'北辰'","汉以前皆以北辰居天中,故谓之'极星'。"① 就是说,汉代以前人们就已经认识到北极星居于群星中心,具有位置相对稳定的特点。虽然秦代有"残灭天官星占"之举,遏制了人们对天体的探索,但进入汉景、汉武之际,天官又重新受到重视,"司马谈父子继为史官,著天官书以明天人之道。其后中垒校尉刘向,广《洪范》灾条,作《皇极论》,以参往之行事。及班固叙汉史,马迁续述天文,而蔡邕、谯周各有撰录,司马彪采之,以继前志"②。这表明汉朝政府鼓励史家研究天文及其利用。民间对天文导航术的探索也是如火如荼,《汉书·艺文志》中列举了西汉时期天文书籍共445卷,其中海上导航占星书籍有《海中星占验》12卷、《海中五星经杂事》22卷、《海中五星顺逆》28卷、《海中二十八宿国分》28卷、《海中二十八宿臣分》28卷、《海中日月彗虹杂占》18卷,共136卷③,占天文书籍的30.6%。这仅仅是被纳入统计的数字,那些散落于民间无法统计的海上导航占星书籍,想必也有不少。有学者认为,书籍标题中的"海中"是指人,或指外国或国外岛屿上的人,或与"海外"相对,指中国人,或指中国沿海诸省从事航海业的人④,总之是指人。但笔者认为,"海中"的含义并非指人,它是笼统的方位词,指"海上"。就是说,上述136卷书籍,是人们从事海上活动的导航占星用书。在汉代这样的大环境下,天体观测及应用技术必然会得到推动与发展,在这一时期出现利用北斗星和北极星导航的最早文字记载,也就不足为奇了。刘向在《淮南子》中说:"夫乘舟而惑者,不知东西,见斗极则寤矣。"⑤ 当人们航行在海上不能辨明方向时,看到北斗星和北极星就会恍然大悟。

随着天文导航知识的不断积累,汉代的地文导航也有了重要进展。首先,海洋地理知识进一步丰富,对某些经常出没的海域地形有了新认识。黄

① 沈括:《梦溪笔谈》卷七。
② 房玄龄:《晋书》卷十一。
③ 班固:《汉书》卷三十。
④ 孙光圻:《中国古代航海史》,海洋出版社2005年版,第134页。
⑤ 刘安:《淮南子》卷十一。

泰泉在《广东志》中称："涨海崎头，水浅而多磁石，微外人乘大舶，皆以铁叶锢之，至此关，以磁石不得过。"[1]这里所说的"涨海"是指我国南海，"崎头"是指南海诸岛。这段记载是说，南海诸岛海域水浅，海底的磁石地层使得外来以铁叶加固木质构件的船舶因受磁性影响难以通过此海域。能掌握南海诸岛海域海底的磁石地层特性，说明广东沿海居民长期活动于南海诸岛海域，积累了丰富的航海经验。其次，掌握了航程的粗略估算方法，增加了地文导航的准确性。所谓粗略估算方法，就是在保持一定航速的前提下，用"月""日"为单位计算航程的方法，它使时间、航速、距离三者之间建立了联系，当航行了一定的"月""日"之后，可以粗略地得出航程的数据，从而确定航海者的位置。例如著名的"汉使航程"就是利用粗略估算方法计算距离的，它为顺利完成中国至印度半岛的遥远航程起到了导航定位作用。

三国至南北朝时期，伴随着涉海范围的不断扩大，人们的天文导航和地文导航经验愈加丰富，文献的记载也逐渐多起来。晋代高僧法显则明确指出："大海弥漫无边，不识东西，唯望日月星宿而进。若阴雨时，为逐风去亦无准。"[2]这就是说，在茫茫大洋之上，只有依靠日月星辰判断方向，如果遇到阴雨天气，为了获得风力航船就有可能偏向，说明航海活动对天文导航的依赖性。

晋代葛洪在《抱朴子》中讲了这样一个道理："夫群迷乎云梦者，必须指南以知道；并乎沧海者，必仰辰极以得反。"[3]意思是，当人们在云梦大泽中迷路时，必须要有指南针才能找到道路；当人们在海上迷失方向时，必须仰观北极星才能找到归途，强调高妙教诲的重要性。这段话虽然不是专门针对航海者而言，但它提到了天文和地文两种导航技术的综合运用。晋代刘徽撰写了《海岛算经》，已经可以利用数学原理测算海岸或海中地形地物的距

---

① 杨孚：《异物志》。
② 法显：《法显传》。
③ 葛洪：《抱朴子》卷一。

离和高度。该书一开头就演示了算法："今有望海岛，立两表齐高三丈，前后相去千步，令后表与前表参相直，从前表却行一百二十三步，人目著地取望岛峰与表末参合，从后表却行一百二十七步，人目著地取望岛峰亦与表末参合。问岛高及去表各几何？答曰：岛高四里五十五步，去表一百二里一百五十步。"这显然是一道几何题，今天算来并不复杂，但在当时却难能可贵，其计算方法对后世地形测量与航距确定都产生了深远影响。南宋庞元英在《谈薮》中说："梁汝南周舍，少好学，有才辩。顾谐被使高丽，以海路艰难问于舍，舍曰：昼则揆日而行，夜则考星而泊。海大便是安流，从风不足为远。"①这些记载都表明，以指南针为主要方式的地文导航技术和以观星辰为主要方式的天文导航技术，在晋代至南北朝时期已得到十分熟练的运用。

隋唐时期航海技术较之晋、南北朝又有新进展。在地文航海技术方面，进一步强化海中岛屿的导航作用，并对前代《海岛算经》进行了更加深刻的解读。例如对刘徽的演示题，唐代李淳风注释说："岛谓山之顶上，两表谓立表，木之端直。人去表一百二十三步，为前表之始，后立表末至人目，于木末相望，去表一百二十七步。二表相去为相多以为法，前后表相去千步为表间，以表高乘之为实，以法除之加表高即是岛高。积步得一千二百五十五步，以里法三百步，除之得四里余五十五步是岛高之步数也。"这些计算方法毫无疑问推动了地文航海技术的发展。在天文航海技术方面，出现了星辰定位的萌芽。利用天体进行导航，是一种比较简便的方法，但是要以天体在茫茫大海上为船舶进行定位，却是非常复杂的技术。在长期的航海实践中人们发现，有些星辰在天空中的位置不仅是相对恒定的，而且在不同的地区观测它时，其高度也不一样。根据这一现象，人们意识到完全可以利用这些星辰的方向和高度，来确定自己所在的位置。唐代出现了星辰定位的文字记载，可视为星辰定位的萌芽。诗人沈佺期在一首题为《度安海入龙编》的诗中写有"北斗崇山挂，南风涨海牵"的诗句，是说北斗星挂在高高的崇山山

---

① 张英等：《渊鉴类函》卷三十六。

顶，指引着在南海顺南风航行的船舶，说明唐代航海人看到北斗星距离崇山的高度，能够判断航船的方向和位置。这种利用星辰定位的方法，发展到宋代就产生了"过洋牵星术"初始形态，即通过用"量天尺"量取星辰的高度进行定向定位的方法。据韩振华研究，在泉州宋代古船第十三舱（海师、舵工的工作处）的遗存中，有一把"出土竹尺即航海用的量天尺"，这把尺子就是量取恒星出水高度的[①]。

宋代的地文航海技术理论化特征十分明显，例如用概念将洲、岛、屿、苫、礁加以明确划分："海中之地，可以合聚落者，则曰洲，十洲之类是也；小于洲而亦可居者，则曰岛，三岛之类是也；小于岛则曰屿；小于屿而有草木，则曰苫，如苫屿；而其质纯石则曰礁。"[②]这就给地标导航和定位带来了极大方便。北宋时期还将指南针真正用于航海，先是出现了人工制造的指南鱼，后又出现了指南针。指南鱼的制作方法是："用薄铁叶剪裁，长二寸，阔五分，首尾锐如鱼形，置炭火中烧之，候通赤，以铁钤钤鱼首出火，以尾正对子位，蘸水盆中，没尾数分则止，以密器收之。用时置水碗于无风处平放，鱼在水面令浮，其首常南向午也。"[③]这种指南装置不知如何获得磁性，制作过程略显复杂，准确性可能也不会太高。此后，指南器具不断进步，制作方法更趋简便和实用，沈括在《梦溪笔谈》中就介绍了指南针的制作和使用方法："方家以磁石磨针锋，则能指南，然常微偏东，不全南也。水浮多荡摇，指爪及碗唇上皆可为之，运转尤速，但坚滑易坠，不若缕悬为最善。其法取新纩中独茧缕，以芥子许蜡缀于针腰，无风处悬之，则针常指南。其中有磨而指北者，予家指南、北者皆有之。"可知指南针的磁性是因针在磁石上磨砺而获得，无风时以悬针最为实用，但指南的原理时人并不知晓，所以沈括说，"磁石之指南，犹柏之指西，莫可原其理"[④]。文献显示，指

---

① 韩振华：《我国古代航海用的量天尺》，《文物集刊》1980年第2期。
② 徐兢：《宣和奉使高丽图经》卷三十四。
③ 曾公亮等：《武经总要》前集卷十五。
④ 沈括：《梦溪笔谈》卷二十四。

南针装置被发明后，即用于航海。船在海上航行常处于风浪中，悬针显然不便使用，浮针则方便得多，因为它置于盛水容器中，无论船如何颠簸，浮针始终处于水平状态。浮针的使用方法之一是将针横穿于灯心草中，然后浮于水面。除指南针以外，宋代航海者还辅以一些简便、实用的方法，如"以十丈绳钩取海底泥嗅之，便知所至"①作为补充。这样，以指南针为核心的地文航海技术和以测量星辰高度为核心的天文航海技术就结合起来了，成为宋代导航定位的主要技术。朱彧在《萍洲可谈》中所说的"舟师识地理，夜则观星，昼则观日，阴晦观指南针"②，徐兢在出使高丽途中其舟师"视星斗前迈，若晦冥则用指南浮针，以揆南北"③，吴自牧在《梦粱录》中也说："风雨晦暝时，惟凭针盘而行，乃火长掌之，毫厘不敢差误，盖一舟人命所系也"④，都说明两种航海技术的运用已缺一不可。元明时期，天文航海技术和地文航海技术的结合愈加成熟。天文方面，以量取星辰高度进行定向定位，已成为航海技术的主流。冯承钧在解释马可·波罗游记时披露了元代天文航海技术的使用情况，当时亚欧航海者"航行印度洋者视南半球可见之南极星为准：盖其鲜见北极星，又不用罗盘，只恃所见南极星之高度以辨方位"。弗洛郎司人初航时，"航行印度海中者不用罗盘，仅恃若干木制之四角规以辨方位，若有云雾而不能见星宿时，航行则甚难也。""马可波罗时代航行之情形如此；故除中国船舶外，航行者尚未识磁石针之用途，而对于仪象器及罗盘亦知之未审。"⑤冯先生意欲说明中国船舶的驾驶人在印度洋上已先于亚欧航海者将观北极星高度与罗盘并用，完成远洋航行。

到了明代，无论是过洋牵星术，还是罗盘浮针导航术，都已相当完备。过洋牵星术就是通过观测星辰的海平高度（仰角）来确定船舶位置的一种定向、定位技术。它一般用尺寸固定的木板（后来被称为"牵星板"，数量为

---

① ② 朱彧：《萍洲可谈》卷二。

③ 徐兢：《宣和奉使高丽图经》卷三十四。

④ 吴自牧：《梦粱录》卷十二。

⑤ ［法］沙海昂注，冯承钧译：《马可波罗行纪》，商务印书馆2012年6月版，第402页。

12块或16块）作为工具，来量取星辰距离海面的高度，从而确定船舶的位置。罗盘浮针导航术就是通过罗盘上设置的浮针及刻度，来确定船舶位置和方向的航海技术。明代前期的郑和下西洋，把两种技术都发挥到了极致。跟随郑和参加第七次下西洋的教谕巩珍在《西洋番国志》中介绍说：第七次下西洋"往还三年，经济大海，棉邈弥茫，水天连接。四望迥然，绝无纤翳之隐蔽，惟观日月升坠，以辨西东，星斗高低，度量远近。皆斫木为盘，书刻干支之字，浮针于水，指向行舟。经月累旬，昼夜不止。海中之山屿形状非一，但见于前，或在左右，视为准则，转向而往。要在更数起止，记算无差，必达其所"[1]。这段简要的文字表明，郑和下西洋过程中的远洋航海，采取的是过洋牵星、罗盘浮针、岸上地标地物、更数推算航路等多种天文、地文航海技术相结合的方法，来保证下西洋的顺利完成。在明代郑和船队的每一艘宝船上都设置了一间针房，针房也就是航海指挥室，它是船长的工作间。针房的陈设，就证明了明代将两种航海技术结合起来的导航定位方法：在针房的中间位置固定一座平台，上面安放着指南浮针，也叫水罗盘。在针房一侧的专门架子上，摆放着一套或两套牵星板，在另一侧的柜子里放着航海图、针路簿等航海图纸和书籍。此外，还要专门留出一块地方，用于燃香计时。在针房的角落里，还有测量水深的长绳等。指南浮针以及长绳等都是地文航海技术使用的工具，牵星板是天文航海技术使用的主要工具。不能不说，郑和下西洋将中国古代航海技术推向了高峰，正是有了这样成熟的航海定向、定位技术，郑和船队才在七下西洋的过程中圆满完成了伟大的航海壮举。

然而，明代中后期以后，政府实行了越来越严厉的禁海政策，海外贸易大受影响，远洋航海逐渐趋于萧条，航海技术也就不可能形成突破，如郑若曾所说："至于料浅占风之法、定船望星之规、放洋泊舟之处，详见《大学衍义补》《山东通志》《海道经》等书"[2]，而这些书中所述航海技术均没有超

---

[1] 巩珍：《西洋番国志·自序》。

[2] 郑若曾：《郑开阳杂著》卷九。

过郑和下西洋时的水平。延至清代，中国的航海技术已经远远落后于西方，笔者就不再赘述了。

天文导航和地文导航相结合的导航方式，最直观的呈现方式是航海图。在航海图出现以前，指导航海者远航的是文字形式的航路指南。航路指南的雏形出现于汉武帝时期开辟"汉使航程"之时，当时中国海船从雷州半岛出发，经我国南海，穿越马六甲海峡，抵达印度洋上的黄支、已程不国，《汉书》以简略的文字记述了这条航程。到了三国至南北朝时期，文献典籍中类似航路指南的文字逐渐增多，内容也更加丰富。《梁书》在记录通往海外诸国航路的指南中涉及的要素很多，使人们能够清晰地感受到每条航路的特征。例如，在介绍通往印度半岛的航路时说："从扶南发投拘利口，循海大湾中，正西北入，历湾边数国，可一年余到天竺江口，逆水行七千里乃至焉。"[①]这段航路指南含有港口（拘利口）、湾（孟加拉湾）、河口（恒河口）、航行时间（一年余）等要素，勾勒出一幅简略航海图。唐朝有一位地理学家名贾耽，也是当朝宰相，他通过与域外来使及出使归来者的交谈，掌握了大量海外地理资料，整理后写成《皇华四达记》。在这部书中，贾耽总结了7条唐朝通往四夷的通道，对其中一条，他将其命名为"广州通海夷道"，他在描述这条通道时说："广州东南海行，二百里至屯门山，乃帆风西行，二日至九州石。又南二日至象石。又西南三日行，至占不劳山，山在环王国东二百里海中。又南二日行至陵山。又一日行，至门毒国。又一日行，至古笪国。又半日行，至奔陀浪洲。又两日行，到军突弄山……""自婆罗门南境，从没来国至乌剌国，皆缘海东岸行，其西岸之西，皆大食国，其西最南谓之三兰国。"在这里，作者已将航程精确到"日""半日"，不再以过去的"月"来衡量，同时把各个国家的相互位置关系描述得非常清晰，而且把有些地方的地理特征表述得十分显明，如"占不劳山，山在环王国东二百里海中"。最值得注意的是，贾耽提到提罗卢和国的夜间导航方式，那里的人"于海中

---

① 姚思廉：《梁书》卷五十四。

立华表，夜则置炬其上，使舶人夜行不迷"①。对提罗卢和国的导航方式，贾耽没有给予评论，或许他认为，这种导航方式在国内已是司空见惯，没必要特别述说。贾耽在《皇华四达记》中的陈述，无疑是比前代更加精确的航路指南。

宋代的航路指南已经十分精确和实用，在此基础上，出现了航海图的文字记载。北宋咸平六年（1003年），广州知州凌策曾向朝廷进献"海外诸蕃地理图"②；宣和五年（1123年），徐兢奉使高丽时，声言"谨列夫神舟所经岛洲苫屿而为之图"③；南宋时，赵汝适在撰写《诸蕃志》时也曾"暇日阅诸蕃图"④。遗憾的是，这些图都包含哪些信息、有何特点，均因图的失传而无法知晓。

当然，航海图的出现，除了有文字描述的航路指南以外，也离不开地图的产生与发展。中国最早的地图可能出现于夏禹时期，相传那时曾铸过九鼎，上面分别绘有山川、草木、禽兽图案，至于有无海洋不得而知，但它表明夏禹时期人们就已经对地理方位和景物特征有了清晰的概念。西周时期，一些文献就有了地图的确切记载，例如《周礼》就提到大司徒掌管"天下土地之图"，图上有"山林、川泽、丘陵、坟衍、原隰"之分布。早期的航海图是在类似地图的基础上绘制而成的，当是描述大致海上路线的信手草图，可惜没有流传下来。晋代地理学家裴秀曾提出"制图六体"，即"一曰分率，所以辨广轮之度也；二曰准望，所以正彼此之体也；三曰道里，所以定所由之数也。四曰高下，五曰方邪，六曰迂直，此三者，各因地而制宜，所以校夷险之异也"⑤。就是说，绘制地图，要确定一定的比例，要规定一定的方位，要明确一地到另一地的里程数，描绘的道路要体现高低、方斜、迂直等特征。这些原则成为后来地图绘制的基本遵循，大大推动了航海图的发展。唐

---

① 欧阳修等：《新唐书》卷四十三下。
② 李焘：《续资治通鉴长编》卷五十四。
③ 徐兢：《宣和奉使高丽图经》卷三十四。
④ 赵汝适：《诸蕃志》。
⑤ 房玄龄：《晋书》卷三十五。

代以文字叙述为主指导船舶航行的航路指南，其要素更加丰富，不仅包括航期、航线、里程等内容，还包括地文、水文等诸方面的情况。虽然这一时期没有出现完整的航路指南著作，但渗透于各种文献中的航路指南文字却屡见不鲜。宋代把文字的航路指南与制图技术结合起来，绘制出航海图，并用于航海实践。元代已经在中国沿海和外海开辟出多条固定航线，形成了丰富的航路指南。明人又将元代的航路指南加以总结，完成了航路指南专著《海道经》。这部著作包含了沿海航线的地形地貌、航行航程、港口泊地、导航技术等详细信息，可谓要素齐全，例如《海道经》说："循黑绿水望正北行使，好风两日一夜到黑水洋。好风一日一夜，或两日夜，便见北洋绿水。好风一日一夜，依针正北望，便是显神山。好风半日，便见成山。自转瞭角嘴，未过长滩，依针正北行使，早靠桃花班水边，北有长滩沙、响沙、半洋沙、阴沙、冥沙，切可避之。如在黑水洋内，正北带东，一字行使，料量风帆日期，不见成山，见黑水多，必是低了。可见升罗屿海中岛，西边有不等矶，如笔架山样，即便复回。望北带西，一字行使，好风一日一夜，便见成山。若过黑水洋，见北洋官绿水，色或陇，必见延真岛。望西北见个山尖，便是九峰山。向北一带连去，有赤山、牢山二处，皆有岛屿，可以抛泊。若牢山北望，有北茶山白蓬头石礁，一路横开百余里，激浪如雪，即便开使，或复回往东北行使，北有马鞍山，竹山岛南，可入抛泊。"[1]更像是一幅幅用文字描述的航海地图。更难能可贵的是，在这部著作的最后，附有迄今为止能见到的中国古代最早的航海图——《海道指南图》。这幅图的范围包括了长江下游以及长江口以北沿海地区，示意航路起自浙江宁波与江苏南京，经江苏、山东海岸北上至辽东半岛，沿途标明港口、岛屿、锚泊场所60多个，为后世航海图的绘制提供了范例。到了明代，《自宝船厂开船从龙江关出水直抵外国诸番图》(即《郑和航海图》)的出现更是将中国古代航海图绘制推向了极致，其中包含了更加丰富的航海信息，尤其是远洋航线相对海岸的地形地

---

[1] 《海道经·海道》。

标，以及各航段所采取的导航技术，都一目了然。

清代前期也出现了不少航海用图，但都是继承前代之作。清代后期，随着西方文化的东渐，航海图绘制技术也随之传入中国，中西结合的航海图便随之出现。此时的航海图已经以精确的实地测量为基础，把地形地物标注于图上，更加准确和实用。福建船政创办者左宗棠曾令船政提调黄维煊绘制了一幅中国沿海海图，其范围北起鸭绿江口，南至海南岛，不仅有经纬度标示，而且沿海地形、航路都标绘得清清楚楚，代表了中国近代航海图制作水平。

梳理了中国古代的航海技术，我们的话题再回到本章开头的那艘沉船上。这艘宋代海船之所以在华光礁附近沉没，从航海技术层面来看，一是有可能预测气象海况不准，途中遭遇了风暴，导致船舶失控；二是有可能导航定位系统出现问题，导致船舶偏离了正常的航道，触礁搁浅。当然，这些失误是远洋航行中不可避免的问题，在科学技术十分发达的今天，海难尚且不能根绝，何况在千年以前的宋代。要看到，在中国古代数十万计、数百万计甚至数千万计的航次中，绝大多数航船是安全的，它们描绘了中国航海史上最为壮阔的景观，是中国古代海洋文明兴盛发达的标志。

第六章

"重返东方大航海时代"

——解读"中国地图"

2008年2月的一天清晨，加拿大英属哥伦比亚大学历史系教授、汉学家卜正民（Timothy Brook）的手机上收到一条短信，该短信是英国牛津大学博德利图书馆东方部主任何大伟（David Helliwell）发来的，何大伟让他立刻到图书馆来一趟。卜正民知道，何大伟在图书馆负责掌管中国藏书，他之所以在清晨发来这条短信，一定又有了重要发现。卜正民赶到了图书馆。果然，在何大伟的引导下，卜正民在图书馆地下室里看到了一幅纸质发黄的地图，上面标注有大量汉字，他以职业的敏感性意识到，这是一幅来自中国的不同寻常的地图，因为地图所呈现出来的若干特征都与他先前见到的中国地图不一样：这幅地图不是用黑色线条勾描出来的，而是采用传统中国画绘画方式彩绘出来的，上面有绿树红花、彩蝶飞舞，有褐色的山脉、蓝色的海洋，很像一幅精美的中国画。同时，这幅地图不同于同时代西方的印刷地图，它是一幅手绘地图，极有可能是一个孤本。还有，地图上既画出了大片陆地，又绘制了大片海洋，海洋上标有若干条航线，因此它既是一幅"地图"，也是一幅"航海图"。此外，这幅地图的图幅也是超乎寻常的大，它长160厘米、宽96.5厘米，并且采用壁挂式。仔细观察会发现，由于作者在绘图时没有足够大的纸张，他将两张大纸进行了裁剪拼接，才形成了如此大的图幅。

正是由于这幅地图有如此鲜明的特点，卜正民意识到这是一幅具有重要研究价值的奇特地图。随后，他迫不及待地询问了这幅地图的来历。

图6-1　卜正民发现的"中国地图"

何大伟告诉他，这幅地图是350多年以前一位名叫约翰·塞尔登（Johan Selden）的人捐赠给图书馆的，进入图书馆的时候，是随着一大批书来的，一直被尘封在图书馆的地下室里，直到最近在整理这批书籍的时候，才发现了它。随后，卜正民将这幅中国地图命名为"塞尔登的中国地图"（Selden Map of China，也译作"雪尔登中国地图"），笔者在这里把这幅地图称作"中国地图"（见图6-1）。卜正民评价这幅地图说："这是近700年来最重要的一幅中国地图，它描绘了当时中国人所知的那片世界：西抵印度洋，东接香料群岛（今马鲁古群岛），南邻爪哇，北望日本。这幅地图之所以保存至今，是因为它落到了约翰·塞尔登手中。""这幅地图是一份孤本，是纯手工绘制，再也没有第二份。"①

卜正民发现"中国地图"的消息很快传遍了全世界，随后，国际学术界在英国、美国等地举办了多次研讨活动，对"中国地图"展开了全方位的研究和讨论，卜正民还出版了他的研究专著《塞尔登的中国地图——重返东方大航海时代》。国际学术界掀起的这波发现和研究"中国地图"的热潮自然会冲击到中国，最晚在2011年，"中国地图"的影像和国际学术界的研究动态传到了中国，国内学者也开始了对"中国地图"的研究。

中外学者对"中国地图"的研究，所涉及的问题是多方面的，其中有4

---

① ［加拿大］卜正民：《塞尔登的中国地图——重返东方大航海时代》，中信出版集团股份有限公司2015年版，第4—5页。

个问题最具关键性，这就是："中国地图"是如何来到英国的？"中国地图"是何时绘制的？"中国地图"是何人所绘？"中国地图"隐含着哪些海洋文化信息？

一、"中国地图"是如何来到英国的

根据卜正民的研究，17世纪初，英国东印度公司为发展香料贸易，在爪哇岛的万丹（今印度尼西亚的万丹省）建立了商馆，这个商馆与来自中国的商人有密切的交道。大约在1609年，一位来自中国福建的商人将一批货物卖给了驻万丹的英国商馆人员，这批货物中就有这幅"中国地图"，这位英国商馆人员把这幅"中国地图"带回了英国。"中国地图"来到英国不久，就被一位名叫约翰·塞尔登的人买去了。

塞尔登是英国的一位宪政律师、国会议员和法律学者，他出生于1584年，死于1654年，一生活了70岁。塞尔登的家乡在英国苏塞克斯郡，这里距离英吉利海峡仅一英里之遥。上中学时，他因为表现出色而被老师们推荐到牛津大学读书，完成4年学业后，他离开牛津来到伦敦，开始接受法律专业的培训。当时的伦敦云集着大量杰出人士，包括神学家、律师、诗人、剧作家等，塞尔登后来与多位名人有所交往，深受他们的影响，他自己也逐渐成为名人。1604年，塞尔登被英国四大律师学院之一的内殿律师学院录取，1615年获得律师资格。1618年，他因出版一本有争议的书而受到国王的召见，从此名声大噪。他真正关注海洋就是在这前后，当时，荷兰人格老秀斯出版了一本专著《海洋自由论》，提出一个观点：任何国家都不应对海洋行使排他性的管辖权，任何国家的船只出于开展贸易的需要，可以在所有海域中自由航行。为什么会有这样的观点问世？葡萄牙和西班牙曾在1494年通过罗马教廷参订了瓜分世界的协议，声称荷兰东印度公司无权派遣船只前往东印度水域。这一观点就是针对西葡协议的。然而它不仅为荷兰，而且为西葡之外所有国家的海上自由贸易提供了理论支持。卜正民对此评价说："它凭借严密的法律逻辑，也开创了我们今天所知的国际法的先河。"①塞尔登并不同意这一观点，写了一篇文章进行驳斥，20多年以后，他出版了《海洋封闭论》一书。该书的观点为英国向荷兰渔民在苏格兰东海岸外捕捞鲱鱼索取捕捞费提供了理论支持，受到学术界的普遍关注。正是出于研究海洋法理的需要，塞尔登在后半生高度关注与海洋有关的一切资料，当碰到绘有大片海洋并标有航线的"中国地图"时，他毫不犹豫地买下了它。卜正民在分析原因时说："塞尔登之所以要购买一张巨幅中国地图，或许不仅是出于对海洋法的研究，而是由于他坚信，任何一本蕴含东方知识的手稿，都可能具有改变世界的知识，因而需要被搜集和保存，即便目前没有人能读懂它。"②1653年6月11日，69岁的塞尔登身体出现了糟糕的状况，他感到情况不妙，便立下一份遗嘱，将自己的学术遗产以及全部图书捐赠给牛津大学博德利图书馆。在遗嘱中他说，他要把一幅精美的中国地图和一件来自中国的航海罗盘赠给牛津大学的校长、教授和学生。他在遗嘱中写道："我将制作于该地，质量精良且上色的一幅中国地图遗赠给前述的校长、教授和学生，并附上一件由他们制成并具有他们之刻度的航海罗盘。两物皆被一英格兰指挥官从一位不肯让给他而作为赎金提供的人那里没收。"1654年，塞尔登去世。按照他的遗嘱，有关部门将他的学术遗产和图书全部移交给了博德利图书馆，其中就有这幅"中国地图"。

1659年9月，塞尔登的遗产被送进博德利图书馆，然而图书馆并没有对这些遗产立即展开利用，甚至有些图书连包装都没有打开就被放进了库房，长期封存。"中国地图"却有另外的待遇，有两位学者对它进行了认真研究。一位学者是博德利图书馆的负责人托马斯·海德（Thomas Hyde）博士，另一

---

① ［加拿大］卜正民：《塞尔登的中国地图——重返东方大航海时代》，中信出版集团股份有限公司2015年版，第31页。

② ［加拿大］卜正民：《塞尔登的中国地图——重返东方大航海时代》，中信出版集团股份有限公司2015年版，第46页。

位学者是来自中国的基督教徒沈福宗（教名 Michael Alphonsius）。

沈福宗是中国南京的一位名医之子，他来英国颇有一番经历。1679年，也就是康熙十八年，比利时耶稣会士柏应理（Philippe Couplet）当选中国副省代理人，奉命前往罗马向教皇汇报在中国传教的情况，并招募和寻求资助到中国的传教士。临行前，耶稣会中国副省会长南怀仁决定挑选几名中国教徒随柏应理前往罗马，沈福宗被选中。1681年12月，柏应理一行乘葡萄牙商船从澳门出发，航向欧洲。1683年9月，柏应理一行先赴法国，在凡尔赛宫晋见了法王路易十四，沈福宗在法王面前展示了孔子像，用毛笔表演了书法，引起轰动，遂又前往罗马觐见教皇英诺森十一世，其呈献的400余卷传教士编纂的中国文献成为梵蒂冈图书馆最早的汉籍藏本之一。中国学人在法国和罗马的访问引起英国人的注意，便有了柏应理和沈福宗应邀访英之旅[①]。1687年，柏应理和沈福宗在伦敦拜见了英王詹姆斯二世，并应托马斯·海德的邀请，到牛津大学博德利图书馆为中文藏书编写书目。海德是希伯来语和阿拉伯语专家，但他不懂中文，沈福宗的到来，仿佛使他的研究工作如虎添翼。沈福宗在博德利图书馆工作了大约6个星期，在这期间，为该馆自1604年内以来收藏的几十本中文书籍和手稿编制目录，并在封面注明该书的内容。也是在此期间，海德和沈福宗接触到了"中国地图"，并在上面留下了文字。据认真观察"中国地图"的卜正民说，原始版本的地图上全是中文，后来，在许多地图注记旁边，还有一些罗列的翻译和密密麻麻的西文注记，由于字体极小，墨水很淡，加之纸张已被磨旧，极易被忽视。而这些文字就是海德和沈福宗研究这幅地图所留下的痕迹。40多天后，当沈福宗离开牛津大学的时候，海德把他送到伦敦。1687年12月，柏应理和沈福宗从伦敦坐船来到里斯本，他们本打算立刻返回中国，但当时对于法国耶稣会搭乘葡萄牙船只的政策日益收紧，两人最终只好滞留在里斯本。沈福宗在那里待了3年，

---

① 方豪：《中国天主教史人物传》中册，中华书局1988年版，第200—202页。

最终他还是获准搭船离开里斯本，却在海上去世①。

二、"中国地图"是何时绘制的

从塞尔登得到地图以及将其捐给牛津大学博德利图书馆的经过来看，"中国地图"绘制于中国的明代是毫无疑义的。可是明代有270多年的时间，究竟绘制于哪个阶段呢？目前，在学术界存在不同看法。钱江认为，地图应该绘制于16世纪末至17世纪初，因为当时是福建民间海外贸易最为兴盛的时期，闽南商人的足迹遍布东亚和东南亚的各大小贸易港埠，位于印度尼西亚爪哇岛西端的万丹恰好也是此时一跃而为东南亚的贸易重镇。至于后来才开始逐渐兴起的巴达维亚港埠，荷兰人迟至1619年才将其占据，而处于草创时期的巴达维亚根本无法与当时东西方商贾辐辏之万丹竞争②。陈佳荣首先主张将地图定名为《明末疆里及漳泉航海通交图》，继而认为，由本图的某些地方标记来看，本图的编绘年代与荷兰人在东亚、东南亚势力的消长或有某些关联。例如，图上于爪哇西部只标出咬留吧和顺塔，未能充分反映出荷兰人对巴达维亚的控制。至于台湾岛，本图地名的记载及岛形的绘制更加匪夷所思。原来荷兰人在入据台南后不久，立即令人测量该处地形，由雅各·诺得洛斯于1625年刊出了《北港图》，该图首次将台湾南北绘成一番薯形的完整岛屿，而非像此前中外各界把台湾画成两三个小岛。而本图恰恰将台南、台北分裂成两岛，至于地名所载亦少得可怜。正因为如此，将本图的编绘年代系于大约1624年（天启四年）③。后来，他在另一篇文章中做了进一步探索，他说："《东西洋航海图》乃将中国古老的传统方式，和西

---

① ［加拿大］卜正民：《塞尔登的中国地图——重返东方大航海时代》，中信出版集团股份有限公司2015年版，第68页。

② 钱江：《一幅新近发现的明朝中叶彩绘航海图》，《海交史研究》2011年第1期。

③ 陈佳荣：《〈明末疆里及漳泉航海交通图〉编绘时间、特色及海外交通地名略析》，《海交史研究》2011年第2期。

方近代的绘图手法加以拼凑，除明帝国境内地名袭自《二十八宿分野皇明各省地舆全图》，域外地图及地名应吸收了明末西方传教士等的绘图成果，并与闽海舟子船工的航海经验及知识密切结合"，据此他把"中国地图"绘制的上限推到了1607年[①]。郭育生、刘义杰认为，该图应定名为《东西洋航海图》，至于绘制时间，他们根据图上所绘台湾岛标注地名、地理位置等情况，认为它的绘制年代，应该晚于林道乾遁迹台湾的时间，即不会早于嘉靖四十五年（1566年），也不会晚于利玛窦绘制《坤舆万国全图》的时间，也就是万历三十年（1602年）以前[②]。龚缨晏则认为，该图应称为《明末彩绘东西洋航海图》，他根据"万老高"岛（见图6-2）上的注文认为，该图一定绘于1607年荷兰人在特尔纳特岛建立要塞之后。又根据图中把台湾岛错误地描绘为南北相对的两个岛屿判断，该图应当绘于1624年荷兰人入侵台湾之前[③]。林梅村根据图上对"万老高"和长城之北的注记认为，中国史书将"佛郎机"（指葡萄牙人或西班牙人）称作"化人"，始见于18世纪末成书的《吕宋纪略》，万历四十五年（1617年）张燮《东西洋考》不见"化人"，而"中国地图"又不晚于1644年清军入关，那么此图当绘于1617—1644年[④]。卜正民认为，该图绘制于1607年至1609年，这一观点主要是根据图上对"万老高"的标注以及英国人得到这张图的时间来推断的。

图6-2 卜正民发现的"中国地图"
局部：万老高

---

① 陈佳荣：《〈东西洋航海图〉绘画年代上限新证》，《海交史研究》2013年第2期。

② 郭育生、刘义杰：《〈东西洋航海图〉成图时间初探》，《海交史研究》2011年第2期。

③ 龚缨晏：《国外新近发现的一幅明代航海图》，《历史研究》2012年第3期。

④ 林梅村：《观沧海——大航海时代诸文明的冲突与交流》，上海古籍出版社2018年版，第140页。

在"中国地图"中部最右侧绘有一个岛屿，对照现在的世界地图会发现，这个岛屿是特尔纳特岛（Ternate），属于现在印度尼西亚的马鲁古群岛，张燮的《东西洋考》称之为"美洛居"。在特尔纳特岛上，也许是作者，也许是沈福宗标出了3组汉字："万老高""红毛住"和"化人住"。那么这3组汉字各代表什么呢？从文献记载来看，"红毛"或"红毛番"，是明末清初中国人对荷兰人的称呼，张燮就说："红毛番自称和兰国，与佛郎机邻壤，自古不通中华。其人深目长鼻，毛发皆赤，故呼红毛番云。"[1]"红毛住"显然是荷兰人在此居住的意思；"化人"在中国文献中是指传说中来自西方的有幻术者。《列子·周穆王》中有云："周穆王时，西极之国有化人来，入水火，贯金石，反山川，移城邑，乘虚不坠，触实不硋，千变万化，不可穷极。"[2]佛教传入中国后，僧人们又把化人说成是佛或菩萨的变形[3]。"中国地图"上标注的"化人"，则是这个时期中国人对西班牙人的称呼。曾于18世纪末在菲律宾群岛侨居过的福建漳州人黄可垂在《吕宋纪略》中写道："吕宋岛为干丝腊属国。干丝腊者在海西北隅，地多产金银，与和兰、勃兰西、红毛相鼎峙，俗呼为宋仔，又曰实斑牙，一作是班牙……前明时，干丝腊据其国建龟豆城于外湖西海之滨，镇庚逸屿于城之西左角，以控制遐迩……国朝乾隆年间，西北海之红毛英圭黎猝遣船十余直逼吕宋，欲踞其地，化人巴礼愿纳币请解，英圭黎遂返。余因经商吕宋，爱纪其略。"[4]"化人住"显然是西班牙人在此居住的意思。这说明，在绘制"中国地图"的时候，在万老高岛上同时居住着荷兰人和西班牙人，这就为确定地图绘制的时间提供了上限依据。那么，荷兰人和西班牙人从什么时候开始同时居住在这里呢？自从麦哲伦横渡太平洋到达菲律宾群岛后，引起了葡萄牙人的高度警觉。为了防止西班牙人涉足马鲁古群岛，葡萄牙人于1523年在特尔纳特岛上建立

---

① 张燮：《东西洋考》卷六。
② 《列子》卷三。
③ 龚缨晏：《国外新近发现的一幅明代航海图》，《历史研究》2012年第3期。
④ 黄可垂：《吕宋纪略》，《小方壶斋舆地丛钞》第十帙第六册。

了一座要塞。由于土著居民的抗击，葡萄牙人不得不于1575年放弃了这座要塞，并撤离特尔纳特岛。1580—1640年，葡萄牙被西班牙吞并。在菲律宾的西班牙人于1585年派出舰队想收复原先葡萄牙人所建的要塞，但没有成功。黄可垂在《吕宋纪略》中提到的西班牙人用金钱化解荷兰舰队的攻势，大概就是发生在此时。1606年，西班牙人终于攻占了这座要塞，并进行加固，当地居民将此要塞称为Kastela，译成中文即"干丝腊"之类。当特尔纳特岛的统治者抗击西班牙人入侵时，初抵东南亚的荷兰殖民者于1595年来到印度尼西亚海域。特尔纳特岛的统治者很快将荷兰人视为抗击西班牙的盟友。1607年3月，特尔纳特岛的统治者派人请求荷兰人出兵把西班牙人赶出特尔纳特岛。5月，荷兰人的舰队应邀来到特尔纳特岛，但他们不敢攻打西班牙人的要塞，而是建造了新的要塞。1662年，西班牙人听说郑成功要攻打马尼拉，于次年从特尔纳特岛的要塞撤走。1666年，该要塞被荷兰人所毁[1]。

由以上过程可知，只有1607年以后"万老高"岛上才同时出现了西班牙人和荷兰人。从这一点上可以确定，"中国地图"绘制的时间上限是1607年，在这一点上，陈佳荣、卜正民与龚缨晏的观点相同，只是他们论述的依据及程度不同罢了。然而，卜正民和龚缨晏在绘图的时间下限上产生了严重分歧。据卜正民研究判断，"中国地图"到达英国人手里的时间是1609年，由此确定，"中国地图"绘制的时间下限是1609年。可惜的是，卜正民并未就此提供有力证据，也未展开充分论证。不过笔者以为，能够确定"中国地图"何时入英国人之手，无疑是确定绘图下限的极好证明，卜正民在探讨这个问题上有更有利的条件，期待他的新发现。

除了绘制时间以外，还有一个至关重要的问题，那便是"中国地图"出自何人之手。

---

[1]　龚缨晏：《国外新近发现的一幅明代航海图》，《历史研究》2012年第3期。

三、"中国地图"是何人所绘

"中国地图"也是一幅特色鲜明的航海图，其中包含了大量与航海活动相关的知识，不是一位深入研究过航海或常年奔波于海上的人，是难以为之的。首先，作者具备丰富的海洋地理知识，他不仅十分熟悉东南亚一带的地理，可将这些地方比较准确地呈现于地图之上，如马六甲海峡、菲律宾群岛等，而且对大明朝疆域也相当了解，既勾勒出疆域界限，又画出明朝各行政区之间的边界，同时还用不同的颜色描绘出起伏的山峦和绵延的平地。其次，作者具有丰富的航海经验，用清晰的线条画出从福建沿海延伸而出的东西洋航路，凸显出中国在亚洲海洋世界中的位置，进而使人明了中国海船在东亚及东南亚地区经营海外贸易的活动范围和主要航线。最后，作者掌握了一定的地图知识和绘图技法，既熟悉中国传统的地图绘制技法，又受西方最新绘图成就影响，做到了两者的有机结合。那么，这位了不起的作者究竟是谁呢？目前，学术界有多种观点。

第一，"中国地图"是李旦绘制的。

"中国地图"所绘航线，无论是东洋航路，还是西洋航路，其自中国的出发地点都是福建的泉州港和漳州港，这一现象充分说明，在明代中叶中国的民间海外贸易从事者主要是以闽南商人为主，其原因在于这里具有得天独厚的地理条件和拥有海外贸易经验的一批商人。正因为如此，有学者在考察地图作者人选时首先想到了李旦。

李旦，福建泉州人，出生年月不可考，卒于1625年。16世纪末，李旦和他的弟弟李华宇在菲律宾经商，因与西班牙统治者不和，转赴日本九州岛定居，在长崎买房置业，主要生意在平户港。当时，葡萄牙人在长崎开启日本对外贸易，荷兰人随后也来到这里，把平户港变成了和英国及日本进行贸易往来的基地。而李旦兄弟成为当地几百名化人组成的贸易团体的领袖，他们除了和葡萄牙人、荷兰人进行贸易之外，还长期活动于中国沿海、日本以及东南亚，从事国际贸易和抢劫商船勾当，是著名的海商兼海盗，西方人称他为"中国船长"，也以九州方言叫他"蒂迪斯"①。常年奔波于海上，使李旦对日本、琉球、菲律宾、吕宋岛等地地形非常熟悉。"中国地图"对这些地方的绘制非常详细，也非常准确，很有可能出自李旦之手。汤锦台在其所著的《闽南海上帝国》一书中指出："当时居住长崎、平户以李旦为代表的泉州人海商势力，更有可能是这幅地图的制作者。"美国南乔治亚大学副教授贝瑞葆（Robert K. Batchelor）认为，此图绘制约在1619年，当时英国海船"伊丽莎白"号（The Elizabeth）1620年在台湾拦截一艘日本船，船上有葡萄牙导航员和西班牙神父，货物属中国在平户的大商人李旦，李旦的航海图可能在此时为英国人劫掠。李旦早年在马尼拉经商，又移居日本，有庞大船队遍布东亚各地。李旦帮助英国人在平户建立商馆，得到英国人大笔投资。图上的吕宋、越南、日本地名比较多，所以主人很可能是李旦②。周运中赞同这一观点，进一步论述说，李旦原来在马尼拉经商，又和英国人关系密切，而这幅地图恰好是在菲律宾、万老高最详细，吕宋岛上有十个地名，是全图地名最密之地，此图又由英国人收藏，所以其作者很可能与李旦有关。李旦是当时海上最熟悉欧洲情况的中国海上领袖，最有可能得到欧洲地图。李旦基本没有在西洋活动，所以此图的西洋部分错误很多③。

第二，"中国地图"是郑芝龙绘制的。

郑芝龙是郑成功的父亲，字飞黄，福建泉州府南安县石井人，1604年生于中外贸易繁盛之地，18岁即移居澳门，与葡萄牙人做买卖，学会了葡萄牙语。1621年，附着海商李旦乘船到日本从事贸易，来往于日本、台湾、澳门、福建之间。在追随李旦的过程中，得到李旦的赏识，参与了李旦主持的

---

① ［加拿大］卜正民：《塞尔登的中国地图——重返东方大航海时代》，中信出版集团股份有限公司2015年版，第85页。

② Robet Batchelor.*The Selden Map Rediscovered：A Chinese Map of East Asian Shipping Routes*，c.1619，Imago Mundi，65：11，pp.37—63，2013.

③ 周运中：《"郑芝龙航海图"商榷》，《南方文物》2015年第2期。

贸易经商和组织人力开发台湾的事业，并逐渐掌握了实权。李旦死后，郑芝龙吞并了他在台湾的财产、船只和人员，成为海盗帮首领，并逐渐坐上了闽海最具实力的"海盗之王"宝座，鼎盛时期拥有大船千余艘。1628年，郑芝龙接受福建巡抚熊文灿的招抚，被授予海防游击，负责东南海防兼从事海上贸易。然而，他不领取明朝政府的军饷，也不听从明政府调动，只是利用明政府的力量消灭与自己竞争的其他海盗。明政府则利用郑芝龙消除海盗对沿海的骚扰。有了政府背景，郑芝龙的海上实力发展得越来越大，控制了南海的多条航线，其中就包括"中国地图"上标出的航线。正因为如此，当"中国地图"被发现的时候，有学者迅速想到了郑芝龙，认为他有可能就是"中国地图"的作者。林梅村的观点就具代表性。他认为，郑芝龙为明代末年日本至东南亚海域一代枭雄，于天启年间（1621—1627年）迅速崛起。其势力范围与"中国地图"所标泉州至东西洋航线完全相符。他引用了清初计六奇所撰《明季北略》的记载："海盗有十寨，寨各有主，停一年，飞黄之主有疾，疾且瘤，九主为之宰牲疗祭，飞黄乃泣求其主：'明日祭后，必会饮，乞众力为我放一洋，获之有无多寡，皆我之命，烦缓颊恳之。'主如言，众各欣然。劫四艘，货物皆自暹罗来者，每艘约二十余万，九主重信义，尽畀飞黄。飞黄之富，逾十寨矣。海中以富为尊，其主亦就殂，飞黄遂为十主中之一。时则通家耗，辇金还家，置苏杭细软，两京大内宝玩，兴贩琉球、朝鲜、真腊、占城、三佛齐等国，兼掠犯东粤、潮惠、广肇、福游、汀闽、台绍等处。此天启初年始也。"[1] 由此可见，明代后期福建沿海的国际走私贸易点多集中在闽南一带，泉州的地理位置十分有利于泊船贸易，何况泉州安平港是郑芝龙家乡，明末清初成了郑氏海上帝国的大本营。郑芝龙舰队还控制了泉州至马尼拉乃至爪哇西岸万丹港航线。1640年，荷属东印度公司与这位中国"海上国王"达成航海与贸易若干协定，并开始向郑芝龙朝贡。所有在澳门、马尼拉、厦门、台湾、日本各港口间行驶的商船，都必须接受郑氏

---

[1]　计六奇：《明季北略》卷十一。

集团的管理，穿航在南中国海与东南亚各港口的商船，绝大多数都是悬挂郑氏令旗的中国帆船。总而言之，"《雪尔登中国地图》集明末东西洋航线之大成，而掌控这些航线的正是郑芝龙海上帝国。崇祯元年（1628年）就抚后，郑芝龙成了明王朝海疆的封疆大吏，所以这幅航海图绘有明王朝内陆两京十三省，那么，此图实乃《郑芝龙航海图》(Nautical Chart of Zheng Zhilong/Nicolas Iquan Gaspard)。崇祯十七年，清军入关。郑芝龙见明王朝大势已去，便于南明隆武二年（1646年）北上降清。这和《雪尔登中国地图》不晚于崇祯十七年（1644年）完全相符"。另外，将郑芝龙确定为"中国地图"的作者还有一个原因，那就是郑芝龙重视收集、编绘日本至印度洋海图。中国国家博物馆藏有一幅郑芝龙题款的《日本印度洋地图卷》，绢本设色，纵30厘米，横302厘米。这幅图的地理范围，从日本北方直讫印度西海岸，与"中国地图"的地理范围（日本北方至印度西海岸古里）几乎完全相同。中国国家博物馆明代海图卷末有郑芝龙题款"南安伯郑芝龙飞虹鉴定"，款左钤白文"郑芝龙印"和朱文"飞虹图书"二方印，图前标题下钤朱文"南安伯印"。据文献记载，郑芝龙亦名"飞虹"，曾被南明流亡政府奉为南安伯[1]。郑芝龙如此重视和熟悉航海图，绘制一幅"中国地图"也就不足为奇了。不过，周运中不同意这种观点，他认为，郑芝龙在澳门下海，往来于闽粤，但是图上没有画出重要的东山岛、南澳岛及澳门，所以此图的作者不应是郑芝龙。另外，郑芝龙熟悉澳门，李旦是东洋商人，所以他让郑芝龙经营西洋贸易，郑芝龙既然在西洋经商，他不可能把地图上的西洋航路画出如此多的错误[2]。

第三，"中国地图"是福建一带的商人绘制的。

17世纪，来往于南海以及印度洋的中国商人很多，为便于航海，这些商人都有绘制海图的需要，所以"中国地图"很有可能就是他们绘制的。周运

---

①　林梅村：《观沧海——大航海时代诸文明的冲突与交流》，上海古籍出版社2018年版，第141—146页。

②　周运中：《"郑芝龙航海图"商榷》，《南方文物》2015年第2期。

中认为："这幅图的作者很可能是一个活跃于中国、香料群岛和日本之间的闽南商人。"①卜正民认为，"中国地图"的作者一定是当时定居在印度尼西亚巴达维亚的福建商人，他的理由是，这幅地图和向达先生早年从牛津大学博德利图书馆抄录回国的两本航海针路簿一样，属于同一时期的作品，既然那两本海道针经是由荷兰东印度公司的职员从巴达维亚带回阿姆斯特丹，后又辗转流入英国牛津大学，那么，这幅地图也可能是经由荷兰东印度公司，而不是通过英国东印度公司之手而流入英国牛津大学博德利图书馆的②。

第四，"中国地图"是由常年附随商舶的知识分子绘制的。

钱江就持这样的观点，他认为，既然这幅航海地图是以明朝中叶福建海商在海外的活动范围和主要港埠为基础而绘制的，反映的是以闽南漳泉地区为中心的中国民间海外贸易网络，那么所有看到这幅航海地图的人很自然地便会推断出该图的绘制者应该就是闽南人；而且该绘制者肯定经常接触经营海外贸易的民间商人，熟悉闽南商人在海外贸易、寓居的情况，以及东南亚和日本等地的风土人情和物产。他甚至大胆推测，认为该海图的作者本人或许就是一位常年附随商舶在海外各贸易港埠奔波经商的乡间秀才或民间画工，也可能是一位转而经商的早年落第举子，因为一般的民间中小商贾没有什么文化，不太可能具有如此精湛的绘画技巧③。

第五，"中国地图"可能是《东西洋考》编辑班子成员或深然其说者所绘。

陈佳荣认为，地图作者应符合下列情况：

1.国内文人与船工或华侨结合：要绘制本图，不掌握当时东、西方地图成就是不行的，对海外交通航路和各国地理没有一定了解，也不可能。因此，可能是几方面人才的配合。

2.认识万历政区及明代地图者：如前所述，本图充分正确地反映了万历六年时的政区状况，又承继了中国古代尤其是明初以来的地图成就。

---

① 周运中：《牛津大学藏明末万老高闽商航海图研究》，《文化杂志》（澳门）2013年第87期。

②③ 钱江：《一幅新近发现的明朝中叶彩绘航海图》，《海交史研究》2011年第1期。

3.了解东亚、东南亚地理情况：本图不仅采取了较新的东亚、东南亚地形绘制技术，而且能将明末海外交通地名比较准确地标示在各个地区的位置上。

4.熟悉《顺风相送》海道针经：本图能将海外交通路线直接标绘于地图上，所据的主要资料是《顺风相送》《四夷广记》《东西洋考》等，其中最重要的首推《顺风相送》。

5.精于日本、吕宋等东洋航线：如果把诸地海外交通地名予以比较，可见本图作者于东洋航线尤熟。试观日本南部、吕宋西部的地名，刊载比其他地区更详，和《顺风相送》所载的相关航海针路及地名两两相合。

6.掌握《东西洋考》的漳泉人：本图海外交通航线绝大多数均由闽南出发，反映了明末漳泉尤其是月港的重要地位，因此不但有《东西洋考》的出版，而且本图在许多方面也与该书颇相契合。在这方面，除了东西洋针路外，本图关于台湾地名的刊载也值得探讨。原来自16世纪末至陈第《东番记》，一般均认为北港与鸡笼、淡水并非同地而偏于台南；但至张燮《东西洋考》在转述陈第资料的同时又谓"鸡笼山、淡水洋在澎湖屿之东北，故名北港，又名东番云"。而本图将北港标于台湾岛北加里林置于台南，显系采用了张说。

根据上述分析，陈佳荣得出结论：本图作者可能参与过《东西洋考》的编辑工作。当然不会是张燮，由其书所附《东西南海夷诸国总图》仍然转用罗洪先的《广舆图》资料可知。尽管如此，不排除本图作者也许是参与张书编辑的作者班子成员之一，或至少是熟读《东西洋考》并深然其说者[1]。

第六，"中国地图"或由画工或海图爱好者与专业航海人员协作完成。

孙光圻和苏作靖根据地图上以深黑色细线绘标的航线有疑似现代航海总图作业的痕迹推断，此图先是由旅居东南亚地区的中国画工或海图爱好者根据福建海商要求，参照当时一些西方制图人员绘制的东南亚地区海图，结合中国地图和中式海图的画风，绘制出这幅涵盖当时福建海商贸易区的航海总

图。然后，或由专业航海人员根据《顺风相送》与《指南正法》等明代针路图簿等，在图上标绘出类似于今天的定期船班轮航线，即当时中国福建海商用的固定航线，并根据中式航线绘制特点在其上添注一些概要针路信息。最后得以成为展现于我们面前的这幅集东西航海图特点于一身的航海图。

以上各种观点各有其理，但都缺乏有力的证据支撑，均属间接推论，故无法形成统一认识。事实上，在东西洋繁忙的航线上，来往着无以数计的海舶，活跃着成千上万的航海者，他们都渴望顺利实现自己的目的，都需要这样精美而准确的海图指引航向。如今，我们想要确定这张地图的作者，作一些合理的推论是完全有必要的，比如可以猜想是某一人群所为，进而印证这一时期闽南商人海外贸易规模和航海水平，但要通过猜想和推论落实到一人身上，就有些牵强附会了。随着研究的深入和新史料的发现，或许将来有一天真相会浮出水面，但也有可能它将成为永远无法揭开的历史之谜。

四、"中国地图"隐含着怎样的海洋文化信息

"中国地图"是一件重要的航海历史文物，从航海历史学角度考察，该图的主要功能是为福建海商出海航行制订计划航线提供导航依据，其主要特征是兼备东西方古代航海图的绘图技术，这是迄今为止被发现的第一例传存到今的中国古代航海总图[①]。这样一幅具有重要历史价值的航海图，自然会包含大量的海洋文化信息。仔细研究这幅图就会发现，其中的海洋文化信息十分丰富，包括海洋区域、岛屿分布、港口布局、航线走向等，然而最吸引人们目光、最具研究价值的当属以下几条。

1.南海位居地图中心，是闽南海商赖以生存的海域

众所周知，在古代中国人的观念中，中华帝国是位于世界中心的，所以

---

① 孙光祈、苏作靖：《中国古代航海总图首例——牛津大学藏〈雪尔登中国地图〉研究之一》，《中国航海》2012年第6期。

在出现的涉及海外国家的地图上，中国大陆一般是处于地图的中心位置的，例如《大明混一图》《混一疆理历代国都之图》等。"中国地图"虽然不是一幅完整意义上的世界地图，但是它的区域涵盖包括中国大陆在内的大半个亚洲，其中朝鲜半岛、中南半岛、菲律宾群岛、苏门答腊岛、加里曼丹岛、爪哇岛等历历在目。在这样一幅地图上，理应把中国大陆放在中心位置，可事实却并非如此。"中国地图"把南海放在了地图的中心位置，明显违背了古代中国人的观念。正如卜正民所说："对于一位绘图师来说，让一幅地图以一片海洋为中心，实在再奇怪不过。这一方面有悖传统；另一方面，那片区域几乎什么都没有：这相当于把一个洞作为地图的中心。"①

有人或许会说，这是一幅海图，上面明显标示着多条航线，既然是海图，就可以把海洋放在核心位置。但笔者并不赞同这样的看法。笔者认为，它的确可以被看作一幅海图，即便如此，南海也似乎没有理由出现于中心位置，因为明代中国已经开辟了太平洋和印度洋上的若干条航线，特别是印度洋，中国海船已经常来常往，印度洋理所应当地应该处于海图的重要位置。可是绘图者并没有这样做，他仅用文字说明了从印度西南岸的古里国延伸到波斯湾地区及阿拉伯半岛的航线，并没有画出整个印度洋海区，更不用说放到中心位置了。

进一步观察地图，还有一个更加令人惊异的地方。在这幅"中国地图"上，如果画一条纵向的南北中心线，相当于现代地图的经线，再画一条横向的东西中心线，相当于现代地图的纬线，这两条线的交叉点，便是这幅"中国地图"的中心点。那么，这个中心点会落在什么地方呢？首先我们寻找当时明朝的首都北京，发现北京位于那条南北中心线上，并不在那条东西中心线上。就是说，作者把北京放在了东西方向的中心位置，而不是南北方向的中心位置，这样，北京就不可能落在地图的中心点上，而是落在了中心点的北方。位于中心点的是一个群岛中的某个岛屿，绘图者把这个岛屿涂成了红

---

① ［加拿大］卜正民：《塞尔登的中国地图——重返东方大航海时代》，中信出版集团股份有限公司2015年版，第9页。

色，这也是地图上唯一一个用红颜色绘制的岛屿，说明作者是要刻意突出这个地图的中心点。这个群岛，作者标出的名字是"万里石塘"。在古代的文献中，"万里石塘"是指我国的西沙群岛。那个红色的岛屿，虽然作者没有标出其名称，但对照今天的地图就会发现，它是西沙群岛最南端的中建岛。也就是说，地图的作者把西沙群岛的中建岛作为整个地图的中心点。这就说明，绘图者把南海放在地图的中心位置是经过精心设计的，而不是随意而为。

把中建岛作为地图的中心点突出出来，作者究竟要传递一种怎样的信息呢？

对于这个问题，学术界并没有给出答案。笔者认为，绘图者是一位常年奔波于海上的人，在长期的海上活动中，他形成了对海洋的深刻认识和特殊的感受。虽然中国人以中国为世界中心的观念根深蒂固，虽然中国人的航路已经延伸到太平洋和印度洋的深处，但在绘图者的眼里，南海是中国人走向世界的门户，是不可逾越的区域；包括中建岛在内的万里石塘，是中国人走向远洋的前进基地和重要立足点，也是作者长期活动的海域，必须居于核心地位。就这样，他就把南海放在了地图的中心位置，把西沙群岛的中建岛放在了地图的中心点上。这充分说明，南海海域及其岛屿是闽南海商赖以生存之地，是中国不可分割的组成部分。

另外，从"中国地图"的使用痕迹看，闽南海商以南海为中心，其活动范围频繁向周边国家辐射。卜正民注意到，仔细查看"中国地图"上马六甲海峡附近的柔佛地区，在它远离海岸不远、航线汇入港口的地方，地图表面的磨损比地图其他任何地方都要明显；柔佛的标识依稀可以辨认，但进入柔佛的航线已经完全磨白。这不是偶然的，这种现象表明地图的主人对这个地方最感兴趣，最喜欢把这里指给自己或朋友看。

2.东西洋航路通往东南亚国家

作为一幅航海图，标示航线是基本要求。"中国地图"上所标航线，大致有以下几条：

温州—钱塘江航线；

漳泉—琉球国—兵库航线；

漳泉—五岛航线；

吕宋—束务航线；

吕宋—福堂航线；

漳泉—东京航线；

漳泉—尖罗（占婆岛）—毛蟹州航线；

漳泉—尖罗—彭坊航线；

漳泉—尖罗—邦加岛—旧港—池汶航线；

漳泉—尖罗—邦加岛—古里国航线；

漳泉—尖罗—邦加岛—旧港—咬留吧—古里国航线；

漳泉—尖罗—邦加岛—文莱航线；

漳泉—尖罗—邦加岛—池汶航线；

漳泉—尖罗—邦加岛—……航线；

漳泉—尖罗—邦加岛—吉礁航线；

漳泉—文莱航线；

漳泉—马军礁羌航线；

漳泉—万老高航线；

咬留吧—古里国航线。

其中"邦加岛"在图上无法辨认字迹，核对现代地图确认为"邦加岛"。"漳泉—尖罗—邦加岛—……航线"中的"……"，因航路中断故用"……"表示。上述航线具有比较显著的特点。第一，除少数航线穿越大洋深海外，大多数航线都是沿着海岸延伸的，之所以如此，想必有两个原因：一是沿海岸航行便于海船随时停靠大小各贸易港埠，有利于与当地土著开展贸易；二是沿海岸航行安全程度高，遇到恶劣天气或不良海况时，便于及时进港躲避。第二，所有航线都按实际方向和地形绘制，不像大多数航海图那样，航线的方向朝向一致，附近陆地被刻意挪到航线两侧。从这个意义上讲，"中国地图"的绘制方法更接近于现代。当然，作为航海者赖以依靠的航海指示图，"中国地图"似乎缺少了些什么，如《郑和航海图》那样的详细针路指示和星辰指数标注以及航路附近陆地上的重点地标、地物，都没有呈现出来，仅靠这一幅图完成跨越太平洋和印度洋的航行是非常困难的，还需要有局部的、包含更加丰富信息的航海图配合使用才能完成航海。由此观之，"中国地图"属于只表示海区与相关陆地概貌，供研究海区形势和制订航行计划之用的航海总图，而不是一幅供船舶航行时使用的航行图。

3.闽南商人已熟练使用航海罗盘导航

罗盘古称"地螺""地罗""罗经"，在中国有着悠久的历史。传说上古时期，轩辕大战蚩尤，创设指南车，"车上有楼，四角刻木龙，又刻仙人于上，车虽回转，手常指南，轩辕用之，以定四方、示军土也。或曰车上用子午盘针，以定四方亦通"[1]。在夏商周时期，中国人已使用天干、地支、八卦来记日，最迟在战国时期发明了司南，创设了用天然磁石辨别方向的方法。晋、南北朝时期，中国人又对司南进行了技术改进，在唐代后期出现了指南铁鱼及水浮磁针，完成了从司南到罗盘的转变，先后用于堪舆与航海。为了使用方便、读数容易，加上磁偏角的发现，对指南针的使用技巧提出了更高的要求，唐代科学家遂将磁针与分度盘相配合，创制了罗盘。宋人曾三异在《因话录》"子午针"条中说："地螺或有子午正针，或用子正丙午间纵针，天地南北之正，当用子午，或谓今江南地偏，难用子午之正，故以丙午参之。"[2]1985年在江西临川出土的世界上最早的堪舆旱罗盘模型，正可与《因话录》的记载相印证。据清人汪汲《事物原会》"罗经"条载："罗经，有水罗，有旱罗。按近时罗经日晷中指南针，两端分红黑色，红色染鸡冠血，故向南；黑者染乌鱼血，故向北。"[3]在"中国地图"上画有一个罗盘，它的位置

---

① 金�：《诸史汇编大全》卷一。

② 陶宗仪：《说郛》卷十九。

③ 汪汲：《事物原会》卷一。

在北京的正北方长城以外。这个罗盘有正北、东北、正东、东南、正南、西南、正西、西北8个主要方位，用天干、地支、八卦标出24个刻度，如从"正北"方向开始依次为"子、癸、丑、艮、寅、甲、卯、乙、辰、巽、巳、丙、午、丁、未、坤、申、庚、酉、辛、戌、乾、亥、壬"，代表24个方位。而在罗盘中心的小圆圈中，写有"罗经"两个字。就罗盘本身来看，它非常简单，并无稀奇之处，因为在我国宋代就已经出现了这样的罗盘，明代在航海中已普遍使用罗盘，它是一项重要的地文航海技术。然而，在中国古代地图或航海图上出现罗盘画，却是人们未遇之事，"中国地图"算是第一例。那么，作者画罗盘意欲何为呢？

毫无疑问，地图上的这个罗盘与导航密切相关。第一，它提示人们，地图方向和罗盘指针方向存在着角度差。古代罗盘上的磁针所指方向是地磁南极和地磁北极，但有些地方因地下含有磁铁矿，导致磁针出现偏差，而且在不同的海域偏差也不相同，造成地图上经线所指的北方与罗盘指针所指向的北方并不是完全重合的。晚唐时期人们发现了这一现象，便通过罗盘刻度加以纠正。"中国地图"上的罗盘上面标示的正北和正南方向并不与地图的纵轴相平行，正北方向稍微偏西北，正南方向稍偏向东南，说明绘图者清楚地知道磁偏角的存在。戴念祖对20世纪80年代地球物理学家绘制的地球表面磁偏角变化的等偏线图作过分析，他发现其中一条明显的0°偏角线经过我国南海，在中南半岛拐弯之后又穿过马来半岛南部、马六甲海峡和苏门答腊岛，而后再经南而下。在这条0°偏角线以北，磁偏角为负值，即指北针的指向偏西，或指南针的指向偏东；在这条0°偏角线以南和拐弯后的东边海域，磁偏角为正值，即指北针的指向偏东，或指南针的指向偏西。如果航船从泉州或广州出发，经南海、马六甲海峡往孟加拉湾，船舶将两次通过地磁偏角为0°的海域。船员或水手对船舶经过磁偏角为0°的前后海域而罗盘将发生正负变化，比对在同一地磁偏向的海域仅是罗盘偏角数量的大小变化要敏感得多。然而，地球物理学家并未给我们提供15世纪至16世纪地球表面的磁偏角变化等偏线图，20世纪80年代的等偏线图对研究历史上的磁偏角有借鉴意义吗？事实上我们还可以从其他有关磁极位置的历史变迁图中推测那时的磁偏角变化趋势，根据推测可知，如果15世纪至16世纪间地磁的两个极的位置与1980年的基本相同或接近，那么，前一时段的等磁偏角图也会与后一时段的基本相同或接近[①]。"中国地图"上的罗盘指示与航行于0°偏角线以北海域的指针偏度基本一致，说明绘图者更加重视这片海域磁偏角给航向带来的安全影响，进一步证明了罗盘图出现于地图上的目的和意义。第二，给出24个方位的数据，便于航海者计算里程和航行角度。"中国地图"在有些航线一侧用文字注明了主要航段的罗盘航向，如在从漳泉至琉球国的航线上，连续分段注明了"甲卯""辰""乙卯""卯""乙卯""卯""乙卯"等文字；在琉球国至兵库航线上，注明了"子""癸丑""寅及艮寅""艮""壬子""子""丑"等文字；在漳泉至东京的航路上，注明了"丁未""坤申""坤""坤未""庚酉""乾亥"等文字。这足以说明罗盘的作用。

"中国地图"的作者把罗盘图像与航路指示文字结合起来，为航海者提供了辨别方向的依据，只要航海者手里掌握罗盘，他就可以按照地图轻而易举地找到图上作标示的地方。可见，闽南海商把航海图和罗盘相结合的作用发挥到了极致。

4.闽南海商已能够使用比例尺绘制地图

众所周知，在现代地图或航海图上都绘有比例尺，供人们判断距离使用。然而，在明代以前的中国地图上从未出现过比例尺。令人惊异的是，在"中国地图"上虽没有今天所说的比例尺，却破天荒地画出了一把尺子的图形。这把尺子位于罗盘的下方，长度为37.5厘米，应该与实际的尺子长度一样，它分为十等分，是一把标准的中国尺子。这就带来一个疑问：这是一把什么尺子？它的用途是什么？

熟悉中国造船史的人都知道，明代用于造船的尺子大致有三种：第一种

---

① 戴念祖：《"针迷舵失"试探——中国14至15世纪初航海的地磁影响》，《海交史研究》2003年第1期。

是工部尺，长约31.1厘米；第二种是淮尺，长约34.5厘米；第三种是南京宝船厂使用的尺子，长约31.3厘米。"中国地图"上的尺子明显比这三种尺子都要长，它的作用显然不是用于造船，而是有两种用途：一是用于航海过程中测量水深、测量水道的绳索长度，以探知水的深度或水道宽度。因为航海者随身携带尺子较为不便，且容易丢失，将尺子绘在航海图上作为备用，不失为一种非常好的弥补办法。二是作为判断距离的依据，相当于今天地图上的比例尺。虽然地图作者没有在地图上标出地图的比例，但绘图时掌握一定的比例是必需的，否则绘出的地图就无法参考。也许绘图者对地图比例烂熟于心，即使不在地图上标出，也可迅速计算出航程和距离。从这个意义上说，"中国地图"是迄今为止发现的使用比例尺最早的中国古代地图。

除此之外，绘图者把尺子和罗盘绘制在一起，目的是将两者配合起来使用：罗盘用来判断方向，尺子用来判断距离，他要最大限度地提高这幅航海总图的实用价值。不过，孙光圻等对此质疑道：第一，尺上虽有等分刻度，但并无标示相应的比例刻度数值，即没有标示尺上一寸相当于多少距离，所以无法按此尺的等分所刻长度来推算航线的长度与海陆距离。第二，据复制原图者实测图上的尺长为36.5厘米（一说37.5厘米），这是个奇怪的长度，既非明代造船时所习用之工部尺长31.1厘米，也非另一种造船所用的淮尺，长为34.5厘米。故而，地图上所绘的尺子应不是当时造船（或航海）的标准用尺。它究竟是一把什么尺？是否因为这幅图的绘者参考当时西方人（阿拉伯人或葡萄牙人或西班牙人）的航海图有比例尺的画法，在未知其导航内涵情况下而信手画上作为装饰的？凡此种种，尚须仔细考证分析，始能破其悬疑[①]。然而他依然认为，这把尺作为航海图"比例尺"的可能性甚大，或者可以暂时称之为"疑似比例尺"，其技术制式和航海内涵都非常值得研究。这

---

① 孙光圻、苏作靖：《中国古代航海总图首例——牛津大学藏〈雪尔登中国地图〉研究之一》，《中国航海》2012年第6期。

或许可以在中国古航海图"比例尺"课题研究中，取得开创性的学术成果①。对这些疑惑，笔者可以作出这样的解释：没有标示相应的比例刻度数值，可能是绘图者已经对比例数值相当熟悉，即使没有标出，也不影响其判断距离；从尺子的长度看，很有可能这是一种民间尺子，因为在明代，仅已知的官尺就有上述三种之多，民间又何尝没有更多的尺子种类呢？用尺子作为地图的装饰，更是没有必要之举。这把尺子既没有涂绘颜色，又没有优美造型，与五颜六色的山川岛屿、鸟虫花卉相比，并没有多少美感，说用一把白描尺板作装饰，实在有些牵强。

总而言之，"中国地图"包含着那个时代极具价值的珍贵海洋文化信息，它充分说明，在15世纪至16世纪，伴随着国门的封闭，一大批迫于生计的闽南海商冲破海岸的阻隔，在海上建起一个繁荣的世界，通过海上贸易这种形式，与西方实现广泛交流。他们吸收西方一切先进的东西为我所用，让西方人刮目相看。"中国地图"上所包含的西方海洋文化信息，就是他们中体西用、师夷长技的最好例证。在这一过程中，他们实现了观念的更新，海洋观念成为他们思想的主流，他们可以打破传统，把海洋置于世界的中心位置，引导人们把注意力转向海洋，正如卜正民所说："绘图师并没有让陆地成为他所绘制的这片精神世界的重点，相反，他把陆地放在次要的位置，引导人们把注意力转向那片海洋。"②这些中国人的所作所为，对于提高整个中华民族的海洋意识无疑具有重要意义。"中国地图"还说明，在我国明代，南海海域与中国已经建立了无法分割的联系，南海区域的许多岛屿已经在中国人的管理之下成为中国人远航太平洋和印度洋的前进基地。以李旦、郑芝龙为代表的一批海商兼海盗常年活跃于南海海域，在西方各国商业贸易中占据特别重要的位置，甚至有些海上秩序是由他们制定出来的。虽然他们不见

---

① 孙光圻、苏作靖：《明代〈雪尔登中国地图〉之图类定位及其在海上丝绸之路研究中的学术价值》，《水运管理》2012年第8期。

② ［加拿大］卜正民：《塞尔登的中国地图——重返东方大航海时代》，中信出版集团股份有限公司2015年版，第9页。

得有国土意识，但对南海海域及其岛屿的实际控制，则是千真万确的事实。
"中国地图"还说明，在我国的明代，航海技术已经达到了相当高的水平，
无论是地图的精确程度，还是比例尺和罗盘（见图6-3）在地图上的出现，
都说明了这一点，这无疑是我们值得骄傲和自豪的。

图6-3　卜正民发现的"中国地图"局部：罗盘和尺子

从中国海洋文明史角度说，"中国地图"是一件稀世珍宝。卜正民评价
说："我以前看到过不少古代亚洲地图，但从来没有见过像这样的地图。它
非常精美，但更重要的是，它是一份独一无二的历史文献，图中描绘的许多
地区，都是过去的制图师从来没有涉及过的；它更是一幅史无前例的艺术作
品，蕴含着丰富的精神空间（借用地图史学家余定国贴切的术语），展示出
过去一些人心目中想象的东亚世界的图景。它不只是对地形地貌的直白呈
现，更是对当时生活景象的全面而生动地描绘，堪称完美。"[1]它在学术上的
价值十分突出，它是对极其缺乏的航海史料的一个补充，是对《顺风相送》
《指南正法》《东西洋考》等历史文献所记录内容的有效印证。至于"中国

----

① ［加拿大］卜正民：《塞尔登的中国地图——重返东方大航海时代》，中信出版集团股份有
限公司2015年版，第9页。

地图"未来的利用，或许钱江先生的意见可以代表国内学术界大多数人的心声。他说，"中国地图"现在已经成为牛津大学博德利图书馆的镇馆之宝，地处航海图故乡的福建泉州海交馆及中国政府有关当局应当尽快和牛津大学进行协商，设法让这幅珍贵的明朝中叶航海图荣归故里，与家乡父老见面，至少也应该请英国方面帮忙制作一幅精美的复制品，陈列在泉州海交馆内，以裨益学林，推动中国海外交通贸易史的研究。至于该地图的名称，尽管西方学术界现已按照惯例以捐赠者的名字来命名，称之为《雪尔登地图》，但这样十分不妥，建议中国学术界还地图的本来面目，让其叶落归根，改称《明中叶福建航海图》[①]。笔者以为，是否为地图改名，需要学术界的讨论，但将"中国地图"叶落归根，则是所有中国人的愿望。

---

① 钱江：《一幅新近发现的明朝中叶彩绘航海图》，《海交史研究》2011年第1期。

灯火不灭的东方巨港

——西方航海家眼中的刺桐城

大卫·塞尔本（David Selbourne）是定居于意大利的英国学者，1990年，他从一位朋友处得到一个信息，说有一位意大利文物收藏者收藏了一部手稿，内容是关于古代东方一座城市的。塞尔本生于伦敦，从小学习希腊文、拉丁文，在牛津大学攻读法学，成绩优异，他曾在美国芝加哥大学和印度新德里"发展中社会研究中心"工作，并在牛津的拉斯金学院任教达20年，后居于意大利中部古城乌尔比诺（Urbino）。他对东方文化非常感兴趣，尤其对古代中国文化向往之至。得到手稿的信息后，塞尔本非常兴奋，他急切盼望能了解这部手稿，于是他找到了手稿的收藏者。可是令他意想不到的是，手稿的藏家因为手稿内容涉及宗教问题而一直秘不示人，自然也拒绝了塞尔本的要求。可是塞尔本并不放弃，他花了几个月的时间来说服这位藏家让他观看手稿。也许是塞尔本的真诚与执着打动了收藏者，收藏者同意在自己在场的情况下让塞尔本观看手稿。1990年12月，塞尔本终于在收藏者的注视下如愿以偿地目睹了手稿的真容。后来他描述说："手稿是由一块17世纪的丝绸包裹起来的。丝绸上刺绣着美观的蓝色和粉色花串。在我们这个城市犹太会堂的一个柜橱里，保存有一种执法官的衣饰，图像和它相似。""这部手稿是用软羊皮纸（vellum）装帧的，有褶痕，且颜色已褪尽，高25.5厘米，宽

187

19.5厘米。全书共有280页，绝大部分为双面书写。书写用的纸质地良好，纸面洁净，字体小而清晰，通常是连写的斜体字。里面有相当数量的删节、修改和眉批，有的和主要文本的笔迹不一。手稿中每页均47行。文本中用希伯来语写的许多单词和短语，字体老练，有许多几乎可以确定和写作手稿主要部分的是出于同一个人。文本全部没有装饰，没有标题，没有分为书或者章节，也没有提供抄写者的名字。在手稿末页的下端，有使用不同笔迹、不同墨水写出的一行人名：'盖奥·波纳尤蒂'（Gaio Bonaiuti）。"[①]手稿的作者名叫雅各·德安科纳（Jacob D.Ancona）。塞尔本用了很大的气力来读懂其中的内容，他隐约感到，作者雅各是一位早于马可·波罗到达东方的旅行家，手稿的内容是作者于13世纪游历东方的所见所闻，尤其引人关注的是，手稿的作者到过中国。塞尔本顿时感到了这本手稿的价值，他产生了一个大胆的想法：放弃手头所有研究工作，将这本手稿翻译出来公之于世。于是，他把自己的想法告诉了收藏者。刚开始收藏者依然是拒绝的，但经过塞尔本的艰难交涉，双方终于达成了协议：收藏者允许塞尔本翻译并出版这本手稿，但翻译和研究工作不能离开收藏者的住处，同时要为收藏者的身份保密。后来这两点塞尔本都做到了。

从1991年9月起，塞尔本在收藏者的家中开始了研究和翻译书稿的工作，此后他用了将近5年的时间勤奋工作，终于将这本手稿译成英语，于1997年由意大利的李脱·布朗公司出版。出版时他将书名定为《光明之城》。

那么，《光明之城》究竟记录了一段怎样的海上传奇故事？这段故事与中国又有着怎样的关系呢？

一、雅各的身世

雅各·德安科纳，1221年出生于意大利安科纳的一个商人家庭，他比后

---

① ［意］雅各·德安科纳：《光明之城》，上海人民出版社1999年版，第1、6页。

来来到中国的马可·波罗大33岁。雅各的祖父和父亲都是犹太商人，他的父亲在经商时已把贸易做到了东方。他的亲戚也有在阿卡和亚历山大港口城市从事外国贸易的。"凡此都清楚地说明，他的家族及其传统都是同这个贸易的世界结合一起的。"①在中世纪，安科纳和威尼斯一样，都是意大利最重要的亚得里亚海岸港口，雅各从小受家庭和环境影响，继承了家族的传统，走上了经商之路。他受到了良好的教育，在经商的同时，他还是一位知识丰富的学者，因为从他的手稿中可以得知，他懂得医学和哲学。

1270年4月，49岁的雅各承载着他们家族的传统，要到海外经商，他的目的地是中国。到一个遥远而又神秘的国家去开展贸易，无疑是一次冒险，正如塞尔本所说："雅各·德安科纳到东方的贸易计划是一种冒险，就像手稿所大量显示的一样，也是家族生意的一部分，这种生意开始也许是他父亲所罗门建立的。在这种冒险生意中，一些合伙人投入冒险的资本，以求最终分享红利。每次航行都要分别寻求资金，雅各的生意也是一样。"②正因为如此，雅各临出发时，悲伤至极，哭泣不已，担心发生不幸的事故。"各种顾虑接踵而至，害怕有歹徒和海盗，害怕发生沉船事件，害怕在浅水中搁浅，害怕船只撞礁，海水从罅缝中涌进来。""如果发生这种不幸，我的船只就会沉没，既然远航印度和中国的航船常常发生海难，那么，在脚踝深的水中都不能站立的我又能做什么？"③他的家人也泪水涟涟，为他担心。但是，在雅各的心里，有一个巨大的诱惑力，那就是希望从东方特别是从中国带回来大量的布匹、丝绸、胡椒、香料、珍珠，以及其他各种具有极大价值的珍稀物品，所以他又对这次航程充满了希望。出发前，雅各征募的合伙人除了他的父亲和妹婿以外，还有搭拉波蒂家族的两个成员以及来自佛罗伦萨的两个人，共八个人。他出发时率领的团队包括他的家人和仆人等共80人，他们从安科纳启程，踏上了赴东方的航程。

---

① ［意］雅各·德安科纳：《光明之城》，上海人民出版社1999年版，第38页。
② ［意］雅各·德安科纳：《光明之城》，上海人民出版社1999年版，第36—37页。
③ ［意］雅各·德安科纳：《光明之城》，上海人民出版社1999年版，第44—45页。

二、雅各的中国之行

安科纳是意大利中部濒临亚得里亚海的港口城市，雅各雇用的船队就从这里出发，他带了大量天鹅绒、布匹、羊毛、金线以及水银、亚麻、安科纳肥皂，还有大量的酒和玉米等货物，另外还有许多有价值的东西。他们先横穿亚得里亚海，向东北方向航行，抵达了现在的克罗地亚海岸扎拉（今克罗地亚扎达尔）港。在这里，雅各停留了6天。在这几天时间里，雅各重新雇用了一个船队，配备了主舵手、操持缆绳者、负责饮食者、木工、副舵手，还雇用了30名武装士兵，每人佣金是每月60个格罗特。他还购买了大量食品。一切准备妥当，他们又起航了。船队沿海岸南下，出亚得里亚海进入地中海，经过希腊直驶叙利亚。途中经过科尔丘拉岛、拉古扎港、可齐拉岛、伊萨卡岛、赞特岛、齐斯拉岛等。到达叙利亚后，雅各一行上岸，将货物卸下，换乘骆驼队，越过茫茫的沙漠，前往幼发拉底河。经过长途跋涉来到河边后，他们沿河岸抵达了伊拉克的巴士拉。在巴士拉有一条河流，直通大海，入海口名叫萨拉基。萨拉基是波斯湾中的一个重要贸易港口，雅各沿着巴士拉的那条河到达了萨拉基，港口的景象让他惊叹，因为他看见这里聚集着大量的中国大海船，更增加了他对中国的向往。

在萨拉基，雅各的团队雇用了一个船队，把货物装上船，便扬帆起航了。船队穿过霍尔木兹海峡进入印度洋，随后经印度半岛、苏门答腊，穿越马六甲海峡进入中国的南海，最终于1271年8月13日抵达了中国的泉州。这条漫长的道路，雅各走了1年零4个月的时间。其间，他们在通过马六甲海峡的时候遭遇了风暴，船只损坏，雅各一行在苏门答腊岛停留了93天，但依然没有动摇他们来中国的决心。修好船只后，他们又出发了。就这样，他们来到了中国的泉州。

泉州在宋元时期又被称为"刺桐城"，因这里生长着很多刺桐树而得名。泉州位于中国福建的沿海、台湾海峡西岸，地处晋江入海口，这里海面宽阔、港澳深邃，海岸为基岩，港湾为岬角所掩护，为舟楫的航行提供了许多躲避风浪、安全碇泊的屏障，是天然的良港。自魏晋时期开港以来，泉州经过几百年的发展，到了唐代，已与广州、杭州和明州（今宁波）并列为中国东南沿海四大贸易港口，大批海外商人、传教士和使者接踵而至，云集此间，使这个东方都市出现了"船到城添外国人""市井十洲人"的盛况。南宋时期，泉州成为世界级的大港。当时有许多诗句赞颂泉州的盛况，如谢履的"蛇冈蹴龟背，虾屿据龙头，岸隔诸藩国，江通百粤舟。""泉州人稠山谷瘠，虽欲就耕无地辟，州南有海浩无穷，每岁造舟通异域。"李邴的"苍官影里三州路，涨海声中万国商。"[①]其中以李邴的诗最为有名。李邴是济州任城人，北宋时期的宰相，高宗即位时擢兵部侍郎，兼直学士院，又为资政殿学士。后退归泉州，闲居17年，卒于绍兴十六年（1146年），谥文敏。诗中的"苍官"是指他自己已经处于暮年了；"三州"是指晋江岸边的三个小洲，这里聚集着若干中外大船，是泉州十景之一。这两句诗的意思是：暮年苍老的我，行走在三州的小路上，内心是非常惆怅的，因为此时金国已经占领了北方地区，但他话锋一转，描述了泉州聚集着万国商船的繁荣景象，实际上他又从泉州的繁盛中看到了大宋朝的希望。

泉州的繁盛程度甚至已经超过了当时著名的埃及亚历山大港，所以吸引着世界各国众多商人来此淘金。在西方人的眼里，泉州的外观和规模足以令人震撼。雅各踏上泉州土地的第一时间，也有上述西方人同样的感觉，他说，在上帝的保佑下他们来到了中国的领土，到达了刺桐城。对这个地区，当地的人把它叫作泉州，它是一个不同凡响的城市，具有很大规模的贸易，是中国人的主要贸易地区之一。他和他的仆人带着满船的胡椒、芦荟木、檀香木、樟脑、精选的香水、珍贵的玉石珠宝、海枣、衣料等货物在此上岸。这一年恰好是羊年。后来，他进一步感受到"光明之城一带是贸易发

---

① 《舆地纪胜》卷一百三十。

达、制造业繁荣的地方，也是买卖兴隆的地区，在这里商人可以获得高额的利润"①。那么，在雅各的笔下，泉州是一座怎样的城市呢？它与海洋又有着怎样密不可分的联系呢？

1.泉州是一座"光明之城"

雅各在手稿中把泉州称为"光明之城"，乍一看，使人有些疑惑，泉州为什么是"光明之城"呢？看过手稿立刻就会使人感到，雅各的称呼不仅恰当，而且准确。因为夏秋之交的泉州，每到夜晚，大街小巷充满了油灯和火把，把整个城市映照得如同白昼，灿烂的灯光在很远的地方都能看到。所以来过泉州的外国人，无论来自哪个国家，人们异口同声地都称泉州为"光明之城"。

泉州的彻夜不眠是有原因的。雅各说，泉州是一个巨大繁华的沿海大都市，海外贸易十分繁荣，这里聚集了大量的中外商人。泉州城里究竟有多少人口，谁也说不清楚，雅各听说有人估计超过20万人，比意大利半岛的威尼斯还要多。交易时刻，泉州城不仅街道上挤满了潮水般的人和车辆，而且就连通往其他地方的道路都挤满了运货的马车和货车。商人们除了奔波于生意场上之外，还注重寻求生活的舒适和精神的愉悦，因而在泉州大街小巷布满了大大小小各种各样的场馆。看了雅各的描述，不禁使人想起了著名的《清明上河图》（见图7-1）。在画家张择端的笔下，北宋都城汴梁繁华一片，餐馆、澡堂、杂货店、理发铺、兵营……各色人等从事着各种各样的活动。泉州的景象虽然没有留在《清明上河图》般美丽的画卷上，但人们的脑海中定会出现一幅如汴梁一样的繁华城市街景，甚至这幅街景比汴梁更多了沿海城市的特色。在需求如此多元化的城市中，夜生活的兴起是必然的。雅各到来之时正是夏秋之交，凉爽的夜晚正是忙碌了一天的人们消热的最好时段，他们充分利用这宝贵的时间，来享受这座城市提供的所有服务，不夜的泉州城

---

① ［意］雅各·德安科纳：《光明之城》，上海人民出版社1999年版，第150—151页、第203—204页。

也就成了名副其实的"光明之城"。

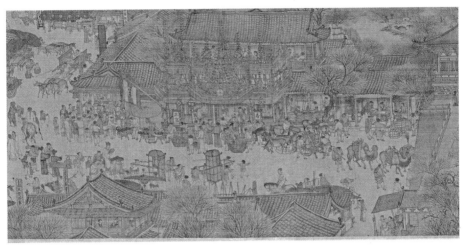

图7-1　北宋画家张择端在《清明上河图》中描绘的繁华街景

　　然而，一个不眠之夜过后，当黎明来临的时候，泉州城又恢复了勃勃生机。雅各描述了一个清晨他看到的情景：

　　天刚亮，光明之城中的人们就早早地从他们的床上爬起，在整个白天，众多的人群为自己的生意来回忙碌，他们的数量是如此之多，简直让人怀疑这个城市是否会有足够的食物提供给他们。

　　黎明来临时，那些出售食品的货摊挤满了人。这些过路人吃着羊肉、鹅肉，喝着各种各样的汤，就着其他的热食。与此同时，大批的男男女女则行走在大街上，一些人迈着飞快的脚步向四面八方奔去，好像十分忧虑；一些人像是不知所措或者边走边吃，有一些人有明确的目标，而另一些人好像毫无目的[1]。

　　泉州城就是这样周而复始地维持着南宋王朝灭亡前的一段辉煌历程。

---

① ［意］雅各·德安科纳：《光明之城》，上海人民出版社1999年版，第171页。

2.泉州港货物吞吐量惊人

泉州城之所以聚集了大量的中外商人，是因为泉州港聚集了来自海外各国的大量商船，其数量多得令人难以置信，它们不是在装货，就是在卸货。雅各这样描述他初识的泉州港：

这是一个很大的港口，甚至比辛迦兰还大，商船从中国海进入这里。它的周围高山环绕，那些高山使它成了一个躲避风暴的港口。它所在地的江水又广又宽，滔滔奔流入海，整个江面上充满了一艘艘令人惊奇的货船。每年有几千艘载着胡椒的巨船在这儿装卸，此外还有大批其他国家的船只，装载着其他的货物。就在我们抵达的那天，江面上至少有15000艘船，有的来自阿拉伯，有的来自大印度，有的来自锡兰，有的来自小爪哇，还有的来自北方很远的国家，如北方的鞑靼，以及来自我们国家的和来自法兰克其他王国的船只。

的确，我看见停泊在这儿的大海船，三桅帆船和小型商船比我以前在任何一个港口看到的都要多，甚至超过了威尼斯。而且，中国的商船也是人们能够想象出的最大的船只，有的有6层桅杆，4层甲板，12张大帆，可以装在1000多人。这些船不仅拥有精确得近乎奇迹般的航线图，而且，它们还拥有几何学家以及那些懂得星象的人，还有那些熟练运用天然磁石的人，通过它，他们可以找到通往陆上世界尽头的路……

因此这儿有成批的商人沿江上下，如果一个人没有目睹这一情景，简直无法相信。在江堤边上有许多装着铁门的大仓库，大印度以及其他地方的商人以此来确保他们货物的安全。不过其中最大的是萨拉森人与犹太商人的仓库，像个修道院，商人可以把自己的货物藏在里面，其中，既有那些他们想要出售的货物，也包括那些他们所购买的货物。

这是一座极大的贸易城市，商人在此可以赚取巨额利润，作为自由国家的城市和港口，所有的商人均免除交纳各种额外的贡赋和税收……因此在这个城市里，从中国各个地区运来的商品十分丰富，诸如有上等的丝绸和其他物品，其中有的商品还来自鞑靼人的土地上。每一位商人，无论是做大买卖还是做小买卖，都能在这个地方找到发财的办法，这个城市的市场大得出奇①。

雅各所说的来自各国的大船数量可能有些夸张，但是大量的中外商船云集在泉州内河和外海，却是完全可以相信的，因为除了雅各以外，还有其他的见证者，我们不妨听听他们的述说。马可·波罗说，泉州港"令人惊奇，非常宏大和高贵"，马黎诺里说，它是一个"奇妙的优等海港，规模叫人难以置信的城市"。安德鲁的佩鲁贾说，那是一座"伟大的城市"。阿布尔菲塔说，那是一个"引人注目的城市"。伊本·白图泰描写刺桐是一座"伟大的城市，确实壮丽"，在它的港湾，他看见一共有100多艘巨轮，他认为它"是世界上最伟大的港湾之一——实际上我错了，它就是最最伟大的"！鄂多力克估计这座城市有"波沦亚城的两倍之大"，他认为它的位置"是世界上最好的地点之一"，不过泉州给他印象最深刻的却是它的港口，"它所有的船舶在数量上很壮观，很庞大，简直令人难以置信"。他感叹道："整个意大利也没有这一个城市所拥有的船只数量。"②

大量外国船舶的到来，说明当时海上丝绸之路的繁荣与发达。在众多的船舶中，中国的海船最为耀眼，因为它们都是商船中最大的船舶。这么大的船，据现代人估计，排水量在千吨以上。我们可以想象，成百上千，甚至上万艘千吨以上的大船，航行或停泊于泉州的内河和外海，是一个何等壮观的场面！而这些大船，有相当一部分是在泉州建造的，从而也说明了泉州造船业的发达。货物的吞吐量虽然没法统计，但必定是一个十分庞大的数字。

3.泉州是国内外商品的聚散地

港口巨大的货物吞吐量使泉州成为世界商品的集散地，这里囤积和交易的商品琳琅满目，应有尽有。这些商品不仅通过各种运输方式运往国内各个

---

① ［意］雅各·德安科纳：《光明之城》，上海人民出版社1999年版，第152—153页。

② ［意］雅各·德安科纳：《光明之城》，上海人民出版社1999年版，第150页。

地区，而且就地展开交易，交易市场蔓延到城内外。雅各注意到，泉州城的四周环绕着高大的城墙，但其中一部分已经倒塌了，许多城门上有城楼，每个城门口有市场，它们与城里的不同地区分布着的不同职业和手艺相接近。因此，在这个门口是丝绸市场，那个门口则是香料市场；这个门口是牛市和车市，那个门口则是马市；这个门口是由乡下人卖给城里人谷物的市场，那个门口则是种类齐全的大米市场；其他的许多门口也都是如此。确确实实，这个城市的财富极多，甚至有各种各样的市场，有鲜鱼市场、肉类市场、水果市场、鲜花市场、布匹市场、书籍市场、陶瓷市场、珠宝市场等。雅各写道：

在市场里，可以看到许许多多的人在仔细挑选货物，这里商品的丰富程度是整个世界的人所从来不知道的。在这里，他们看到了所有他们想要的东西……[1]

中国的产品大到铁器、瓷器，小到针头线脑，应有尽有。出口的主打产品都是中国传统的特色产品丝绸、陶瓷等，一些日用小百货也颇受欢迎，如治感冒的药品、驱赶昆虫的药膏、消除肿痛的草药、给妇女染眼睛的颜料、糖、藏红花、生姜、萱姜、桂皮、樟脑、靛青、明矾等。这些商品有的是从内地运来，有的是在泉州当地生产。雅各看到，在泉州城里，各处都有许多巨大的作坊，在那里，数以百计的男女在一起工作，有的作坊拥有1000人，他们生产金属制品、瓷花瓶、丝绸和纸张等物品，这都是销往国外的主要产品。

以丝绸为例。泉州是丝绸的重要产地，进入宋代已是全国丝织业的中心之一，当时与杭州、北京这些出产丝绸的名城齐名，有些产品甚至在杭州、北京之上，以种类繁多、花纹美观、色彩绚丽、质地轻柔著称。雅各写道：

---

① ［意］雅各·德安科纳：《光明之城》，上海人民出版社1999年版，第174页。

"有一条街叫三盘街，那里全部出售丝绸，其种类不下二百种，这种纺织技术被认为是一种奇迹。"雅各的朋友还向他展示了五颜六色的丝绸产品，"其中包括绿黄相间的丝绸衣料，这种衣料被视为奇物，这种工艺以前在世界各地从未见过。你若买40磅这种料子，却要不了8个威尼斯格罗特。此外还有缎子，它的名字源自刺桐，世界上还没有见过像这样富丽堂皇、缀满小珍珠的缎子"[①]。这些话绝非夸大其词，1975年10月，在福州市北郊的一座南宋黄升墓中出土了100多件丝织品，据考古学家认定，是泉州的产品。这批丝织品有罗、绢、绫、纱等，大多是制作衣物的料子，采用描金彩绘、印花和绣花的技法，装饰出秀丽繁缛的花草和动物等图案，其质地之韧薄、织工之精巧、色彩之丰富、纹样之优雅，都堪称那个时代的精品，充分反映了宋代泉州丝织工艺的巨大成就[②]，从一个侧面证明了雅各记载的真实性。中国近代著名历史学家张星烺的考证也是有力证据。张星烺在考察丝绸与泉州的关系时说：英德文中，称"缎"为萨丁（Satin），实际上是由"刺桐"的发音转变而来的。德文称"丝"为萨依特（Seide），是由拉丁文萨他（Seta）演变而来的，而萨他又是"刺桐"的转音[③]。如果泉州不是丝绸的重要产地，如果泉州所产的丝绸不是质量上乘，西方人怎么会把泉州的名字"刺桐"的发音作为他们自己的文字"绸""缎"的发音呢？这一点与雅各的记载完全一致。

南宋时期的制瓷业也处于蓬勃发展时期，无论是大批窑口的兴建、产品数量的激增，还是烧制工艺所达到的水平，都是以往朝代所不能比拟的。据20世纪80年代的考古调查，泉州府各县已发现的宋代窑址达100多处，为历代窑址之冠。主要窑口有德化盖德窑、泉州东门窑、晋江磁灶窑、同安汀溪窑和安溪桂瑶窑等。从采集和发掘的标本看，有碗、瓶、盒、壶、杯、洗、

---

① ［意］雅各·德安科纳：《光明之城》，上海人民出版社1999年版，第175、203页。

② 庄为玑、庄景辉、王连茂编著：《海上丝绸之路的著名港口——泉州》，海洋出版社1988年版，第24页。

③ 张星烺：《中西交通史料汇编》第二册，中华书局1977年版，第77页。

盏、军持以及各种雕塑品，种类繁多，造型优美，且釉彩丰富，光泽莹润，有青、影青、白、黑、绿、黄色等。瓷器装饰有卷草、莲瓣、折枝花、云龙、飞凤和几何图案，均美观雅致。由于泉州瓷器饶足，大量出口，行销广泛，遂成为宋代最主要的对外贸易品[①]。

从泉州进口的商品，除了香料、珍珠、玳瑁制品等一些奢侈品以外，还包括普通百姓所需要的生活用品，如布匹、金属、木材等。雅各说，他带来的胡椒粉、木头、香料、布匹、昂贵的珠宝，在这个城市的商人中卖出了极高的价格。笔者以香料为例，来说明进口商品的多样性。香料的种类很多，有用于食品的，有用于清洁空气的，有用于妇女装饰的。比如胡椒，就是用于食品的，它是一种重要的调味品，有时也用于腌制肉类。再比如龙涎香，作为香料使用它就是用来清洁空气的。龙涎香是抹香鲸胃内的一种分泌物，被视为海上珍品。它既是中药，也是香料。作为中药口服，它能够治疗咳喘、心腹疼痛等；作为香料点燃，有清脑提神的作用。还有很多种香料可以做成妇女装饰用的香包。香包也叫香囊，或者香袋，它是用丝绸缝制而成的，上面绣有精致的图案。内部装有各种香料，有乳香、白檀香、沉香、雄黄、薰草等，其中大部分香料都产自非洲和东南亚一带。在南宋时期，妇女携带香包是一种时尚，不仅宫廷女子和大户人家的女子携带香包，即使普通百姓家的女子也携带香包，只不过香包里的香料不同罢了。宫廷和大户人家女子的香包，装的都是高档香料，而普通百姓家的女子香包，装的都是低档香料。正是由于香料使用的普遍性，推动了香料进口贸易的繁荣，在泉州市场上出现了大量香料。此时进口的香料数量虽不见史书记载，但可以根据宋初泉州官员向朝廷贡奉的香料数作出大概推断。曾任清源军节度、泉南等州观察使的陈洪进，在太平兴国二年（976年）连续朝贡5次，其中香料占了相当大的比重：上纳的物品计有乳香89000斤、苏木50000斤、白檀香10000斤、香17000斤、牙10000斤、白龙脑20斤，以及通犀、真珠、胡椒、玳

---

① 庄为玑、庄景辉、王连茂编著：《海上丝绸之路的著名港口——泉州》，海洋出版社1988年版，第24页。

珸、水晶碁子、阿魏、麒麟竭、没药等，还有其他物品一宗①。在宋代初年尚且有数量庞大的香料贡奉朝廷，何况在贸易额已有大幅增加的南宋时期。1974年在泉州湾发现的一艘宋代沉船上，装载的几乎全是各种香料。

4. 泉州是一座开放包容的城市

泉州是一座经济上开放的城市。在雅各到来之前，泉州地方政府对外来商人的交易要收取一定的税额，例如对印度人在泉州交易的珍珠、宝石、金银之类的货物要收取5%的税，调料收10%—20%的税，衣料收15%的税。但雅各到来之后，他看到所有这些税收都已经被取消了。而对地方政府所受的损失，通过征收城市税和居住税加以弥补，这样就给了外国商人在单位时间内多带货物、多进行交易提供了更多选择，大大提高了外国商人的积极性。这是南宋政府为了吸引各国商人、发展国内经济、维持摇摇欲坠的统治而采取的重大经济举措，足见南宋政府对外开放的思想和观念。在民间也形成了接纳外国人的风气。泉州城里的男人、女人都举止文雅，很有礼貌，对待外国人以深厚的友情加以招待，并为之提供各种建议。他们不强迫任何人违背自己的意愿而留在这个城市，也不将任何希望继续与他们相处的人拒之门外。

泉州还是一座文化上包容的城市。泉州聚集了大量的中外商客，国内商客来自不同的地方，他们都能自由来往。更为重要的是，他们在政府的允许下思想开放、言论自由、人格平等。雅各描述说：

男人们和女人们对上述的所有事情都津津乐道，他们也乐于谈论他们所看见和所掌握的事情，对于他们未受允许或未能看见的事情也是谈兴很浓……他们中的许多人声称，所有的人不仅在上帝的眼中是平等的，而且依据自然法则也是平等的②。

---

① 庄为玑、庄景辉、王连茂编著：《海上丝绸之路的著名港口——泉州》，海洋出版社1988年版，第19页。

② ［意］雅各·德安科纳：《光明之城》，上海人民出版社1999年版，第164页。

泉州城的女性追求平等，在封建社会中是极为少见的。女人和男人一样，可以成为商人。她们什么地方都去，不仅在柜台服务，还去互换货币的人那里，或者从别人那里购买东西。雅各听说有些妇女为了谋利还航海到小爪哇及印度，他感到令人难以置信。虽然目前尚找不到妇女下海经商的资料，但有资料表明，宋朝廷曾颁布过妇人不许出海的条令，因此可以反证妇女去东南亚一带经商是事实。否则，何必出此禁令？适值末世，人心惶惶，自然各种礼教也是土崩瓦解，一旦对妇女的禁锢松动，妇女经商也是自然的[①]。

来自外国的商客中有欧洲人、印度人、三佛齐人、日本人等，雅各听说有30个民族之多，仅从意大利半岛来的就有热那亚人、比萨人、安科纳人和法兰克人。在外国人中，尤以阿拉伯人和波斯人为最多。这些外国商客成分十分复杂，有着不同的宗教信仰、文化习俗和语言习惯，仅宗教就有十几种，在泉州形成了"百花齐放"的局面。泉州城仿佛不是中国人的城市，而是整个世界的一座城市。在这座国际化的城市中，每个民族都可以按照自己的意愿行事，例如在饮食方面，印度人无论男女，都以蔬菜、牛奶、米饭为食，不吃肉和鱼，这和其他民族的人大不相同。在历史上，宗教冲突是司空见惯的事情，可是在笔者阅读的史料中，没有发现在宋元时期的泉州发生过宗教冲突的记载。相反，各种宗教在这里相处融洽，大家的精力似乎都在赚钱上。这种局面的产生，与南宋政府在泉州采取的措施有着直接的关系。首先，南宋政府对外国人实行区域管理。泉州地方政府曾经设置过专门官员，担负的职责是保护从外国来的商人免受冤屈，惩处那些企图用冒牌商品欺骗他们的人。后来直接设立了外国人的居住区即"蕃坊"，每一个蕃坊设立一个"蕃长"，"蕃长"人选由外商推荐，由泉州地方政府任命，着中国官服。在蕃坊中，允许各种教派按照自己的信仰来行事，建立自己的场所和机构，所以各民族都有自己的居住区、寺庙、街道、旅馆、库房。比如犹太人住在

---

① 杨丽凡：《〈光明之城〉真伪考》，《海交史研究》2001年第1期。

四宫街和小红花街，他们在那里建立了学校等机构，在城外还设置了墓地。再如佛教徒，他们在泉州的人数很多，在城里和周围的山上都建立了寺庙和神像。其次，按照中国的法律规范外国人。外商在泉州必须遵守中国法律，触犯了中国法律，就会受到制裁。例如北宋时期，政府曾经制定过一条法律，叫作"蕃商五世遗产法"，这条法律规定，如果有外国商人在中国去世，他的遗产由他的子孙自由继承，但如果一个蕃商来中国已经超过5代，而且死的时候没有子孙，那么他的遗产就要收归市舶司所有①。南宋时期的泉州也使用这条法律。

为了使上述两条措施得到有效执行，泉州地方政府还采用了一些具体手段，有一种手段令现代的人无比惊讶，那就是利用"新闻媒体"来实现上情下达。雅各在泉州城看到这样一幕情景：当地的政府每天都要将一张大纸贴在城墙上，大纸上面用毛笔字写着皇帝和当地的官员所颁布的新法令、市民条例等，还写一些当地的重要消息，甚至还有商业行情。这种大纸一天更换一次，类似今天的报纸。很难想象，在南宋时期，泉州地方政府就用"新闻媒体"来管理市场了。

综上所述，雅各用他的笔，为我们呈现了一幅南宋时期作为海上丝绸之路的重要起点和终点的泉州的生动画面。然而，透过他的笔，我们也深深感受到泉州在沦陷于元军之前阶级分化之严重。雅各说，在这些人中，有无数的农民和市民，有富人，也有穷人；有男人，也有女人；有主人，也有仆人；有高尚的人，也有恶棍；有中国人，也有外国人；有穿着绸衫的人，也有衣衫褴褛的人；有在蚕丝与陶土作坊劳动的人，有在酒馆或商店工作的人，有出售食品和其他货物的商人和小贩；有流浪汉，有理发师，有抬轿子的人，有偶像崇拜者的教士，有用瓷碟变魔术的人，此外还有预言家、占星家，以及那些牵着上了镣铐的野兽四处游荡的人。富人与出身高贵的人都穿着拖地的丝制长袍，脚上都穿着高底的鞋子，这可以使他们显得更高。穷人

---

① 王思杰：《"海上丝绸之路"视域下的宋元泉州与宗教共生》，《宁夏社会科学》2007年第6期。

则穿着只抵腰臀的短衣，一些人打着赤脚走路，愿上帝怜悯他们。在街道上还有许多乞丐、睡在门板上的可怜人，以及为了争夺食物和钱币而打斗的人。一些贵族和官僚不仅从事经商活动，有的人甚至还在印度等地方拥有自己的代理商。此外，有些大的商店和库房暗地里是属于贵族和官僚的，他们通过租赁这些场所而发财。由此，有的人变得越来越富，而有的人被迫去寻求救济①。从他的描述可以看到，泉州城与历代封建社会的盛世一样，繁华与萧条共存、富有与贫穷同在，投射出社会的复杂性。所不同的是，一个被强大的异族挤压至偏安一隅的朝廷，利用其创造的最后的"盛世繁华"，维持着摇摇欲坠的统治。最为典型的现象就是整个社会的醉生梦死和歌舞升平，使人不禁想起林升的诗："山外青山楼外楼，西湖歌舞几时休，暖风熏得游人醉，直把杭州作汴州。"雅各说："他们依靠商业和制造业而谋生，并不热衷于武力，他们更喜欢钱而不是智慧，尽管在这些愚者中间也有很多智者，但对那些愚者而言，财富比知识更重要。"②试想，一个面临铁蹄蹂躏而"不热衷于武力"的民族，怎有不败的道理？

雅各在泉州从事了5个月的交易后，乘船离开了泉州，返回了意大利。离开泉州的时候，他带走的货物数量惊人，丝绸、缎子、瓷器、生姜、糖、草药等物品用吨来计算，这些商品在西亚和欧洲市场上，其价值难以估量。在埃及的亚历山大港，雅各卖出了一部分货物，这些货物大约占全部货物的五分之一，就已经把他全部的投入都收回来了。1273年5月，雅各回到了意大利，成为他家族历史上最大的富翁。回到家乡的雅各，仔细回味着远航东方的那些日子，提起笔来写下了这部让塞尔本魂牵梦绕的手稿，塞尔本将它翻译成《光明之城》。

---

① ［意］雅各·德安科纳：《光明之城》，上海人民出版社1999年版，第172、185页。
② ［意］雅各·德安科纳：《光明之城》，上海人民出版社1999年版，第164页。

三、对《光明之城》真伪的争议

在中国历史上，没有任何一种文献像《光明之城》一样将南宋时期的泉州记录得如此详细和生动，因而该书面世后，在国际学术界引起广泛关注，好评者有之，质疑者也有之。国内的反应更加强烈，1999年2月，"《光明之城》手稿的发现及其研究"座谈会在泉州海交馆举行，作者塞尔本也应邀参加；1999年11月，上海人民出版社推出了《光明之城》的汉译本；2000年年初，上海人民出版社和上海历史学会联合举办了"《光明之城》研讨会"。一系列学术活动，把《光明之城》的研究推向高潮，人们研究的第一个课题是该书的真伪，因为"如果他是真的，那么这是一次具有非常价值的而且是与中国有关的古文献的重大发现；但是，如果它是一部伪书，那么在人们面前出现的就是一次令人不齿的文化造假事件"[1]。因此，《光明之城》的真伪之辨，关乎它的历史价值，更关系到泉州历史乃至南宋历史研究的深入。

与以往讨论的其他学术问题一样，学术界对《光明之城》真伪的讨论，也形成多种观点，但总体上是"真"与"伪"的对立。以浙江大学历史系教授黄时鉴为代表的学者认为，《光明之城》一书破绽太多，只是一部伪书；以泉州海外交通史博物馆馆长王连茂及南开大学教授杨志玖等为代表的学者认为，《光明之城》不是伪书，而是一部真实的作于13世纪末的游记。黄时鉴在《〈光明之城〉伪书考》一文中，站在"伪"派立场上，总结了多位学者的观点，提出了"十个关键问题"：第一，雅各在书中谈到的"度宗"和"世祖"是南宋黄帝赵禥和元朝黄帝忽必烈死后所立的谥号，他们分别死于1274年和1294年，雅各来到泉州的时候，他们都还在位，何来"度宗""世祖"之称？第二，雅各提到，一个叫阿罗菲诺的教士曾在600年以前从大秦来到泉州，太宗皇帝允许他宣讲教义。众所周知，人们知道阿罗菲诺其人源

---

[1] 黄时鉴：《〈光明之城〉伪书考》，《历史研究》2001年第3期。

于《大秦景教流行中国碑》，此碑大约在9世纪中叶被埋入地下，直到1625年出土，700多年间此碑本身以及所记载的史事已长期失传、销声匿迹。雅各来到泉州时，此碑正埋于地下，他怎会听到大秦人阿罗菲诺以及太宗皇帝允许他传教的史事？第三，雅各说，刺桐人把基督教徒称作"也里可温"。"也里可温"是蒙古人对基督教徒的称呼，源自叙利亚语、希腊语，雅各在泉州时蒙古人还未到来，他怎能知道"也里可温"这个称谓呢？第四，雅各说，刺桐人把穆罕默德教徒称作"回人"。宋元时期都没有单独一个"回"的称谓，"回"是在1348年以后的某个时候才开始使用的词，雅各怎会使用呢？第五，雅各写道，中国人认为，从外国来的人都差不多，都是色目。虽然"色目"一词自唐起已经出现，宋时被广泛使用，但都只有各色名目的含义。到了元代，元朝推行民族等级政策，将其统治下的诸民族分成4个等级——蒙古、色目、汉人、南人，色目一词才具有诸民族的含义。雅各在泉州怎么会知道中国人称外国人为色目呢？第六，雅各在书中将泉州人称为"蛮子"。"蛮子"是蒙元治下北中国人对南宋及其治下居民的称呼，但雅各沿海路抵达泉州，只在泉州待了6个月，从未进入蒙元统治地区，他会从何处得知这一称呼，而且为何又在描述他所赞美的这座《光明之城》的居民时采用这个称呼呢？第七，雅各在书中提到一个名叫维奥尼（Vioni）的热那亚商人。热那亚家族的这个真正姓氏是Yilioni，而非Vioni或Vilioni，Vilioni是对Yilioni的误读，源自1952年在扬州发现的一块元代拉丁文墓碑，该碑铭文中提到一位名叫Yilioni的热那亚商人，后来Yilioni被西方学者误读为Vilioni，雅各怎会产生同样的误读？第八，雅各把"中国"写为Sinim。将Sinim释作"中国"是1650年以后才有的事，生活在13世纪的雅各怎会称"中国"为Sinim呢？第九，雅各说，他在泉州见到有些人吸食鸦片。鸦片传入中国是从元代开始的，但鸦片传入中国并不等于中国人即吸食鸦片，吸食鸦片的方法有一个变化的过程。中国人吸食鸦片是进入17世纪以后才有的事。第十，雅各在书中对泉州人的性生活有大量具体的描写，提到银箍、硫磺圈、脐膏等物。在性生活中使用银箍、硫磺圈、脐膏等物，在明代中叶以前是不见于汉文文献的，雅各仅在泉州待了6个月，如果他没去过妓院，他怎么会知道什么银箍、硫磺圈和肚脐处涂上一层油膏之类，而且会记录下来、描写出来？明代中叶以后，中国出现的一部著名小说《金瓶梅》倒有类似的描写。据此，黄时鉴得出这样的结论："根据以上论述可以断言，《光明之城》无疑是一部后人编造出来的伪书。不是他人的伪造，就是塞尔本本人的赝品。鉴于有的年代差错一直延伸到20世纪，我们不得不怀疑塞尔本本人炮制了它。在那份所谓抄本公诸于世以前，我们不得不这样想，可能'雅各'正是塞尔本的化身。塞尔本在回答对《光明之城》一书的批评时说过：'尽管《光明之城》有不少尖刻的评论者，然而我自己并不是雅各。'但是，如果上述各个年代差错确实存在，塞尔本的这种说法就只能是欲盖弥彰的自我表白。"① 另外，龚方震、吴幼雄等学者也从不同方面阐发《光明之城》是伪书的理由。

与黄时鉴的观点完全相反，杨志玖等则认定《光明之城》不是伪书，而是有价值的文献史料，他在《〈光明之城〉三题》一文中，从14个方面阐述了自己的观点：第一，雅各于1271年8月25日到达刺桐城，刺桐是外国人称泉州的统称，虽然Zaitun是否刺桐的译音还有争论，而Ciancio确是泉州的译音。第二，雅各说1271年是羊年，这年是辛未年，确是羊年，这一点可作为他亲临泉州的一证。第三，雅各从印度带来许多胡椒、檀香、杉木、蔷薇水、宝石、珍珠、布料等，这些东西是中国非常欢迎的外国货，其中的"布料"宋时被称为"蕃布"，表示其为蕃商运来之物，与中国的麻布不同。第四，雅各在谈到泉州的繁荣时，说港口码头比广州的大，这也是实情，宋元时期泉州是海外贸易的主要港口。第五，雅各说，刺桐织造丝绸水平是世界最高的，缎子也很高级、很漂亮，这是符合实际的。泉州确实是"丝绸之都"，外国人称泉州为Zaytun（或Zaitun），以其丝绸之精，即以其城名为绸缎之名，现今英、德、法语之Satiu即由此而来。第六，关于商税，雅各说现在已经不纳税了。宋代将对外商征税称为"抽解"，即抽税后解送中央，而抽

---

① 黄时鉴：《〈光明之城〉伪书考》，《历史研究》2001年第3期。

解是随货品及时期而常有变动的。雅各所说的免税也是有可能的。第七，雅各关于泉州风俗的记载，如钱放在袖子里、散步时手拿扇子、以拱手作揖为礼、妇女以缠足为美等，都是事实。第八，大富商孙英寿生活奢侈，佣人不少于50个，吃饭时菜很多，还要佣人喂，《鄂多立克东游录》也有类似的记载。第九，雅各特别提到一种从矮树上摘下来的叶子做的饮料，当地人认为是贵重饮料，喝起来特别苦，这无疑是茶叶。第十，刺桐有瓦舍，主要街道门楼上有钟，还有打更人，这种制度宋以前就有，延续至清朝。第十一，有关老子主张"清净无为"，孔子主张"和为贵""中庸之道""天人合一"，这些都是宋儒所强调的，对外国宗教聂恩脱里派、犹太教等的记载也是事实。第十二，外国人与当地人通婚，生下混血儿，都能找到记载。第十三，雅各说犹太人很富有，医学也好，也是有根据的。第十四，雅各提到宰相贾似道，说他"权力很大，其实他就是皇帝"，这是真的。贾似道在南宋理宗晚年已为宰相，他排斥异己、权倾中外，朝臣称其为"周公"，大小朝政皆由其决定，俨然一位皇帝①。除了这些观点以外，杨志玖还在《〈光明之城〉真伪问题——与龚方震先生商榷》等文章中有针对性地回答了称"伪"者的一些问题。另外，张小夫、王连茂、傅宗文、金秋鹏、徐小虎、杨丽凡、陈高华等学者各从不同角度对《光明之城》不是伪书进行了论述。

　　双方的争论似乎在各说各话，他们的论辩都有言之成理的地方，也都有值得商榷之处。一个不争的事实是，《光明之城》的确存在许多疏漏和错误，但笔者认为，这些疏漏和错误不是来自编译者人为的臆造，而是来自一些客观因素，不足以成为认定其伪书的主要根据。从塞尔本的介绍来看，有几个因素导致他翻译这本书的难度巨大：第一，雅各的手稿是用多种语言文字写成的，主要是意大利语的托斯卡纳方言，也含有某些威尼斯的习惯用语，连带还有许多文化人使用的拉丁字。手稿的用语也有些短语、动词等，几乎是法语或者法语—意大利语形式。同时，里面也有相当数量的纯拉丁语、希伯

---

　　① 杨志玖：《〈光明之城〉三题》，《海交史研究》2001年第1期。

来语以及零零散散使用的一些阿拉伯语和希腊语。另外，文字全部为手写，既有作者的笔迹，又可能有誊抄者的笔迹。第二，手稿的大部分是作者在意大利闲暇的时候才补充润色的，除了他自己的亲身经历之外，大量的是他参考了他在泉州雇用的混血儿仆人李芬利的记录，以及他所收集的"近似于游记的东西"，也就是说他所参考的资料相当庞杂，语言风格不会一致。尤其是李芬利在记录过程中，有可能是将泉州地方方言转译成意大利土语后记录下来的。第三，手稿所记录的史实属我国南宋时期，涉及大量的中国古代知识，如人名、地名、物名、官衔、职务、风俗、习惯等，如何准确地将这些词语由雅各的语言转化成英语需要大费周章。第四，手稿经历700多年的存放，文字的辨认和识别也有不少难度。塞尔本是一位英国政治哲学家，他虽然对意大利语、拉丁语、希伯来语等西方古代语言十分精通，但对中国历史文化的研究未必精到，想必会存在很多的盲区和涩点，要从英文中找到最恰当的古意大利语表述的中国古代词语的对应语，绝不是一件容易的事。所以在书稿的翻译中，不排除他在有限的知识范围内，把南宋以后的概念和词语用法附会于手稿之中。要知道，黄时鉴所提出的10个问题，是非常专业的历史问题，对塞尔本来说具有相当大的难度，为解决有些问题，寻找后期的词义表达也就不难理解，由此就造成了时间上的偏差。除此之外，也不排除雅各本人在记录过程中，在某些问题上存在夸大其词甚至主观臆造的可能。总之，《光明之城》中的漏洞和错误是客观存在的，造成这种状况的原因不能一味归结于塞尔本的伪造，而应该被看作在翻译过程中因手稿作者的误记、语言转换偏差以及翻译者的知识局限造成的。因此，笔者并不赞同有些学者提出的"在它的来源和真实性问题解决以前，绝对不能作为史料"[①]的观点，理由在于：一是从塞尔本介绍的情况来看，要最终解决其来源问题并非易事，也许要等若干年；二是存在一定争议并不等于真实性问题就完全没有解决；三是史料从可靠性角度讲，分为不同层级，把存在一定争议的历史资料

---

① 葛剑雄：《〈光明之城〉不光明》，《中华读书报》2000年7月19日。

作为史料参考，并不违背学术原则。所以笔者认为，《光明之城》是一份揭开南宋时期泉州诸多秘密的宝贵史料，是对中国古代文献的重要补充。

泉州是中国古代当之无愧的世界级港口，却不是东南沿海唯一的大港，在中国古代海上丝绸之路的繁盛过程中，还有诸多港口发挥着无可替代的作用，如登州、上海、杭州、明州、广州等构成了有效的港口布局，它们都为中国与外国交通贸易和文化交流作出了突出贡献。

第八章

争玉板八仙过沧海

——"八仙过海"故事的形成和演变

"八仙过海"作为一个汉语成语，几乎无人不知，它常常与"各显神通"连用，有的典书直接将"八仙过海，各显神通"作为一个成语使用。"八仙过海"成语的出处，并非出自典籍，而是从民间俗语转化而来，它的基本含义是：人各有各的本领，各有各的办法。据考证，"八仙过海"的俗语最早出自元代杂剧《争玉板八仙过沧海》，这部作品所讲述的故事发生于海上，情节跌宕起伏，作品的发展及演变在中国海洋文化史上占有一席之地，对后人也有一定的启迪作用，故在此加以讨论。

"八仙过海"中的"八仙"是指道教中的8位得道真仙，他们是钟离权（汉钟离）、吕洞宾、铁拐李（李铁拐）、曹国舅、徐神翁、韩湘子、蓝采和、张果老（张果）。但是，"八仙"在演变过程中，成员是有出入的：元代杂剧马致远《吕洞宾三醉岳阳楼》中的"八仙"与"八仙过海"中的"八仙"是同一班人马；岳伯川《吕洞宾度铁拐李岳》中张四郎代替了徐神翁；范康《陈季卿悟道竹叶舟》中何仙姑代替了曹国舅。最终民间传说中定型的"八仙"是钟离权、吕洞宾、铁拐李、蓝采和、韩湘子、张果老、曹国舅、何仙姑。需要说明的是，除了过海的"八仙"以外，在中国历史上还有"淮南八仙""蜀中八仙""饮中八仙"之说，但这些"八仙"都另有其"仙"，与

209

"过海"没有任何关联，故不在笔者探究之列。

一、"八仙"源起

"八仙"的故事源于道家的神仙传说。神仙传说可以追溯到上古时期，《山海经》就有对上古神仙的描绘，如在《大荒北经》中说："有系昆之山者，有共工之台，射者不敢北乡。有人衣青衣，名曰黄帝女魃。蚩尤作兵伐黄帝，黄帝乃令应龙攻之冀州之野。应龙畜水。蚩尤请风伯雨师，纵大风雨。黄帝乃下天女曰魃，雨止，遂杀蚩尤。"[①]这段叙事之文，描写了波澜壮阔、有史诗般气概的神仙大战场面，黄帝、蚩尤、应龙、女魃、风伯、雨师等，均是神通广大的神仙。到了汉代，人们把神话、宗教、历史相结合，塑造了若干神仙的形象，编成《列仙传》等作品，记录了赤松子、容成公、黄帝、彭祖、葛由、东方朔、安期生等道家神仙。晋代葛洪写的《神仙传》，同样塑造了道家神仙形象。到了唐代，道教大兴，神仙故事流传趋于兴盛。宋代出现了钟离权、吕洞宾、铁拐李等单个神仙形象，是为"八仙"形成的开始。

在"八仙"中，地位最为重要的是钟离权（见图8-1）。在宋代一些文献记载中，钟离权，复姓钟离，单名一个"权"字，《宣和书谱》载：

神仙钟离先生，名权，不知何时人，而间出接物。自谓生于汉。吕洞宾于先生执弟子礼，有问答语及诗成集。状其貌者，

图8-1 《三才图会》中的钟离权

---

① 《山海经》卷十八。

作伟岸丈夫，或峨冠绀衣，或虬髯蓬鬓，不冠巾而顶双髻。文身跣足，颓然而立，睥睨物表，真是眼高四海，而游方之外者。自称"天下都散汉"，又称"散人"。尝草其为诗云："得道高僧不易逢，几时归去得相从？"其字画飘然，有凌云之气，非凡笔也①。

这段记载告诉人们，汉钟离相貌堂堂、身材伟岸，有时戴着高高的深青而透红的帽子，有时不戴帽子顶着双髻。他虬髯蓬鬓，身上刺着花纹，赤着脚，双目可以窥伺尘世之外的事物。他的字画，笔触非凡，颇有凌云之气。这是钟离权早期流行于民间的形象，堪称气质非凡的书画家，否则，怎能录于《宣和书谱》呢？可是到了元代，钟离权的传说变成了另一番景象，他成了一位驰骋疆场的大将军。马致远的杂剧《邯郸道省悟黄粱梦》塑造的钟离权是："复姓钟离，名权，字云房，道号正阳子，京兆咸阳人也。自幼学得文武双全，在汉朝曾拜征西大元帅。后弃家属，隐遁终南山，遇东华真人，授以正道，发为双髻，赐号太极真人，常遗颂于世。"②在马致远的笔下，钟离权的形象除保留了"发为双髻"外，已无书画家的艺术气息，而是征西大将军的"文武双全"。赵道一在《历代真仙体道通鉴》中为钟离权立传，详细介绍其生平："真人姓钟离名权，后改名觉，字寂道，号和谷子，一号正阳子，又号云房先生，燕台人也（一云京兆咸阳府北西县人，曾祖讳朴，祖讳守道，父讳源，先汉代著名）。"其出生时之相貌，"项圆额广，耳厚肩长，目深鼻耸，口方颊大，唇脸如丹，乳远臂垂，如三岁儿，昼夜不哭不食""其音如钟，行如奔马，童稚莫之能及"。长大成人后，"晋为大将，统兵出战西北土蕃，两军交锋，忽天大雷电，风雨晦冥，人不相觑，两军不战自溃，真人独骑奔逃山谷，迷失道路，夜进深林幽涧，期以全生"。在深山密林之中，钟离权被人领入村庄，一老人授以"长生真诀、赤符玉篆、金科

---

① 《宣和书谱》卷十九。
② 马致远：《邯郸道省悟黄粱梦》第一折。

灵文、金丹火候、青龙剑法"，钟离权自此以后，便领悟玄旨，得道成仙①。赵道一还在文中标注了一些不同的传说。明代神话中的钟离权，除了在时间、出身、成仙情节的方面有所变异外，其身份始终未变，均为汉代大将。如黄鲁曾的《钟吕二仙传》、徐道的《历代神仙通鉴》、王世贞的《有象列仙全传》、吴元泰的《八仙出处东游记》等皆然。在清代的传说中，钟离权除了当将军外，还做过官，在此笔者就不赘述了。后来，随着钟离权故事的流传，他的名字也有了变化，人们叫他"汉钟离"，这样称呼，大概是因为：在中国古代有将复姓之人直呼其姓的习惯，如诸葛亮称诸葛、司马懿称司马之类，钟离权自然被称为"钟离"了。而钟离权又常常自称"生于汉"，人们就称呼他"汉钟离"了。

与钟离权不同，吕洞宾（见图8-2）在历史上并非虚构人物，而是确有其人，只不过后来被神化罢了。《宋史·陈抟》记载："华阴隐士李琪，自言唐开元中郎官，已数百岁，人罕见者。关西逸人吕洞宾，有剑术，百余岁而童颜。步履轻疾，顷刻数百里，世以为神仙。皆数来抟斋中，人咸异之。"②此段记载的时间，大概是在宋初，这时的吕洞宾是一位童颜、身健，并会施剑术的百岁老人，形似神仙，但不是神仙。可能正因为如此，在他死后，有人将他神化，传为神仙。到了宋中期，关于吕洞宾的传说就多了起来，叶梦得所撰《岩下放言》云："世传神仙吕洞宾，名岩，洞宾其字也，唐吕渭之后，五代从钟离权得道。权，汉人仙者。自宋以来与权更出没人间，权不

图8-2 《三才图会》中的吕洞宾

---

① 赵道一：《历代真仙体道通鉴》卷十九。

② 脱脱：《宋史》卷四百五十七。

甚多，而洞宾踪迹数见，好道者每以为口实。"①说明此时吕洞宾在仙界的名气比钟离权还要大。有好事者假托吕洞宾的名义写了一个"自传"，刻石于岳州，流传更广。"自传"曰：

吾乃京兆人，唐末累举进士不第，因游华山，遇钟离传授金丹大药之方，复遇苦竹真人，方能驱使鬼神，再遇钟离尽获希夷之妙旨。吾得道年五十……吾惟是风清月白神仙会聚之时，常游两浙、汴京、谯郡……②

此时的吕洞宾已是神仙，而非人了。宋代以后，道教人士、小说家等，出于各种目的，进一步编造、传播有关吕洞宾的故事，使吕洞宾的影响越来越大，首当其冲进入了"八仙"行列。

何仙姑（见图8-3）和吕洞宾一样，曾是一个生活在现实中的人，她所处的时代大致是在北宋初年。欧阳修曾在他的《集古录跋尾·谢仙火》中谈到何仙姑，说"庆历中，衡山女子号何仙姑者，绝粒轻身，皆以为仙也……近见衡州奏云，仙姑死矣，都无神异。客有自衡来者云，仙姑晚年羸瘦，面皮皱黑，第一衰媪也"③。从欧阳修的描述来看，何仙姑大概是当地的一个女巫，会一些绝谷之术，人们以为她是仙人。但到了晚年，她又瘦又弱、面皮皱黑，是个地道的衰老太婆，死的时候也与常人没有两样。不过，欧阳修把一个普通的乡村女巫记录于文录中，说明这个女巫并不简单，至少在当地有相当的影响力。也正因为此，身后有人整理出与她相关的或真或假的故事，并逐渐把她神化了。元代是何仙姑故事创作百花齐放的时期，赵道一的《历世真仙体道通鉴》、苗善时的《纯阳帝君神化妙通纪》等都有何仙姑的记述，但其籍贯、出身乃至灵异故事都有很大差别，有学者考证，这一时期知名度较高的何仙姑就有两个：一个是北宋演化而来的永州零陵的何仙姑，姓赵名

①　叶梦得：《岩下放言》卷中。
②　吴曾：《能改斋漫录》卷十八。
③　欧阳修：《集古录跋尾》卷十。

图8-3 《三才图会》中的何仙姑

何，因而也称赵仙姑；另一个是唐代演化而来的广州增城的何仙姑，是何泰之女，这一个何仙姑是由《太平广记》中的何二娘演化而来的①。这两个何仙姑无论是成仙过程还是后来的事功，都不一样。明代以后对何仙姑的创作，除了延续元代两个何仙姑的轨迹以外，有人开始把她们捏合在一起进行塑造。徐道在《历代神仙通鉴》中就把永州零陵的何仙姑"食桃成仙"的故事挪到了广东增城县的何仙姑身上。与此同时，又出现了多个何仙姑，如《历代神仙史》除了永州零陵的何仙姑和广东增城县的何仙姑以外，又列出零陵的另一个何仙姑②。《安庆府志》《福建通志》《浙江通志》《歙县志》也都列出了当地的何仙姑。然而，"八仙"中的何仙姑只有一个，哪个才是正宗的呢？与其他神仙相比，何仙姑进入"八仙"行列的时间比较晚，在汤显祖的《邯郸梦》中第一次代替了徐神翁成为"八仙"之一。后来吴元泰的《八仙出处东游记》也把何仙姑列入"八仙"。从这些作品的情节来看，"八仙"中的何仙姑既有广东增城县何仙姑的经历，又有永州零陵何仙姑的影子，还有其他地方何仙姑的某些特征。如《邯郸梦》中何仙姑的随身宝物是笊篱，这是从安庆府桐城县何仙姑那里拿来的。由此可见，"八仙"中的何仙姑是将历史上记载的多个何仙姑特征集于一身的女仙。

韩湘子（见图8-4）的原型名韩湘，是唐代著名文学家韩愈的侄孙，他并非道家之人，也无仙术，而是进士及第，进入仕途，后官至大理丞。唐宪宗时期，韩愈任刑部侍郎，他提倡以文载道，佛家道家在他看来都是异端，

---

① 赵杏根：《八仙故事源流考》，宗教文化出版社2002年版，第103页。
② 王建章：《历代神仙史》卷八。

图8-4 《三才图会》中的韩湘子

攻击起来不遗余力，并因此遭受过贬谪。许多信佛信道之人自然要反对他、攻击他。为破坏韩愈"反异端"的形象，他们编造故事，给韩愈涂上一层厚厚的神仙色彩，给世人造成韩愈言行不一的印象。于是，他们就让韩湘来充当故事的主角，赋予韩湘神仙身份，让他有时是韩愈的侄孙，有时是侄子，有时是外甥①。唐代段成式的《酉阳杂俎》、五代杜光庭的《仙传拾遗》等都讲过韩愈与侄孙和侄子的故事，成为后来文学创作的蓝本。北宋刘斧的《青琐高议·韩湘子》把韩湘的若干故事情节加以整合，并首次把韩湘称为"韩湘子"，并将其塑造成这样的形象："韩湘，字清夫，唐韩文公之侄也。幼养于文公门下，文公诸子皆力学，惟湘落魄不羁，见书则掷之，对酒则饮醉，醉则高歌。"②与真人韩湘大相径庭，也为后续民间编造韩湘子的故事开了先河。此后的小说家和民间作者逐渐将韩湘子塑造成了神仙，如明代的《历代神仙通鉴》《列仙全传》等，说他一向落魄不羁，一个偶然的机会遇到吕洞宾，就跟吕学习道术，到处云游。有一次，韩湘子登上一棵桃树摘桃，不料失足堕落而死。他的灵魂离开肉体，获得了道术，成了神仙。也就是在这个时期，韩湘子进入"八仙"行列。

蓝采和（见图8-5）的故事最早见于南唐沈份的《续神仙传》，其中说："蓝采和不知何许人也，常破衣篮彩，六铸黑木腰带，阔三寸余，一脚着靴，一脚跣行。夏则衫内加絮，冬则卧于雪中，气出如蒸，每行歌于城市，乞索持大拍板，长三尺余，常醉踏歌，老少皆随看之。机捷谐谑，人问应声答

---

① 赵杏根：《八仙故事源流考》，宗教文化出版社2002年版，第119—123页。

② 刘斧：《青琐高议》前集卷九。

图8-5 《三才图会》中的蓝采和

之，笑皆绝倒。似狂非狂，行则振靴，言'踏歌踏歌蓝采和，世界能几何，红颜一春树，流年一掷梭。古人混混去不返，今人纷纷来更多。朝骑鸾凤到碧落，暮见桑田生白波。长景明晖在空际，金银宫阙高嵯峨。'歌词极多，率皆仙意，人莫之测。但以钱与之，以长绳穿，拖地行，或散失亦不回顾，或见贫人即与之，及与酒家，周游天下。人有为儿童时至，及斑白见之，颜状如故。后踏歌于濠梁间，酒楼乘醉，有云鹤笙箫声，忽然轻举于云中，掷下靴衫、腰带、拍板，冉冉而去。"宋代李昉等《太平广记》基本照抄①，元代赵道一的《历世真仙体道通鉴》也大同小异。元代杂剧《汉钟离度脱蓝采和》、明末清初杂剧《秋风三叠》等又将若干虚构故事加入其中，使蓝采和人物形象更加丰满，遂被列入"八仙"之中。

李铁拐（见图8-6），在有些作品中也称"铁拐李"，是"八仙"中的重要角色，也是第一批进入"八仙"的神仙。关于李铁拐的记载，最早可追溯到宋代。元人编写的《湖海新闻夷坚续志》中有"铁拐托梦"一节，讲述的是一位名叫铁拐的道人托梦给宋朝都吏、居士张道纯的故事②，这大概是目前所能见到的最早的有关铁拐的记载了。然而在这个故事中，作者对铁拐的姓氏、籍贯、出身等信息一概没有交代，据此无法判断铁拐究竟是何许人也。元代岳百川的杂剧《吕洞宾度铁拐李岳》始赋予铁拐身份，说他是贪官岳寿死后借李屠户之子尸体还魂，吕洞宾将其度为神仙，为其取道号"铁拐"，故有"李铁拐"之称。明代徐道《历代神仙通鉴》则演绎了一个上古神人李

---

① 李昉：《太平广记》卷二十二。

② 《湖海新闻夷坚续志》后集卷一。

凝阳施展神魂离躯之术将魂魄寄予饿殍的故事，所以王建章在《历代神仙史》中说："铁拐先生，姓李名凝阳，世称铁拐先生。质本魁梧，早岁闻道，住世多年，善导神出游之术。"①除了"铁拐先生"外，人们还称他"铁拐李先生""铁拐李""李铁拐"等。如此看来，铁拐李纯属虚构人物，就其修行和神通来说，入列"八仙"在情理之中。

图8-6 《三才图会》中的铁拐李

曹国舅（见图8-7）是最后一个进入"八仙"班子的神仙。据王建章《历代神仙史》载，曹国舅，名景休，是宋仁宗时曹皇后之弟、丞相曹彬之子。他天资纯善，不喜富贵，酷慕清虚，在皇宫中深得皇帝和后妃爱戴和尊敬。皇帝每次与之谈话，他只说喜欢清净自然，无意参与治政，皇帝对此非常欣赏。曹国舅有个弟弟，骄纵不法，蔑视国法，作奸犯科，曹国舅深以为耻，遂隐居山岩之间，精心悟道，野服葛巾，经旬不食。有一天，他遇到钟离权和吕洞宾，二仙问曹国舅："听说你在修养，修养什么呢？"曹国舅答道："我修养的是道。"他们又问："道在哪里呢？"曹国舅举手指天。他们又问："天在哪里呢？"曹国舅用手示意在心中。他们笑着说："心就是天，天就是道。

图8-7 《三才图会》中的曹国舅

你已经看清道的本来面目了！"于是，二仙授给曹国舅仙家秘术，并把他引

① 王建章：《历代神仙史》卷一。

入仙班①。那么，宋仁宗时期是否有曹国舅其人呢？事实上，宋仁宗确有一个曹皇后，即"慈圣光献皇后"，神宗时又被尊为太后，她是宋初名臣曹彬第五个儿子曹玘的女儿。曹皇后有两个"曹国舅"，一兄一弟，《宋史》中有所提及，但从所载经历来看，他们都无修道经历，更不可能成仙，故而可知，神仙"曹国舅"虽有所附，但故事全是虚构的。曹国舅的故事在元明时期最为盛行，演绎出多个版本的故事情节。元代苗善时《纯阳帝君神仙妙通纪》、吴元泰《八仙出处东游记》以及明代小说《龙图神断公案》等都有引人入胜的渲染，直接把曹国舅推入"八仙"行列。

在"八仙"中，张果老（见图8-8）算是独树一帜的神仙，他不仅是另一路入列者，而且出名最早。唐代刘肃的《大唐新语》载：

张果老先生者，隐于恒州枝条山，往来汾晋，时人传其长年秘术，耆老咸云，有儿童时见之，自言数百岁，则天召之，佯死于妒女庙前，后有人复于恒山中见。至开元二十三年，刺史韦济以闻，诏通事舍人裴晤，驰驿迎之。果对晤气绝如死，晤焚香启请，宣天子求道之意，须史渐苏。晤不敢逼，驰还奏之。乃令中书舍人徐峤、通事舍人卢重玄，赍玺书迎之。果随峤至东都于集贤院，肩舆入宫，备加礼敬，公御皆往拜谒，或问以方外之事，皆诡对。每云余是尧时丙子年生，时人莫能测也。又云尧时为侍中，善于胎息，累日不食，时进美酒及三黄丸。寻下诏曰：恒州张果老，方外之士也，迹先高上，心入窅冥，是混光尘，应召城阙，莫

图8-8 《三才图会》中的张果老

---

① 王建章：《历代神仙史》卷四。

知甲子之数。且谓义皇上人，问以道枢，尽会宗极。今将行朝礼，爰申宠命，可银青光禄大夫，仍赐号通玄先生。累陈老病，请归恒州。赐绢三百疋，并扶持弟子二人，并给驿异至恒州。弟子一人放回，一人相随入山。无何寿终，或传尸解①。

这段记载说明，唐玄宗时期的张果老，是一位善于玩弄小把戏、头脑灵活而善于诡辩的道士，并不是什么神仙，只是最终"尸解"②的传言留下了悬念，给后世进一步虚构他得道成仙的故事埋下了伏笔。随后沈份的《续神仙传》即"给"了张果老一头神奇的白驴："果常乘一白驴，日行数万里，休则重叠之，其厚如纸，置于巾箱中，乘则以水噀之，还成驴矣。"③到了唐朝后期，张果老的故事越来越蒙上了神异色彩，他逐渐变成了神仙。李冗《独异志》、张读《宣室志》、郑处诲《明皇杂录》等都有张果老仙事的记述。宋代以后，张果老的传说更加丰富，元代马致远《吕洞宾三醉岳阳楼》中有了张果老"赵州桥倒骑驴"之语，之后不久，张果老就进入了"八仙"班子。

徐神翁生活于北宋末年，他名守信，泰州海陵人，19岁时入天庆观，当了一名打杂洒扫的佣役。嘉祐年间，有一位道士名余元吉来天庆观居住。余元吉生有癞疮，天庆观道士都讨厌他，独徐守信恭敬勤勉地服侍他。一年多以后，余元吉死了，徐守信讨了一口棺材将其埋葬。这件事情之后，他仍在观中做杂活，但行为怪异，"恒著灵异，知人休咎，默示祸福，无不应验，人因呼为神翁"④。崇宁二年（1103年），宋徽宗下诏赐予徐神翁"虚静冲和先生"号，此后他3次被召赴京师。大观二年（1108年）"解化"（死）于上清储祥宫之道院，享年76岁，被赠"太中大夫"，葬于泰州城东响林东原。

徐神翁的经历被记于苗希颐所编《徐神翁语录》等典籍中，大致可以确

---

① 刘肃：《大唐新语》卷十。
② 道教中道士得道后遗弃肉体而仙去，或不留遗体，只假托一物而升天谓之"尸解"。
③ 李昉：《太平广记》卷三十。
④ 王建章：《历代神仙史》卷四。

定历史上确有其人。此后出现的许多作品所记录的他的成仙经历以及若干灵异故事却是虚构的,这可能与他在天庆观中的那段经历有关。他的神仙经历在宋元时期流传甚广,被收入"八仙"班子属情理之中。

如果说在宋代以前就有"八仙"人物故事流传于世,那么那时的"八仙"人物都是以个体出现的,而没有形成"团队"。随着宋代传说中他们相互交往,形成了彼此的密切联系,其形成"团队"的迹象就越来越明显了。钟离权首先得道成仙,他度了吕洞宾,吕洞宾又度了韩湘子、何仙姑、李铁拐、曹国舅4人,又参与了度蓝采和、刘海蟾诸仙。宋人赵彦卫在《云麓漫钞》中首先记载了钟离权和吕洞宾、何仙姑的交往:钟离权给"太原学士"写了一首诗:"风灯泡沫两相悲,未肯遗荣自保持,颔下藏珠当猛取,身中有道更求谁? 才高雅称神仙骨,智照灵如大宝龟,一半青山无买处,与君携手话希夷。"落款是"元祐七年九月九日钟离权书",颍川庄绰写了跋。后来钟离权听说昔日维扬(今扬州)有一位叫何仙姑的人,世上以为她是从天上贬谪下来的神仙,能与世上的神仙交往。有一天,钟离权路过维扬,他前去拜访何仙姑,将他先前写的、由吕洞宾题跋的诗交给何仙姑,并对何仙姑说:等王学士来的时候,将这首诗交给他。过了几天,王古(敏仲)由侍郎出为会稽太守,路过维扬,顺道拜访何仙姑,何仙姑将钟离权的诗交给他,王学士将这首诗秘不示人[1]。这段记载表明,最迟在元祐七年(1092年),民间已将钟离权、吕洞宾和何仙姑联系在一起了。到了元代,以钟离权、吕洞宾为主要人物的"八仙"初步形成。马致远《吕洞宾三醉岳阳楼》塑造的8位神仙是钟离权、吕洞宾、李铁拐、蓝采和、张果老、徐神翁、韩湘子和曹国舅,这是目前能见到的最早的"八仙"版本。元代杂剧《争玉板八仙过沧海》与《吕洞宾三醉岳阳楼》的"八仙"相同,只是把"李铁拐"改为"铁拐李"。在这以后,这个版本的"八仙"流传了很长一段时间。到了明代,吴元泰就把以前有关"八仙"的许多传说进行了糅合,写成了《八仙出处东

---

① 赵彦卫:《云麓漫钞》卷二。

游记》，在这部剧中，他将"八仙""团队"进行了调整，用何仙姑代替了徐神翁，至于换仙的原因，笔者后面再叙。这样一来，"八仙"班子就被固定下来了。在此后流传的过程中，"八仙"班子始终没有变化，就成了今天我们所了解的样子。

二、"八仙"中"八"的含义

上述9位神仙陆续成仙并进入"八仙"班子的过程，给我们带来了一个问题：民间传说中为什么要塑造一个由8位神仙组成的团队呢？

关于这个问题，笔者认为有两个原因：第一，"八"字在中国古代的思想中是一个特殊的字眼，它代表着自然界的万事万物，这种寓意来自《易经》。《易经》是中国古代著名的经典，也是道家思想的源头，它所构建的八卦，涵盖了宇宙万物，也涵盖了人类社会的各个方面。它既象征8种自然物，也象征人伦关系、人体器官、动植物、时令和方位，还象征事物的功能属性，可以说，八卦的象征意义包罗万象。中国历史上所创造的神仙，大多远离尘世，各居洞天，有的掌管天庭，如玉皇、菩萨等；有的仙居高山，如西王母等；有的控制大海，如龙王诸类。他们或高高在上，或深深于下，给凡间的恩赐视他们的喜怒而定，民间才有了"叫天天不应，叫地地不灵"的悲催境遇。人们呼唤来自民间的仙人，来充当沟通仙界与凡间的使者，来表达社会底层的诉求，于是"八仙"就诞生了。"八仙"的临世，意味着他们可以掌管人世所有情事。从出身看，他们各不相同，代表了社会不同的领域和阶层。钟离权是一位掌管军队的将军，属于军界中人；曹国舅是皇亲国戚，属于官家成员；吕洞宾是一介儒生，属于知识界分子；蓝采和是优伶，属于艺术界角色；铁拐李是以乞丐面目出现的官吏，属于贫民子弟；张果老是长寿老人，属于普通人物；韩湘子是年轻出家的富贵子弟，属于富人；何仙姑则是民间妇女，属于妇女界代表。吴元泰在作品中用何仙姑代替徐神翁，大概就是为了增加一个妇女界代表名额。这样看来，"八仙"的身份基本上涵盖了当时社会的各个阶层，有上层、中层，也有下层。清代人汪汲评论得好：

老则张，少则蓝韩，将则钟离，书生则吕，贵则曹，病则李，妇女则何。或云张、韩、吕、何、曹、汉、蓝、李，为老、幼、男、女、富、贵、贫、贱也①。

这说明，宋代以后人们塑造"八仙"的目的，就是让他们代表世俗社会不同阶层，让他们贴近百姓，反映百姓的呼声，用自己的仙术化解民间不平，解决民间疾苦，以区别于那些在天上、山上、海中的远离民众的神仙。

第二，"八"还蕴含着中国古代兴盛了几千年的和合精神。"八"字的这个含义来自《易经》，八卦的卦象虽然包含着万事万物，但诸物是有序和和谐的，它们条理井然、顺理成章地和合于八卦的卦象中。八卦阳九爻、阴九爻的变化构成一个圆形的变化圈，给人们一个天地八方统一、四季更替变化、人伦关系和谐美满的意象。八卦的变化又具有化生万物的功能，"万本于八"即对这种观念的反映。八卦的这种圆道化生观正是中华和合精神的体现②。这种精神倡导自然、社会、人等诸要素在相互冲突中实现融合，从而创造出新的事物和新的生命。所以，塑造8个神仙，寄托了古代中国人期盼社会和谐的愿望。从"八仙过海"的故事中，我们看到了从矛盾冲突到化干戈为玉帛的过程。

当然，也有学者认为"八"字与数字崇拜和方位有关。中国古代先民的数字崇拜，主要表现为对1至10这十个基本数字的崇拜。这十个基本数字都不单是数学意义的数字，它们还具有美学意义、祥瑞意义、世界观及宇宙

---

① 汪汲：《事物原会》卷三十三。

② 王汉民：《传统文化与八仙的兴起》，《湘潭师范学院学报》2000年第5期。

观意义。每个数都是完美数、吉利数、大智慧数，细说起来都含义无穷。在"八仙"传说故事中，神仙组合的人数确定为"八"，正是表现了对于数字"八"的崇拜意识。同时，在古代中国人的观念中，"八"常见的是用来表示方位：四方和四隅称为八方，或称为八区、八维、八镇；八方之地称为八寓或八宇；四面八方所到之处称为八到，或称八达；传说中四方有八根撑天的支柱，称为八柱；八方的边界称为八际，或称八埏、八垓、八垠、八圻、八殥；八方之外极远的地方称为八表，或称八极、八遐、八紘；八方荒远的地方称为八荒，八方深幽难达之处称为八幽。古代全国分为九州，而中部豫州之外的八个州又称为八州。四方四隅之海称为八海，全国八个著名湖泊则称为八薮，八个著名关隘称为八关；八方之风称为八风；八方之神称为八神；古代居室建筑中若八面开窗则称为八窗，或称八达。上述各种组合词，都说明"八"的主要文化意义是表示方位，一提到"八"，人们就会立即把它和宽广无际的空间概念联系在一起[1]。

那么，"八仙"团队为什么在元代以后才相对固定下来呢？

前面已谈到，张果老、钟离权、吕洞宾等"八仙"成员的故事在唐宋时期就已有流传，但都以个体形象出现。北宋中期以后，上述这几个人的故事已经较为流行，并且他们之间已经形成了联系，但这时也仅仅出现了神仙团体化的趋势，并没有凑齐"八仙"班子。直到元代，8个神仙才完全凑齐，并且他们的故事是团体共同续写的。那么，为什么会在元代出现"八仙"的完整形象，他们的故事广为流传呢？原因主要有二：一是元代是中国古代戏曲发展的黄金时代，在这一时期诞生了历史上赫赫有名的元曲。戏曲在元代的盛行，得益于它的通俗和接地气。元曲属于通俗文学，与其他文学形式相比，它更贴近大众需要，更适合大众口味。"八仙"的故事经过戏曲家的重新塑造，以团体形式搬上舞台，使故事情节更加精彩和动人，更能迎合大众的心理，所以就广为流传开来。二是元代的道教非常盛行，"八仙"是道教

---

① 王永宽：《八仙传说故事的文化底蕴探析》，《中州学刊》2007年第5期。

人物，受到人们的普遍喜爱和尊崇。他们的传奇般经历和故事，成为仰慕道法、追求升仙那些人的榜样。

说完了"八仙"，就要说"过海"了。

三、《争玉板八仙过沧海》故事梗概

"八仙"的过海，体现的是"八仙"与海洋之间的关系。中国古代民间所塑造的神仙有许多与海洋有涉，最为典型的是四海龙王，它们是海洋的主宰。然而，这些海中之仙因出身非为人类，故与尘世有着天然的隔阂，它们享着富贵奢华，甚至成为民间之害，百姓在它们眼里是屠弱的生命，处在被压迫的地位。"八仙"却完全不同，他们出身人类，虽然常住洞府，被称为"上八洞神仙"，但他们时常游走于山海之间、穿梭于百姓之中，而且站在人类角度，不畏海中大神，屡屡挑战它们的权威，这不能不说是神仙传说中一个非常特殊的现象。

早在"八仙"刚刚出道之时，他们中的一些人就与海洋建立了密切联系，马致远在《吕洞宾三醉岳阳楼》中描写吕洞宾的那把剑时写道：

三十年来海上游，夜夜光芒射斗牛。

这说明吕洞宾在30年的时间里，时常出没于海上。那么，"八仙"与海洋究竟是一种什么关系呢？我们需要从作品的情节中寻找答案。

"八仙过海"的故事最早出现于元代阙名《争玉板八仙过沧海》这部作品中，故事梗概如下。

有一年晚春，正是牡丹盛开的时节，阴历三月十五日，居住在蓬莱山上的白云仙长邀请8位神仙和5位大圣前往蓬莱阆苑观赏牡丹，并设宴款待。这8位神仙分别是钟离权、铁拐李、吕洞宾、徐神翁、韩湘子、张果老、曹国舅和蓝采和。这就是著名的"八仙"。5位大圣分别是齐天大圣、通天大圣、搅海大圣、翻江大圣和移山大圣，被称作"五大圣"。

白云仙长的宴会非常考究，他于上一年的五月里煮下肉，六月里爁下火，八月里摆下菜，十二月里整治下汤水，只等众位神仙前来。当"五大圣"和"八仙"到齐之后，宴饮开始。"八仙"在这丰稔之年，正值奇花开放之际，面对瑶池玉液、紫府琼浆，开怀畅饮，喝得酩酊大醉。宴会结束后，"八仙"辞别白云仙长，要返回自己的洞府，在渡海的时候，班首钟离权面对大海，心旷神怡，便对吕洞宾说："这海水不比长江之水，这里面有奇珍异宝，晚射霞光。这水穿山透石，不断长流，不知熬尽世间多少凡人。"遂对众仙说："俺来是腾云而来，如今回去，怎样过此大海呢？"蓝采和说："师父，何不乘着酒兴，各显神通，过此大海。"钟离权感到这个主意不错，就同意了，其他神仙也表示赞同。于是，"八仙"纷纷将自己手中的宝物抛入海中，踩在脚下，开始渡海。吕洞宾踩的是宝剑，钟离权踩的是芭蕉扇，铁拐李踩的是铁拐，张果老踩的是药葫芦，曹国舅踩的是笊篱，蓝采和踩的是玉板，韩湘子踩的是花篮，徐神翁踩的是铁笛。

正当"八仙"驾驶着各自的宝物在海面上惬意飞驰之时，突然蓝采和不见了。茫茫大海，他去了哪里？原来，蓝采和脚踩的宝物是一块玉板，名叫八扇云阳板，它是由八块玉板连缀而成的，飞驰时发出千条瑞气、万道神光，直达龙宫。东海龙王敖广的两个儿子摩揭和龙毒正奉父王法旨，引领水卒巡游海内，发现了海上的异常，连忙派出巡海夜叉分开水面，查看情形。巡海夜叉发现是"八仙"中的蓝采和脚踩玉板，发出万道毫光，照耀着龙宫，连忙回来禀报。摩揭对龙毒说："兄弟，龙宫里虽有奇珍异宝，但像玉板这样的宝物，委实不曾见过。"龙毒说："既然龙宫里的海藏没有这等宝物，可以差水卒和巡海夜叉把玉板夺来，留在龙宫之内，永久作为镇海之宝。"摩揭深以为然，遂令水卒和巡海夜叉将玉板抢来。巡海夜叉浮到海面，突然抽掉玉板，蓝采和脚下失据，跌落水中，水卒上前将其擒拿。摩揭兄弟将蓝采和押往龙宫。钟离权等神仙发现后面的蓝采和不见了，大为吃惊，钟离权取出一丸金丹放在水面，要照清水下情形。他发现是摩揭和龙毒等人作祟，将蓝采和捉住，十分恼怒，立刻设法营救。吕洞宾自告奋勇，挥舞着龙泉宝剑上前大声叫道："海龙王，快快放出俺仙长来，我和你佛眼相看，你若道一个不字，我教你目下见灾，烧干海水。"摩揭兄弟根本不把"八仙"放在眼里，不过为了避免大动干戈，他们还是把蓝采和放了，但将玉板无理扣留。"八仙"不答应，吕洞宾继续高声喊道："你这披鳞的蚰蟮、带甲的泥鳅，快送出俺那云扬玉板来，免你一死，倘若不送出来，我教你这小业畜横尸于海！"摩揭兄弟恼羞成怒，率领水卒、夜叉出水与吕洞宾交战。大战中，吕洞宾将宝剑抛向空中，施了法术，念了真言，宝剑一口变十口、十口变百口、百口变千口、千口变万口，将摩揭杀死，将龙毒左臂砍下，有大半水卒死于剑下，这样就惊动了东海龙王。东海龙王"有万派之朝宗，管千寻之巨浪，作众源之总会，为四海之班头"，"喜行雨露为霖，怒后飞砂走石，任他万顷洪波，都入东洋大海"。如此神通广大的海神，岂能容忍自己的儿子被杀？它敲响铁鼓，将南海龙王、西海龙王和北海龙王召集过来，四海龙王共率领百万虾兵蟹将与"八仙"开战。可是刚一接战，吕洞宾的飞剑就从天而降，四海龙王招架不住，很快败下阵来，百万虾兵蟹将也伤亡大半。东海龙王不甘心失败，它前往水府请求水官出兵，水官不仅同意协助龙王作战，而且还请来了天官和地官。"三官"率领神兵协助四海龙王与"八仙"再次斗胜。钟离权闻知东海龙王请来"三官"助战，害怕"八仙"抵不过"三官"神通，便向祖师太上老君求援。太上老君派"五大圣"及瑶池神仙协助"八仙"对付"三官"，双方又是一场大战。"五大圣"中的齐天大圣是明吴承恩《西游记》孙悟空的原型，他在大战"三官"之前的一段表白称："占断飞霞万里峰，任吾来往自纵横，爬山过岭施英勇，搅海翻江显神通。腾云驾雾生狂雨，走石飞砂起怪风，闲攀峻岭千年树，闷戏巅峰万长松。自从偷吃金丹后，炼就铜筋铁骨形，金睛火眼邪魔怕，曾向西天去取经。""颇奈龙王惹祸殃，八仙斗胜在东洋，五圣助兵亲出阵，兴云作雾恶风狂。跨骑金毛金獬，手持铁棒迸寒光，头戴金箍生杀气，千般变化显吾强。"此时的齐天大圣已经具备了后来孙悟空的一些本领。在与四海龙王和"三官"千员神将、百万天兵的搏斗中，吕洞宾的神剑再次发挥作用，大败对手。正在此时，释迦文佛出现了，他出场时说："忽见东海龙王与八洞神仙斗胜相持，所伤无限生灵，两家又借水府三官和五圣各相斗敌，致伤众生之命，贫僧深怜哀悯……与他两家解劝商和，以免众生之难。"随后，释迦文佛将双方神仙约至灵山之上进行调解。释迦文佛提出的调解方案是：龙王将八扇云阳板中的六扇还给蓝采和，留下两扇，一来作为龙宫的宝贝，二来作为对杀死摩揭的赔偿。双方对这一结果都表示满意，遂握手言和。于是，一场干戈便化成了玉帛。

明代吴元泰在《争玉板八仙过沧海》的基础上写成了《八仙出处东游记》，其中对"八仙过海"的故事进行了重新改编，但万变不离其宗，故事的梗概没有太大变化。到了清代，"八仙过海"故事依然盛行，情节也有些许变化，具有代表性的是1985年发现的蒲松龄《八仙过海》手抄本剧本，该剧分为6场，分别是《庆寿》《赴会》《过海》《斩虬》《骂海》《说和》，情节顺序大致与元代杂剧相同，剧中"八仙"是汉钟离、吕洞宾、张果老、蓝采和、何仙姑、铁拐李、韩湘子、徐茂公。故事大意是："八仙"齐聚仙山为师父南极子贺寿，南极子受云阳仙子邀请共赴西王母三月三蟠桃会，因炼丹未熟不能脱离，遂命"八仙"代为赴会。"八仙"领命后行至东海，渡海时各显本领，将随带宝物放入海中，蓝采和脚踏阴阳玉板最后过海，却因宝物照耀龙宫，被龙王大太子命夜叉将玉板夺走。蓝采和到龙宫索宝，龙王不问缘由就要杀他，杀他不成反伤了判官，于是将蓝采和赶出龙宫。众仙不见蓝采和跟来，吕洞宾领命前去看个究竟。听完蓝采和的诉说，吕洞宾气愤不过，与蓝采和再到东海索宝，大太子摆下阵势前来迎战，不敌吕洞宾反被吕洞宾斩首。龙王得知大太子被杀，召集二太子、三太子、龙妹、虾兵蟹将众水兽与赶来索宝的"八仙"相遇，互相叫骂展开了混战。阵前"八仙"各显神通，击败了前来挑战的龙子、龙妹以及众水兽，铁拐李火烧虾兵蟹将，龙王大败而退。观音母算到龙王有难，前来化解，要回宝物还给"八仙"，责令龙王勿再滋事，一场干戈方才平息①。

蒲松龄《八仙过海》手抄本与《争玉板八仙过沧海》在情节上有所出入，但并不影响它们共同要表达的思想。那么，从这个故事中，我们能够读出八仙与海洋怎样的关系呢？

四、"八仙过海"的启示

《争玉板八仙过沧海》的故事发生于特定的海域，持续的时间只有几天。然而，作品在有限的时间和空间范围内，清晰地交代了"八仙"与海洋的密切关系，这种关系可以概括为两个方面。

第一，"八仙"与海洋的和谐。

海洋是大自然的组成部分，是人类赖以生存和发展的环境之一。作者或许认为，"八仙"源于人类，他们自然要把海洋视为自己的家园，与之和谐共处。于是，作品至少设计了三个情节来体现"八仙"与海洋的和谐关系。

第一个情节："八仙过海"的故事发生地在蓬莱山海域。山东半岛濒临东海，由于特殊的地理环境，海市蜃楼景象时常出现，这种景象使古人产生了一种幻觉，认为海上仙岛是神仙之府、不死之乡。蓬莱山是上古神话中的仙岛，《山海经》记载："蓬莱山在海中，上有仙人，宫室皆以金玉为之，鸟兽尽白，望之如云，在渤海中也。"②自此以后，蓬莱仙岛的神话流传经久不衰，并在流传中不断丰富和神化。宋代人眼中的蓬莱山是仙家三山之一，"越弱水三万里乃得到"③，仙人与不死之药都在那里，但一般人无法接近，船一靠近，就被怪风引开；一到眼前，山就神奇地没入水中。可见，蓬莱山在民间传说中充满了虚幻和仙意，神圣得令人崇敬和神往。《争玉板八仙过沧海》的作者将"八仙过海"的发生地选择于此，用意在于增加故事的神

---

① 王琳：《手抄本蒲松龄〈八仙过海〉戏考证》，《蒲松龄研究》2010年第4期。
② 《山海经》卷十二。
③ 徐兢：《宣和奉使高丽图经》卷三十四。

圣感。剧中一开头就借白云仙长之口说："这蓬莱山上，有金台玉阙，乃神仙之都。"①既然蓬莱山是神圣的，那么这片海域也一定是神圣的，不能不使"八仙"产生敬畏之心。

第二个情节：钟离权过海之前，面对大海阐发出对海的感叹。他说：

先贤有云，天地之大，无过于海，是以观于海者难为水也②。

这里所说的先贤指的是孟子，孟子曾经说过，观于海者难为水。意思是说，见过沧海，其他江河就不足一看了。这是感叹海洋的广大。钟离权又说：这海水与长江水相比，里面隐藏着更多的奇珍异宝，晚射霞光。这海水能够穿山透石、不断长流。

在钟离权这些神仙眼里，大海绮丽无比，富含奇珍异宝，与人间相比，几近永恒，即使是神通广大的神仙，也不能不对海洋叹为观止。这个情节体现了"八仙"对海洋的赞叹。

第三个情节："八仙"手中的宝物，都能在大海中畅通无阻。"八仙"的宝物，有金属的，如宝剑、铁拐、铁笛；有草木的，如花篮、葫芦、笊篱、芭蕉扇；有石头的，如玉板。无论它们是什么材质，都能与大海相融合。这个情节体现了"八仙"与海洋的融合。

通过以上三个情节，作者展示了"八仙"与海洋的和谐关系，从而进一步表达这样一种思想：海洋是神圣、壮阔、永恒的，海洋蕴含着丰富的宝藏，我们必须赞美海洋、敬畏海洋。

第二，"八仙"与海洋的矛盾。

"八仙过海"的故事着墨最多的地方，是"八仙"与龙王的斗争。虽然海洋是令人敬畏和赞叹的，但大海并不总是平静的，也存在着兴风作浪的势力，这股势力，就是海中的恶势力，它的代表人物就是摩揭和龙毒兄弟。

① 《争玉板八仙过沧海》头折。
② 《争玉板八仙过沧海》第二折。

"八仙"与摩揭兄弟以及背后的支持者龙王的斗争，体现了"八仙"与海洋的矛盾。作者为了生动地突出这种矛盾和冲突，也设置了三个主要的情节。

第一个情节：摩揭兄弟抢劫玉板，抓捕蓝采和，吕洞宾杀死摩揭，杀伤龙毒。摩揭兄弟依仗龙王的权势，无故抢劫宝物、随便抓人的行为，无疑是恶行。在作者的笔下，它们是海中恶势力的代表。它们依仗着"东海连着三岛，接着扶桑，有千般怪兽"这样的条件肆意抢掠，连神通广大的"八仙"都成为它们加害的对象，平民百姓岂不随意遭受它们的涂炭？正是由于这些恶势力的存在，才造成大海的凶险。"八仙"与摩揭兄弟的斗争，是善与恶之间的较量。

第二个情节：八仙打败龙王和"三官"。出于亲情关系而支持恶势力的龙王，以及不辨善恶的"三官"，形成了强大的反面力量，这股力量连神通广大的"八仙"也受到震慑，"八仙"不得不寻求太上老君的帮助。太上老君派出"五大圣"协助"八仙"终将龙王及"三官"打败。作者要通过这个情节说明，海中的恶势力有着强大的支持者，海洋的凶险程度是不可低估的。但是，世间的正义力量总归要强过邪恶力量，主宰海洋的龙王也不能为所欲为。海洋的凶险是可以战胜的。

第三个情节："八仙"与龙王的和解。当"八仙"战胜了龙王和"三官"，观者不知事态还将如何升级的时候，故事的进程却戛然而止，出现了释迦文佛的调解。在释迦文佛的调解之下，双方均作出了让步，龙王不再追究儿子被杀伤之事，"八仙"愿意付出两块玉板的代价，这样就使矛盾得以化解。作者要通过这个情节来说明，"八仙"与海洋的矛盾并不是不可调和的，当恶势力铲除后，海洋的秩序必将得到恢复，从而告诫人们，要对海洋充满希望。

这就是"八仙过海"故事所包含的深刻道理。

那么，"八仙过海"故事在几百年的流传过程中都产生了哪些积极意义呢？首先，它使民众获得了向上的力量。"八仙"神通广大，游行于民间，时刻关注着民间疾苦，引度有缘者成仙，铲除邪恶势力，为生活于封建社会制度下的广大民众点燃了光明与希望。而元曲是根植于大众的文艺形式，它因喜闻乐见而为普通百姓所接受，"八仙过海"所隐含的向上的力量，自然会在民间得到有效传递。其次，它促使民众认识人与海洋的关系。"八仙"游走于山海之间，既赞赏和敬畏海洋，又不怕海洋的凶险与狂暴，在矛盾与冲突中实现了海洋的平静与稳定。这实质上是在告诫人们，海洋能够为人类提供生存和发展的必需，也能为人类带来灾难。在人与海洋的相处过程中，既要善于利用和维护海洋，又要善于征服海洋。

第九章

威容显现大海中

——妈祖文化探析

　　《圣墩祖庙重建顺济庙记》和《莆阳比事》（见图9-1）是宋代的两部典籍，它们都记载了同一个发生于海上的事件：宋徽宗宣和五年（1123年），给事中路允迪奉命出使高丽，中途经过东海，突遇飓风，他所率领的8艘官船，有7艘沉没，唯独路允迪的坐船没有倾覆，原因是在他的船的桅杆上出现了一位神女，庇护着他的船，才使其躲过了风暴，顺利到达高丽。出使归来后，路允迪向皇帝报告了此事，宋徽宗听后非常感动，遂降旨为这位神女建立一座庙宇，并赐庙额为"顺济"，累封"夫人"，又封"灵惠助顺显卫妃"。这个充满神话色彩的事件也被记录在清代周煌的《琉球国志略》中①。事实上，这次高丽之行，还有一位朝廷官员随行，那就是提辖官徐兢，他在归国后写成《宣和奉使高丽图经》（见图9-2），其中也提到在海上遇到神女之事，说明《莆阳比事》的记载并非臆造。

---

① 《日本史料汇编》五，第385页。

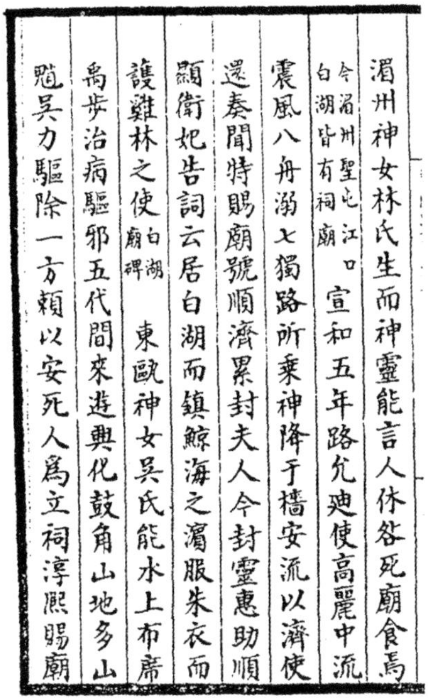

湄州神女林氏生而神靈能言人休咎死廟食焉今湄州望屯江口白湖皆有祠廟宣和五年路允迪使高麗中流震風八舟溺七獨路所乘神降于檣安流以濟使還奏聞特賜廟號順濟累封夫人今封靈惠助順顯衛妃告詞云居白湖而鎮鯨海之濱服朱衣而護雞林之使白湖廟碑東甌神女吳氏能水上布席禹步治病驅邪五代間來遊興化鼓角山地多山魈吳力驅除一方賴以安死人爲立祠淳熙賜廟

图9-1　李俊甫《莆阳比事》所载妈祖的情况

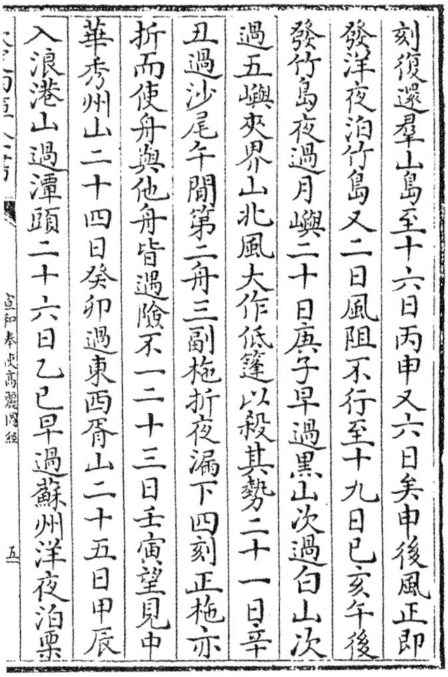

刻復還羣山島至十六日丙申又六日矣申後風正即發洋夜泊竹島又二日風阻不行至十九日己亥午後發竹島夜過月嶼二十日庚子早過黑山次過白山次過五嶼夾界山北風大作低篷以殺其勢二十一日辛丑過沙尾午間第二舟三副柂折夜漏下四刻正柂亦折而使舟與他舟皆過險不一二十三日壬寅望見中華秀州山二十四日癸卯過東西胥山二十五日甲辰入浪港山過潭頭二十六日乙巳早過蘇州洋夜泊栗

宣和奉使高麗圖經　五

图9–2　徐兢《宣和奉使高丽图经》书页

很显然，世界上是不存在神灵的，路允迪所看到的只不过是在情急之下产生的幻觉。可是，朝廷上下对这一事件的发生深信不疑。不仅如此，在此后的近千年中，历朝历代都相信这位神女的存在，并不断为其加封称号，以至于祭祀这位神女演变成沿海人民的一种习俗和文化，一直延续至今。这位神女就是传说中的妈祖，或称天妃。

一、妈祖其人

有关妈祖的记载最早出现于上述《宣和奉使高丽图经》，徐兢记录了他从高丽回航过程中的遭遇和感受：

故涉海者不以舟之大小为急，而以操心履行为先。若遇危险，则发于至诚、虔祈、哀恳，无不感应者，比者使事之行。第二舟至黄水洋中，三柂并折，而臣适在其中，与同舟之人断发哀恳，祥光示现。然福州演屿神亦前期显异，故是日舟虽危，犹能易他柂既易，复倾摇如故①。

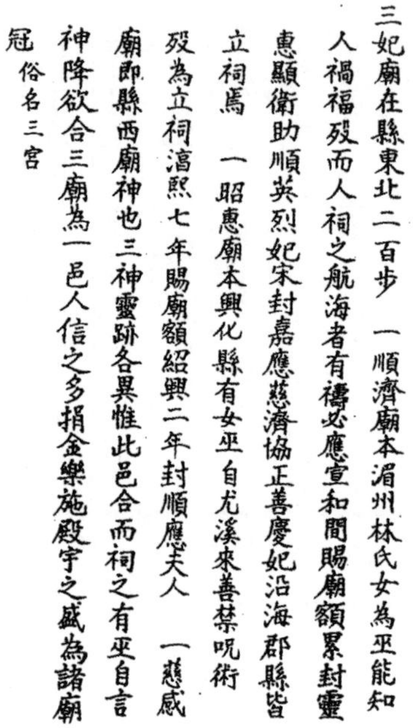

三妃廟在縣東北二百步 一順濟廟本湄州林氏女為巫能知人禍福殁而人祠之航海者有禱必應宣和間賜廟額累封靈惠顯衛助順英烈妃宋封嘉應慈濟協正善慶妃沿海郡縣皆立祠焉 一昭惠廟本興化縣有女巫自尤溪來善禁呪術殁為立祠淸熙七年賜廟額紹興二年封順應夫人 一慈感廟卽縣西廟神也三神靈跡各異惟此邑合而祠之有巫自言神降欲合三廟為一邑人信之多捐金樂施殿宇之盛為諸廟冠俗名三宮

图9-3 黄岩孙《仙溪志》所载妈祖的情况

虽然徐兢没有明示"祥光示现"的海神是"妈祖"还是别的海神，但比照其他文献记载，他所"断发哀恳"的海神就是后来所说的妈祖，因此，《宣和奉使高丽图经》有可能是最早记载妈祖的典籍。此后，有关妈祖的记载逐渐多了起来，并且越来越明晰。其中以北宋李俊甫的《莆阳比事》和南宋黄岩孙的《仙溪志》（见图9-3）这两部典籍最为重要，因为它们明确记载了妈祖本人和她的家庭情况。

《莆阳比事》载：

湄州神女林氏，生而神灵，能言人休咎。死，庙食焉②。

这段记载，明确了四个问题。一是妈祖的籍贯：生于福建莆田湄州屿，即今福建省莆田市湄洲岛；二是妈祖的姓氏：姓林；三是妈祖的早年特点：生来特别聪灵，能够预测人的凶吉和善恶；四是妈祖的死后情况：被人们供奉在庙宇中。这些信息在后来出现的典籍中也有记载，如《咸淳临安志》收录了莆田人丁伯桂所撰《顺济圣妃庙记》，其中写道："神莆阳湄洲林氏女，

---

① 徐兢：《宣和奉使高丽图经》卷三十九。
② 李俊甫：《莆阳比事》卷七。

少能言人祸福，殁，庙祀之，号通贤神女，或曰龙女也。"①

《仙溪志》中除了记载妈祖的籍贯、姓氏、早年特点、死后情况以外，还提供了一些妈祖家庭的信息：

> 顺济庙本湄州林氏女，为巫，能知人祸福。殁而人祠之。航海者有祷必应。宣和间赐庙额累封灵惠显卫助顺英烈妃，宋封嘉应慈济协正善庆妃，沿海郡县皆立祠焉。
>
> …………
>
> 神父林愿，母王氏……②

这段记载进一步表明，妈祖早年为"巫"。这里所说的"巫"，是指"巫女"，古代的巫女，并非后来人们所说的装神弄鬼的巫婆，而是指那些主管祭祀鬼神、为人祈福消灾的女子。巫女往往懂得占卜、星历甚至医术，具有一定的社会地位。妈祖生前就是这样一位女子，所以她能在一定程度上预测人的祸福。这段记载还表明，妈祖的父亲叫林愿，母亲为王氏。

上述这两部典籍为我们勾勒出妈祖本人及其家庭的大致轮廓。此后的元、明、清三朝，记载妈祖情况的典籍越来越多，如明朝末年的《东西洋考》载："天妃世居莆之湄洲屿，五代闽王时都巡检林愿之第六女也。母王氏。妃生于宋元祐八年（一云太平兴国四年）三月二十三日。始生而地变紫，有祥光、异香。幼时通悟秘法，预谈休咎，无不奇中。乡民以疾告，辄愈。长能坐席乱流而济，人呼神女，或曰龙女。雍熙四年二月十九日昇化（一云景德三年十月初十日）。盖是时妃年三十余矣。厥后常衣朱衣飞翻海上。里人祠之，雨旸祷应。"③这段文字比此前的记载增加了不少新的信息，比如妈祖的名字叫林默，是林愿的第六个女儿，生卒有确切的年月；妈祖父

---

① 《咸淳临安志》卷七十三。
② 黄岩孙：《仙溪志》卷三。
③ 张燮：《东西洋考》卷九。

亲林愿，官职是都巡检；妈祖出生时有祥光和异香；妈祖幼时即通悟秘法，能够预谈休咎；等等。而《天妃显圣录》中收录的《天妃诞降本传》，对妈祖的家世有更详细的叙述：

天妃，莆林氏女也。始祖唐林披公，生子九，俱贤。当宪宗时，九人各授州刺史，号九牧。林氏曾祖保吉公，乃邵州刺史蕴公六世孙州牧圉公子也，五代周显德中为统军兵马使。时刘崇自立为北汉，周世宗命都点检赵匡胤战于高平山，保吉与有功焉。弃官而归，隐于莆之湄洲屿。子孚承袭世勋，为福建总管。孚子惟悫讳愿，为都巡官，即妃父也。娶王氏，生男一，名洪毅，女六，妃其第六乳也。二人阴行善，乐施济，敬祀观音大士。父年四旬遇，每念一子单弱，朝夕焚香祝天，愿得哲胤为宗支庆。岁已未夏六月望日，斋戒庆赞大士，当空祷拜曰："某夫妇兢兢自持，修德好施，非敢有妄求，惟冀上天鉴兹至诚，早锡佳儿，以光宗祧！"是夜王氏梦大士告之曰："尔家世敦善行，上帝式佑。"乃出丸药示之云："服此当得慈济之。"既寤，歆歆然如有所感，遂娠。二人私喜曰："天必锡我贤嗣矣！"

越次年，宋太祖建隆元年庚申，三月二十三日方夕，见一道红光从西北射室中，晶辉夺目，异香氤氲不散。俄而王氏腹震，即诞妃于寝室。里邻咸以为异。父母大失所望，然因其生奇，甚爱之。自始生至弥月，不闻啼声，因命名曰"默"。

幼而聪颖，不类诸女。甫八岁，从塾师训读，悉解文义。十岁余，喜净几焚香，诵经礼佛，且暮未尝少懈。婉娈季女，俨然窈窕仪型。十三岁时，有老道士玄通者往来其家，妃乐舍之。道士曰："若具佛性，应得渡人正果。"乃授妃玄微秘法，妃受之，悉悟诸要典。十六岁，窥井得符，遂灵通变化，驱邪救世，屡显神异。常驾云飞渡大海，众号曰"通贤灵女"。越十三载，道成，白日飞升；时宋雍熙四年丁亥秋九月重九日也。

《天妃显圣录》中《湄山飞升》一节还详细讲述了妈祖成为海神的时间、

地点和过程：

宋太宗雍熙四年丁亥，妃年二十九。秋九月八日，妃语家人曰："心好清净，尘寰所不乐居；明辰乃重阳日，适有登高之愿，预告别期。"众咸以为登临远眺，不知其将仙也。次晨焚香演经，偕诸姊以行，谓之曰："今日欲登山远游，以畅素怀，道门且长，诸姊不得同行，伤如之何！"诸人笑慰之曰："游则游耳，此何足多虑。"妃遂径上湄峰最高处，但见浓云横岫，白气亘天，恍闻空中丝管声韵叶宫微，直彻钧天之奏，乘风翼霭，油油然翱翔于苍旻皎日间。众咸歔骇惊叹，只见屋虹辉耀，从云端透出重霄，遂游而上，悬碧落以徘徊，俯视人世，若隐若现。忽彩云布合，不可复见。嗣后屡呈灵异，乡之人或见诸山岩水洞之旁，或得之升降跌坐之际，常示梦显圣，降福于民。里人畏之敬之，相率立祠祀焉，号曰"通贤灵女"。时仅落落数椽，而祈祷报赛，殆无虚日。

《天妃显圣录》最早刊于明代，说明在明代妈祖的家世和事迹已经非常详细，她的祖上已经上溯到了唐代，家族谱系也有了清晰的轮廓，尤其是父母的信仰和德性以及妈祖本人的早年经历细节，也都是之前的典籍和传说中所未有的。那么，为什么这些信息没有出现于妈祖生活的宋代，而是出现在宋朝以后各代呢？笔者分析大致有两个原因：一是随着妈祖崇拜在民间的形成，元、明、清三代关于她的资料不断被整理和挖掘，使她的流行于民间的出身、阅历等更加翔实；二是妈祖的故事在元、明、清三代流传过程中，有人不断把另外的神话或传说附会于她，通过"添枝加叶"，使她的故事越来越丰满和离奇。上述两个原因的穿插与纠葛，使我们今天对流行于元、明、清三代的妈祖"史料"难以辨明真伪。

不过，根据现有历史资料可以断定的是，妈祖在被神化之前，曾经是一个生活于现实中的普通女子，只是由于她从小聪明伶俐、心地善良，敢于见义勇为，又懂得一些巫术，而被后人神化了。至于她在宋代以后被神化的原因，笔者后面再叙。那么，被神化以后的妈祖，究竟是怎样的一个海神呢？

二、妈祖的"正能量"

通观历史记载，妈祖是一位集正义、善良、勇敢、智慧诸种"正能量"于一身、能力非凡的海神。南宋吴自牧在《梦粱录》中说："其妃之灵著多于海洋之中，保护船舶，其功甚大，民之疾苦，悉赖帡幪。"[①]甚至民间还把妈祖的功德编成经书诵读，如《太上老君说天妃救苦灵验经》唱道：

仰启敕封号无极，仁慈辅斗至灵神。威容显现大海中，德广遍施天下仰。护国救民无雍滞，扶危救险在须臾。或游天界或人间，或遍波涛并地府。邪魔鬼魅总归依，魍魉妖精皆潜伏。变凶为吉如弹指，赐福消灾若珍微。凡人有祷捧金炉，一切归心从恩祷。

在几百年的时间里，人们之所以爱戴她、崇拜她、颂扬她，把她推上神灵的宝座，原因就在于她向世人传递了无数"正能量"。那么，妈祖的"正能量"是什么呢？概括起来讲有四个方面。

1.为民造福

妈祖虽然出身于官宦家庭，但她父亲的官职并不高，她的家庭并未脱离平民阶层，她的巫女身份说明了这一点。在与社会的接触中，她深知百姓的疾苦，出于本心，在成为海神后，必然把为民造福当成头等大事。在这方面，历史上流传着许多动人的故事。明代《天妃显圣录》讲述了这样的故事：湄州屿附近有一个小岛比较荒凉，有一天妈祖游历至此，适逢她的母亲派人将一些菜子油遗留在这里，妈祖便将这些菜子油洒在地上，不一会儿，

---

① 吴自牧：《梦粱录》卷十四。

地里长出了油菜花，漫山遍野，一片青黄。从此以后，油菜花在这个岛上不需播种，四季不绝，自生自熟于荒郊野外，很多乡民到此来采摘油菜花和油菜籽。后来这个岛屿被称为"菜子屿"。还有一个故事，说的是在南宋绍兴二十五年（1155年），南方沿海有地方流行瘟疫，妈祖降临到居住在白湖旁边的一户人家中说："距离白湖一丈左右，地下有甘泉，喝了这个甘泉的水，病就可痊愈。"然而，白湖一带都是盐碱之地，怎能有甘泉之水呢？可是，这又是妈祖说的，居民都非常相信，于是大家在指定的地方开挖。挖了很深依然没有甘泉出现，居民们没有放弃，继续往下挖。又挖了没有几锄头，突然清泉奔涌而出，大家争相饮用，喝了甘泉水后，病好得很快，早上喝水，晚上痊愈。此事被上报皇帝，皇帝诏封妈祖为"崇福夫人"。

南宋庆元四年（1198年），瓯闽一带大雨滂沱不止，春夏仓廪告匮，民不聊生。有司奏请朝廷赈灾。有莆田人虔祷于妈祖，夜间梦见妈祖告诉他："这一带人多有不道，所以上天才惩罚他们，让这里大雨不止。现在尔等虔恭，我已向天帝奏明，天帝怜悯你们，答应3天以后天就会大晴，且赐予你们秋天的收成。"3天以后，果然扶桑破晓、旸谷春生，庄稼得到充足的雨水后长势喜人，秋天获得了丰收。皇帝闻奏，加封妈祖为"助顺"，以报答她的功绩。

南宋嘉熙元年（1237年），浙江省钱塘江潮水很大，江堤横溃，省城告急。由于波涌浩荡，筑堤工程难以实施。当地人号祝于妈祖，忽然望见水波汹涌，涛头已经上了艮山祠，可是，仿佛有一双巨手将涛头挡住，使水势倒流，于是大水不前，波不横溢，筑堤工程得以顺利实施，消除了被淹的隐患。众人皆说是妈祖的神力所致。有司奏于朝廷，朝廷议加封号。

2.铲除邪恶

铲除邪恶，也是妈祖的职责。在民间传说中，妈祖所铲除的邪恶，有现实中的恶人，也有传说中的海中恶神。比如有这样一个传说：东海里有一个怪物，名叫"晏公"，它经常出没于海上兴风作浪，导致大量渔船翻沉，成为海上的一大祸患。妈祖游历到此，正赶上海上风浪大作，只见一个眼睛突出、留着长髯的怪物随潮起伏，周围的舟船顿时处在危险之中。妈祖立刻显身。怪物见妈祖到来，不敢继续兴妖作怪，表示臣服。可是这个怪物面服心不服，等妈祖离开后，它又变作一条龙，继续翻江倒海。妈祖说道："此妖不除，风波不息。"说罢抛出绳子，将怪物捆绑，轻而易举地将它降服了。

对于民间的邪恶势力，妈祖也毫不手软加以铲除。《天妃显圣录》载："嘉定改元戊辰秋，草寇周六四哨聚犯境，舟舰不可胜计。时久旱后，人穷无赖者多，既困赤地，遂入绿林，乘乱劫掠，庐舍寥落。阖邑哀祷于神。神示之梦曰：'六四罪已贯盈，特釜中游鱼耳；当为尔灭之。'越四日入境，喊声动地，忽望空中有剑戟旗帜之形，各相惊疑，退下舟，遽礁阁浅。尉司驾艇追之，获其首，余凶悉就俘。寇平，境内悉安。奏上天子，奉旨加封'护国、助顺、嘉应、英烈妃'。"

3.海难施救

海难施救，是妈祖传说中最多的一类，从宋代一直到元、明、清，各朝都有精彩故事流传。《天妃显圣录》说，在妈祖成为海神之前，她就有用仙术进行海上救援的经历。湄洲屿的西部有一个乡，叫作"门夹"，是港口出入的要冲，但这里暗礁错综复杂。有一次，有一艘商船在附近海域遭遇大风，船冲礁浸水，船上的人都哀号求救。妈祖说："商船被礁石撞伤了，将要沉溺，赶快急救。"乡人见风涛震荡，不敢上前。妈祖向海中投掷了几根草棍，顿时化作大杉木，形成木排靠近商船。商船有了大杉木相附，不再下沉。不多久，海上风浪渐息，船上的人欢呼相庆，都以为得到了天助。他们忽然看到海上大杉木漂流，不知所向，便询问乡人，才知道是妈祖施出了再造之力。妈祖变成海神之后，进行海上施救的例子就更多了。至顺元年（1330年）春天，元朝政府调动780艘船运送粮食，它们从太仓刘家港出发，要前往天津大沽。可是当船队进入大海时，突然有大风刮起，波涛惊天动地，船队被风浪吹打得七零八落，数千人战栗、哀号。带队的官吏赶忙面对海天祈祷，希望能得到妈祖的帮助。话音未落，骤然间阴云出现，大家在恍惚中看见空中有一个穿红衣服的人，掩映在绿色伞盖之下，伫立在船队上方，身后还伴随着火光和彩光。官吏和船员都惊喜不已。不一会儿，海上风平浪静。正当官吏集合四散的船队、竖起帆篷继续航行的时候，天空中突然传来妈祖的声音："可向东南孤岛暂泊。"船队按照妈祖的指点，航行到东南孤岛暂时锚泊。刚刚抛锚完毕，海上狂风暴雨又起，船队躲过一场灾难。第二天，天气转好，海上风平浪静，船队出发，安全抵达了大沽。《天妃灵应记》记述了类似事件：明嘉靖年间，朝廷命陈侃率团赴琉球国敕封，途中有一日，海风大作，樯折舵毁，众人忙向空中乞拜，只见"红光若烛笼自空中来舟"，大风顿时平息，众人皆喜。第二天，黑云四起，操船之人就是否易舵犹豫不决，遂向神求卜，然后易舵，此时风恬浪静，若在沼沚，操作船舵非常灵便。过了一会儿，有蝴蝶飞到船上嬉戏，又有黄雀落于帆上，有人说，山离我们很近了；也有人说，蝴蝶和黄雀飞不了很远，哪里会有山呢？分明是海神派它们向我们通报，风就要来了。陈侃急忙命令做好准备。到了夜间，果然飓风大作，人们已无能为力，大家都认为这一次难逃厄运了。陈侃与官员高澄穿戴着朝服正冠坐定，祈祷说："我等贞臣恪共朝命，神亦聪明正直而一者，庶几显其灵。"话音刚落，飓风开始趋弱。黎明时船队抵达了福建。回来后，陈侃命人勒石刻碑，以示纪念。同行的高澄也在《天妃显异记》中证实了出使航行中使团对妈祖的精神依赖。他说："故自始而制舟、迄终而成礼，神之阴相默助者，可胜言哉！如甫至闽台，而妖狐之就戮；既定船（艖），而瑞鹤之来翔；才越庙限，而梁板之忽坠；方折桅舵，而异香之即闻。与夫雀蝶之报风、灯光之示救、临水之守护、巫女之避趋，卒之转灾为祥、易危为安者，何往而非神之相助哉！"①

　　妈祖对航海者的庇护，不仅限于海难降临时，在海上遇到所有困难时

① 陈侃：《使琉球录三种》。

都有她的身影。宋朝时期，有一年春天，有商船载满货物欲通海外，泊于湄洲屿前，当船出发起锚时，发现锚无法起升。船主派水手下水查看，发现有一个怪物坐在锚上不动，水手大惊失色，急忙出水报告。船主询问洲人，这里何神最灵验，洲人说，这里有灵女极称显应。船主立刻前往神祠祈祷，恍然看见一位神女游于锚上，那怪物立刻躲避，船锚顺利升起。船主在祠前的石头间插一瓣香，祈祷说："神有灵，此香为证：愿显示徵应，俾水道安康，大获赀利，归即大立规模，以答神功。"这艘船出海后，每遇风涛危机，拈香仰祝，就会得到庇护。3年以后，这艘船安全返航。船主兑现诺言，复造祠，见以前所插的瓣香已经盘根萌芽，化成了3棵树。当时正值农历三月二十三日女神诞辰日，3棵树枝叶繁茂、香气浓郁、颜色缤纷。船主对女神的灵验感到惊奇，又捐资创建了庙宇。这座女神庙到了宋仁宗天圣年间神光屡现，信奉者颇感灵异，不断扩大庙宇规模，使廊庑益增巍峨。

4.助师抗敌

妈祖助师抗敌的传说虽然不多，但颇受朝廷的重视。《天妃显圣录》中载，南宋淳熙十年（1183年），福建都巡检姜特立奉命征剿温州、台州二府的草寇，当官兵战船集结时，海面上敌船已如同蚂蚁密密麻麻，官兵非常害怕。正当双方相持之时，姜特立祈祷说："海谷神灵，只有神女夫人威灵显赫，祈求庇护。"祈罢，之间神女站立云端，軿盖辉煌，旗幡飞飙，俨然如闪电流虹。草寇大为惊骇。不一会儿，官兵师船乘风腾流，冲击敌船，敌大乱，官兵擒敌头目，其余船只四散奔溃，官兵大获全胜，奏凯而归。事后，姜特立奏于朝廷，奉旨加封"灵慈""昭应"崇善""福利夫人"。又载，南宋庆元四年秋天，有"大奚寇"盘踞海岛作乱，朝廷调发福建省舟师讨伐，舳舻相接，官兵枕戈待旦。岛寇巨大战船衔尾而至，锐不可当，官兵大惧。为了振奋精神，官兵香火以行。随后，双方船队在中流相遇，展开大战。寇船占据上风，官兵难以取胜，便向海神祷告说："愿借神力扫除妖氛，对上慰藉天子讨叛之心，对下拯救万民蹂躏之苦。"顷刻间，浑雾四塞，返风旋波，神光赫濯显现。官兵精神大振，立刻发起冲击，擒获敌人头目，其余"岛寇"或溺或溃，扫荡无遗。官兵凯旋，向皇帝具陈妈祖助师的功勋，奉旨加封号，以答谢妈祖为国家讨贼之功。明永乐十八年（1420年），倭寇骚扰浙江沿海，都指挥张翥统领浙江定海卫水军出海防御。倭寇习惯于海战，他们将战船分成多路，断绝了张翥水军的归路，使水军处于非常危险的境地。此时，官兵们困乏至极，祈祷妈祖显圣，帮助摆脱困境。突然，海上风浪出现，只见倭寇的船只上下颠簸，倭船的船尾逐渐对向水军的船头。水军中有一名士兵，披发跳跃，大呼"赶快越舟破贼"。张翥高喊，这是妈祖命令我们杀敌，先登上倭船者重赏。于是官兵奋勇冲杀，倭寇阵脚大乱，被擒者甚多，掉到海里淹死者不计其数，官兵大获全胜。张燮在《东西洋考》中也列举了南宋至明间多起妈祖助力海上剿寇以及朝廷赐封事件："庆元戊午，调舟师平大奚寇，神在空中以雾障之，贼为昼昏，而我师晴明如故，以此贼无脱者。开禧丙寅，虏迫淮甸，忽半汉旌旄云集，望之则妃庙号也。贼披靡，解围。景定辛酉，巨寇泊祠下祷神，不允，群肆暴幔，醉卧廊庑间，神纵火焚之，各自蹒跚而毙。有司以闻，累封助顺、显卫、英烈、协正、善庆等号。元以海漕有功，赐额灵济。国朝永乐间，内官郑和有西洋之役，各上灵迹，命修祠宇。己丑，加封弘仁普济护国庇民明著天妃。自是遣官致祭，岁以为常。册使奉命岛外，亦明禋惟谨。"[1]

明代郑和下西洋也遇到过类似的情形。故事发生于永乐三年（1405年），郑和第一次下西洋，船队行至旧港时，遇海盗劫掠，海盗船顺流连舰而至，形势危急，官兵急忙望空罗拜，恳祷妈祖出现。忽见天空中旌旗出现于云端，影耀沧溟，接着船帆翻转，潮水调向，海盗船迅即处于逆势。官兵鼓船激进，乘潮挥戈驱逐，第一个回合就将海盗头目擒拿，再一个回合将其余海盗击溃，自此往返平静。回到京城后，郑和向皇帝禀奏，皇帝降旨着福建守镇官整盖庙宇，以答妈祖之恩。

---

[1] 张燮：《东西洋考》卷九。

正是因为妈祖被赋予了如此的责任和神力，才使得她在千百年来的传诵中，受到了人们的崇敬，被民间尊称为"妈祖"。在福建话中，"妈祖"是对有名望的妇女的尊崇和亲切的称呼，也就是娘娘的意思。而历代政府更是赐予她各种名号。从现有史料看，妈祖第一次被朝廷赐封是在宋徽宗宣和四年（1122年），皇帝有感于她的神功，赐给她"顺济"的庙额。宋代黄公度写诗咏"顺济庙"："枯木肇灵沧海东，参差宫殿崒晴空。平生不厌混巫媪，已死犹能效国功。万户牲醪无水旱，四时歌舞走儿童。传闻利泽至今在，千里桅樯一信风。"①此后，宋代的皇帝又多次对她进行加封，封她为"灵惠夫人""昭应夫人""福利夫人"，以及"护国""助顺""英烈妃"等。到了元朝至元十五年（1278年），朝廷以妈祖庇护漕运有功，封她为"显济天妃"②（程端学在《天妃庙记》中所提的"至元十八年封护国明著天妃"是错后了3年），在封号中第一次出现了"天妃"的字眼。明永乐七年（1409年），朝廷以妈祖屡次护助海上有功，加封"天妃"，并在南京城外建了天妃宫。从此以后，妈祖也被尊称为"天妃"。由此可见，"妈祖"是民间的称呼，"天妃"则是官方的称呼。在对妈祖加封封号的同时，朝廷还对其父母、兄姊进行赐封。宋庆元六年（1200年），朝廷以妈祖护国庇民有功，颁诏封她的父亲为"桢庆侯"，又改封"威灵侯"，又以显赫有裨民社，加封为"灵感嘉祐侯"；母亲王氏封"显庆夫人"；兄封"灵应仙官"；姊封为"慈惠夫人"，以辅佐妈祖③。

三、妈祖崇拜形成的原因

毫无疑问，人们之所以崇拜妈祖，朝廷反复加以封号，与上述的其拥有的四大"正能量"是分不开的。可是，如果我们进一步分析，其实妈祖崇

---

① 蒋维锬编：《妈祖文献资料》，福建人民出版社1990年版，第3页。

② 宋濂：《元史》卷十。

③ 《天妃显圣录》。

拜的形成，还有更深层次的原因。对这些原因，笔者可以将其概括为三个方面。

第一，源于神灵崇拜的习俗。

人类对神灵的崇拜由来已久，它源于对自然的崇拜。早期的人类已经意识到，大自然能给人带来生死，崇拜和敬畏自然与自己的命运息息相关，于是人类对自然顶礼膜拜。对于海洋也是如此，人们把海洋本身就视为神。金祖望在《天妃庙记》中说："自有天地以来，即有此海；有此海即有神以司之。"就是说，有海就有神，神即大海。《丘文庄公集》说得更明确："在宋以前四海之神，各封以王爵，然所祀者海也，而未有专神。"①

在漫长的社会实践中，随着人的大脑不断发展，人类的认识也趋于复杂，认为纷繁的自然界是由若干神灵来支配的，于是就由对大自然本身的崇拜，转变为对神灵的崇拜。这就是神灵崇拜的由来。对于海神的崇拜，同样经过了这样一个过程：开始崇拜海洋，后来转而崇拜海神。实际上在妈祖出现以前，人类早就有了海神崇拜的习俗，只不过在不同地方，崇拜的海神不同罢了。《山海经》就塑造了若干海神形象。《初学记》把海神称作"海若"，《庄子·应帝王》和《庄子·秋水》都记载了北海和南海的海神，称它们是"北海若"和"南海若"，体现了海神至尊的观念。秦始皇和汉武帝是最早亲临海滨的两位君主，他们在沿海的敬神活动加大了人们对海洋的重视。汉宣帝还将民间海神祭祀形式纳入国家祀典。唐朝时期，朝廷对四海之神加封神号，唐玄宗时，封东海之神为"广德公"、南海之神为"广利公"、西海之神为"广润公"、北海之神为"广泽公"，并且定期派出官员前往沿海，举行隆重的祭祀仪式。宋代也是如此，宋仁宗时，封东海之神为"渊圣广德王"、南海之神为"洪圣广利王"、西海之神为"通圣广润王"、北海之神为"冲圣广泽王"。然而在妈祖出现以前的各朝各代，所祭祀的海神并不统一，除了"四海之神"这样的大神以外，还有若干小神，如妈祖的家乡莆田就有5座

---

① 《丘文庄公集》卷五。

海神庙，分别是长寿灵应庙、显济庙、灵感庙、大蚶光济王庙、祥应庙、灵显庙，供奉着不同的海神。但无论大神还是小神，它们中那些动物化的海神以及四海龙王等都是异类的化身，并不出自凡间。妈祖就不同了，她是一位来自凡间、由平民百姓转化而成的人格化海神，或者说，她是在上千年的历史进程中，由社会刻意塑造而成的神灵，本质上与人类有着相通性，更加适合人们对于海神的期待。所以当她出现之后，逐渐取代了一些海神的地位，而成为人们崇拜和敬畏的主要对象，妈祖崇拜也就形成了。

第二，航海者的精神需要。

与自然界的其他事物相比较，海洋更加令人畏惧。它深邃浩瀚、变幻莫测。活动在大海之上，处处充满了危险。这些危险，可能来自自然界，也可能来自人本身。从航海心理学角度讲，航海是一项特殊的活动，海洋环境对航海者的心理和生理具有重大影响，影响因素包括：（1）工作单调。航海者的工作无非升帆、系缆、摇橹、操桨、掌舵、作战、观星象、占海况等，而且人员分工明确，长期从事一种工作，难免心生厌倦和烦躁。（2）活动范围狭小。即使现代舰船，船员的活动空间都是有限的，何况古代船舶，大者不过几千料，小者只有几百料，甲板和舱室都很小，长时间生活于狭小的空间，心里会产生压抑和郁闷。（3）饮食简陋。古代没有保鲜设备，船上的新鲜食物严重缺乏，有时连淡水也难以保障，只能依靠登岸获取。遇到天气海况不好的时候，不能靠岸，也就无法获取食物和淡水，就会面临忍饥挨饿的境况。（4）信息闭塞。古代的通信设备十分简陋，远程用鸽子，不过这种情况十分少见，仅在大型船队中有所应用，比如郑和船队，从典籍中没有发现有小型船队或单艘船只使用鸽子通信的记载。近程用火光、声音，也仅限于航海事宜，绝不能与家人沟通，难以获得心理慰藉。同时，船上缺乏娱乐活动，不能及时排解心理压力。（5）气候、海况突变。海上风云瞬息万变，船上虽然都配有占星、观象人员，但他们掌握的自然科学知识有限，预测得往往不准，风、浪、流、雾、雨、风暴、浅滩、暗礁等时常会突然出现，使他们面临船毁人亡的危险，他们的心里时时都有恐惧存在。（6）海盗威胁。中国有海盗的历史非常悠久，真正意义上的海盗在汉代就已出现，此后千年不能绝迹，给航海者带来巨大威胁。海盗往往出现于海况复杂地域，遭遇海盗就有遭抢掠和被杀害的危险，奋起反抗，也会导致人员伤亡，造成航海者巨大的心理恐慌。（7）疾病威胁。航海条件艰苦，湿气、瘴气、热气等都会导致疾病，食物短缺也会造成营养不良，加之医疗条件不足，患病成为家常便饭。凡此种种，都是航海者挥之不去的阴影。面对这些危险和困难，古代航海者常常无能为力，远航中的大量减员成为常态，他们就希望有一种超自然的力量能够化解这些危险，使他们出入大海平安，在遭遇危险时能够得到拯救。谁有这样超自然的力量呢？自然是海神。所以塑造一个像妈祖一样神通广大、见义勇为的海神，是航海者的心灵期盼。那么，在千千万万的男男女女中，为什么人们独把妈祖塑造成海神，并且始终如一地敬奉她呢？要知道，在中国传统的海洋文化中，航海这种活动是非常避讳女性的，其原因在于，一是男尊女卑的传统观点造成的，认为女性上船不吉利；二是船上工作一般都是重体力劳动，女性难以承担；三是女性生理使然，湿气、瘴气对女性的侵害尤其大；四是女性上船难免有男欢女爱之情，会造成航海中不安定的因素。然而，妈祖却是个大大的例外。

第三，妈祖的身世背景合适。

妈祖被塑造成海神，与她的身世背景有着直接的关系。她的身世背景有几个显著优势：巫女经历，使她掌握了一定的自然科学知识，她能够根据自然情形，感知事物变化的一些征兆，对未来的情况作出一定程度的预测；她具有强烈的正义感，乐于救助善良，对邪恶势力疾恶如仇，敢于与之角力；她有胆有识，充满智慧，善于化险为夷。把三个优点集于一身，在古代人中是十分少见的，在女性中更为罕见，妈祖优越于千千万万的男男女女，她与那些看不见、摸不着的天上和海中的大神不同，她生活于百姓之中，能体会民间疾苦。或许人们认为，在妈祖自身优势的基础上，再进行补充、完善，使之趋于完美，就可以成为一个理想的海神了。于是，一代又一代的人对她不断进行美化、虚构、传颂，终于把她神化，形成了中国历史上独特的妈祖崇拜。也有学者认为，妈祖崇拜的形成，与福建古代社会的特性有关：福建妇女下田能劳动，在家能主持家政，而福建的男子多出外谋生，于是，形成了福建妇女在下层社会里有相当影响的局面。人们崇拜母亲的心理释放在神的世界，便形成了一系列的女神崇拜，其中包括妈祖。在海上遇险的人们，会产生一种呼唤母亲保护的本能心理，所以当遇到海险时，他们大多想起的是类似母亲的海神——妈祖。这便造成妈祖显灵最多的局面。这样，妈祖便超越了众多男性神灵，成为航海的第一保护神[①]。

第四，航海中的机缘巧合。

虽然多部典籍记载妈祖生前是一名巫女，对占卜、星象、天文、地理、医术等都有一定了解，会根据一些自然景象推断出一些即将发生的变化，但要推测得准，还需要有一些机缘巧合，才能促成一些看似不可思议的事情发生。例如，在妈祖21岁那一年，莆田大旱，树木枯死，河流干涸，农民面临颗粒无收的困境。有人说，非请妈祖前来化解旱情不可。于是当地的官吏就将妈祖叫来求雨，妈祖迅速赶到。求雨完毕后，妈祖说，申刻（下午3时至5时）将会下雨。可是，到了当天的午刻（上午11时至下午1时），依然烈日当空、片云不存。那个叫她来求雨的官吏说，这个人称仙姑的女子，看来不足以称神啊！可是，没过多久，天空中阴霾四起，随后风雨交加。雨下得很大，"平地水深三尺"，人们都感到不可思议。如果我们冷静地分析这个传说故事会发现，这种事情在现实生活中是有可能发生的。妈祖在求雨之前看到了大雨到来的一些征兆，大概估算了大雨到来的时间，其间遇到一些巧合，就使得她求雨成功。人们并不了解其中内情，便传得神乎其神。还有一个例子更能体现机缘巧合：清康熙二十一年（1682年）十月，福建水师提督、靖海将军施琅奉命征剿澎湖、台湾，船队屯集于平海。十二月二十六日夜，施琅下令开船，可是当天无风，船行速度缓慢，用了一天一夜才到乌坵洋。施琅无奈，只好下令返回平海。可是还未驶到港口，海上大风突起，浪涌滔

---

① 徐晓望：《妈祖的子民——闽台海洋文化研究》，学林出版社1999年版，第402页。

天，战船随涛浮漾外海，天水渺茫，大有十无一存之势。一夜风浪，战船不知漂向何处。次日凌晨，风浪停息，施琅派船寻觅，发现船队已经进入湄洲澳中，所有人船均无损失。施琅且惊且喜地说："如此风波，怎能得到两全呢？"随后他自己回答道："昨夜波浪中，我以为我们都会葬身鱼腹。不料在昏暗中，恍见船头有灯笼，火光晶晶，好像有人挽着帆缆一起来到这里。"众人说："这是天妃在暗中保佑我们！"此事过后，施琅向朝廷报告。康熙二十二年正月初四早上，施琅率各镇营将领专程赴湄洲屿致谢，遍观庙宇，捐资调各工匠估价购买材料，重修梳妆楼、朝天阁，以显灵惠。毫无疑问，施琅船队漂到湄洲屿海域完全是风浪所致，属偶然事件，可施琅偏偏把它与妈祖的显灵相联系，制造出一个天妃保佑平安的故事。

正是因为上述四点原因，使妈祖崇拜在中国经久不衰，以至于形成今天在全世界都具有影响力的妈祖文化。

四、妈祖崇拜的意义

妈祖崇拜在中华海洋文明史上具有重要意义，笔者在此概括为三个方面。

第一，为航海者战风斗浪提供了强大精神力量。

中国古代人们无法解释海上出现的自然现象，再加上航海条件远不如今天，所以精神力量显得格外重要。明代郑和下西洋时，船队每次出发之前，都要举行隆重的祭拜妈祖仪式，航行中祭拜妈祖成为常态，也是官兵获得精神动力的重要方法。《天妃显圣录》说，永乐三年（1405年）郑和第一次下西洋时，在海上遇到了险情，当时，郑和船队正往暹罗航行，船至广州大星洋海面突遭风暴，宝船即将倾覆，船上水手请示祈祷天妃。郑和祈曰："和奉命出使外邦，忽遭风涛危险，身固不足惜，恐无以报天子，且数百人之命悬呼吸，望神妃救之！"不一会儿就听到一阵喧然鼓吹声，一阵香风飒飒飘来，仿佛看见妈祖立于桅杆顶上，自此风恬浪静，往返无虞。归国后，郑和向永乐皇帝奏明，奉旨遣官整理祖庙。郑和自备宝钞500贯，亲自到湄洲屿祭拜。"喧然鼓吹声""香风飒飒飘来""妈祖立于桅端"都只不过是郑和的幻觉，但它给了郑和以强烈的暗示，在危难之时有海神庇护，从而增强了他战胜困难的信心。郑和七下西洋的成功，与这种精神动力是分不开的，所以郑和在多处都建立了妈祖庙或天妃宫。

古代中国沿海有一种习俗，就是在新船下水出航时，必须同时制作一只该船的模型，供奉在妈祖庙内，据说这样妈祖就会时刻关心这艘船的安全。这显然也是一种精神上的安慰。今天，在我国东南沿海依然要举行多种多样的妈祖祭拜活动，这些活动一方面是一种文化活动，另一方面也是出海者获得精神慰藉的活动。在历史的记载中，一些在海上转危为安的例子，传说中是由于妈祖的显圣而出现的奇迹，实际上都是精神力量加上巧合的结果。比如上面讲过的那个妈祖帮助官兵消灭倭寇的例子，也是精神力量所致。实际情况有可能是这样的：在官兵被倭寇围堵处于绝境之时，官兵祈祷了妈祖，其中一名士兵披头散发，假装传达妈祖的旨意，让官兵越舟杀贼，从而为官兵提供了强大的精神依靠，大家义无反顾地勇猛杀敌，才扭转了败局。事实上妈祖的"神助"，是精神上的激励。

第二，为形成海上风气提供了榜样力量。

在妈祖倡导铲除的邪恶势力中，有一类来自人间。有这样一个传说：南宋开庆元年（1259年），在福建沿海出现了一股恶势力，为首的叫陈长五，他率领船队危害乡里，官兵屡剿不绝，无能为力。当地的郡守祈求妈祖帮助铲除邪恶。有一天，陈长五率领3艘船出现于湄洲屿海域，准备劫掠乡民，郡守祈求于妈祖，突然，陈长五的身上燃起大火，把他烧得皮开肉绽。陈长五大惧，慌忙扑灭火退到船舱之中，将船开入港口不敢出来。这时，海上风平浪静，陈长五见顺风顺水，率船出港。突然阴云密布，大雨骤起，官兵感到这是妈祖在施以助力，于是向陈长五发起攻击，一举将这股恶势力消灭了。类似这样的神话传说，对海上的邪恶势力产生了强大的精神震慑，大大维护了海上秩序。

第三，为中外交流提供了重要纽带。

随着海上丝绸之路的拓展，妈祖文化自然被带到海外，海外诸国出于对中华文化的仰慕，怀着与中国航海者相同的心理，使妈祖传说活跃在自己的土地上，成为重要的精神力量。尤其是海上丝绸之路沿线国家，人民将妈祖供奉在庙宇之中，奉为神灵。时至今日，在许多国家依然建有纪念妈祖的宫庙，香火不断。不仅如此，妈祖还以勤劳、善良、勇敢、正义的象征出现于海外，体现着中华民族的美德。她在世界上的传播，增进了海外国家对中国的了解。

第十章

阿拉伯古船上的中国瓷

——揭开“黑石”号之谜

在印度尼西亚苏门答腊岛东侧，有一岛屿名勿里洞岛，这片海域出产海参。20世纪90年代末，一些渔民在勿里洞岛附近海域打捞海参时，发现了一些古代瓷器，这个消息传到了一个名叫沃特法（Tilman Walterfang）的德国人耳中。沃特法是德国一家水泥厂的老板，他对海洋探险有浓厚兴趣。他的嫂子是印度尼西亚人，他的厂里也招募有印度尼西亚工人，他从这些工人口中听说了海中有古代瓷器的事情，便于1996年带着潜水装备与印度尼西亚工人一起赶到传说中有古瓷的海域，开始了寻宝之旅。令他意想不到的是，他的寻宝之旅异常顺利，很快就有了巨大收获：1997年和1998年，他连续发现了2艘古代沉船。在这期间，他成立了打捞公司，并获得了印度尼西亚政府颁发的打捞许可证。1998年上半年，他又在勿里洞岛海域发现了第三艘古代沉船，由于这艘船沉没于一块黑色大礁石附近，所以他将其命名为“黑石”号（Batu Hitam）。让他更想不到的是，“黑石”号的发现，不仅使他成了大富翁，而且在国际学术界引起了轰动。从1998年9月到1999年6月，沃特法的打捞公司对“黑石”号进行了打捞，随后他将出水的文物情况向外界公布。2002年，在上海举行的一次学术会议上，国内文物界获悉了“黑石”号的简况，立即表示出高度关注。南京博物院张浦生先生在接受媒体采访时曾感叹："'黑石'号是个罕见的宝库，其中的宝藏内涵丰富，数量庞大，保存完整，这是中国文物走向世界的重要标志，揭开了中国瓷器外销的序幕。"从2002年开始，国内的扬州博物馆、上海博物馆、湖南博物馆等文博单位提出了购买意向，新加坡、卡塔尔、日本也有此意，但"黑石"号打捞文物开价4000万美金，并提出"宝藏必须整体购买"，另外根据合约，探海公司拍卖宝藏所得必须与印度尼西亚政府分享，分配方案未达成一致，使宝藏未被推出拍卖。新加坡"圣淘沙"机构（Sentosa Leisure）系酒店业已故富商邱德拔的后人捐出巨款，协助圣淘沙休闲集团筹资以3000余万美金购入①。

2004年4月，英国《独立报》发表长篇文章《1200年前的沉船宝藏告诉你一个未被探触过的中国》，讲述了发现"黑石"号的过程，随后国内掀起了研究"黑石"号及其出水文物的热潮。根据"黑石"号上出水的文物特征，国内学者很快判断出这是一艘相当于我国唐朝时期的海船，无论是经济价值、文物价值，还是学术价值，在海洋考古中都无与伦比。那么，"黑石"号究竟是一个怎样的文物宝库，使得学者们如此惊诧？

一、"黑石"号出水文物

"黑石"号船体在水下的保存状况比较好，沉船底部有一破损的大洞，推测为触礁所致。沉没地点海床结构为黏土而非岩石，故满载的船只激起的海底黏土，为沉船提供了保护层。再者，船上运输的大部分陶瓷以及铅条、香料等都储存在广东烧造的大罐中，避免了海水对瓷器等物品的侵蚀，这就为文物保护提供了良好的条件，使出水的文物保持完整的很多。综观"黑石"号上出水的文物，其材质多样，种类丰富，有金、银、铜、铁、玻璃、瓷、石、木、香料等。金器共10件，其精美程度可与1970年西安何家村唐代窖藏出土的金器相媲美，其中，八棱胡人伎乐金杯高10厘米，比何家村出

---

① 杜文：《黑石遗宝——黑石号沉船打捞文物初窥》，《收藏》2008年第1期。

土的2件八棱胡人金杯（高分别为5.2厘米及6.4厘米）尺寸还略大些；银器有24件，还有18枚银铤，银铤单件重达2千克；铜镜30件，其中有罕见的专贡皇室的江心镜，并带有四神八卦纹饰和铭文。其他零星文物可能为船上乘员的个人物品，其中包括2件玻璃瓶、1件漆盘（残）、1件象牙制游戏器具（似为游艺用的双陆）和砚、墨（残）等①。这些文物保存之完好、规格之高，在国内实属罕见。当然，数量最多、最吸引国内外目光的还是瓷器。"黑石"号上出水的瓷器有以下四个特点。

第一，数量大。出水的完整瓷器达67000余件，占了"黑石"号全部货物的98%。如果加上因船触礁而造成毁损的瓷器，有人估计"黑石"号上载运的全部瓷器可能在10万件以上。

第二，种类全。出水的瓷器产自中国不同的地方，有湖南的长沙窑、浙江的越窑、河北的邢窑、河南的巩义窑以及广东各窑，可以说都是唐朝时期中国最负盛名的窑口。其中长沙窑瓷器最多，达56000多件。长沙窑位于湖南长沙附近的铜官镇，也称铜官窑，始于初唐，盛于中晚唐，衰于五代，前后经历200多年，出产的瓷器以釉下彩最负盛名。"黑石"号所载长沙窑瓷器，以碗居多，另有壶、炉等，均属釉下彩，图案有文字、植物、花卉、动物、人物等，如青釉褐斑褐绿彩莲花纹碗、青釉褐斑褐蓝彩阿拉伯文碗、青釉褐斑褐红彩云气纹碗、青釉褐斑模印贴花壶、青釉褐绿彩带流灯、酱釉香炉等。由于系手工所绘，图案没有重复的，其中有个图案是带鬈发的人脸，属中亚胡人，证明这些瓷碗是专门用于外销的外销瓷。越窑瓷器有200多件。越窑位于今浙江上虞、慈溪、余姚、宁波一带，生产年代自东汉至宋代，唐代是越窑工艺最为精湛的时期，以青瓷为代表，其胎质之精细、造型之美观、釉色之靓丽，堪称当时的极品。"黑石"号出水的越窑瓷器，包括碗、碟、壶、罐子等，均是青瓷，如青釉带盖香薰灯（见图10-1）、青釉刻花碗等，也都是精品。河北邢窑的白瓷300多件。邢窑位于今河北省邢台市所辖

---

① 杜文：《黑石遗宝——黑石号沉船打捞文物初窥》，《收藏》2008年第1期。

邱县、临城县两县境内的太行山东麓地带，始于北朝，衰于五代，终于元代，是中国古代北方最早烧制白瓷的窑场。"黑石"号出水的邢窑瓷器，均属白瓷，如白釉盏托、白釉杯、白釉碗等。巩县窑又称巩义窑，位于巩义市白冶河两岸的北山口镇水地河、白河、铁匠炉、汪寨、大小黄冶等几个自然村附近，它是隋唐时期中原地区著名的烧造白瓷和唐三彩的民间窑场，还兼烧黑釉、酱釉、绞胎、白釉等。"黑石"号出水的巩县窑产品，以白瓷为多，有白釉穿带瓶、白釉碗等。广东各窑的瓷器有1600多件，主要是装水用的大罐，以及装其他东西的盛储器，如官冲窑青釉六系翁等，这些瓷器以广东梅州水车窑的产品为主，有学者认为："岭南广东窑系的青瓷当中，以一类胎骨厚重，整体施罩绿青色调透明开片亮厚釉的作品最为精良，所见器式除了少数壶罐类之外，以百余件的呈敞口、斜弧壁的圈足或壁足碗的数量居多。另外，也有于内壁施以耐火泥团垫烧而成的粗质青釉寰底钵等作品……从广东梅县唐墓屡次出现该类青瓷碗，同时梅县水车公社等窑址也出土了造型特征完全一致的标本，可以认为沉船中的该类施罩透明亮厚青绿釉的作品，是来自唐代梅县窑区所生产。"[1]

图10-1　"黑石"号出水的青釉香薰

① 谢明良：《记黑石号（Batu Hitam）沉船中的中国陶瓷器》，《美术史研究集刊》2002年第13期。

　　第三，品级高。在出水的瓷器中，有一些品级极高的品种，其中有两件瓷器上面带有很特别的款，一件是带有"盈"字款的绿釉碗，另一件是带有"进奉"款的白釉绿彩盘，这说明这两件瓷器与宫廷有关。学术界一般认为，"盈"字有的也写作"大盈"，是"百宝大盈库"的略写①。"百宝大盈库"是古代储藏进奉给皇帝的钱物的地方，2001年河北邢台市清风楼东侧南长街出土的一批"大盈"款白瓷残片，就是实物佐证。"进奉"是指中央和地方官吏向皇帝额外贡献的物品。由此看来，"黑石"号上出水的这两件瓷器，是进献给皇帝的贡品。那么，给皇帝的贡品为何会出现在"黑石"号上呢？有这几种可能：一是贡奉之余售于市场。唐代宫廷所用瓷器的生产组织方式主要有官方窑场生产和通过"和市"等方式组织民间生产两种，那些民间窑场生产的贡瓷，有可能会流入市场，辗转进入"黑石"号的货物中。二是皇帝赏赐。皇帝的赏赐有多种情况，包括赏赐臣属及寺庙贡奉等，这些赏赐品极有可能流入民间，进入市场。也有可能是朝廷直接赏赐给"黑石"号的主人的，如果"黑石"号仅仅是一艘商船，那么直接赏赐的可能性不大，但如果"黑石"号兼有外交使命，那么直接得到赏赐的可能性就很大了。所以有学者认为，这些瓷器可能是赠送给阿拉伯君主的，以加强当时两个最强国中国和阿拉伯国家之间的和平关系②。

　　第四，珍品多。"黑石"号出水的瓷器，无论是哪个窑口出产的，都有极为珍贵的品种。最为名贵的当属三件唐代青花瓷器，专家们将其鉴定为河南巩县窑出品，因为它的纹样与扬州发现的唐代青花执壶、碗、枕等残件近似（见图10-2）。说它名贵，是因为它是迄今为止发现的中国最早、最完整的青花瓷，目前我国还没有一件这样的唐代青花完整器，只有扬州出土的标本。所以有专家称："三件青花盘可称是青花瓷的先驱产品，是唐青花器成

<hr>

①　项坤鹏：《"黑石号"沉船中"盈""进奉"款瓷器来源途径考》，《考古与文物》2016年第6期。

②　［新加坡］林亦秋：《唐代宝藏——"黑石"号沉船》，2005年古陶瓷科学技术国际讨论会（上海）。

功烧制的典范，将成为唐青花断代的标准器。"[1]出水的瓷器中，还有一件白釉绿彩的吸杯罕见，这种杯是用于喝酒或喝水的，喝酒水时不须直接喝，用旁边的吸管吸即可。据专家们考证，这件瓷器属邢窑白瓷，这一造型的瓷器，全世界只有法国吉美博物馆存有一件[2]。

图10-2　"黑石"号出水的唐代青花瓷盘

正是因为"黑石"号上出水的瓷器具有如此巨大的文物和历史价值，所以国内的文博单位产生了让其回归祖国的想法，一些博物馆如扬州市博物馆、上海市博物馆、湖南省博物馆等都提出要整体购买这批文物，但后来由于前述原因而没有成功，目前主要文物陈列于新加坡亚洲文明博物馆中。

虽然"黑石"号上的文物没有整体回归祖国，让国人感到有些遗憾，但令人欣慰的是，2017年12月，有162件（套）长沙窑瓷器回归故里，被收藏于长沙铜官窑博物馆中。这批瓷器是沃特法的私人留存，不在新加坡购买的那批文物之内，其中有罐、碗、壶、香薰等，个个造型精美、色泽亮丽、图案丰富，拟定为一级文物的有15件（套）、二级文物的有81件、三级文物的

① ［新加坡］林亦秋：《黑石号沉船上的唐青花瓷》，《收藏》2008年第1期。

② 《"黑石"号：海上丝绸之路的辉煌记忆》，《解放日报》2018年6月29日。

有60件，一般文物的有6件①。

从"黑石"号被发现到现在，已经过去20多年了，在这期间，学者们从不同角度对"黑石"号沉船展开了全面深入的研究，除瓷器外，还揭开了若干谜团。

二、"黑石"号的国属

"黑石"号究竟是哪个国家的商船？这个问题直接关乎中国古代海外贸易的走向。事实上从打捞船体那一刻开始，人们就注意到了这个问题。据参与打捞工作的人员介绍，"黑石"号船体基本保存完整，沉船底部有一破损大洞，据推测为触礁所致。由于沉没地海床结构为黏土而非岩石，满载的"黑石"号在沉没时激起了海底黏土，船身被黏土掩埋，形成保护层，加之船上运载的大部分陶瓷、铅条、香料等都储存于广东烧造的大罐中，里面还有部分填充物，故使船上所载物品都能比较好地保存下来。

勿里洞岛位于古代海上丝绸之路上，来往于东方和南亚、西亚乃至欧洲之间的航船大多要经过这里，沿途国家的海船都有可能在此沉没。那么，"黑石"号是哪国的海船呢？为了解答这个问题，研究者首先从造船技术入手实施突破，因为在古代，世界各国的造船技术有很大的差别，弄清造船技术特点，其国别问题就可迎刃而解。"黑石"号的船体基本完好，考古工作者可以清晰地看到它的结构，了解它的建造技术。它是一艘单桅平底船，长20米至22米，宽不过七八米，它的船板和梁柱上没有一个铁钉，也没有发现有卯榫结构，有的却是一排排整齐的圆孔，这说明这艘船船板的连接不是采用铁钉钉连和卯榫连接技术。根据这一点，可以排除是中国造海船的可能性。因为在唐宋时期，海船船板的连接技术是铁钉加卯榫，虽然到目前为止，我国国内还没有发现唐代远洋海船的实物标本，但宋代海船的实物却有

---

① 《千年之后，"黑石号"文物回归故里》，《长沙晚报》2017年12月10日。

多艘，宋代海船采用的都是铁钉和卯榫相结合的连接技术，而宋代这一技术又是与唐代造船技术一脉相承的。那么，"黑石"号船板上那一排排圆孔究竟昭示着怎样的造船技术呢？人们仔细观察发现，船板的圆孔都是两排相对的，它们分别位于接缝的两侧，这分明是穿孔缝合式连接技术的特征，这种技术类似现在的缝衣服，就是先在需要连接的两块木质构件接缝两侧打造圆孔，然后用椰壳纤维制成的绳索，穿过这些钻孔，将两块船板捆绑在一起。木质构件之间的缝隙用橄榄汁填塞，橄榄汁干透后非常坚硬，起到了捻缝的作用，保证船不会漏水。这种连接技术是不需要铁钉或卯榫的，用这种方法造出来的平底船适合于多礁滩的沿岸和近海地区航行，在这些地区航行，它的抗沉性高于铁钉和卯榫连接的船舶。因为用铁钉或卯榫连接的船船底碰到礁石是硬碰硬，会遭到损坏，而用椰壳纤维绳索缠绕的船底，具有弹性，碰到岩石不易破裂。另外，缝合连接技术维修方便，修理成本也小，当船体某个地方受到损伤时，只要解开缝合绳索就能更换损坏的木板。然而这种技术也有弊端，当船远洋航行时，船体的抗沉性就远不如铁钉和卯榫结构了，因为用绳子捆扎的牢固程度比铁钉和卯榫连接要低得多。元代来中国的马可·波罗对这种造船技术很不以为然，他在忽鲁模思看到过用这种技术建造的船舶，他评价说："其船舶极劣，常见沉没，盖国无铁钉，用线缝系船舶所致。取'印度胡桃'（椰子）树皮捣之成线，如同马鬃，即以此线缝船，海水浸之不烂。然不能御风暴。船上有一桅、一帆、一舵，无甲板。装货时，则以皮革覆之，复以贩售印度之马置于革上。既无铁作钉，乃以木钉钉其船。用上述之线缝系船板，所以乘此船者危险堪虞，沉没之数甚多。盖在此印度海中，有时风暴极大也。"[①]这也可能就是"黑石"号沉没的原因。

造船中使用穿孔缝合式连接技术流行于印度和阿拉伯帝国，这表明"黑石"号商船产自这两个地方。那么，"黑石"号究竟是一艘来自印度的商船，还是一艘来自阿拉伯帝国的商船呢？2007年，以色列特拉维夫大学生物实验

---

① ［法］沙海昂注，冯承钧译：《马可波罗行纪》，商务印书馆2011年版，第61页。

室对"黑石"号各部位的不同木料进行了碳十四测定，根据测定结果以及木料的产地，人们确定这艘船是一艘阿拉伯海船[1]。

有人认为，阿拉伯民族是生活于沙漠的民族，他们远离海洋，与航海无涉，怎会造出如此用于远洋的海船呢？然而事实上，公元7世纪阿拉伯人就开始了远征行动，他们从内陆向摩洛哥和中亚进军，脚步踏入了蓝色的海域，创造了了不起的海洋文明。他们的航海技术曾经一度享誉世界，他们的海船不仅出现于东非海岸，而且还开到了中国。在阿拉伯人中，出现了富有冒险精神、航海技术精湛的航海家。阿拉伯古代民间故事《一千零一夜》中就有一篇《辛伯达航海记》，里面谈到，辛伯达曾经远航到达中国，开辟了阿拉伯到中国的航线。有人考证，辛伯达的航海故事发生于哈鲁恩·拉希德在巴格达执政期间（786—809年），说明在7世纪以前就有阿拉伯人越过印度洋和太平洋到达中国。为了验证《一千零一夜》中辛伯达航海经历的真实性，爱尔兰探险家蒂姆·赛弗林曾在阿曼政府资助下，建造了一艘仿阿拉伯缝合船体古帆船"苏哈尔"号，于1980年11月至1981年7月，耗时7个半月从阿曼航行到中国广州，证明了当时的阿拉伯海船从事远海航行的可靠性。世界知识出版社据此于1988年出版了《现代辛伯达航海记》一书，对仿古缝合帆船建造、航路均有详细记录。根据此书所引用的阿拉伯航海资料可知，在1498年欧洲探险船队到达阿拉伯海之后，阿拉伯人开始仿照欧洲船只的设计，把船尾改成方形，此前的阿拉伯船只是不分船头船尾的，船头与船尾可交替使用，"黑石"号估计也属于这类船只[2]。

"黑石"号上出水货物清楚地表明，它是一艘唐朝时期的阿拉伯海船，那么，它沉没于何年何月呢？在打捞出水的长沙窑瓷器中，有一只碗背后刻有这样的文字："宝历二年七月十六日。"宝历二年是指唐朝宝历二年，即公元826年。这个日期最大可能是这只碗的生产日期。有人猜测，"黑石"号有可能沉没于宝历二年，因为这样的碗是生活日用品，很有可能是当年生

---

①　李怡然：《"黑石号"货物装载地点探究》，《文物鉴定与鉴赏》2017年第9期。

②　杜文：《黑石遗宝——黑石号沉船打捞文物初探》，《收藏》2008年第1期。

产、当年装船。可是后来经过对船的碳十四测定，最后认定"黑石"号沉没于9世纪30年代到40年代之间，也就是这只碗完成的几年以后，或十几年以后①。

三、"黑石"号的航路

在我国唐代，中国人已经开辟了从中国到达西亚的航线，这在典籍上是有明确记载的。贾耽（河北沧州南皮人，字敦诗）是唐朝中期宰相，是自唐玄宗后六朝元老，也是地理学家、政治家。唐朝贞元年间，他撰写了《皇华四达记》，其中详细记载了一条从广州到大食国缚达城的海上航线，名"广州通海夷道"。大食国是指古代的阿拉伯帝国，缚达城位于现在伊拉克的巴格达，是阿拔斯王朝的首都。虽然《皇华四达记》后来散佚了，但所记航线被欧阳修等人收入《唐书》中。这条航线是：

广州东南海行二百里至屯门山，乃帆风西行一日，至九州石；又南二日至象石；又西南三日行至占不劳山，在环王国东二百里海中；又南二日行至陵山；又一日行至门毒国；又一日行至古笪国；又半日行至奔陀浪洲；又两日行到军突弄山；又五日行至海硖，蕃人谓之质，南北百里，北岸则罗越国，南岸则佛逝国。佛逝国东水行四五日至诃陵国，南中洲之最大者。又西出硖三日至葛葛僧祇国，在佛逝西北隅之别岛国，人多钞暴，乘舶者畏惮之。其北岸则个罗国，个罗西则哥谷罗国。又从葛葛僧祇四五日行至胜邓洲；又西五日行至婆露国；又六日行至婆国伽蓝洲；又北四日行至师子国，其北海岸距南天竺大岸百里；又西四日行经没来国，南天竺之最南境；又西北经十余小国至婆罗门西境；又西北二日行至拔（颿）国；又十日行经天竺西境小国，五日至提（颿）国，其国有弥兰大河，一曰新头河，自北渤昆国

———————

① 《"黑石"号：海上丝绸之路的辉煌记忆》，《解放日报》2018年6月29日。

来西流至提（颶）国，北入于海。又自提（颶）国西二十日行经小国二十余至提罗卢和国，一曰罗和异国，国人于海中立华表，夜则置炬其上，使舶人夜行不迷。又西一日行至乌剌国，乃大食国之弗利剌河，南入于海，小舟溯流二日至末罗国，大食重镇也。又西北陆行千里至茂门王所都缚达城……①

贾耽所述的这条航线，虽然有些地名的考证至今仍存在争议，但基本线路还是明确的，它是从中国的广州出发，经过香港地区，过海南岛东南，沿越南东岸南行至马六甲海峡，靠泊南岸的室利佛逝，向西继续通过马六甲海峡，经尼科巴群岛，横渡孟加拉湾至斯里兰卡。然后沿着印度半岛西岸行至巴基斯坦卡拉奇，过阿曼湾、波斯湾，溯幼发拉底河至巴士拉，再沿底格里斯河到达巴格达。贾耽的记述表明，这条航线在唐代已经非常成熟。"黑石"号沉没的地点，恰好在这条航线上，"黑石"号当年的目的地有可能就是巴士拉或者是巴格达，因为在这一带，曾经出土过长沙窑的瓷器。在"黑石"号发现以前，贾耽所描述的航线只是文字记载，"黑石"号的发现，为这条航线提供了有力的实物佐证。

四、"黑石"号的出发港

由于"黑石"号上所装载货物绝大多数来自中国，故国内多数学者认为，这艘商船应该是开往中国，与中国商人直接交易后，在各港口装运货物，回程途中不幸遭遇意外沉没。当然，也有学者认为，这艘商船并未来中国，而是在印度尼西亚的室利佛逝港与中国商船进行交易，然后将中国商品搬上船的。这样，关于"黑石"号的出发港就有了不同的答案：有说国内的，有说国外的，说国内的意见也不统一。综合学者们的观点，"黑石"号的出发港主要集中于以下三座港口。

① 欧阳修：《唐书》卷四十三下。

1. 扬州港

这种观点是目前学术界关于"黑石"号出发港的主流观点，持这种观点的学者认为，长沙窑、越窑以及巩县窑所产瓷器，通过陆路和海路运往扬州，在这里装上"黑石"号，"黑石"号由此扬帆起航，先后在明州（今浙江宁波）和广州停靠，最后沿着贾耽所描述的航线驶向西亚。这是因为，扬州在隋炀帝开凿大运河后，发展成为中国东南地区的经济中心和军政中心。隋末由于中原动荡，隋炀帝曾长期居住在扬州，扬州成为具有别都性质的城市。到了唐代，随着江南地区经济的发展，中央政府越来越依仗南方，于是淮汉以南、南至岭南的货物，大都通过扬州转运河北上，到达关中和北方各地。不仅如此，扬州由于临海，是唐朝对外贸易的主要港口之一，有如下证据证明它是"黑石"号的出发港：一是历年的考古发现，扬州城内出土了大量的长沙窑瓷片、白釉绿彩瓷片，以及唐代青花瓷残件，与"黑石"号上出水的瓷器种类非常接近。从目前发现的资料来看，只有扬州可以在品种和数量上达到"黑石"号装载产品的要求。二是从中晚唐到五代时期，扬州一直是外销瓷最重要的港口之一。三是据史料记载，唐朝时期有许多波斯、阿拉伯商人曾经居住在扬州，从20世纪60年代以来，陆续在扬州出土了波斯陶壶以及波斯陶器碎片，证明了波斯和阿拉伯商人在此居住过。四是在"黑石"号上出水了一件铜镜，上面刻有"于扬州扬子江心"字样。根据这些因素综合判断，可认为"黑石"号的出发港在扬州[①]。

2. 广州港

这种观点认为，当时"黑石"号停泊于广州，长沙窑瓷器是用船运到广州的，因为大宗瓷器运输如果走陆路，经过颠簸破损率就会很高，走水路就

---

① 见陆芸：《从"黑石号"等沉船出土的物品看古代中国与阿拉伯国家的贸易往来》，《学术评论》2017年第3期；徐仁雨：《扬州出土的陶瓷标本与"黑石号"之比较》，2014年"人海相依：中国人的海洋世界"国际学术讨论会；谢明良：《记黑石号（Batu Hitam）沉船中的中国陶瓷器》，《美术史研究集刊》2002年第13期等。

会很安全。那么，从长沙到广州运瓷船经过了一条怎样的航路呢？学者们认为，运瓷船是溯湘江而上，经灵渠到达广州的，这条航路非常方便；越窑的瓷器是用船沿海岸南下运到广州的，这条航线也很便捷；巩县窑和邢窑瓷器因为数量少，走陆路抵达广州也无问题；而广州当地的瓷器更是可以直接装船。那么，"黑石"号为什么要停泊于广州呢？学者们给出了两点理由：一是贾耽所记载的航线就是从广州出发的。二是唐朝时期，广州是对外贸易的重要港口，开元二年（公元714年）之前就已经设立了市舶司①，大量的外国商船聚集于此。有位学者曾经提供了一份史料，说公元8世纪，曾有一位中国官员在广州港看到过一艘用缝合式连接技术建造而成的阿拉伯海船，不用铁钉，而用椰壳纤维连接，从而证明"黑石"号也有可能来过广州。三是"黑石"号上瓷器的存储方式，也证明"黑石"号有可能是在广州装货的。大量的长沙窑瓷器是一摞摞装在一些粗瓷大罐中的，里面放上填充物，这种存储方式既保护了瓷器，又节省了空间。而粗瓷大罐是广州窑所产，船主很有可能先把船开到广州，装上粗瓷大罐，而后将运来的长沙窑瓷器装入大罐②。

3.室利佛逝港

持这种观点的学者，首先否定了"黑石"号在扬州和广州装船的可能性，他们认为：根据长沙窑的外销港口来看，似乎其在广州装运更为合理，因为就目前的考古发现来说，在扬州几乎没有发现广东瓷窑的产品。也就是说，如果"黑石"号在扬州装船，就意味着它要在广州卸下数量庞大的长沙窑瓷器重新包装，这显然是费时费力的。或者仅仅为了数量不多且质量不高的广东瓷窑产品而特意在广州停靠，接着再北上前往扬州，这似乎也并不合

---

① 见王冠倬：《唐代市舶司建地初探》，《海交史研究》1982年第4期；傅宗文：《中国古代海关探源》，《海交史研究》1988年第1期；施存龙：《唐五代两宋两浙和明州市舶机构建地建时问题探讨》，《海交史研究》1992年第1期；李庆新：《唐代市舶使若干问题的再思考》，《海交史研究》1998年第2期等。

② 见马晓惠：《千年沉船黑石号的发现传奇》，《海洋世界》2011年第8期等。

理。但是，"黑石"号沉船瓷器中除了有来自长沙窑、广东瓷窑生产的瓷器外，还有越窑、邢窑、巩县窑产品，以及数件波斯蓝釉器。尽管广东地区墓葬或遗址亦曾发现邢窑白瓷、越窑青瓷和长沙窑彩绘瓷，但其发现频率低、数量小，只有长沙窑的数量相对较多，但估计亦不过十数件。因此，从"黑石"号上所发现的器物组合来看，"广州装船说"似乎也不具备充分理由。而最合理的推测，则是在室利佛逝装船。

室利佛逝也称佛逝国，宋代以后改称"三佛齐"，它位于现在印度尼西亚的苏门答腊岛南部，是一个基本依靠其地理位置大力发展海上贸易的国家，贾耽在《皇明四达记》中描述的"广州通海夷道"上就有佛逝国，它是其中重要一站。有学者认为，当时，"黑石"号停泊于室利佛逝的港口中，从中国开来的几艘海船，分别装载着各地所产瓷器，与这艘阿拉伯船进行贸易。中国人把大量瓷器卸下，然后装上"黑石"号，"黑石"号在返航经过勿里洞岛海域时，遇险沉没。那么，中国和阿拉伯的贸易商船为什么要在室利佛逝进行交易呢？学者们给出了四点理由：一是受信风和距离的影响，当时大部分商船不是航行全程，也就是说，阿拉伯商船并不直航中国，中国的商船也少有到达波斯湾的，东西洋的货物应该主要是在室利佛逝进行交易的，这样既节省了时间，又减少了远航中的风险。"黑石"号作为一艘典型的阿拉伯单桅缝合船，其远航能力是有限的，如果能在附近地区得到自己需要的来自中国的贸易商品，阿拉伯商人没有必要去冒如此之大的航行风险，穿越南海前往中国的港口进行贸易。二是大量文献史料记载，室利佛逝在我国的唐代是一个国际贸易集散中心，包括中国在内的各国贸易商船都在此寄泊，并开展贸易。三是室利佛逝是一个佛教国家，这里盛行佛教，而"黑石"号上出水的若干瓷器，都具有佛教器物造型，或带有佛教色彩的图案，如出水的多件香薰造型精美，属禅宗佛教僧侣在诵经念佛时使用的一种贡具，是典型的佛教器物。还有两件带有"卍"字符号的器物，一件是绘有钟形图案的长沙窑瓷碗，另一件是"卍"字符金碟。"卍"字是典型的佛教符号，指的是佛祖的心印。说明这些瓷器并不是销往阿拉伯的，也不是内销瓷，而是专门用于在室利佛逝进行交易的，而被阿拉伯商人购得，装上了"黑石"号。四是在室利佛逝所在位置以及周围地区，出土了大量瓷器。在考古发掘中，东南亚的印度尼西亚苏门答腊岛、马来西亚、爪哇岛、泰国、菲律宾等地均发现了我国隋唐五代时期的陶瓷，其中出土陶瓷最多的地方是南苏门答腊的巨港，这里曾是室利佛逝的首都。出土的陶瓷包括越窑产的青瓷，器形主要有刻花的壶、满釉带有支烧痕迹的碗和外壁带有荷瓣纹的钵等，此外还有广东青瓷和长沙黄釉盘。这次瓷器品种，几乎涵盖了"黑石"号上发现的瓷器组合，尤其以长沙窑为多，也符合出水瓷器的比例。五是"黑石"号除了运载大量瓷器外，还载有少量的玻璃器皿、八角茴香、龙脑香等产品。龙脑香是一种东半球热带地区的植物，多生长于东南亚地区。9世纪时是瑞典的外来香料，《宋史》中就提到三佛齐使者向唐朝进贡的贡品中就有龙脑。"黑石"号上的龙脑香显然不是中国所出，它可能就是室利佛逝当地的产品。综合这些因素，学者们认为，"黑石"号的出发港应在室利佛逝①。

既然室利佛逝港是"黑石"号的始发港，那么，装载着中国瓷器与之进行贸易接洽的商船又是从哪个港口出发的呢？有学者断定，这些商船是从扬州和广州将瓷器等物品分别运往室利佛逝的。其基本根据是：首先，扬州作为长沙窑瓷外销的最主要港口，这是学界公认的，并且根据考古发现得知，扬州城内也出土了大量的长沙窑瓷片、越窑瓷、白釉绿彩瓷以及白瓷等，这些足以说明公元八九世纪时期从扬州出海的船只上所装货物多为长沙窑、越窑瓷、白瓷以及白釉绿彩瓷等。其次，沉船上出水的数百件广东本地所产青瓷罐，根据学者研究，大致认为其来自梅县窑，并且从历年的考古发掘中得知，在广东以北的中国港口如扬州、明州出土众多的7—10世纪上半叶商品瓷器中，并没有发现广东瓷器的踪迹，而中国其他省份也没有发现广东瓷器，并且在东亚也少有出土，而在东南亚、非洲等地的港口和城市却有

---

① 见秦大树：《中国古陶瓷外销的第一个高峰——9—10世纪陶瓷外销的规模和特点》，《故宫博物院院刊》2013年第5期；张海军：《"黑石号"沉船有关问题再研究》，《东方收藏》2014年第11期；李怡然：《"黑石号"货物装载地点探究》，《文物鉴定与鉴赏》2017年第9期等。

出土，足可见沉船上的广东产青瓷罐应该是由广州出发的船只所装货物[1]。也有学者从单件瓷器的特征推测装船路径，认为上述"盈"字款和"进奉"款两件瓷器登上"黑石"号最有可能的路径是：从宫廷或者产地散落至扬州，再从扬州被相同或者不同的船只运送至室利佛逝，然后被网罗至"黑石"号上。而"黑石"号船主之所以会搜罗此类珍贵物品，可能是为了满足波斯、大食等国贵族的需求[2]。

关于"黑石"号出发港的三种观点，就笔者看来，都有言之成理的地方，也都存在矛盾之处。如果从扬州出发，不能解释"黑石"号船主如何将广东青瓷大罐拉到扬州再装载长沙窑碗的行为；如果从广州出发，在广州的唐代遗址很少发现长沙窑产品，也难以作出合理解释；如果从室利佛逝出发，"黑石"号上"盈"字款和"进奉"款两件瓷器通过中国商船运往室利佛逝也难以说通。究竟问题出在哪里呢？笔者认为，问题就出在"黑石"号在这三个港口停泊和交易的顺序上。笔者经过对各种因素的综合研判认为，上述三处港口都是"黑石"号的停泊交易港，只不过先后顺序需要特别强调。笔者推测，"黑石"号先在广州购入白瓷大罐，将它们装上船，然后开往扬州，将长沙窑瓷等大宗瓷器搬上船，装入广东白瓷大罐。在这两个港口，"黑石"号船主通过目前我们还无法知晓的渠道，将"盈"字款和"进奉"款两件瓷器收入囊中，然后扬帆起航，前往室利佛逝进行其他商品的交易。如此"流程"就可使上述矛盾得以化解。

以上对"黑石"号谜团的破解，为我们带来了对唐代陶瓷发展的新认识。但是，"黑石"号出水瓷器的主体毕竟保存在国外，国内学者研究起来没有那么方便，还有许多疑问不能及时解答，例如"黑石"号作为一艘贸易商船，它是否还负有外交使命？如果负有外交使命，它的使命又是什么？"黑石"号上发现的钱币不多，船主购买中国瓷器以什么方式结算？出水瓷

---

① 张海军：《"黑石号"沉船有关问题再研究》，《东方收藏》2014年第11期。

② 项坤鹏：《"黑石号"沉船中"盈""进奉"款瓷器来源途径考》，《考古与文物》2016年第6期。

器上的各种纹饰除了已知信息以外，还有哪些未知信息？等等，这些问题都有待于学者们继续破解。

五、"黑石"号沉船的启示

"黑石"号的沉没，是古代航海史上的一大灾难，然而这一悲剧竟然为人类保存了一座世界上独一无二的文化遗存，这是值得庆幸的。那么，这艘沉船给予我们留下什么启示呢？

第一，唐代有着陶瓷生产和外销的巨大规模。唐代是我国陶瓷发展史上的重要阶段，这一时期，国力强盛，贸易发达，社会开放，人们生活富足，精神生活需求增多，对瓷的需求量大增，从而促进了全国各地的陶瓷生产，使瓷器进入了人们的日常生活[1]。各地制瓷工匠争相研制新产品，瓷的种类不断增加，制作也越来越精美。与此同时，海外贸易随着海上丝绸之路的日益繁盛，规模不断扩大，大量的瓷器走出国门，销往世界各地，并由此出现了专门满足海外各国需要的大规模外销瓷生产。有人曾经对唐代长沙窑外销瓷在国外出土情况进行过调查，发现伊朗共有十四个地点出土了长沙窑瓷器，其中包括西拉夫、达伊尔、比比卡顿、沙阿布杜拉、特勒莫拉哥、米纳布、博斯塔内、苏萨、内沙布尔、锡尔詹等地[2]，可见当时外销瓷在阿拉伯帝国的销量之大。"黑石"号出水的精美绝伦的青花瓷、白瓷、青瓷、彩瓷等，再次印证了中国与阿拉伯帝国之间贸易的繁盛。

第二，唐代的海上丝绸之路十分繁盛。安史之乱以后，由于战争的原因，陆上丝绸之路逐渐趋弱，从而促进了海上丝绸之路的繁盛。来往于中国与东南亚、西亚和非洲之间的航船络绎不绝。泰国曼谷大学东南亚陶瓷博物馆的数据显示：唐代以后，海上丝绸之路的"印记"越来越丰富。东南亚国

---

① 李家治主编：《中国科学技术史·陶瓷卷》，科学出版社1998年版，第5页。

② 马继东：《唐代著名外销瓷器长沙窑陶瓷调查（二）——从印尼打捞唐代"黑石号"沉船引发的调查》，《艺术市场》2004年第2期。

家正式登记的已经打捞出沉船的地点，截至目前共有一百多处，打捞出的沉船有二百余艘，大多为20世纪80年代以后所发现。其中，菲律宾最多，为41处，印度尼西亚27处，泰国23处，马来西亚17处，越南10处。这二百余艘沉船，恰似一个庞大的多国舰队，从历史深处驶向近代。被打捞的沉船中，有来自中国的，也有来自欧洲、中东地区的，而所有这些沉船都装载着来自中国的精美陶器、瓷器和金属器皿，有的甚至还装有瓜子和茶叶。这仅仅是东南亚一带沉船的统计，西亚、非洲以及欧洲等海域还应该有更多的古代沉船，上面无以数计的中国陶瓷还沉睡在那里。从某种角度讲，海上丝绸之路也是"海上陶瓷之路"，它在唐代已经是航船络绎不绝了。

第三，唐朝与阿拉伯帝国已经开通直接贸易。在"黑石"号沉船发现的大多数碗上，都绘有抽象的几何图形，这些图形大致有三种：一种是联珠纹组成串珠图形，或三角或四方或弧形甚至圆形的组合图案，就像波斯地毯或垂幔；另一种是直条纹或放射状线；还有一种是多种自由舒展、变幻莫测的线条，状如行云流水、蔓草、彩带或节日火花。这些图案都是商人们为中国与西亚文化沟通和相互传播而专门设计的，它起到了桥梁作用。[①]除了几何图案以外，椰枣图案也是"黑石"号瓷器上的重要纹饰。椰枣也称波斯枣、伊拉克枣，原产于北非和波斯湾地区。"黑石"号瓷器上的椰枣纹，乍一看像葡萄图形，但仔细看会发现其叶子是羽状复叶，与葡萄的巴掌形叶子迥然不同，这便是椰枣图案。例如在三件青花瓷盘上都画有纹饰，图案中间画有菱形框，周围装饰有棕榈形叶片，菱形框内有一个图案就是椰枣纹，这就说明这些明显带有西亚元素的瓷器是有针对性生产并专门销往阿拉伯帝国的。另外，在阿拉伯帝国的阿拔斯王朝（750—1258年），陶器上大多都绘有一种纹饰——辐射状的扇形棕榈叶，这是典型的伊斯兰纹饰，这种纹饰在"黑石"号出水的瓷器上比比皆是[②]，由此可以证明，中国与阿拉伯帝国之间的直接海上贸易在唐代已经形成规模，其开始时间可能在唐朝之前。

---

① ［新加坡］林亦秋：《唐代长沙窑瓷远渡中东》（下），《艺术市场》2004年第2期。

② ［新加坡］林亦秋：《黑石号沉船上的唐青花瓷》，《收藏》2008年第1期。

第四，中国陶瓷的输入对阿拉伯帝国陶瓷发展产生了重大影响。一艘商船上载运的货物98%是陶瓷，这说明阿拉伯帝国对陶瓷的需求量很大，陶瓷在这些国家已经不仅仅是宫廷贵族的用品了，而且走入了寻常百姓家。这些陶瓷的输入，不仅改变了阿拉伯人的生活方式，使他们由席地而坐聚餐，变为坐在餐桌上使用陶瓷餐具用餐，而且，对当地的陶瓷生产也起到了巨大的推动作用。有位外国学者这样评价中国陶瓷对阿拉伯帝国的影响："当装载着唐朝陶瓷的船只经印度洋驶抵巴士拉时，这些精美绝伦的陶瓷给当地工匠以启发，鼓励他们尝试自己的新创造。虽然当地缺乏基本原料，又没有高温的烧窑技术，但工匠们就地取材，采用伊拉克南部的黄色黏土，模仿中国陶瓷的形状和颜色，创造出自己的产品。值得注意的是，他们非常注重视觉效果，努力用黄色黏土制造出不透明的白釉碗，从而根本性地改变西亚陶器的状况及其作用。"[1] "黑石"号所载中国瓷器，种类之多、样式之丰富、数量之大，都是之前人们难以想象的，在这些瓷器中，必将有一大批成为阿拉伯瓷器匠人参照的蓝本，这就为他们的瓷器生产提供了更加丰富的技术标本。

---

[1] 吉西亚·哈蕾特：《模仿与启示：中国与巴士拉之间的陶瓷贸易》，《海交史研究》1995年第1期。

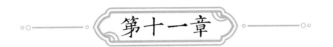

海上陶瓷之路

——谈中国瓷器的外销

　　法国国家图书馆藏有一本来自中国的画册，画册收录了50幅中国国画，这些国画笔法精湛、色彩艳丽、构图美观，画的内容反映的是一个主题，那就是清代中期中国外销瓷的制造和贸易。所谓外销瓷是指由中国制造的专门销往海外的瓷器。在画册中，瓷器的制造过程，从采土、碓舂、过滤、制坯到绘图、烧制，都描绘得栩栩如生。特别值得关注的是，在50幅画作中有12幅画有船只，这些船是用于运输制造瓷器的材料和成品的，说明在古代制瓷行业中，特别重视水上运输，因为水上运输比陆上运输减少了更多的颠簸，对瓷器来说更安全。最后两幅画描绘了瓷器的交易情况：一幅画的是一艘装满瓷器的中国船只驶出码头（见图11–1），另一幅画的是一艘外国大船将瓷器运走（见图11–2）。很显然，画册中描绘的是一个外销瓷的制造和贸易过程。

　　这本画册引起我们对中国古代瓷器走向世界的一系列问题的思考：中国瓷器是何时走出国门的？历代政府是如何把瓷器销往海外的？瓷器的外销给这些国家带来了哪些影响？在回答这些问题之前，笔者有必要先把陶瓷的产生、发展历程作一简要梳理。

图11-1 《瓷器制造及贸易图谱》中所绘的中国运瓷小船

图11-2 《瓷器制造及贸易图谱》中所绘的外国运瓷船

一、陶瓷的产生与发展

陶和瓷是陶瓷发展的两个阶段。在中国历史上，陶的产生由来已久，据《世本》载，"昆吾作陶"[1]，即昆吾发明了陶器（见图11-3）。昆吾名"樊"，是颛顼的后代，颛顼是传说中上古时代的帝王。据《吕氏春秋》释文载："昆吾，颛顼之后，吴回黎之孙，陆终之子，己姓也，为夏伯，制作陶冶，埏埴为器。"[2]昆吾所处的时代，距今四千多年。然而事实上陶器最晚在新石器时代早期就已出现，距今已有一万多年的历史。在河北徐水县南庄头遗址发现的陶器碎片，经测定距今已有10800年至9700年了。黄河流域距今七千多年的裴李岗文化遗址和距今五千多年的仰韶文化、大汶口文化遗址，先后也出土了红陶、灰陶、黑陶等器物，这些陶器或陶片的产生时间，远远早于昆吾所处的年代，故"昆吾作陶"只不过是传说而已，并不可信。进入夏代，陶器种类更多，主要器形有作炊器的鼎、甗、罐、瓻，作食器的豆、簋、钵、盘，作盛器的盆、瓮、缸等，陶的质别以灰陶为多，黑陶次之，红陶已很少见，还有少量白陶。这些器具纹饰精美、工艺精湛。商代在陶器烧造工艺上有很大提高，不仅能够制造建筑用陶器，如陶水管、简瓦等，而且开始了我国由陶到瓷的过渡，诞生了我国最早的原始瓷。在此基础上，经过不断发展，到东汉后期烧制出了越窑青釉瓷，完成了我国从陶向瓷的过渡。也有学者认为，江苏无锡鸿山镇战国早期越国贵族墓出土的一批青瓷礼器胎质纯净、施釉均匀，烧成温度在一千度以上，基本达到了成熟瓷器的标准，据此可以把我国成熟瓷器产生的年代从东汉晚期提前到战国早期[3]。瓷与陶的不同之处在于它的外观坚实致密，多数为白色或略带灰色调，断面有玻璃态

---

[1] 《世本》卷一。

[2] 《吕氏春秋》卷十七。

[3] 石云涛：《中国陶瓷源流及域外传播》，商务印书馆2015年版，第8—9页。

光泽，薄层微透光，在性能上具有较高的强度，气孔率和吸水率都非常小[1]。无论成熟瓷出现于东汉还是战国，都意味着中国的陶瓷发展进入了新阶段。

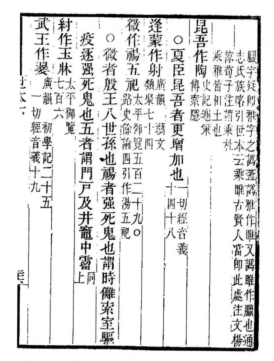

图11-3 《世本》中关于"昆吾作陶"的记载

　　青釉瓷发展到隋唐时期，我国南方涌现出一批青瓷名窑，唐人陆羽在《茶经》中提到当时的青瓷名窑有越州窑、鼎州窑、婺州窑、岳州窑、寿州窑、洪州窑[2]，这些窑场的产品工艺成熟，既贡皇室使用，又满足庶民要求。与此同时，北方的白釉瓷也有所突破，形成了我国陶瓷历史上"南青北白"两大体系。宋代以后一直到清代，中国陶瓷进入大发展时期，各大名窑相继涌现，诸如官窑、哥窑、钧窑、汝窑、耀州窑、临汝窑、磁州窑、吉州窑、龙泉窑、建窑、长沙窑、德化窑、宜兴窑、景德镇窑等，烧制的瓷器以颜色釉瓷、彩绘瓷等而著称于世，使我国陶瓷的科学和艺术的辉煌成就达到历史

---

① 李家治主编：《中国科学技术史·陶瓷卷》，科学出版社1998年版，第4页。

② 陆羽：《茶经》卷中。

的高峰，一直处于世界领先地位[1]。

二、瓷器的外销

在瓷器出现之前，中国的陶器工艺显然是领先于周边国家和地区的，中国陶器最早向近邻东亚和东南亚各地传播。公元前1000年左右，中国陶器和制陶技术已经传入朝鲜半岛，在此后的漫长岁月中，陶器又传入越南、泰国、菲律宾、马来西亚、印度尼西亚等国家。荷兰考古学家奥赛·德·弗玲尼斯在印度尼西亚的巴厘、加里曼丹、苏门答腊、爪哇和苏拉威西各岛，均发现了中国汉代的陶器[2]。制瓷技术出现后，随着中国通往南亚、西亚乃至非洲和欧洲的海上丝绸之路的开辟，中国与海外国家的经济、文化交流也随之展开，作为中国文化符号之一和重要商品的瓷器，也进入了海上丝绸之路的沿线国家。至于隋代以前中国瓷器作为商品都销往哪些国家、销售规模如何，由于缺乏史料，目前还不得而知。不过，"黑石"号等重要考古发现已经证明，最晚在唐代中国瓷器已经大规模销往西亚国家了。

宋代以后对中国瓷器销往的国家有了大概的记载，比如宋代赵汝适在《诸蕃志》中说，有占城、真腊、三佛齐、单马令、凌牙斯加、佛啰安、细兰、阇婆、大食、层拔、波斯、渤泥、麻逸、三屿、蒲哩噜等十余个国家与外藩有瓷器交易，其中当以中国瓷器为主。元代的航海家汪大渊在《岛夷志略》中列举的国家和地区更多，有琉球、三岛、无枝拔、占城、丹马令、日丽、麻里鲁、遐来勿、彭坑、吉兰丹、丁家卢、戎、罗卫、罗斛、东冲古剌、苏洛鬲、淡邈、尖山、八节那间、啸喷、爪哇、文诞、苏禄、龙牙犀角、旧港、班卒、蒲奔、文老古、龙牙门、花面、淡洋、勾栏山、班达里、曼陀郎、喃巫哩、加里那、千里马、小唄喃、朋加剌、万年港、天堂、天

① 李家治主编：《中国科学技术史·陶瓷卷》，科学出版社1998年版，第6、14页。
② 石云涛：《中国陶瓷源流及域外传播》，商务印书馆2015年版，第3—4页。

竺、甘埋里、麻呵斯离、乌爹等四十多个国家和地区输入中国瓷器。不仅如此，汪大渊还点明交易瓷器的品种，如与琉球交易的处州瓷器（龙泉窑）、与三岛交易的青白花（青花瓷）碗、与占城交易的青瓷花碗、与淡洋交易的粗碗、与万年港交易的瓦瓶（中国陶瓷）等。明代的郑和下西洋也将中国瓷器带往二三十个国家和地区，据费信《星槎胜览》载，暹罗、交栏山、旧港、吉里地闷、满剌加、龙牙加貌、阿鲁国、淡洋、苏门答剌国、花面、锡兰山、溜山洋、大葛兰、柯枝、古里、榜葛剌、卜剌哇、竹步、木骨都束、阿丹、剌撒、佐法儿、忽鲁谟斯、天方等国和地区，皆有中国青花瓷、青瓷等瓷器品种。以上这些国家和地区遍布整个亚洲，以及非洲部分地区，说明中国的瓷器贸易已经遍布亚非。到了清代，中国的外销瓷器几乎销往全世界了。

在中国瓷器走出国门的同时，制瓷工艺著作也传到了国外。在中国古代重经文、轻科技的社会里，有关陶瓷烧制技术的著作凤毛麟角，流传至今的更是屈指可数。我们今天所知的最早一篇有关制瓷工艺技术的著作出自南宋蒋祈之手，名为《陶记》。在这篇著作中，蒋祈第一次记述了当时景德镇瓷器胎釉和匣钵所用的原料及其产地，特别是对釉料的制备有较详尽的描述，并简要记述了装烧和装饰工艺。这篇文字后收于康熙二十一年（1682年）刊印的《浮梁县志》中，康熙五十一年（1712年），居于景德镇的法国传教士殷宏绪自饶州发往法国的书信中，引用了《陶记》的内容，《陶记》第一次被外国人所知晓。随后，《陶记》分别于咸丰六年（1856年）和宣统二年（1910年）被节译成法文和英文而传播于西方。《陶记》作为中国古代第一篇制瓷工艺著作，其对世界的影响是不言而喻的[①]。另一篇晚于《陶记》的制瓷著作是明代科学家宋应星的《陶埏》，收录于他的《天工开物》中。这篇著作详细介绍了明末以前景德镇的制瓷工艺，例如在介绍制作白瓷杯盘时他写道：

---

① 李家治主编：《中国科学技术史·陶瓷卷》，科学出版社1998年版，第15页。

凡造杯盘，无有定形模式，以两手捧泥盔冒之上，旋盘使转，拇指剪去甲，按定泥底，就大指薄旋而上，即成一杯碗之形。功多业熟，即千万如出一范。凡盔冒上造小杯者，不必加泥，造中盘、大碗则增泥，大其冒，使干燥而后受功。凡手指旋成坯后，覆转用盔冒一印，微晒留滋润，又一印，晒成极白干，入水一汶，漉上盔冒，过利刀二次，然后补整碎缺，就车上旋转打圈。圈后或画或书字，画后喷水数口，然后过锈①。

这些技术细节具有很强的指导性，日本、法国和德国分别于清乾隆三十六年（1771年）、同治八年（1869年）和光绪八年（1882年）通过翻刻和节译将这本书介绍到日本和欧洲，从而影响了他们的瓷业生产②。

中国瓷器刚刚走出国门之时，还没有生产专门用于外销的瓷器，只是把国内所用瓷器输出国外而已。但当海外国家对中国瓷器的需求量越来越大的时候，中国的外销瓷就诞生了。

中国外销瓷的出现有两种情况，一是中国商人和工匠自发制造一些专门用于外销的瓷器。在长期海外贸易中，中国商人和工匠逐渐学会了开拓市场，他们在保持中国传统制瓷工艺的前提下，有针对性地制造一些符合海外国家需求的产品，然后将这些产品推向市场。这些产品在器形上与内销瓷器没有什么两样，而在图案上既保持了中国的民族风格，又具有欧洲的趣味。比如外销的青花瓷盘，其器形与内销的基本相同，只是在图案设计上兼顾了欧洲人的审美情趣，盘中心的主题纹饰多为花卉、花篮、禽鸟及动物纹，盘内壁一般为八个或六个扇形或椭圆形开光，其内绘有杂宝等图案，有的盘壁还模印上花瓣或开光的轮廓。二是中国商人和工匠接受外国商人的订单。国外商人为了促进销量，会根据不同国家消费者的需求，设计一些样式，拿到中国来定做，中国工匠根据订单来生产瓷器，然后销往海外。1616年10月10日，荷兰东印度公司职员汉·彼得兹·科恩给其公司董事们写了一份关于在

① 宋应星：《天工开物》卷七。
② 李家治主编：《中国科学技术史·陶瓷卷》，科学出版社1998年版，第15页。

中国定制克拉克瓷器情况的报告，其中写道："在这里我要向您报告，这些瓷器都是在中国内地很远的地方制造的，卖给我们各种成套的瓷器都是定制的，预先付款。因为这类瓷器在中国是不用的，中国人只拿它来出口，而且不论损失多少也是要卖掉的。"①1745年9月，瑞典东印度公司的商船"哥德堡"号在哥德堡港外以外沉没，它上面装载的大量来自中国的瓷器、丝绸、茶叶等货物，全部沉入海底。其中的瓷器大都是中国的外销瓷，其中不乏精致的乾隆粉彩盘、青花山水盆、碟以及咖啡壶具，这些瓷器大都是在景德镇烧制成瓷胎，然后到广东十三行根据西方设计的图案，经匠人彩绘后，再用低温烧制，成品后销往国外②。1953年至1986年，文物部门组织人力对广东潮州笔架山窑址进行了调查和发掘，清理出十多座窑址，出土了一些有着海外风格的陶瓷残件，如高鼻卷发的西洋人瓷像、欢脱可爱的西洋狗瓷像、带有阿拉伯字母的瓷钵，以及军持、执壶、瓜棱壶等常见的外销器物。在这些外销器物中，以青白釉鲤鱼形壶最具代表性。这种器型有着明显来样加工的性质，工匠运用写实的手法将鱼与壶的造型进行巧妙结合，模印出一个个栩栩如生的鱼壶造型，这种器型有悖宋瓷那种极简朴素的美学风尚，而是采用夸张写实的手法展现出异域风情，凸显出强烈的海洋文化特征③。

上述外销瓷生产的两种情况相结合，促使中国外销瓷的生产规模越来越大。2016年12月8日，上海市文物局正式公布了一项重大考古发现：考古人员在上海市青浦区青龙镇遗址发掘出六千余件名窑瓷器以及数十万片瓷片，这些瓷器全部为唐宋时期转运高丽和日本的外销瓷。

纵观各个时期外销瓷的器形和图案，可发现它们具有两个显著特点。

第一，在器形上符合海外国家的审美标准和使用习惯。在许多国家，瓷器既是可观赏的艺术品，又是可实用的器具，对于普通百姓来说，他们更注

---

① 转引自中国硅酸盐学会主编：《中国陶瓷史》，文物出版社1982年版，第410页。

② 钱汉东：《"哥德堡号"沉船的灿烂文化记忆——解读200多年历史的瑞典仿古帆船和它的"海上丝绸之路"》，《东方早报》2012年2月1日。

③ 陈沛捷、吴静：《潮汕陶瓷对外贸易史略》，《中国陶瓷工业》2017年第2期。

重瓷器的实用价值，如果把瓷器的器形制作得更适合他们的审美和使用习惯，将会更受欢迎。各国商人看到了这一点，就有针对性地设计了一些器形，拿到中国来烧制。比如在17世纪的欧洲，人们非常喜欢中国的瓷器，如碗、碟、盅等，但也非常希望拥有他们自己需要的器具，如咖啡壶、牛油盘、烛台、啤酒杯等。在荷兰，人们还希望给橱柜或壁炉配上摆件。这些器具在原有的中国瓷器中都是没有的，欧洲商人看到了这一点，便设计了这些器物的许多样式，拿到中国来制作。中国商人和工匠拿到图样后，会照原样生产出来。这些瓷器进入欧洲市场后，受到欧洲人的热烈追捧，出现供不应求的状况。

第二，在图案上符合销往国的信仰和情趣。各个国家有不同的宗教信仰，古代中国的制瓷工匠会把体现宗教信仰的图案和符号绘制在外销瓷上，使它们更受使用者的欢迎。比如"黑石"号上出水的长沙窑瓷器，就有大量带有佛教和伊斯兰教特色花纹的瓷器。一些瓷碗绘有莲花纹，莲花是藏传佛教的八宝之一，在古印度的雕塑和绘画中经常出现。还有一些瓷盘绘有扇形棕榈叶，这是典型的伊斯兰纹饰。带有莲花纹的瓷器，是销往南亚佛教国家的，而带有扇形棕榈叶花纹的则是销往阿拉伯帝国的。除了宗教纹饰以外，还会绘制一些带有其他外国风格的图案，其中，人物风景是瓷器装饰的主体纹饰，有的描绘西洋美女、教士等形象；有的描绘宫廷王室成员形象，如丹麦国王弗雷德里克五世和王后玛莉亚、法国国王路易十四和他的第二夫人曼德侬夫人；有的描绘一个场景，如18世纪法国宫廷举办的具有中国情调的化装舞会和音乐会、贵族庭院中漫步、农夫采摘果实等。另外，纹章也是彩瓷中常见的纹饰。纹章瓷，又称徽章瓷，是一种按照特定规则构成的彩色标志，专属于某个个人、家族或团体的识别物。由于精美的瓷器是欧洲权贵炫耀权力和财富的象征，所以欧洲贵族希望把自己的纹章印制在瓷器上。明代的工匠投其所好，接受他们的订单，在外销瓷器上绘制了各式各样的纹章，这些纹章有个人、家族标识，也有团体的标记，大受欧洲人的欢迎。

三、外销瓷的销售渠道

外销瓷进入海外国家有两种渠道：一是中国的官船或者贸易商船出国进行交易或者赏赐。这种情况在古代典籍中记载得比较多，比如元代航海家杨枢、汪大渊所搭乘的船舶，沿途与一些国家进行贸易，把瓷器输入这些国家；明代初年，朱元璋将大量外销青花瓷赏赐给海外国家。据《明史》记载，仅仅洪武十六年这一年，朱元璋就赏赐给占城、真腊和暹罗这三个国家青花瓷五万七千件①。郑和船队每次出海都携带大量外销瓷器，主要是青花瓷，赏赐或销售给沿途国家。20世纪80年代，在景德镇明代官窑遗址相继发掘出了洪武、永乐、宣德等年代的大批瓷器和瓷片，这些瓷器和瓷片的重量以吨计算，有相当一部分是用于郑和船队赏赐或外销的瓷器。有学者对16世纪到18世纪的三百年内景德镇外销瓷的营销数量进行过统计，认为大约有三亿件瓷器来到欧洲，有巨额数量的瓷器销往东亚及东南亚各地。另据国外有关资料统计，仅从明万历三十二年（1604年）到清顺治十三年（1656年），销售到荷兰的瓷器达三百万件，平均每年六万件②。

二是外国官船或者贸易商船来华进行交易。关于这方面，史料上也有记载，比如唐代典籍《唐国史补》记载：

南海舶，外国船也，每岁至安南、广州③。

这段记载说明，唐代的广州聚集着许多外国船舶，它们大多数是来从事贸易的，虽然记载中没有谈到外国船上装有多少中国瓷器，但从"黑石"号

---

① 张廷玉：《明史》卷三百二十四。
② 杨璐、宋燕辉：《论景德镇在古代丝绸之路中的历史地位》，《景德镇学院学报》2019年第1期。
③ 《唐国史补》卷下。

载有大量中国瓷器开往阿拉伯帝国这一例判断，聚集在广州的外国船舶所装载的货物中，有相当一部分货物是瓷器。17世纪，在西方出现了一个新的瓷器概念，叫作"克拉克瓷"，实际上这种瓷就是中国著名的青花瓷。那么，青花瓷为什么被西方人称为"克拉克瓷"呢？这要从一个故事谈起。1602年，一艘葡萄牙商船从中国购买了大量的丝、青花瓷器等货物，起航回国，当航行至非洲海岸的某个地方时，遇到了一艘荷兰东印度公司的武装船只，荷兰人抢劫了这艘葡萄牙商船，把船上包括青花瓷在内的所有货物据为己有。到了第二年，荷兰武装船队在马六甲海峡又抢劫了一艘葡萄牙商船，这艘船上载有的中国青花瓷器近60吨，约10万件。后来，这两艘葡萄牙商船上的青花瓷器分别在荷兰的米德尔堡和阿姆斯特丹被拍卖，荷兰人获得了巨额利润。当时的荷兰人并不知道这些精美绝伦的瓷器是从哪里来的，他们便把这些瓷器叫作"克拉克（Kraak）瓷"（见图11-4）。"克拉克是荷兰人对当时葡萄牙的货船的称呼，至于从Kraak上缴获的瓷器，荷兰人称为Kraak瓷器。"[1]后来荷兰人才弄明白，"克拉克瓷"原来是中国的青花瓷。可见当时青花瓷已经成为外销瓷的主要品种，外国船只来华运走的青花瓷器无法估量。明万历四十二年（1614年）荷兰船运销欧洲的瓷器达6万多吨。据粗略统计，在17世纪的80年间，仅荷兰东印度公司就运出江西景德镇等地生产的中国瓷器一千六百万件[2]。1602年至1795年这194年间，荷兰东印度公司共有3356艘商船从亚洲返回欧洲，如果以每艘船装载20万件瓷器计算，那么该公司贩运瓷器数量在6700万件以上。17世纪末，荷兰海上霸权地位丧失后，中国与欧洲的瓷器贸易出现了多国并举的局面：英国、法国、瑞典、挪威、丹麦、美国等国纷纷加入中西瓷器贸易中来。尤其是英国，至18世纪30年代超过荷兰，成为进口中国瓷器的第一大国。康熙八年（1669年），英国派遣商船"中国商人"号到达福建厦门，第一次大批运载了中国瓷器和茶叶等物品，由此开始大批进购中国瓷器的进程：1717年，两艘英国商船共运30.5多万件瓷器到

---

① ［美］哈里·加纳：《东方的青花瓷器》，上海人民美术出版社1992年版，第39页。
② 钟健华、陈雨前主编：《景德镇陶瓷史（明代卷）》，江西人民出版社2017年版，第186页。

英国；1721年，四艘英国商船载运瓷器超过80万件；1730年，仅英国东印度公司就购进中国瓷器51.7万件。即使在18世纪下半叶，中国瓷器在欧洲市场上缩减，英国仍于1780年向中国订购瓷器80万件，成为18世纪进购中国瓷器数量最多的国家①。整个18世纪，西方国家共从中国进口多少件瓷器，已经难以统计。据西方学者判断，1729年至1794年，仅荷兰东印度公司即运销中国瓷器达4300万件②。

图11-4　克拉克瓷

关于外销瓷销售的第二种渠道，还有一个精彩的故事，这就是发生于18世纪的美国商船"中国皇后"号首航广州事件。

中国瓷器最早进入美洲，可追溯到15世纪末、16世纪初，当时西班牙人开始在美洲建立殖民地，他们把中国瓷器从欧洲带到了美洲。此后，英国人和荷兰人移民美洲，也带来了不少中国瓷器。中国瓷器刚刚传入美洲时，是由贵族专享的，普通百姓根本与瓷器无缘。到了18世纪中期以后，随着瓷器

①　杨璐、宋燕辉：《论景德镇在古代丝绸之路中的历史地位》，《景德镇学院学报》2019年第1期。

②　钟健华、陈雨前主编：《景德镇陶瓷史（明代卷）》，江西人民出版社2017年版，第217页。

输入的增加，美国普通民众也广泛使用瓷器，这样，美国社会对中国瓷器的需求量大增，一些商人和冒险家从中看到了商机。恰在此时，美国取得了独立战争的胜利，摆脱了英国的殖民统治，可以直接与中国开展贸易。

约翰·雷亚德（John Ledyard）是一位善于冒险的美国船员，他曾经在伦敦参与过英国探险家库克（Capt Cook）的最后一次赴太平洋远航，亲眼看见在美国西北海岸以6便士买的一张毛皮在中国广州居然可以卖一百美元；也亲眼看见中国茶叶、生丝、瓷器以便宜的价格出口，给贸易商人带来的巨大好处[1]。于是，他四处寻找合伙人，希望能有人投资购买一艘船，直接与中国开展包括瓷器在内的各种商品贸易。他还给美国外交部部长约翰·杰伊（John Jay）写信，建议派船前往中国，大胆地去寻求两国的贸易商机，从而帮助美国摆脱经济困境。雷亚德的想法得到了约翰·杰伊的赞同。1783年5月，美国最高财政监督官兼商人罗伯特·莫里斯（Roberto Morris）表示对这项贸易策划非常感兴趣，并积极寻找志同道合的合作者，最终罗伯特·莫里斯凭借自己亦官亦商的特殊身份，和威廉姆·杜尔（William Duer）、丹尼尔·帕克（Daniel Parker）以及约翰·霍克（John Holker）一起结成了合作伙伴关系，并共同筹资12万美元，于1783年11月购置了一艘大型木质帆船，取名"中国皇后"号（The Empress of China）[2]。这艘船是由美国历史上第一位海船建筑师派克（Peck）创意设计并监工建造的，从它的船式看，最初很可能是作为一艘私掠船（Privateers）设计的，因为在美国独立战争期间，美国政府资助修造了很多私掠船用于骚扰英国的军舰和商船。"中国皇后"号在建造完成之际，正赶上独立战争接近尾声，船的主人急忙把船卖掉，这才到了雷亚德等人的手中。"中国皇后"号长104.2英尺，宽28.4英尺，吃水16英尺，排水量360吨。它的船身外壳包裹铜皮，船头设置有女神雕像，船尾呈方形，船侧后部有瞭望台，船的工艺水平、航行速度在当时的美国都是

---

① 梁碧莹：《美国商船"中国皇后"号首航广州的历史背景及其影响》，《学术研究》1985年第2期。

② 童心：《18—19世纪的中美贸易——以陶瓷贸易为例》，《景德镇陶瓷》2019年第1期。

首屈一指的。雷亚德等人为使"中国皇后"号更适应远洋航行，对其进行了
装配，安装了10门九磅火炮和4门六磅加农炮，还配备了足够的轻武器、火
药、铅弹和短刀。对船上人员也进行了配备，由参加过独立战争的美国海军
军官约翰·格林（John Green）担任船长，精通经贸业务的山茂召（Samuel
Shaw）担任货物管理员，另配有43名船员。此外，船上还储备了足够全体船
员使用5个月的淡水和14个月的食物，船上还有一名医生以及全套的医疗设
备[①]。1784年2月22日，就在华盛顿生日这一天，"中国皇后"号满载473担人
参（折合40多吨）、2600件皮货、1270匹羽纱、26担胡椒、476担铅、361担
棉花等物品[②]，从纽约起航，渡过大西洋，绕过好望角，跨过印度洋，进入太
平洋，经中国南海，于8月23日抵达澳门，8月28日抵达广州黄埔港。这次
航行历时6个多月，航程13000多英里。"中国皇后"号是第一艘抵达中国的
美国贸易商船。

其实，"中国皇后"号成为第一艘来华的美国贸易商船，有一些侥幸的
成分，因为此时在美国有许多人都跃跃欲试，试图冒险开辟一条到达中国的
航线。就在"中国皇后"号出发之前约两个月，有一艘美国商船已经率先出
发前往中国，可是这艘船中途遇到了一些状况，而没有成功。这又是怎么一
回事呢？

原来，正当"中国皇后"号紧锣密鼓地做着首航中国准备的时候，美国
另一艘商船"哈利特"号，抱着与"中国皇后"号同样的目的，携带着大量
的人参，抢先于1783年12月起航前往中国。可是这艘船上包括船长在内的全
体人员，并没有做好远航中国的心理准备，他们对未来航程以及到中国以后
的贸易前景并没有明确的预判，所以当船绕过非洲好望角的时候，他们面对
着浩瀚的印度洋，内心产生了恐惧。恰在此时，"哈利特"号遇到了一艘正
从中国返航的英国东印度公司的船只，这艘船上的英国人告诉美国船员，前

---

① 常征：《"中国皇后号"的城市外交特征与价值研究》，《城市观察》2014年第1期。

② 梁碧莹：《美国商船"中国皇后"号首航广州的历史背景及其影响》，《学术研究》1985年
第2期。

往中国的航程非常恐怖，其间会发生若干意想不到的情况。听了英国人的描述，"哈利特"号上的人员立刻就产生了动摇，放弃了前往中国的念头。他们将船上的货物以一磅人参换取两磅茶叶的代价，与英国人做了一笔买卖，然后掉头返航，驶回美国，从而丧失了首航中国的机会。"哈利特"号的放弃，成就了"中国皇后"号"首航"的殊荣。

"中国皇后"号在广州逗留了4个月左右的时间，在这期间，美国商人们受到了中国官商的善待，船上的货物也销售一空，他们又从中国采购了2460担红茶、562担绿茶、864匹棉布、962担瓷器、490匹丝织品、21担肉桂等贵重物品①，这些物品的总价值大约是他们成本的五倍。山茂召在日记中写道："在到达广州后的两天里，我们拜访了中国商人与几个欧洲商业机构的首领，尽管是第一艘到达中国的美国商船，但却得到了友好的接待。中国人花了点脑筋和时间辨别我们与英国人的区别，并称我们为'新人'（New People），当我们从地图上告诉他们我们国家的位置与人口时，他们对中国产品未来的市场前景如此可观高兴不已。"②

1784年12月28日，"中国皇后"号从广州黄埔港起航，于1785年5月11日返回纽约港。当"中国皇后"号进港时，港口站满了前来欢迎的人群，从船上卸下的货物在很短时间内就被抢购一空，那些参与此次航行的商人共获得了30727美元的利润，约为投资额的25%③。自此以后，中国瓷器开始直销美国，美国社会掀起了"中国热"，越来越多的美国商船沿着"中国皇后"号开辟的航路前往中国。据不完全统计，从1786年到1888年这一百多年的时间里，来中国的美国船只达到1100百多艘，占同期来华英国船舶的44%，并超过所有其他欧洲国家船只总数的4倍。到18世纪末，美国对华贸易额已经

---

① 转引自梁碧莹：《美国商船"中国皇后"号首航广州的历史背景及其影响》，《学术研究》1985年第2期。

② 转引自许晓冬：《中美贸易之开端——"中国皇后"号来华前后》，《重庆与世界》2014年第10期。

③ 梁碧莹：《美国商船"中国皇后"号首航广州的历史背景及其影响》，《学术研究》1985年第2期。

超过荷兰、丹麦、法国等国跃居第二位，仅次于对华贸易有一百多年历史的英国①，无以数计的中国外销瓷被运到美国，走进了千家万户（见图11-5）。

图11-5　清代外销画中的制瓷图

四、中国瓷器外销对海外国家的影响

中国瓷器的输入给海外国家带来的影响是多方面的，既有政治、经济、文化的，也有社会的，综合起来看，最直接、最明显的影响有两个方面。

第一，改变了海外国家人民的饮食习惯。

在瓷器进入普通百姓的日常生活之前，一些亚非国家的饮食习俗是非常落后的，比如吃饭，他们找不到合适的盛饭器具，只好用手捧着吃。宋代赵汝适在《诸蕃志》中记载，登流眉国的人"饮食以葵叶为碗，不施匕箸，掬

① 梁碧莹：《美国商船"中国皇后"号首航广州的历史背景及其影响》，《学术研究》1985年第2期。

而食之"①。登流眉国位于现在泰国的南部，史料显示，这里的人们吃饭用葵花叶子当碗，不用刀子和筷子，用手捧着吃。《诸蕃志》还记载，苏吉丹国的人"饮食不用器皿，缄树叶以从事，食已则弃之"②。苏吉丹国位于印度尼西亚爪哇岛，这里的人们沿海上航线而居，算是见过世面的族群，他吃饭尚且不用器皿，捡来树叶当饭碗，吃完饭将树叶扔掉，那些远离交通线的偏僻小国，其饮食文明程度更是可想而知。除了登流眉、苏吉丹等国以外，在商业比较发达的古里国，人们也常用椰子壳做成碗和酒盅使用。可是自从中国瓷器传入这些国家以后，情况发生了变化，中国瓷器逐渐成为"全民餐具"，代替了植物叶子和椰子壳，从而使饮食习俗大为改观。明代人张燮在《东西洋考》中记述了文郎马神国在饮食方面发生的变化：

初，盛食以蕉叶为盘，及通中国，乃渐用磁器③。

文郎马神国位于现在的印度尼西亚加里曼丹岛南部，这里所说的"磁器"，指的就是"瓷器"。这表明，文郎马神国的人在瓷器传入之前，一直以芭蕉叶作为盛饭的盘子，等到与中国通商以后，他们就渐渐使用瓷器了。其实，在东南亚乃至西亚国家中，像文郎马神国一样在瓷器传入前后饮食发生变化的国家还有不少。

中国瓷器的传入，不仅引起了海外国家平民的"弃叶端碗"行动，而且使贵族的饮食习惯也发生了巨大变化，阿拉伯—伊斯兰国家就是典型一例。有学者认为，中国瓷器改变了阿拔斯王朝宫廷的饮食文化。早先阿拉伯人用植物叶子作为食器，以手抓饭。后来，受到波斯人的影响使用金盘、银盘等，中国瓷器的输入使餐具更加多样化。在阿拔斯王朝时，王室和贵族宴会排场已完全摆脱原先席地而坐的游牧习惯，使用的餐具有瓷器、琉璃盘、金

① ② 赵汝适：《诸蕃志》卷上。
③ 张燮：《东西洋考》卷四。

盘、银盘等①。在欧洲国家也是如此，贵族们从仅用金银食具，拓展到大量使用瓷器，大大提升了饮食质量。

餐具的变化，不仅引起人们饮食习惯的改变，而且还引起食物结构的变化。在用植物叶子盛饭的时代，人们不能吃过热的食物，也无法过多地食用汤食。有了瓷器以后，这种情况就大为改观了，人们的饮食从形式到内容都变得丰富多彩起来。所以瓷器在饮食中的广泛应用，无异引起了一场"餐桌上的革命"，大大促进了这些国家社会的文明和进步。

第二，推动了海外国家陶瓷工业的发展。

中国瓷器虽然大量进入海外国家，但是它的价格与其他生活用品相比依然十分昂贵，一个普通家庭要拥有足够的瓷器，需要付出很大的代价。有西方人士感叹："中国瓷器是多么可悲的奢侈品！一只猫用它的爪子一拨比好几百亩土地受了灾还糟。"②这些话虽然有些夸张，但它说明了瓷器在西方的贵重程度。正因为如此，一些国家为了降低成本，开始仿制中国瓷器，这样就推动了这些国家制瓷工业的发展。有学者经过研究认为，在我国唐朝时期，阿拉伯帝国就开始仿制中国陶瓷了，当时，中国的外销瓷直接进入阿拉伯帝国，当地人民瓷器尝试烧制中国瓷器，虽然他们所采的泥土与中国的大不一样，他们的烧造技术也远不如中国那么精湛，但也烧制出了粗糙的瓷器，这无疑对当地的陶瓷工业起到了巨大的推动作用。东亚国家的陶瓷工业，受中国瓷器输入的影响更加明显，高丽、日本、暹罗、安南等国陶瓷工业发展都很快。以暹罗为例，前面谈到的登流眉国是后来暹罗的一部分，这个国家在我国南宋时期还用葵花叶子盛饭，到了暹罗开国以后，也就是我国元代初期，这里生产的青瓷已经向国外出口了③，可见这个地区陶瓷工业的发展之快。从目前出土的瓷器实物来看，各个时期仿制中国瓷器的痕迹遍布

---

① 陆芸：《从"黑石号"等沉船出土的物品看古代中国与阿拉伯国家的贸易往来》，《学术评论》2017年第3期。

②③ 胡德智、万一编著：《灿烂与淡雅——朝鲜·日本·泰国·越南陶瓷图史·前言》，广西美术出版社1999年版，第1页。

世界各地。如美洲墨西哥的普埃布拉城，17世纪上半叶只有40多名陶工仿制中国瓷器，到了1793年，那里已有46家制瓷工场，成为美洲著名的制瓷中心[1]。

第三，提高了海外国家的生活品位。

中国陶瓷制品不仅是各国人民日常生活的用品，还是艺术观赏珍品，甚至成为一些贵族标榜财富和文化修养的标志。在美洲墨西哥、利马等地，许多人把中国瓷器当作装饰品摆放在客厅和餐厅等场所。"1686年，在葡属巴西的贝莱姆·达卡桥埃伊拉修道院的教堂钟楼上，也用中国瓷器作为装饰，有时中国瓷器甚至可以充当货币抵偿向官方缴纳的税金。"[2]在欧洲国家也是如此，至今他们还保留着用中国瓷器作为装饰的习惯。比如在多档鉴宝节目中，我们时常会看到一些出现于持宝人手中的藏品，底部都带有钻孔，它们以中国古代各个著名窑口烧制的瓷瓶居多，这是现代欧洲人喜欢把中国古瓷作为灯具使用留下的痕迹，也是千百年来中国瓷器对他们的行为习惯产生影响的有力佐证。

总而言之，中国瓷器的外销和影响，在一千多年的历史进程中，虽然有起有落、有兴有衰，但从来没有断绝，到清代中期依然保持了完整的形态，收藏于法国国家博物馆的那本中国画册就是有力证明。

① 王伟：《论古代瓷器出口贸易》，《山西财经大学学报》2011年第3期。
② 转引自王伟：《论古代瓷器出口贸易》，《山西财经大学学报》2011年第3期。

第十二章

从"哥德堡"号沉船说起

——论中国茶叶走向海外

　　位于浙江省杭州市的中国茶叶博物馆，收藏着各种各样的茶叶藏品，在众多藏品中，有两包茶叶与众不同，它们平时被深藏于库房之内秘不示人，只有举办特殊活动时才取出让人一观。那么，这是两包什么样的茶叶，值得如此珍藏呢？这两包茶叶有着非同寻常的来历：它产自270多年以前，被海水浸泡了240多年，至今可以冲泡饮用，能发出沁人心肺的淡淡清香。那么，这两包茶叶是如何跨越历史时空走进中国茶叶博物馆的呢？

一、从"哥德堡"号沉没说起

　　18世纪，欧洲国家加紧了与亚洲国家的贸易往来。1731年，瑞典成立了东印度公司，主要从事与印度、中国等远东国家的商业贸易，为此，它组建了一支规模很大的商船队。1738年，这支船队新建造了一艘贸易商船，命名为"哥德堡"号，这艘船的大小，可以从20世纪90年代开始建造的"哥德堡"号仿古船的数据加以推断，因为这艘仿古船是完全按照原"哥德堡"号尺寸建造的。"哥德堡"号包括船首的斜桁在内总长58.5米、宽10.64米，满载排水量1250吨^①，堪称18世纪欧洲的大型商船。"哥德堡"号建成以后，就被派往亚洲从事贸易活动，首次航行来到了中国的广州，返航时，带走了大量瓷器、丝绸和茶叶。此后，"哥德堡"号经常往返于欧洲与亚洲之间。1744年，"哥德堡"号第三次来到广州，这次在返航时，船上又装满了瓷器、丝绸和茶叶，其中茶叶的数量达2677箱，重366吨。从广州起航后，"哥德堡"号经过9个月的航行，于1745年9月12日回到了瑞典。可是，当它即将进入哥德堡港的时候，在距离港口900米的地方意外触礁沉没，船上所有货物均沉入海底，包括那360多吨茶叶。

关于"哥德堡"号沉没的原因，在历史上众说纷纭：有人说是一些船员对返航到家过于高兴，喝得酩酊大醉，导致操纵失误而触礁；有人说是人为因素造成的，因为一艘远航归来的商船定是伤痕累累，需要维修，必然花费惊人，如果将货船沉没，对有些人来说则可逃过很多开支的纠缠；也有人说是黑幕交易导致的。对当时的瑞典来说，与中国经商是一件敏感的事情，进口的丝绸与瑞典国内生产的丝绸存在竞争，为了不使已经达成的协议受到破坏，有关部门令领航员将船悄悄引上礁石撞一下，可出人意料的是碰撞过于严重，导致了船舶的沉没。在那个年代，如果领航员导致帆船触礁是要被判死刑的，"哥德堡"号的领航员加斯泊·马特森因此被送进了监狱，可是不久他就被秘密释放了。10年后有人在南非见到过他，据说他一直到1783年去世前都过着富裕的生活，这说明指使他的人一直在保护着他。还有一种广为流传的说法是，管理部门为了招募水手，曾允许船员搭载少量私人货物，因此"哥德堡"号在入港时，可能想先到附近的另一个码头卸下私人货物，但是因为载重量太大，船在岸边水域极难控制，所以撞上了暗礁^②。虽然"哥德堡"号沉没的原因至今也无定论，但它的沉没是一场悲剧则是毫无疑问的。

"哥德堡"号沉没后，有一少部分货物不久以后即被商家打捞出水，但

---

① 郑明：《"哥德堡号"古船考察归来》，《船舶工程》2006年第2期。
② 钱汉东：《"哥德堡号"沉船的灿烂文化记忆——解读200多年历史的瑞典仿古帆船和它的"海上丝绸之路"》，《东方早报》2012年2月1日。

大部分货物因无法捞取而沉睡海底，包括那360多吨茶叶。直到1984年，在瑞典一次民间考古活动中，人们发现了"哥德堡"号残骸，文物部门从1986年开始到1993年，陆续将残骸以及上面所载瓷器、丝绸和茶叶等大批货物打捞出水。对于出水的瓷器和丝绸等物品，人们并不感到新奇，因为类似的文物在世界很多海域都有发现，人们最为关注的，是在海水中浸泡了240多年的茶叶究竟产自何处？它的状态如何？

"哥德堡"号出水的茶叶究竟是什么茶，这在社会上曾经有过激烈的争论，人们大致给出了四个产地：（1）安徽石台。主要依据是：第一，石台制茶历史悠久；第二，"哥德堡"号沉船时间正是经营茶叶的徽商的兴盛阶段；第三，茶叶包装为典型的徽州木器风格；第四，明代茶会石碑记载了石台茶从徽州到南粤的路线；第五，石台找到了雾里青茶野生茶树[1]。（2）安徽休宁。主要依据是：第一，梁嘉彬《广东十三行考》载：清代外商对于"茶叶一项，向于福建武夷山及江南徽州等处采买，经由江西运入粤省"。以美国东印度公司为例，该公司1700年从中国采购三百桶上等绿茶和八十桶武夷茶，1703年运入七万五千磅绿茶、一万磅珠兰花茶及二万磅武夷茶；1722年由广州采购四千五百担茶叶，其中武夷茶二千担，炒青绿茶——松萝茶一千五百担。据此推定，"哥德堡"号出水绿茶很可能就是产于徽州的松萝茶。第二，中国最早出口的优质绿茶为松萝茶，即用松萝茶制法生产的炒青绿毛茶，进行简单加工后，装箱运销。17世纪中叶到18世纪末，中国茶叶输出逐渐增加，松萝茶大量出口，毛茶精制于清嘉道年间发轫，松萝茶开始向屯绿演变[2]。（3）江西浮梁。主要依据是：第一，浮梁制茶历史悠久，南北朝时就成为南方茶叶的集散地；第二，浮梁茶叶为中国古代大宗出口产品；第三，"哥德堡"号满船的茶叶都是用景德镇的瓷罐包装的，商人不会舍近求

---

① 余同友：《"雾里青"：一次香茗的文化远航》，《安徽经济报》2006年6月8日。

② 郑毅：《松萝茶史漫谈——关于瑞典哥德堡号沉船绿茶产地的报道》，《农业考古》2008年第2期。

远到别地去采购茶叶①。（4）福建武夷山。主要依据是瑞典人Jan-Erik Nilsson提供的"哥德堡"号在广州装船货物清单等资料。瑞典东印度公司当时在中国购买了2500箱Bohea、超过500箱Congou、148箱Souchoun、10箱Bing及10箱780个小包装的各种茶。Bohea，此茶名源自江西、福建两省边界的武夷山地区，东印度公司进口的茶80%都是Bohea；Congou也是产自福建的一种红茶，被认为是较好的Bohea，此名可能源自厦门方言"Kongfu"，指"精心炮制"；Souchoun也是一种福建红茶，比Congou更好；Souchoun是广东话siu-chung，相当于普通话xiao（小）+zhong（种）；Bing是御茶，为产自安徽的绿茶，但"哥德堡"号上的绿茶是否真为Bing还有疑问，因为价格低于Souchoun②。

主张四种产地的人们，都提供了洋洋洒洒的文字证据，但从历史研究的角度看，这些证据都是间接的旁证，没有哪一条能够直指"哥德堡"号古茶的命脉。实际上这种状况在现实经济社会中是不难理解的，经济原因和地域观念等因素始终都在向历史学术领域渗透。有学者说得更直白："哥德堡号沉茶产地之争其实反映的归根到底是利益之争，并非纯粹的学术之争，各地均十分觊觎沉茶产地这个极为稀缺的历史文化资源，以期提升本地和本地茶叶的知名度及形象，最终获取他们希望得到的随之而来的旅游、茶业等方面的经济利益。沉茶产地之争和时下不断爆发的名人故里之争有很大类似之处。各地官员和企业都毫不隐讳表示要借沉茶产地这个历史资源来获取商业利益。"③

当然，历史研究的本质是追求历史真相，学者们最终会回归到抛开一切杂念，以事实和史料为依据，弄清"哥德堡"号古茶之谜上。经过一段时间的沉淀，学术界以古茶的品鉴为依据，初步认同"哥德堡"号古茶以松萝

---

① 熊伟明等：《瑞典人万里迢迢来求证，茶叶专家刘浩元的观点是——哥德堡号沉船茶叶出自浮梁》，《江西日报》2005年6月8日。

② 《哥德堡号与武夷茶》，《武夷山资讯》2006年第15期。

③ 蔡定益：《哥德堡号与茶——两百六十多年的时空跨越》，《农业考古》2010年第5期。

茶和武夷茶为主，还含有少量的其他茶叶类型的结论。松萝茶产于安徽休宁一带的松萝山，松萝山气候温和、雨量充沛、土壤肥沃、土层深厚，适宜茶树生长，故这里所产绿茶富含对人体有益的成分，有提神、强心、利尿、去火等功效。明代冯时可在《茶录》中说："徽郡向无茶，近出松萝茶，最为时尚。是茶，始比丘大方，大方居虎丘最久，得采造法，其后于徽之松萝结庵，采诸山茶于庵焙制，远迩争市，价倏翔涌。人因称松萝茶，实非松萝所出也。是茶比天池茶稍粗，而气甚香，味更清，然于虎丘，能称仲，不能伯也。"①虽然松萝茶是仿效虎丘一带的制茶方法而创制，但其品质已与虎丘茶不相上下了。武夷茶产于福建武夷山一带，其历史比松萝茶更为悠久，在唐宋两代就已入贡朝廷，明代以后改制为乌龙茶，该茶具绿茶之清香、红茶之甘醇，有明目益思、提神醒脑、健胃消食、利尿排毒、止渴解暑等功效，清人刘献廷在《广阳杂记》中说："武夷茶佳甚，天下茶品，当以阳羡老庙后为第一，武夷次之，他不入格矣。"②由于松萝茶和武夷茶经过几代人在工艺上的创新，在国内外已久负盛名，顾起元在《客座赘语》中言及茶品时说："五方茶品至者颇多，士大夫有陆羽之好者，不烦种艺，坐享清供，诚为快事。稍纪其目，如吴门之虎丘、天池，岕之庙后、明月峡，宜兴之青叶、雀舌、蜂翅，越之龙井、顾渚、日铸、天台，六安之先春，松萝之上方、秋露白，闽之武夷，宝庆之贡茶，岁不乏至，能兼而有之，亦何减孙承祐之小有四海哉。"③在他罗列的名茶中，松萝茶和武夷茶都赫然在目，故成为17世纪至19世纪我国出口茶叶的主要品种。

从松萝茶和武夷茶在"哥德堡"号出水的那一刻起，人们就迫不及待地想知道这些历史名茶还能不能冲泡饮用，是否还能感受先人们高超的制茶技术。上海宋园茶艺馆的卢祺义先生给人们解答了这个问题，他曾亲口品尝过"哥德堡"号出水的茶叶，虽然他已经无法辨认在沸水中上下翻滚的那些黑

① 冯时可：《茶录》，《说郛续》卷三十七。
② 刘献廷：《广阳杂记》卷二。
③ 顾起元：《客座赘语》卷九。

色茶叶是松萝茶还是武夷茶，但他被杯中的淡淡的茶汤所陶醉。他在谈到当时的感受时说，谁能想象，被海水与泥埋淹近240多年的沉船又重见天日。更惊奇的是，分装在船舱内的366吨茶叶一直没被氧化，其中一部分还能饮用，他亲泡一小杯，轻啜几口，虽茶味淡寡，似有木屑香气，回味却是悠长的[①]。人们颇感奇怪，在海水中浸泡了240多年的茶叶，为什么依然能散发出茶叶的清香？其实原因不难找到，是包装起了主要的作用。"哥德堡"号出水的茶叶按照等级有三种包装：第一种包装是用大木箱，盛装的是品质比较低的茶叶，每箱约90斤，这些茶叶出水时基本已经结块或霉烂；第二种包装是小木箱，盛装着品质中等的茶叶，这些小木箱木板厚度一厘米多，箱内先铺一层黑色铅片，再铺一层外面涂着桐油的桑皮纸，双层包装非常严密，出水时茶叶保存比较好；第三种包装是罐子，盛装着品质最好的茶叶。这些罐子有锡制的和瓷制的两种，封装非常严密，出水的茶叶受海水的侵蚀最小。关于锡制的茶叶罐，有必要做些解释。中国古人贮藏茶叶多以罐贮，传统的罐子有陶罐、瓷罐等，明代后期锡罐贮藏茶叶的特殊优点逐渐被人们所认识，它除了对人体无害以外，还有良好的密封性，可长期保持茶叶的色泽和香气，使茶味不变。它还有很不错的延展性，便于做成各种形状。另外，它的金属色泽美观，再配以雕刻图案，本身就是一件艺术品，与茶叶的芳香相得益彰，更能体现文卷气息和高雅情趣。刘献庭引用《楮记室》说："因思惠山泉清甘于二浙者，以有锡也。余谓水与茶之性最相宜，锡瓶贮茶叶，香气不散。"[②]《闽小记》亦云："闽人以粗瓷胆瓶贮茶，近鼓山支提新茗出，一时学新安，制为方圆锡具，遂觉神采奕奕。"[③]正是由于这些严密的包装，阻隔了茶叶的氧化，再加之沉船的海域海水盐分含量比较低，才使这些茶叶依然能在今天散发出清香。这不能不使我们佩服中国古人的聪明与才智。

1994年起，瑞典政府鉴于"哥德堡"号上发生的奇迹，决定再建一艘

---

① 卢祺义：《乾隆时期的出口古茶》，《农业考古》1993年第4期。

② 刘献廷：《广阳杂记》卷三。

③ 周亮工：《闽小记》上卷。

"哥德堡"号，以重现当年远航中国的风采。这次重建，投资方严格按照原来那艘"哥德堡"号仿制，许多部件都是用18世纪的造船技术手工完成的；同时，现代科学技术也在仿古"哥德堡"号上得到应用，该船的导航系统、动力供应系统、淡水和通风系统等都是现代科技的产物。2003年6月6日是瑞典的国庆日，仿古"哥德堡"号就在这一天下水了。上午十一时零五分，下水仪式开始，有9万余人目睹了这艘仿古船下水的场景，来自中国、德国、芬兰、丹麦、西班牙和瑞典的200多名记者，为此撰写了400余篇新闻报道。在此后的两年中，仿古"哥德堡"号移置于码头展开舾装，继续组织甲板上桅杆吊装、帆索系统安装及船舱内机电设备、油水缸、柜等的安装[1]。10月2日，仿古"哥德堡"号正式起航，离开哥德堡港，首航西班牙，然后途径巴西、南非、澳大利亚、印度尼西亚等地，前往中国。10月4日是瑞典的邮票日，瑞典邮政发行了名为"东印度公司"的小全张，其中的四枚邮票图案分别是：仿古"哥德堡"号船首雕像、建造中的仿古"哥德堡"号、仿古"哥德堡"号设计图和航行中的仿古"哥德堡"号。小全张的边纸背景图案由哥德堡博物馆提供的18世纪哥德堡地图和依据卡尔·约翰·盖特的游记描绘的珠江口地图组成[2]，充分说明瑞典有关各方对此次活动的高度重视。2005年10月，仿古"哥德堡"号满载着从原沉船上打捞出水的中国瓷器和丝织品等文物，从瑞典哥德堡港起航，开始重走海上丝绸之路，于2006年7月18日抵达广州。广州市政府对这次活动高度重视，早在3月就做了精心安排：在仿古"哥德堡"号到达的当天，市政府在南沙港码头举行隆重、热烈的欢迎仪式，当天晚上举行欢迎宴会，接待瑞典国王、王后以及仿古"哥德堡"号船组人员。从7月21日开始，市、区、局等各级部门相继举行活动，来纪念这次不同寻常的海上之旅，如举行龙舟表演、大型文艺演出、中瑞文化交流和两地企业宣传推广活动，举办"'哥德堡'号与广州"大型图片展、瑞典美术作品展、瓦萨博物馆巡展等，还开展经贸合作洽谈活动、中瑞企业家联谊活动

[1] 郑明：《"哥德堡号"古船考察归来》，《船舶工程》2006年第2期。
[2] 王焱：《"哥德堡"号商船将于2005年抵达我国广州和上海》，《集邮博览》2004年第2期。

296

等。尤其是在8月8日至18日期间，市政府和市茶文化促进会拟举办"中国茶风"系列活动，以传承古茶商脉，再铸新茶辉煌，展现中国各地区茶事活动的民俗风情和广州地区茶行从事茶贸易方面的悠久历史，宣传茶文化悠久的历史，扩大广州历史名城的国际影响，同时促进中国古老的出口商品——茶叶的销售。8月19日，市政府举行盛大隆重的仿古"哥德堡"号欢送仪式，以使此次活动圆满落幕①。由于广州市政府准备充分，仿古"哥德堡"号在广州的访问获得了圆满成功。此后，仿古"哥德堡"号又经泉州、舟山于8月29日抵达上海访问。10月28日，在上海停留了整整60天的仿古"哥德堡"号缓缓驶离了上海国际客运中心码头，从而完成了非同寻常的中国之旅。

仿古"哥德堡"号的到来，在中国引起了轰动，人们不仅关注这艘仿古船的动向，还关注出水的文物，尤其是那些茶叶。也就在仿古"哥德堡"号成功访华之后，"哥德堡"号沉船上的两小包茶样，通过不同的途径进入了中国茶叶博物馆中，其中之一是瑞典驻上海大使馆赠送。

"哥德堡"号沉船的故事，为我们解开了18世纪中西茶叶贸易中诸如贸易规模、运载方式、包装形式等若干谜团，也同时为我们提出了一个重要问题：18世纪中叶中西茶叶贸易是如何兴盛起来的？

关于这个问题，我们要从头说起。

二、中国茶文化的起源

说到茶，恐怕绝大多数中国人都有一种无法割舍的情怀，因为在几千年的历史发展中，茶是中国人离不开的生活必需品。常言道，开门七件事：柴、米、油、盐、酱、醋、茶。在这里，人们把茶与柴、米、油、盐、酱、醋这些生活中必不可少的物品相提并论。更值得注意的是，当我们在形容一

---

① 《"哥德堡号"仿古船访问广州系列活动总体方案》，《广州政报》2006年第9期。

个人焦虑不安的时候会说他"茶饭不思"，当我们在形容生活简朴的时候会说"粗茶淡饭"，等等，都是把茶与饭看得同等重要。这说明茶在中国人的生活中具有极其重要的地位。然而，当中国人培育了茶树，发明了饮茶的方法，并使它成为一种文化以后，并没有将它专享独有，而是把它推向了世界，成为全人类的共同财富。那么，茶以及茶文化是如何产生的呢？

据植物学家推测，茶树起源于距今6500万年以前的新生代。虽然茶的历史如此悠久，但作为可以入口的饮品，却要晚得多。在历史上有一种流传很久的说法——饮茶是从神农氏开始的，按此推算，饮茶习惯的产生距今大约已有5000年的时间了。唐人陆羽在他那部著名的《茶经》中说得很清楚：

茶之为饮，发乎神农氏，闻于鲁周公[1]。

在陆羽看来，茶作为饮品是从神农氏开始的，是由鲁周公传播开来的。那么，陆羽的根据从何而来呢？

关于"发乎神农氏"之说。神农氏是指上古时代传说中的部落首领，又称炎帝，是他找到了五谷，发明了农业，所以被称为神农氏。那么，神农氏是如何发现茶可以作为饮品的呢？清人陈元龙在《格致镜原》中引用了《本草》的一段传说，算是给出了答案：

神农尝百草，一日而遇七十毒，得茶以解之。今人服药，不饮茶，恐解药也[2]。

这段传说讲述的是，神农氏为了给百姓治病而尝遍百草，一天中了70种毒，他在毒素缠身的情况下，无意中吃到了茶汁，顿感清爽，毒素瞬间被化解，因此他发现了茶的药用功能，饮茶习俗也就从此开始了。现在的人服药

---

① 陆羽：《茶经》卷下。
② 陈元龙：《格致镜原》卷二十一。

时不饮茶，就是害怕药力被茶解掉。事实上，这个民间传说在陆羽撰写《茶经》时已经在社会上广为流传了，所以才有可能被陆羽采纳，使他认定茶作为饮品"发乎神农氏"。

鲁周公是周文王的儿子、周武王的弟弟。茶叶作为饮品"闻于鲁周公"这个观点，到目前为止人们并未找到确切的文献记载。陆羽或许认为，茶在周朝已经成为贡品，而鲁周公协助周武王安邦定国，提出许多主张和措施，理所当然应该包括茶的推广，由此他认定饮茶"闻于鲁周公"。

对于陆羽的观点，我们应该辩证地分析，他所提出的以饮茶为标志的茶文化的起源源于民间传说，并不可靠。因为类似的记载在典籍中并不少见，如《世本》中所载"伏羲作琴""神农作瑟""黄帝造火食""蚩尤吕金作兵器""共鼓货狄作舟"等皆属此类，有些已经被考古发现证实是错误的。至于"闻于鲁周公"，因鲁周公是一个现实存在的历史人物，倒有可能参与茶文化的传播。

那么，茶文化究竟起源于何时呢？在历史上有若干种观点。

清人顾炎武在《日知录》中提及，"自秦人取蜀而后始有茗饮之事"[1]，有学者据此提出"先秦无茶"[2]之说。然而，学术界对这一观点表示异议，认为顾炎武所说的"茗饮之事"是指我国中原上古文献中对茶事的记载，是说在秦国取蜀以后，始知有茶，才慢慢出现茶事记载，这与茗饮起源是两码事。也就是说，不排除先秦时期茶文化既已出现的可能性。20世纪以后，关于茶与茶文化起源的争论日渐热烈，有学者认为，河姆渡文化时期就有了茶文化，根据是河姆渡遗址出土了植物标本，其中樟科植物叶片是河姆渡茶文化遗存，理由是：（1）呈粥羹状的原始茶有充饥作用；（2）原始茶的药疗保健作用；（3）原始茶已十分讲究解渴作用；（4）原始茶的茶具有河姆渡茶文化遗存的不朽木器。由此可知，河姆渡茶文化遗存以大量堆积的樟科植物为

---

[1] 顾炎武：《日知录》卷七。
[2] 吴觉农：《茶叶全书》下册，开明书店1949年版，第6—14页。

主，折射着原始社会茶文化的文明曙光①。当然，也有学者反对这一观点，认为我国浙东沿海包括宁绍平原的河姆渡，不是第四纪冰川时期的重要植物庇护所，所以不是茶树的原产地，甚至也不是我国茶树的原始分布区，茶树原产地和茶树起源中心、次中心在"中国西南"，或在"滇、桂、黔毗邻地区"和"滇西南、川南黔北及鄂西山峡区"②。也有学者认为，茶叶的饮用与中草药汤剂的发明时间应是一致的，或许两者就是一回事，因为早期的茶叶是被当作药物使用的。根据《甲乙经·序》"伊尹制汤液"的传说，确定原始医药发展到了夏朝初年，便发明了汤剂，如果这一观点能够成立的话，不但能与茶叶起源于采集经济时期的结论相印证，而且提示茶的饮用和茶业的出现大致也是始于夏朝。因为中药煎剂的发明，无疑也是使茶由药用转变为饮用的一个契机③。

关于茶文化的起源，还能列举出一些观点，如"元谋猿人时期说""新石器时代中期和晚期说"等，都各有深论。显而易见，绝大多数论说都不排斥茶文化自有文字记载便已产生的观点，这就足以奠定了中国茶文化在世界文化史上的地位。

自从饮茶的方法发明以后，在漫长的岁月中，茶首先作为药品使用，它的药用价值很高，疗效也很明显，明代人高元浚在他的著作《茶乘》中全面总结了茶的功效：

人饮真茶，能止渴、消食、除痰、少睡、利水道、明目、益思、除烦、去腻，人固不可一日无茶④。

---

① 陈伟权：《河姆渡茶文化遗存初探》，《农业考古》2005年第4期。

② 见吴觉农：《茶经述评》，农业出版社1988年版，第5页；陈宗懋：《中国茶叶大辞典》，中国轻工业出版社2000年版，第49页；章传政等：《试论茶文化的起源——和"原始茶道"论者商榷》，《南京农业大学学报》（社会科学版）2006年第2期。

③ 史念书：《茶业的起源和传播》，《中国农史》1982年第2期。

④ 高元浚：《茶乘》卷一。

对高元浚所列举的止渴、消食、除痰、明目、去腻等功效，无需解释人们便可理解，因为今天的茶饮依然在发挥着这些功效。然而对"利水道""益思"等功效，人们就不一定十分明了了。"水道"是指人体内的循环系统，"利水道"就是促进人体内的循环，而"益思"则是通过健脑促进人的思维发展。

随着人们对茶叶的认识越来越深刻，大约在晋代以后，茶叶逐渐由药品转化为普通饮料，被人们广泛饮用，使人们形成了一定的行为习惯。在这个过程中，茶文化也就成熟了。博大精深的中华茶文化，其内涵是极其丰富的，笔者可以将其高度概括为三个方面：首先是器物文化，它是华夏民族在饮茶过程中创造的绚丽多彩的贮茶、盛茶、饮茶的各种茶具，这些茶具既是实用具，又是艺术品，更是茶文化宝库中的精品；其次是精神文化，它是华夏民族在饮茶过程中形成的，包括茶德、茶经、茶书、茶学等在内的思想和观念，也是千百年来升华而成的茶精神；最后是行为文化，它是华夏民族在饮茶过程中创造的包括茶道、茶艺等在内的行为习惯和艺术形式，是中国茶精神的外在表现（见图12-1）。

那么，中国的茶叶以及茶文化是如何传到海外的呢？

图12-1 清代外销画中的制茶图

三、中国茶文化向海外的传播

中国茶文化产生以后，在不断丰富和发展中逐渐向海外传播，早期传播的地域自然是周边地区，如朝鲜半岛、日本、俄国等。传入朝鲜半岛的大致时间是在6世纪中叶。据《三国史记·新罗本纪》载，兴德王三年（828年），新罗的遣唐使大廉从大唐回使，把茶籽带回国内，朝廷下诏种植于地理山（智异山），促进了朝鲜的茶叶种植和饮茶习惯[1]。到7世纪中叶，饮茶之风已遍及朝鲜半岛。中国茶文化对日本的影响最为深刻，西汉时期，中国茶叶即传入日本福冈，在日本弥生后期发掘的文物中即有茶籽，说明此时日本已经种植茶树了，茶籽是由日本派驻隋、唐使节从中国带回去的[2]。自此至元代，日本到中国来的遣使和学问僧络绎不绝，他们回国时不仅带去了茶的种植知识、煮泡技艺、茶具制作技术，而且带去了中国传统的茶道精神，促进了茶道在日本的盛

---

① 《三国史记》卷十。

② ［日］桥本实：《茶的传布史》，《国外茶叶动态》1977年第1期，转引自陈椽编著：《茶业通史》，农业出版社1984年版，第87—88页。

行，并逐渐形成了具有日本民族特色和独特艺术形式的茶道文化。有西方学者认为，茶叶信息第一次传到俄国是在1567年，当时，伊万·彼德洛夫和波纳希·亚米谢夫二人游历中国，他们返回俄国时将茶叶信息传入。他们关于茶的描述非常简单，只是说茶树是中国所产的神奇植物，但没有带回实物[①]。

中国茶叶被西方人认识要比被亚洲人认识晚得多，最早不过16世纪中叶，而从认识茶叶到大规模消费茶叶又经历了大约200年时间，不能不说是一个漫长的历史过程。1559年，西方最早的茶叶著作《中国茶》和《航海旅行记》问世，两部作品的作者是同一个人——威尼斯商人G.拉姆西奥（Giambattista Ramusio），他在从事海外贸易的过程中收集了大量航海及探险记录，并拜访了许多著名旅行家，把得到的所见所闻都写进了这两本书中。在他拜访过的旅行家中，有一位名叫哈吉·穆罕默德的波斯商人，此人曾经跟拉姆西奥谈起过一种植物，令拉姆西奥感到非常惊异，这种植物叫作"中国茶"。拉姆西奥随即把"中国茶"记录在《航海旅行记》中，他写道：

哈吉·穆罕默德是里海起伦即现在所说的波斯人。他从印度苏迦即现在的萨迦回到威尼斯做了如下的口述。他说：大秦国有一种植物，仅有叶片可以饮用，人人都叫它中国茶，中国茶被看作非常珍贵的食品，这种植物生长在中国四川的嘉州府。它的鲜叶或干叶，用水煎服，空腹饮服，煎汁一二杯，可以去身热、头痛、胃痛、腰痛或关节痛。但是这种汤汁是越热效果越好。另外，还有一些疾病，用茶来治疗也会起到效果。如果暴饮暴食，胃中难受，喝一点茶，不久就能消化。所以茶一向被人们珍视，是旅行家必备的物品。在当时，有人愿意用一袋大黄交换一两茶叶，所以大秦国的人们说："如果波斯和法国等国家知道了茶叶，商人必然不再去购买大黄了。"

这是拉姆西奥第一次听说了关于茶和如何饮茶的故事，他也由此把有关

---

① ［美］威廉·乌克斯：《茶叶全书》上卷，东方出版社2011年版，第21—22页。

茶叶的信息传播到了意大利半岛①。《中国茶》和《航海旅行记》是西方最早记载茶叶的著作。

就在拉姆西奥将茶叶信息由中国带往意大利半岛的同时，葡萄牙人也从中国获得了有关茶叶的信息，并将这些信息传回了国内。有一位名叫加斯博·克鲁兹的葡萄牙传教士，他于1556年来到中国，在此后四年的传教生活中逐渐学会了喝茶。在1560年回国后，他用葡文完成了一部关于茶叶的著作，在这部书中他写道："凡是上等人家大都以茶敬客，这种饮料以苦叶为主，为红色，可以治病，是一种药草煎成的汁液。"②1602年，葡萄牙另一位传教士迭戈·潘托亚在论述中国仪式时也提到茶："当主客见面寒暄之后，即饮用一种沸水所泡的草汁，名字叫茶，非常名贵，必须喝上两三口。"③又过了三十多年，茶叶的记载再次出现于葡萄牙人的著述中，这部著作是《中华帝国史》，作者阿巴罗·西米度是葡萄牙天主教牧师，他将该书用意大利文写成，后译成英文，先后在罗马和英国伦敦出版。通过这些宗教人士的介绍，茶叶信息逐渐被葡萄牙贵族接受，首先在宫廷中传播开来。

虽然葡萄牙人是西方开拓对华贸易的先锋，他们通过贸易从中国获取和带回了大量茶叶知识，但把茶叶作为一种商品输入其国，却不是葡萄牙人首先完成的。

荷兰是欧洲又一个早期殖民国家，于1594年成立了远东贸易公司，次年首航远东成功，于1596年6月到达爪哇的万丹，随后万丹成为荷兰人开拓远东贸易的第一个基地。1602年，荷兰成立了东印度公司（Vereenigde Oostindische Compagnie）。1606年，荷兰船第一次从万丹运载来自中国的茶叶到欧洲④。也有西方学者认为，荷兰在1610年由日本沿海的平户岛运载茶叶到

---

① ［美］威廉·乌克斯：《茶叶全书》上卷，东方出版社2011年版，第20页。
② ［美］威廉·乌克斯：《茶叶全书》上卷，东方出版社2011年版，第21页。
③ ［美］威廉·乌克斯：《茶叶全书》上卷，东方出版社2011年版，第22页。
④ Denys Forrcst，"Tea for the British：the Social and Economic History of a Famous Trade".p.19，Chatto & Windus，London，1973.转引自庄国土：《从丝绸之路到茶叶之路》，《海交史研究》1996年第1期。

爪哇的万丹，再转运到欧洲。瑞士著名的解剖学家及博物学家G.布金在1623年的著作中，曾经坚持认为荷兰船在1610年运输茶叶的学说，文中记载："荷兰人最早从中、日两国运输茶叶到欧洲，时间是在十七世纪初叶。"[①]

茶叶进入荷兰以后，先是作为药品使用，接着荷兰贵族领风气之先，将茶水作为一般饮料消费，在宫廷上下逐渐形成风气，海外茶叶贸易遂逐年增加。1637年1月2日，在荷兰的东印度公司董事会指示驻巴达维亚总督说："既然茶已开始为一些人所消费，我们希望公司所有船只都应从中国和日本运一些茶叶来。"[②]17世纪中叶，荷兰的饮茶风气漫及葡萄牙、法国、德国等国家，这些国家的贵族逐渐养成了饮茶的习惯。在欧洲国家中，茶文化发展比较快的算是英国。早在1615年，英国人就已经知道茶叶了，当时，英国东印度公司驻日本平户岛的代表R.威克汉姆在给该公司澳门经理人伊顿的一封信中恳请伊顿给他寄一把精美的茶壶[③]。1637年，英国人抵达东方以后，他们是否直接将茶叶从中国带到英国，目前不得而知，可以肯定的是，中国茶叶输入英国大约是在17世纪中叶，这项工作的完成人主要是英国东印度公司的船员，该公司允许他们携带私货回国出售。茶叶刚刚进入英之时，英国人对喝茶并没有多大兴趣，但一场跨国婚姻的发生，加速了英国社会对饮茶习惯的认同。1660年，斯图亚特王朝复辟，流亡荷兰的查理回国登上了王位，是为查理二世（Charles Ⅱ）。1662年，查理二世迎娶了葡萄牙国王约翰四世的女儿凯瑟琳公主（Catherine Braganza），这是一场政治婚姻，据说凯瑟琳的嫁妆有几艘大船，还有印度孟买的所有权，特别值得一提的是，嫁妆中有来自中国的茶叶和茶具。那么，凯萨琳为什么要把中国的茶叶和茶具带到英国去呢？原因很简单，自中国茶叶在葡萄牙流传以后，凯瑟琳和其他葡萄牙贵族一样，很快接受并养成了喝茶习惯，特别喜欢"啜茶"的感觉，所以她出嫁

---

① ［美］威廉·乌克斯：《茶叶全书》上卷，东方出版社2011年版，第25—26页。

② G.Schlegel, "First Introduction of Tea into Holland", in T'oung Pao, 1900, vol.l, p.469.转引自庄国土：《从丝绸之路到茶叶之路》，《海交史研究》1996年第1期。

③ ［美］威廉·乌克斯：《茶叶全书》上卷，东方出版社2011年版，第37页。

时就把中国茶叶和茶具带在了身边。从此以后，上行下效，喝茶的习惯逐渐在英国宫廷中蔓延和普及开来，先是漫及贵族阶层，后蔓延到社会中下层。英国最早把茶作为饮料，应当是从伦敦的咖啡馆开始的，无论是特殊阶层，还是自由职业、商界或教育界人士，都有在咖啡馆里喝饮料的习惯，茶被普及后，成为咖啡馆里的饮料之一，品种以红茶居多。

茶叶传入美洲大陆大约是在17世纪后期，是由欧洲人远涉重洋带去的。以美国为例，大约在1670年，马萨诸塞州殖民地已有一些地方知道茶或者已经开始饮茶，在此后的三四十年间，茶叶在全美普及得很快，受到民众的广泛欢迎。比如纽约人就非常喜欢喝茶，并且很讲究方法。当时，纽约城内没有水质太好的水源，煮出的茶水味道不好，市民不满意，他们就四处寻找水源。后来在郊区发现了一处清泉，用这里的水煮出的茶水，甘洌清爽，人们便蜂拥而至、争相取水。为了方便大家取水，一些团体在水源处设立一个泉水唧筒，唧筒是把泉水吸出来的一种装置，类似现代的水龙头，取水十分方便。当然，不是所有的纽约市民都跑到清泉去取水，一些取不到水的人只有从市场上购买，这样就形成了泉水的买卖市场。有一段时间，在纽约街头出现了一道独特的景观，成群的水贩子沿街叫卖郊区取回的泉水，人们争相购买，拿回家煮茶①。

到了18世纪末期，中国茶叶几乎传遍了全世界。虽然茶叶在民众中得到普及，但是在全世界范围内，早期茶叶的价格都是十分昂贵的，比如在中国市场上，外国人愿意用一袋大黄换一两茶叶。大黄也是一种名贵的中药，虽然典籍中没有记载一袋有多大、多重，但想象中袋子不会太小，否则外国人不会拿"一袋大黄换一两茶叶"来说事。在英国市场上，茶叶刚刚输入的时候，价格高得出奇，一磅茶叶的价格是6到10英镑②。这是一个什么概念呢？一磅等于453克多，也就是不到一斤，如果按6英镑算，一磅茶叶的费用相当于当时一个体力劳动者接近一年的收入，如果按10英镑算，一磅茶叶的

---

① ［美］威廉·乌克斯:《茶叶全书》上卷，东方出版社2011年版，第55页。
② ［美］威廉·乌克斯:《茶叶全书》上卷，东方出版社2011年版，第37页。

费用相当于一个体力劳动者一年多的收入。所以，普通老百姓是喝不起茶叶的。为了改变这种状况，欧洲人开始考虑把茶叶直接引进欧洲种植，以降低成本和价格。18世纪中期，欧洲科学家开始了这方面的努力，最著名的是瑞典科学家、博物学家、世界著名植物分类学家林耐（Carl Von Linne）。

四、欧洲人引进茶树的努力

林耐从小对植物有着浓厚的兴趣，1727年，他进入瑞典隆德大学学习药材学和自然史，第二年他前往斯德哥尔摩附近的乌普萨拉大学学习。1730年，他在植物系统研究中开始勾画其分类法，1742年成为乌普萨拉大学应用药学教授，后来成为植物学、营养学及矿物药学教授。在担任教授期间，他多次在瑞典政府资助下考察国内外植物，18世纪行销整个欧洲的中国茶叶自然进入了林耐的视野。最开始，林耐及其同事委托一艘瑞典东印度公司的商船从中国带回一棵茶树，可是这艘船在经过好望角时遭遇风暴，茶树掉入海中，第一次引进就此失败。然而林耐并没有灰心，他又托一位船长从海外带来一棵茶树，种植在乌普萨拉的植物园里，经过栽培长势很好，并且成功地开了花。可是没有想到的是，这并非一棵真正的茶树，而是一棵茶花树。这次引进种植茶树的尝试又失败了。1763年，林耐又托人从海外带来一棵茶树，这棵树是一棵真正的茶树，被顺利运到了哥德堡，可是意外再次发生，茶树被老鼠咬坏，没有成活。林耐依然没有放弃，他要继续试种茶树。这次他托人从中国带回了一些茶树种子，自己种植，这次种植获得了成功，种子发芽、生长，最后长成了茶树。在种植过程中林耐发现，瑞典的气候并不适合茶树的生长，再加上他不知道如何加工茶叶，还以为红茶和绿茶是从不同的树上长出来的，最终还是放弃了茶叶种植试验。尽管如此，林耐的努力推动了欧洲茶树的引进，依然是一段佳话。

与瑞典科学家不同，英国人在18世纪初期在印度发现了大量茶树，他们根据这些茶树的生长情况，没有把它们运回英国种植，而是在印度当地种植，并在当地生产茶叶。虽然产自印度的茶叶质量比中国茶叶差了很多，但运到英国后，在一定程度上缓解了供求矛盾，再加之英属东印度公司直接从中国广州运进茶叶，英国国内的茶叶价格大幅下降。据西方史料显示，1728年，红茶每磅售价是20至30先令，绿茶每磅12至30先令。从1784年开始，茶叶价格逐年下降，1787年，英属东印度公司的武夷茶的零售价降到了每磅1先令6便士，熙春茶降到了2先令10便士。到1792年，一位名为亨利·哈里斯的商人仅以每磅2先令的价格销售品质良好的武夷茶[1]。这样一来，贫困的家庭也能喝得起茶叶，喝茶风气就这样在英国普通民众中形成了。一位美国人在他的书中写道："作为外来奢侈品，茶叶迅速在气候寒冷干燥的英国成为上流社会阶层用于展现自身气质、品位的理想载体。打这之后，它迅速渗透到下层社会阶层的日常生活中。因而到了18世纪中叶，茶叶一跃成为最受欢迎的饮品，风靡全英，其销量甚至超过了啤酒。"[2]

然而，随着需求量的不断增大，欧洲的茶叶依然经常出现供不应求的局面，尤其是当人们喝茶品位不断提高的时候，来自中国高品质的茶叶一如既往地受到追捧。到19世纪初，茶叶贸易量持续增加，所创造的利润已经相当于其他中国商品的利润总和[3]，欧洲各国不得不继续用大量白银从中国购买茶叶，这样就导致了中西方贸易的不平衡，成为英国向中国大量倾销鸦片的原因之一，最终英国发动了鸦片战争。

在鸦片战争中，英国用武力打开了中国的大门，通过一系列不平等条约，利用鸦片贸易的合法化，对中国的资源展开疯狂掠夺，茶叶便是被掠夺的资源之一。当时，中英之间形成了一种畸形的贸易交换关系，即东印度公司向中国出售鸦片并以所获利润购入茶叶；而中国反过来用在茶叶贸易中获

① 转引自刘章才：《茶在英国的普及时间辨析》，《安徽农业科学》2007年第19期。

② ［美］萨拉·罗斯：《茶叶大盗——改变世界史的中国茶》，社会科学文献出版社2015年版，第43页。

③ ［美］萨拉·罗斯：《茶叶大盗——改变世界史的中国茶》，社会科学文献出版社2015年版，第45页。

得的白银，从印度的英国商人手中购买鸦片。"鸦片—茶叶贸易对于英国而言不仅仅是获利那么简单，它已经成为国民经济中不可取代的重要元素。英国政府每10英镑的税收中，就有1英镑来自茶叶的进口与销售——平均每个英国人每年要消费一磅茶叶。茶税被用于铁路和公路建设、公务员薪水支出以及一个蒸蒸日上的工业国方方面面的需要。鸦片对于英国经济而言同样重要，它为印度——这颗维多利亚女王皇冠上的闪耀的宝石——的经营管理提供了资金支持。"①

可是，在几百年的茶叶消费中，英国人并未破解中国茶叶的秘密，他们有能力掠夺茶叶产品，但无能力掠夺制茶技术，中国茶叶依旧是地球上敢于与大英帝国叫板的一个大国的象征②。为了打破中国茶叶制造的垄断地位，持久保持中国茶叶贸易的高额利润，英国东印度公司在印度设立了实验性茶园，试图生产出与中国茶叶相媲美的高品质茶叶，所以急需大量来自中国最好的绿茶和红茶种植区的茶种以及制茶技术。然而，英国东印度公司十分清楚，制茶需要遵循一整套受到中国严密保护的准则和中国式的独特程序，这套完善的准则和程序是中国茶叶对其竞争对手保持巨大优势的秘密所在，要把茶种和制茶技术带出中国，绝不是通过外交途径就能解决的问题。于是，东印度公司制订了一个卑鄙的计划：利用不平等条约获得的在中国的特权，派人盗取中国的优质茶种和制茶技术。就这样，"茶叶大盗"出现了。

罗伯特·福钧是英国切尔西药用植物园的园长，曾经考察中国三年，出版有《华北各省三年漫游记》一书。1848年，福钧受雇于英国东印度公司，前往中国执行目的为从最理想的地区获取公认最好的茶树树苗和种子，并负责将它们运往印度加尔各答，以及最终运抵喜马拉雅的任务③。到达中国后，

① ［美］萨拉·罗斯：《茶叶大盗——改变世界史的中国茶》，社会科学文献出版社2015年版，第14页。

② ［美］萨拉·罗斯：《茶叶大盗——改变世界史的中国茶》，社会科学文献出版社2015年版，第47页。

③ ［美］萨拉·罗斯：《茶叶大盗——改变世界史的中国茶》，社会科学文献出版社2015年版，第77页。

他在安徽黄山附近最有名的绿茶产地雇用了当地人，为其作为向导和植物采集工。他从上海出发，深入盛产绿茶的浙江省和安徽省，以及盛产红茶的福建省武夷山。在武夷山，福钧得到了寺庙僧人的帮助，见到了大红袍树，他把茶场的经度、维度、降雨量、土壤的颜色和一致性，以及泡茶的水、茶具、泡茶方法、茶叶的味道等，都一一记录下来。除此之外，他还得到了意外收获，美国人萨拉·罗斯在《茶叶大盗》一书中写道：

一大早，福钧就与和尚们一块儿出了门，当和尚和园丁们在茶场中穿梭忙碌时，福钧跟随着，观摩着。他记下了茶叶的小型加工、晾晒程序和红茶与绿茶之间的区域性差异。他用手摘下一些茶叶，藏了起来，和尚们的"每日课业"在一步步进行着，福钧的笔记本随之一一记录着。

当福钧准备离开茶山的时候，身为东道主的方丈送给他一份特殊的礼物：几株珍贵的茶树和茶花。这几个品种并未出现在植物学家的记载中，但在福钧看来，方丈似乎非常清楚他的客人要找的是什么。他特地挑选了这几种福钧以前从未采到过，甚至根本没听说过的品种标本送给他①。

福钧离开武夷山时，带走了数百株茶树苗。后来，福钧又从其他产茶区搜集了大量树苗和种子，一并运回印度。就这样，中国茶树在印度开花结果，大量繁殖，英国人也由此喝到了诸如大红袍这样的上等中国茶叶。于是，人们送给福钧一个"茶叶大盗"的绰号。据统计，仅在1850—1851年，福钧就向印度加尔各答运去了20余万株茶苗和大量茶籽，并培育成1200株新茶树，促使英属印度的茶树种植业找到了适合自己的发展方向和模式，走上快速发展的轨道②。

---

① ［美］萨拉·罗斯：《茶叶大盗——改变世界史的中国茶》，社会科学文献出版社2015年版，第223页。

② 刘馨秋、王思明：《清代华茶外销对欧洲茶产业的影响》，《四川旅游学院学报》2017年第4期。

除了盗窃茶树、树种以及制茶技术以外，英国人还大肆掠夺中国的成品茶，19世纪五六十年代，英国商人竟然在中国展开了运茶竞赛。

茶叶的生产和销售具有很强的时效性，每年的新茶比旧茶价格高很多，即便都是新茶，先上市的比后上市的价格要高，一般每磅高3至6便士，对商人们来说，把新茶从中国运回英国，需要争分夺秒。那么，怎样能使茶叶运输速度更快呢？英国商人首先想到的是对运输船进行改造。普通的商船要把茶叶从中国运到英国，需要半年左右的时间，遇到特殊情况时间会更长。为了缩短这个时间，英国商人专门制造了用于运送茶叶的"飞剪船"。"飞剪船"也叫"快剪船"，是一种武装运输船。鸦片战争前的飞剪船是英国人为向中国输送鸦片而专门设计建造的，这种船速度快，抗风能力强，并安装有大炮。这次英国人把它改造成专门用于运送茶叶的船只，造船的材料由木质改为铁制骨架，木质船板外包紫铜，排水量也增加了，达到400吨至1000吨。尤其是它的速度最为突出，从中国航行到英国只需2到4个月，大大缩短了运输时间。从19世纪60年代开始，英国的茶叶商人在造船和运输上，都展开了激烈的竞争，尤其是运输过程中的竞争更加激烈，频频上演海上运茶大赛。

1866年5月，新茶开始交易。28日这一天，11艘飞剪船齐聚中国福州闽江下游的罗星塔下，它们要展开一场将茶叶运达英国的比赛，实际上是争夺第一批茶叶的销售权，商人们为自己雇用的飞剪船设置了获第一名高达500镑的奖金。比赛从装货开始，各船船主都雇用中国工人昼夜不停地装船，为了尽可能多地载运茶叶，他们把船上所有角落都堆满了茶箱，包括船长室。这些飞剪船根据载重量的大小，最多的装载了558.3吨茶叶。茶叶装载完毕后，各船争相驶离港口，向大海奔去。这些飞剪船驶出闽江口，经过台湾海峡进入中国南海，然后穿过马六甲海峡横渡印度洋，绕过非洲好望角，直驶英国的利物浦。最先到达利物浦港的是一艘名叫"羚羊"号的飞剪船，它用了91天时间到达目的地，它运载的茶叶是最多的，达558.3吨[1]。

---

① 〔美〕威廉·乌克斯：《茶叶全书》上卷，东方出版社2011年版，第115页。

五、中国茶文化的传播给世界带来的影响

中国的茶文化博大精深，不仅蕴含着中国人几千年来形成的丰富的精神世界，而且包含着中国人创造的与茶有关的物质成果，当它传播于世界各国时所引起的反响和变化，是这些国家始料未及的。笔者认为，中国茶文化对世界的影响可以概况为四个方面。

1.加深了海外国家对中华民族的认识

中华茶文化是中华文化的重要组成部分，它蕴含着中国人丰富的精神世界，在这个精神世界中，包含着和谐、友善、真诚等美好的东西。中国的茶道，是以茶为媒介的生活礼仪，被认为是修身养性的一种方式，它通过沏茶、赏茶、品茶促进人与人之间的交往，是集人性之大美者，其精髓是修人和自修。中国茶道至少在唐代已经形成，唐《封氏闻见记》中有这样的记载："茶道大行，王公朝士无不饮者。"①这是现存文献中对茶道的最早记载。中国茶道在唐代随着佛教而被带到日本，大大改变了日本人的生活，随后中国茶道又被传往欧洲，虽然经过本土化改造，但其精髓留存了。海外国家从中国茶道中了解了中国人的精神世界，深刻理解了礼仪之邦、好客之国的深厚文化底蕴，从而加强了与中国的政治、经济、文化交流。

2.改变了海外国家人民的饮食习惯

在茶传入欧洲以前，欧洲人习惯于吃肉类、黄油、奶油一类的食物，饮料则为酒类和咖啡，这样的食物搭配不利于消化，既增加了胃的负担，又容易造成肥胖。茶是一种健康饮品，它可以消食健胃、愉悦精神、提高智力。在几千年的实践中，中国人发现了茶的这些功效，把它总结、梳理，并加以

---

① 封演：《封氏闻见记》卷六。

验证，然后向全世界推广。自从欧洲人养成喝茶的习惯后，食物结构明显变得清淡不少，以茶搭配面包、蛋糕作为早餐，有助于消化；在午餐和晚餐中以茶消除肉类和油类的油腻，也大大减轻了胃的负担，无疑是健康的饮食习惯。

3. 影响了海外国家的社交方式

社交往往需要媒介，在茶叶进入一些国家之前，这些国家的社交媒介往往由烟草和酒类来充当，人们点上一支烟，或斟上一杯酒，用以拉近心理距离，缓解尴尬气氛。可是，烟和酒既污染空气，又损伤身体，有时还容易破坏氛围。自从茶作为饮料输入这些国家之后，人们找到了最恰当的社交媒介，这就是茶。人们通过品茶、谈茶，使身心放松和愉悦，大大提高了社交的品位和舒适度，更能达到社交的效果。

4. 改变了海外国家的生活习惯

在欧洲国家中，最先受到中国茶文化影响而形成具有欧洲风格的饮茶习惯的国家是荷兰，大致在17世纪末至18世纪初已基本确立了饮茶的基本礼仪，这些礼仪包括：品茶时间多半是在下午两点至三点左右。女主人有礼貌地致辞之后，则以谦恭的态度招呼客人。在饮茶室里四季皆使用暖脚炉，客人可以坐在椅子上，把脚放在炉上。女主人的职责是备茶以供客人品享，就一般礼仪而言，女主人会事先准备好几种茶叶，然后端庄地问客人："您想品享什么茶？"客人大多会依从女主人的推荐；煮塞夫盖（Saffraan，阿亚美科的球根草）的小型茶具放在一旁，当客人有需要的时候再把它加入茶中，成为塞夫盖茶；这种茶中多半添加了昂贵的砂糖，但不加奶精。品茶时把茶杯放在茶碟上，对女主人赞美："真是好茶！"喝茶时，一边品赏香味，一边发出声音啜茶，才是一种有教养的表现。在茶桌上所谈论的话题，只限于茶与即席供应的蛋糕；在茶桌上，每人可以续上10杯至20杯的茶[1]。虽然这

---

[1]　［日］仁田大八：《邂逅英国红茶》，（中国台湾）布波出版有限公司2004年版，第31—33页，转引自《十八世纪中英茶叶贸易及其对英国社会的影响》，首都师范大学博士学位论文。

些礼仪已经与中国的喝茶礼节大相径庭了，但中国茶道中的谦恭、热情、高雅等精髓，却体现得淋漓尽致。在英国，按照饮食习惯，一日三餐，午餐简单，晚餐复杂而且安排得比较晚，这样就造成了从午餐到晚餐的时间很长，这段时间人极容易饿。自从有了喝茶的习惯后，英国的贵族就找到了一种既时尚又解饿的方法，这就是喝下午茶。他们每到下午四五点钟，就聚集在一起喝茶并配以点心。当然，英国人在喝茶的时候，并没有原封不动地照搬中国人的方法，而是根据英国人的口味，在茶水中加入水果、蜂蜜和牛奶等食品，使茶拥有了适合英国人的风味和口感，于是也就有了英国贵族喝下午茶的习惯。后来这种习惯蔓延到了社会各个阶层。在英国有这样的民谣："当钟敲响四下，世上一切瞬间为茶而停了。"就是说，到了该喝下午茶的时间，英国人会放下手头上若干工作，端起茶杯，尽情享受饮茶的快乐。

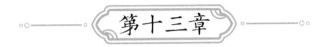

"甘露" 的星辰大海

——酒与海洋文化

在印度的国家博物馆中，陈列着一些来自中国的瓷器，其中有一件青花瓷罐，造型和装饰都非常特别，它的罐身是用四条金属材料上下固定起来的，罐顶设置有金属挂钩，罐的表面绘有五爪金龙。很显然，在瓷器外面装上金属条，像罩子一样把瓷器保护起来，说明这个罐子是在一种不稳定的状态下使用的，这种环境极易造成瓷器的碰撞，金属条起保护作用；罐子顶部设置有挂钩，说明这件瓷器平时不是置于平面上的，而是悬挂起来使用的；在罐子表面绘有五爪金龙，显示着朝廷的皇威，极有可能是皇帝所赐，或者宫廷用品。那么，这件瓷器是作什么用的呢？在一段时间里，人们并不知道它的用途。后来，经过专家全方位研究，最终认定，这件青花瓷罐是郑和下西洋时悬挂在船上使用的酒壶，是当年郑和船队带到印度的。

郑和宝船上悬有酒壶，说明郑和允许他的官兵在航海过程中饮酒，这就引出了一个关于酒与人类海洋活动关系的话题。

一、关于酒与人类海上活动的传说

在进一步谈论酒与人类海洋活动关系话题之前，笔者先引用一个出自汉代东方朔《神异经》的神话故事：

> 西北海外有人焉，长二千里，两脚中间相去千里，腹围一千六百里，俱日饮天酒五斗（张华注日天酒甘露也），不食五谷鱼肉，唯饮酒，好游山海间，不犯百姓，不干万物，与天地同生，名无路之人，一名仁，一名信，一名神。

故事中这个名叫"无路之人"的巨人，住在西北方向的海外，他不食五谷鱼肉，只饮天酒，说明天酒的营养无限，能使他在不食五谷鱼肉的情况下，轻松游走于山海之间。在古籍中，有人把"天酒"解释为"甘露"，笔者认为，古人所说的甘露，并不单纯就是露水，其中就有因自然条件合适而形成的酒的成分。这个故事告诉我们，人类把酒与海洋联系起来，自汉代就已开始，此后的历朝历代神话传说不绝，而且越来越丰富多彩。后世最为精彩的故事莫过于笔者前章所讲述的"八仙过海"的故事。八仙长期游走于山海之间，他们喜欢饮酒，正是因为在白云仙长的宴会上喝醉了酒，才引出了"八仙过海"的故事。事实上除了"八仙过海"的故事以外，八仙中的人物还曾经演绎过更复杂的醉酒故事，比如元代杂剧《吕洞宾三醉岳阳楼》，就讲述了吕洞宾在岳阳楼上三次醉酒，将柳树精度成神仙的故事，虽然这个故事不是发生在海上，但它与吕洞宾海上活动直接相关，剧中的两句诗格外引人注目："三十年来海上游，夜夜光芒射斗牛"，描写的是吕洞宾手中那把跟随他游走海上30年的龙泉宝剑。笔者认为，吕洞宾的饮酒和醉酒，与他的海上生活状态是有直接关联的。

二、酒的出现及其在海洋活动中的作用

古人所编造的神话故事，表面上描述的是酒与海神之间的关系，实质上

316

反映了酒与人的海洋活动之间的关系，因为在这些神话故事产生之前，中国人就已经发明了酿酒技术，并将它带入海上生活。在中国古代典籍中，关于酿酒技术的发明有多种记载，《世本》说："仪狄始作酒，醪变五味。""少康作秫酒。"①少康即杜康，秫酒即高粱酒。汉代《战国策》沿袭"仪狄始作酒"说：

> 梁王魏婴觞诸侯于范台，酒酣，请鲁君举觞。鲁君兴，避席择言曰："昔者帝女令仪狄作酒而美，进之禹，禹饮而甘之，遂疏仪狄，绝旨酒，曰：'后世必有以酒亡其国者。'"②

这一记载的大意是：梁王魏婴在范台宴请诸侯，当喝酒喝得高兴时，他请鲁共公举杯祝酒。鲁共公站起身来，离开座位，选择了一番有意义的话，说："昔日帝尧的女儿让仪狄酿酒，味道极好，奉送给禹，禹喝了之后觉得非常甜美，便疏远了仪狄，并戒了酒。说：'后世必定有因为饮酒而亡国的。'"鲁共公此番话的重点虽然在警告各诸侯，但他无意中道出了仪狄造酒的说法。明人沈沈在《酒概》中反对这一观点："予考《神农本草》，著酒之性味，《黄帝内经》亦言：酒之致病则非始于仪狄可知，或曰王无功祠，杜康而以太乐令史焦革配，盖始自康也。"③认为酒是杜康制作的。除了文献的记载，民间传说也不少，比如有人认为，酒由大自然酿造而成，或曰猿猴储藏野果而得，或曰农人贮存谷物偶然而成。可以肯定地说，中国古代酿酒技术的出现至少已有五六千年的历史了。

虽然在谁先酿造酒的问题上有不同说法，但在一个问题上人们的认识是一致的，那就是酿酒技术起源于陆地，而非海洋。这似乎是说，酒和人类海洋活动之间没有必然的联系。其实并非如此，酒和人类海洋活动之间不仅有

---

① 徐坚：《初学记》卷二十六。
② 《战国策》卷二十三。
③ 沈沈：《酒概》卷一。

联系，而且联系十分紧密，至于这种联系起于何时，已不可考。《紫桃轩又缀》记载了一个神话故事：

> 高骊有女，海神载酒聘之，女不肯行，海神泼船覆，酒流入曲阿，故传曲阿有美酒[①]。

这说明，在民间传说中，酒和海洋的关系已经由来已久。

根据现有史料推断，从夏商周时期开始，人们就把酒与海上活动联系起来了，那时是用酒祭祀海神、海神载酒聘高骊女的神话，说明海神是喜欢酒的，也证明用酒祭祀海神是有缘由的。汉代以后，饮酒已经成为普遍的社会习惯，酒在海洋活动中不再局限于祭祀海神，而是从祭祀仪式走入了民众的海洋生活中，被人民所广泛利用。宋人朱肱在《酒经》中说：

> 上至缙绅，下逮闾里，诗人墨客、渔夫樵妇，无一可以缺此[②]。

这里的"此"是指酒，"渔夫"是指包括江河湖海所有从事渔业生产的人。朱肱的这段话是说，在北宋时期，酒已经进入千家万户，上至达官贵人，下至黎民百姓，无不以酒为饮，范围从陆地延伸到了海洋。酒之所以如此受到人们的喜爱，有两个重要原因：一是它乃精神的调节剂。它可以抒发"对酒当歌，人生几何"的豪迈之情，也可以寄托"何以解忧，唯有杜康"的忧愁之思，还可以表达"劝君更尽一杯酒，西出阳关无故人"的挚友之感，更可以体味"借问酒家何处有，牧童遥指杏花村"的惬意之乐。二是它乃身体的保健品。它能促进人体的血液循环，抵御潮湿和寒冷，还能起到杀菌的作用。除此之外，酒的社会价值也不可否认，它在一定程度上可使人广结人缘，化解矛盾和冲突，拉近人与人之间的距离，等等。其实，酒对于从

---

① 李日华：《紫桃轩又缀》卷三。
② 朱肱：《酒经》卷上。

事海洋活动的人来说，除了上述裨益之外，还有一些特殊的功用，大致包括四个方面。

1.祭祀海神

在中华民族的传统中，祭拜海神由来已久，从夏商周时期就已开始，当时产生了官祭和民祭两种方式：官祭就是官方的祭海活动，主要祈求海神保佑风调雨顺、国泰民安；民祭则是民间的祭海活动，主要祈求海上平安、收获丰裕。

关于官祭，《礼记》有"三王之祭川也，皆先河而后海"[①]的记载，三王是指夏、商、周三代的君主，即说，三王在祭祀水神的时候，先祭河神后祭海神。祭海的习惯，到秦代时已形成定制，一直延续到清代。司马迁在《史记》中也说："而雍有日、月、参、辰、南北斗、荧惑、太白、岁星、填星、（晨星）、二十八宿、风伯、雨师、四海、九臣、十四臣、诸布、诸严、诸逑之属，百有余庙。"[②]雍地位于今陕西凤翔县，这里建有供奉四海之神、风神雨神、填星神等的一百多座庙宇，祭祀各神显然是官祭，因此被记入正史。在历代正史中记载官祭的还有《隋书》《新唐书》《宋史》等。官祭之风后来逐渐传入地方，便出现了民祭，民祭一旦成风，便不可废止，一直持续了几千年。

民祭的盛行虽在官祭之后，但历史反而持续得更长，若干习俗一直延续至今。然而，民祭在历代帝王意识中难以登上大雅之堂，在正史中不能争得一席之地，故今天我们很难在正史中看到有关民祭的记载，更多的民祭习俗留存于千年不断的祭祀活动中，祭海活动尤其如此。

官方和民间的祭海活动经历了几千年的演变过程，其间程序和步骤都发生了很大变化，但有一事始终未变，那就是在祭海活动中少不了酒。酒在祭祀活动中为何如此重要？因为在古人眼里，酒是自然的精华，而祭祀是沟通

---

① 《礼记》卷十一。
② 司马迁：《史记》卷二十八。

人和神之间的神圣活动，用酒祭祀，体现了人对神信仰的虔诚。《尚书·周书》有文曰《酒诰》，用今日之语形容就是禁酒令，是周公旦以殷人大肆酗酒以致亡国告诫康叔要引以为戒，不要重蹈殷人的覆辙，故提出了严厉的禁酒措施。在规范人的饮酒行为的同时，周朝又非常讲究祭祀活动中酒的使用。《周礼》中记载："凡祭祀，以法共五齐、三酒，以实八尊，大祭三贰，中祭再贰，小祭壹贰，皆有酌数，唯齐酒不贰，皆有器量。"[1] 就是说，祭祀大多供五齐三酒，"五齐"即泛齐、醴齐、盎齐、缇齐、沉齐五种未经滤去酒糟的浊酒，"三酒"即事酒、昔酒、清酒等三种经过滤去酒糟的清酒。五齐三酒都装在八个樽里，举行天地大型祭祀，可以添酒三次，举行宗庙等中型祭祀，可添酒两次，举行其他小型祭祀，可添酒一次，各次添酒都有一定的数量要求。唯独供祭祀的五齐酒是不可以添的，都用固定的器皿倒一定数量的酒。可见周朝时期祭祀仪式上的用酒是多么重视和考究，在祭海活动中同样如此。这里笔者以延续至今的民祭为例。中国的民间祭海活动已经延续了几千年，至今为止，在中国沿海各地依然保留着祭海传统，中国沿海各省都有规模比较大的祭海活动，比如山东田横、荣成、海阳等地的祭海活动，浙江岱山的祭海活动，福建霞浦、泉州等地的祭海活动，广东茂名、惠州等地的祭海活动，等等，祭祀的都是各类海神。各地的祭海活动虽然与当地的民俗紧密结合，但在程序上也算大同小异，一般有摆船、上供、祭奠、唱戏、聚餐等各个环节，在若干环节中都需要酒。比如，上供时需要酒。在海滩上选一块地方，把大量贡品按顺序摆放，其中就摆有酒。祭奠时也需要酒。祭祀过程最为隆重，渔民们要搭建祭海神坛，身穿节日盛装，锣鼓鞭炮齐鸣，长号吹起，渔家号子响彻海滩。主祭人恭读祭海文，行祭海礼，最后要献祭海酒，连敬三次：一敬酒岁岁平安；二敬酒鱼虾满仓；三敬酒感恩大海。然后，将酒撒入大海。聚餐环节那就更需要酒了。祭海仪式结束后，以往渔民们都要在船上聚餐，邀请客人在船上一同吃鱼、吃肉、喝酒，来的人

---

[1] 《周礼》卷二。

越多越好，表明日子越兴旺。现在渔民们多在家里设宴，款待前来参加仪式的亲朋好友。祭海后的第二天，渔民们便出海开始了一年一度的渔业生产。

陆地上的祭海活动一般在重要节日或开渔之前举行。除了陆地祭海活动以外，海上的祭海活动也十分频繁和讲究，这些活动有的是日常的，有的是临时的，主要是对龙王、天妃等海神的祭拜，以期盼海上活动的顺利进行。

在海洋活动中，还有一项活动与酒密切相关，这就是船舶的下水或命名。在古代西方，每当船舶下水时，人们都要在船身上撒一些酒，表示驱邪。这种习俗后来发展成为"掷瓶礼"，就是在船舶下水的典礼上，主持人将一瓶酒用力掷向船头，将酒砸得粉碎。这种习俗据说最早源于法国，当时法国的航海者出海都要携带大量的香槟酒，当遭遇海难的时候，他们没有无线电求救，只能以漂流瓶的形式向岸上或附近船上的人告急，这些漂流瓶往往都是用香槟酒瓶做的，当人们在海上见到了香槟酒瓶，就意味着有海难发生。久而久之，人们对海上出现的香槟酒瓶就产生了极度反感，所以在船舶下水或命名时，将一瓶香槟酒撞向船头，砸得粉碎，一来用甜美的香槟酒祭祀海神，以保平安，二来希望不要在海上见到香槟酒瓶。打碎香槟酒瓶的人，一般是船主或代表的夫人，以表达她对丈夫安全归来的愿望。这种习惯传到其他国家时发生了很大的变化，酒不仅仅是香槟酒了，在苏格兰用威士忌，在日本用清酒，在有些国家用葡萄酒；掷瓶的人也不仅仅是船长的夫人了，也包括有名望、有身份的女子，后来发展到男士也可以掷瓶。"掷瓶礼"习俗是随着中西文化的交流而传入我国的，一直延续至今，当然它的含义已发生了很大变化，仅仅是一种具有吉祥含义的仪式或庆典而已。

2.祛湿驱病

在古代典籍中，酒有两大明显功效：第一，祛湿驱寒。《酒经》中说："酒味甘辛，大热有毒。"就是说，酒喝起来是甘甜、辛辣的，进入人体后能产生大热，但是有毒性。这里的"毒"指的是酒精对人体的损害。人们可以利用酒的"大热"，与中药结合起来，祛湿御寒，也可以利用酒的"大热"，将酒外用，揉擦因寒湿引起的关节疼痛部位，缓解病痛。第二，预防传染病。《黄帝内经》中说："邪气时至，服之万全。"这里说的"邪气"，是指流行的病菌或病毒，喝酒可以抵御这些病菌或病毒的侵袭。

生活在海边的人，或者长期活动在海上的人，恰恰面临着海洋湿气、瘴毒以及各种病菌或病毒的侵袭，得风湿病和各种传染病的可能性很大。比如在明代时，有一位锦衣卫军官名叫刘移住，他在24年的时间里，跟随郑和三次下西洋，其间患病，史料记载他患的是手足病，导致手足残疾，痛苦终生，据分析他患的是风湿病。元代航海家杨枢，远航时身强力壮，可是在途中感染了瘴毒，回国后病情发作，患病长达20年之久，最终在49岁这一年去世。这些严重的病患，都属于古代的"航海病"。在古人看来，酒的上述两大特性是可以预防和解除这些病痛的。所以在海上活动的时候，常常要准备一些酒。

大文豪苏轼曾经被贬谪到惠州，这里属于岭南地区，虽然它不直接濒临海洋，但具有热带海岛一样的气候，瘴气很重。苏轼为了抵御瘴毒，尝试着用肉桂这种植物酿造一种保健酒，名叫"桂酒"，因为肉桂皮本身就是一种中药，所以桂酒具有一定的药用价值。苏轼喝了一坛，果然神清气爽，面色红润，抵御了瘴毒。可是正在这期间，苏轼的爱妾王朝云却去世了，学术界有一种观点认为，王朝云的死因是中了瘴毒，因为她信奉佛教，不饮苏轼酿的桂酒，而未能抵御瘴毒的侵袭。这个例子说明，酒的确有抵御病菌病毒的作用。

对于这一点，历史上的航海者都有清醒的认识。郑和船队在下西洋时，每次都有两万七千多名官兵，他们要完成各种急难险重任务，保重身体健康是重中之重，郑和对此高度重视。他在准备充分的中药的同时，要求朝廷下拨一定数量的白酒，用于官兵饮用。面对郑和的请求，永乐皇帝每次都欣然同意。目前学术界已经发现了永乐皇帝在郑和第六次和第七次下西洋时颁布的两道敕书，在敕书中明确列出了下拨给郑和船队的物资，其中都有白酒这一项。虽然皇帝没有标明酒的数量，但可以想见，这个数量肯定是不小的。

像本章开头谈到的那种青花瓷酒罐，一定是各船上必备的常用用具。从下西洋的结果来看，七次远航都没有发生重大疫情，像刘移住这样的情况毕竟是少数，其中虽然各种防病、治病措施都起了作用，但酒的作用是不能否认的。

3.消解孤独

饮酒往往包含两个过程：一是饮的过程，二是醉的过程。这两个过程都可以消解孤独。饮的过程本身也是个娱乐的过程，它能使人产生愉悦，排解压力，忘却烦恼；醉的过程是一个被麻痹的过程，也能让人暂时丧失记忆。那么，人为什么会醉酒呢？这是因为酒富含乙醇，进入人体后转化为二氧化碳和水被排出，转化的过程中所产生的物质会对人神经产生刺激，所以会醉酒。古人把醉酒往往看作一件可以解除烦恼和孤独的美事，甚至把饮酒与用兵相提并论，南朝陈暄说："吾常譬酒之犹水亦可以济舟，亦可以覆舟。故江咨议有言，酒犹兵也，兵可千日而不用，不可一日而不备。酒可千日而不饮，不可一饮而不醉。美哉江公，可与共论酒矣。"[1]说明无论是陈暄，还是他敬佩的江咨议，都追求一个"醉"字。东晋史学家干宝在《搜神记》[2]中就讲过这样一个故事：狄希是中山人，能造一种叫作"千日酒"的酒。当时有个名叫刘玄石的人喜欢喝酒，到狄希家里求酒。狄希说："我的酒还没做好，不敢给你喝。"刘玄石说："就算没有熟，给我一杯不行吗？"狄希听他这么说，也就不好意思推辞，给他喝了一杯。刘玄石喝完后还想要，说："真好，再给我一点。"狄希说："你先回去，他日再来，就是这一杯，可以让你睡一千天了。"刘玄石告辞了，回到家中，果然醉得像死人一样。家人以为他死了，哭着把他埋葬了。三年过后，狄希说："玄石肯定酒醒了，应该去问问看。"于是他来到刘玄石家，说："玄石在家吗？"家人都觉得奇怪，说道："玄石已经死了，丧服都除掉了。"狄希惊讶地说道："我的酒很好，可

① 李延寿：《南史》卷六十一。
② 干宝：《搜神记》卷下。

以让人睡一千天，他现在应该醒了。"于是让他的家人凿开坟墓，打开棺材看看。到了坟墓，只见坟墓上汗气冲天，家人命人把坟墓打开，这才看见刘玄石睁开眼睛、张开嘴巴，大声说道："真高兴啊，我醉了。"问狄希："你做的什么东西，让我一杯就大醉，今天才醒？现在什么时间了？"在墓地的人都笑了，可是他们闻到了酒气，也都睡了三个月。这显然是一个离奇的虚构故事，在现实生活中是不可能发生的，但它说明，在古代无论是造酒的人，还是喝酒的人，都追求醉酒的感觉。这一点对于从事海上活动的人来说，尤为重要。

长期奔波于海上的人，往往会感到孤独，一是因为从事的工作单调乏味，二是因为活动的空间十分狭小，三是因为缺乏沟通交流，尤其是与家人的交流。长期的孤独会导致心理疾病，出现焦躁不安、精神呆滞，甚至会出现暴力倾向。为了避免这些情况的出现，酒就派上了用场。利用饮酒，加强人与人之间的沟通，愉悦身心；利用醉酒，忘却烦恼、稳定心情。当然，饮酒是需要控制的，古人深知这一点。郑和在下西洋过程中对官兵的饮酒就有严格规定：在岗位上工作不可饮酒，遇到突发事件不可饮酒，上岸承担重大任务不可饮酒；等等。其他时间可以适当饮酒，但不能过量，更不能醉酒。在岸上休闲则另当别论，不仅可以饮酒，而且允许喝醉。

4.利于作战

酒与战争的关系是非常密切的，在史料的记载中比比皆是，尤其是军队在出征前，酒具有特殊的作用，比如有"壮行酒"，有"冲锋酒"，有"敢死酒"等，这些酒在一定程度上激发了战斗精神。不过这都是陆地上的战争，那么，酒与海上的战争是否有关呢？答案是肯定的。这里有两个例子：第一个例子是明代抗倭战争中的例子。众所周知，倭寇来自海上，他们为适应长期海上战争的需要，大都嗜酒如命，每次登陆杀戮中国平民之前，都要饮用大量白酒以壮胆。胡宗宪就曾经利用倭寇嗜酒如命的特点，用一百多坛白酒作诱饵，引诱假倭徐海的部下叶麻，抢走官兵已经施放毒药的大米，造成倭寇七八百人中毒。为了对付倭寇的侵扰，常年奔波于海上的明代官军也需要饮酒，胡宗宪那一百多坛作诱饵的白酒，就是以犒赏官军的名义送到海上去的，说明平时官军在适当的时候是允许饮酒的。第二个例子是中日甲午海战中的例子。按照北洋海军的规定，官兵是可以适当饮酒的，尤其是在战时，可以利用饮酒缓解紧张情绪，增强战斗精神。在北洋海军"镇远"号铁甲舰上有一位名叫马吉芬的洋员，他来自美国，曾亲历黄海海战。他在回忆录中就谈到，"镇远"号管带林泰曾在海战之前为缓解紧张情绪，饮用了白酒，他是"酒后"指挥作战的。而另一位亲临黄海海战的军官，"广丙"号管轮卢毓英也回忆说，在黄海海战失败以后，北洋海军官兵时常饮酒，以排解心中因为战败而形成的苦闷和压力。这些都体现了酒在海战中的作用。

总之，中华民族在几千年的发展中，创造了丰富多彩的酒文化，它和海洋文化相互融合，促进了海洋事业的发展。在中国的酒文化与海洋文化的相互融合过程中，两种文化都兼容并蓄，不仅以独特的魅力影响了海外国家，而且也接受外来文化的影响。中国的酒文化和其他文化一样，既有精华，也有糟粕，糟粕就是那些不利于民族发展的东西，比如人们常说的"沉湎于酒色""酗酒无度"等。中国古人在将酒文化与海洋文化相融合时，非常注重保留精华、剔除糟粕，在许多古籍中，比如《酒经》《酒诰》《酒谱》等，都既谈到酒的益处，也强调酒的害处，提醒人们扬长避短，使之成为海洋事业发展的推动力。

第十四章

杖剑去国东涉溟海

——解析李白与海洋的关系

在世界的海洋底部，存在着各种山脉、丘陵、盆地、沟渠等地形地物，它们被称作"国际海底地理实体"。对于这些海底地理实体，人们需要对它们加以命名，一方面体现人类对海底的认知，另一方面有利于人类对它们的勘测、开发和管理。目前，世界各国已经对若干个海底地理实体进行了命名，其中用中国名字命名的有一百多个。这些中国名字，一些是取自《诗经》里的词汇，如鹿鸣平顶海山、采薇海山群等；另一些取自中国古代乐器，如玉磬海山、排箫海山、庸鼓海山、万舞海山等；还有一些是取自中国古代名人的名字，如"徐福海山群""法显平顶海山""郑和海岭"等。笔者注意到，这些中国古代名人，一部分是与海洋有直接关系的，如徐福曾经率领船队东渡日本，开辟了中国通往日本的航线；法显曾经从天竺国远涉重洋，辗转回到祖国；郑和曾经七次下西洋，创造了中华文明史上的壮举；等等。但也有一些中国古代名人，他们的突出贡献在于对中华文化的传播，似乎与海洋没有多大关系，比如以他们的名字命名的海底地理实体有"苏轼海丘""太白海渊""太白海脊"等。苏轼是我国宋代著名的文学大家，太白就是我国唐代大诗人李白。既然他们与海洋没有多大关系，为什么要用他们的名字命名海底地理实体呢？其实，除了他们的文学成就以外，他们并非与海洋没有直接关系，只是他们突出的文学成就掩盖了他们的海洋情结而已。比如苏轼，他曾经对海洋有深刻的认识和感悟，在观海、用海、管海和防海方面都作出过很多贡献。那么，人们不禁要问：李白生长于内陆，他的主要活动区域也在内陆，他与海洋有什么关系呢？这正是本章要讨论的话题。

一、李白的涉海经历

李白一生中有多少次近距离接触海洋，在古代文献中并没有完整、明确的记录，笔者在此梳理的李白的涉海经历，完全是根据部分史料的零散记载和李白本人诗文中的透露，以及学术界的研究成果所作的一种推测。笔者认为，李白一生中可能三次到过江苏、浙江沿海，在来到沿海后，他有可能直接亲临过大海，也有可能居住在距离大海很近的地方，站在高山上遥望过大海（见图14-1）。

第一次大约是在开元十三年至十五年，也就是公元725年至727年，李白来到了浙江。大约在开元十二年，李白离开四川出

图14-1 《三才图会》中的李太白像

三峡，沿长江东下，一路上游过许多地方，如江陵、安陆、襄阳、汝州、洛阳、江夏、洞庭、庐山、扬州，在开元十三年至十五年间，李白来到了浙东一带的越中、会稽等地，登上了秦望山，游历了海门。秦望山在会稽城南，因秦始皇登临望海而得名；海门位于江苏省东南部，处于长江的入海口处。李白来到这两个地方，实现了"东涉溟海"的愿望。在这期间，他还写下了

著名的《大鹏赋》。

第二次大约是在天宝六载，即公元747年，李白来到了浙东一带。天宝元年，因玉真公主向皇上举荐，唐玄宗招李白入京城长安，后进入翰林院。天宝三载春天，李白上书请求还乡，唐玄宗批准了他的请求，赐给他一笔钱财，于是他离开京城东下，于天宝六载来到了山东，又从山东南下，到了会稽，分别登上了天姥山、天台山、四明山，遥望了溟海。

第三次大约是在天宝十三载，即公元754年，李白又一次来到江浙一带。这一次李白先来到了扬州，在这里他得到一个消息，说晁衡掉到海里溺死了，这令李白非常悲痛。晁衡是一位日本遣唐留学生，日本名叫阿倍仲麻吕，中国名叫晁衡，他来中国后，非常痴迷于中国文化，与李白、王维这些当时文化界名人交往甚厚，成为好朋友，他曾经赠送给李白一件日本衣服，李白念念不忘。晁衡在回日本途中遭遇风暴漂流到安南，后来回到长安。但当时民间误传晁衡已经被淹死，李白听到这个消息后，悲痛不已，写下《哭晁卿衡》的诗篇，其中有这样的诗句："日本晁卿辞帝都，征帆一片绕蓬壶，明月不归沉碧海，白云愁色满苍梧。"[1]表达了他对晁衡落海的惋惜和愁闷心情。这个事件更增加了李白对大海的敬畏。这次东游，扬州并不是李白真正的目的地，他要到的是四明，即今日浙江绍兴一带，后来李白来到了这里。

李白上述三次到达沿海地方，在典籍中记载得都十分模糊，但是他在诗文中对大海景象以及感受的描述却非常清晰，字里行间流露着他对大海的向往和思考。那么，李白为什么如此向往大海？

二、李白向往大海的原因

李白一生中写了大量诗赋，其中涉及海洋的有近百篇，不乏像"长风破浪会有时，直挂云帆济沧海""千岩烽火连沧海，两岸旌旗绕碧山"这样的

---

① 《李太白文集》卷二十四，光绪十四年刻本。

名句。从这些诗赋名句中，笔者总结出李白向往大海的两个主要原因。

第一，海洋寄托着李白的"四方之志"。

李白在20岁左右之前，没有走出他的家乡四川，甚至连家乡附近的州县也不曾越出。随着年龄的增长，他深深认识到，大丈夫必须树立"四方之志"，后来他在《上安州裴长史书》一文中说得十分清楚：

> 以为士生则桑弧蓬矢，射乎四方，故知大丈夫必有四方之志。乃杖剑去国，辞亲远游，南穷苍梧，东涉溟海①。

李白认为，一位读书人就应该"桑弧蓬矢，射乎四方"。"桑弧蓬矢，射乎四方"的原意是指持着用桑木制成的弓、用蓬草做成的箭，射向天地四方，这里是指大丈夫应该志在四方。李白的"四方之志"是什么呢？那就是倚杖持剑，离开自己的故土，辞别自己的亲人，向南要抵达苍梧，向东要到达大海。所以，"东涉溟海"是李白"四方之志"的重要内容。

那么，为什么"溟海"能寄托李白的"四方之志"，而不是高山大河呢？细读李白的有关诗赋，就会找到答案，原来这与大海中传说的两种动物有关。

在诗赋文章中，李白不厌其烦地提到神话传说中的两种动物：大鹏鸟和鳌。在李白的眼中，大鹏鸟和鳌无不寄托着自己的"四方之志"。换言之，说李白把"四方之志"寄托于"溟海"，不如说寄托于两种动物身上。那么，其中包含着李白怎样的情思呢？

我们首先分析大鹏鸟。

大鹏鸟是中国古代的神话传说中的一种神鸟，也是最大的一种神鸟，它可以水击三千里，扶摇而上九万里。李白认为，大鹏鸟具有天底下最伟大的志向，自己要实现"四方之志"，就要像大鹏鸟一样展翅高飞。所以李白非

---

① 《李太白文集》卷二十六，光绪十四年刻本。

常崇拜大鹏鸟。就在他第一次走出四川云游各地的时候，他写下了著名的《大鹏赋》。在《大鹏赋》中李白写道：

南华老仙，发天机于漆园。吐峥嵘之高论，开浩荡之奇言。徵至怪于齐谐，谈北溟之有鱼。吾不知几千里，其名曰鲲。化成大鹏，质凝胚浑。脱鬐鬣于海岛，张羽毛于天门。刷渤澥之春流，晞扶桑之朝暾。炟赫于宇宙，凭陵乎昆仑。一鼓一舞，烟朦沙昏。五岳为之震落，百川为之崩奔。乃蹶厚地，揭太清。亘层霄，突重溟。激三千以崛起，向九万而迅征。背嶪大山之崔嵬，翼举长云之纵横。左回右旋，倏阴忽明。历汗漫以天矫，䰢阊阖之峥嵘。簸鸿濛，扇雷霆。斗转而天动，山摇而海倾。怒无所博，雄无所争。固可想像其势，仿佛其形……[1]

这段慷慨激昂的文字大意是：庄子在漆园施展他的灵机，吐露不平凡的高论，发表视野旷远的奇言。他曾从齐谐那里收集了一些古怪的事情，谈论北海中有一种大鱼，我不知道有几千里，它的名字叫"鲲"。它化成了大鹏，凝结成浑混的胚胎，在海岛上脱去了背鳍，在天门张开了羽毛。它的迅猛如注入渤海的春流，它的急骤似朝阳出于扶桑，显赫于宇宙之间，高飞逾越了昆仑。每扇动一次翅膀，它能掀起烟雾朦胧，飞沙昏暗，五岳因为它而震动倒塌，百川因为它而被冲破堤岸。它在大地上疾飞，在太空中翱翔，横贯云霄，穿越大海，激荡起三千里的波涛，而后突然腾空而起，向着那九万里高空疾飞而去。它高耸的背脊就像巍峨的大山，扇动的翅膀就像纵横连绵的长云，左飞右转，忽暗忽明。它以矫健的身姿穿越漫无边际的云空，飞经险峻的高山而到达天门。它摇动天空云气，扇动出雷霆般的声响，星斗转移，上天震动，高山摇晃，大海倾翻。它发起怒来，没有什么敢与它搏击，称起雄来没有什么能与它竞争。可以想象出它的气势和大概的情形。

---

[1] 《李太白文集》卷二十四，光绪十四年刻本。

这段文字，字里行间都流露着李白对大鹏鸟震荡海天之雄姿的惊叹和崇拜，体现了李白傲视世俗、追求自由的精神，同时又说清了大鹏鸟与海洋之间的关系。事实上，"鲲"变"鹏"的传说并不是李白的创作，而是出自《庄子》的《逍遥游》。《逍遥游》说：

北冥有鱼，其名为鲲。鲲之大不知其几千里也，化而为鸟，其名为鹏。鹏之背不知其几千里也。怒而飞，其翼若垂天之云。是鸟也，海运则将徙于南冥，南冥者，天池也。齐谐也，志怪者也。谐之言曰："鹏之徙于南冥也，水击三千里，搏扶摇而上者九万里，去以六月息这也。"①

"北冥"的"冥"字在古籍中与"溟"字相通，它指的是"海"，那么，《逍遥游》中为什么用"北冥"而不用"北海"呢？汉代东方朔在《海内十洲志》中介绍蓬莱山时说："蓬丘，蓬莱山是也。对东海之东北岸，周回五千里，外别有圆海绕山，圆海水正黑而谓之冥海也。无风而洪波百丈，不可得往来。"即说，"冥"和"海"的区别在于海水的颜色和海浪的大小，溟海颜色呈黑色，无风也有百丈巨浪，预示着它的深邃。《逍遥游》明确说，在北冥中有一种大鱼名叫"鲲"，它的身长几千里，它化作一种大鸟，名叫"鹏"，鹏的背也有几千里长，"鲲鹏"一词也由此而出。庄子借助于"大鹏"这一意象，表达了他的人生境界和理想追求。李白的"鲲化鹏"之说，显然出之于此，他要学习庄子，用鲲鹏寄托他的远大志向和对个性自由的追求。关于鲲和鹏的故事，李白在作品中多有诵唱，如在《古风五十九首》中他写道："北溟有巨鱼，身长数千里。仰喷三山雪，横吞百川水。凭陵随海运，炬赫因风起。吾观摩天飞，九万方未已。"②此诗气势雄浑，想象奇伟，给人留下狂放洒脱的印象。再如《赠宣城赵太守悦》："溟海不震荡，何由纵

① 《庄子》卷一。
② 《李太白文集》卷一，光绪十四年刻本。

鹏鲲。"① 还如《上李邕》："大鹏一日同风起，扶摇直上九万里。假令风歇时下来，犹能簸却沧溟水。世人见我恒殊调，闻余大言皆冷笑。宣父犹能畏后生，丈夫未可轻年少。"② 在这里，李白依然以振翅高飞的大鹏鸟自喻，表达不与世俗相合流的境界。

正是出于对大鹏鸟的崇拜，李白转而对大海也产生了同样的心理，认为大海是他实现"四方之志"的必然去向。

我们再来分析鳌。

鳌是传说中海中的大龟或大鳖，被视为神兽，然而在李白的眼里，鳌与大鹏完全不一样，大鹏鸟是李白崇拜和向往的对象，而鳌是李白所要征服的对象，在李白看来，征服鳌同样体现了他的"四方之志"。他在《怀仙歌》诗中写道：

巨鳌莫戴三山去，吾欲蓬莱顶上行③。

这两句诗包含着一个典故，该典故出自《列子·汤问》，原文如下：

渤海之东不知几亿万里，有大壑焉，实惟无底之谷，其下无底，名曰归墟。八纮九野之水，天汉之流，莫不注之，而无增无减焉。其中有五山焉，一曰岱舆，二曰员峤，三曰方壶，四曰瀛洲，五曰蓬莱。其山高下周旋三万里，其顶平处九千里。山之中间相去七万里，以为邻居焉。其上台观皆金玉，其上禽兽皆纯缟。珠玕之树皆丛生，华实皆有滋味，食之皆不老不死。所居之人皆仙圣之种，一日一夕飞相往来者，不可数焉。而五山之根无所连箸，常随潮波上下往还，不得暂峙焉。仙圣毒之，诉之于帝。帝恐流于西极，失群仙圣之居，乃命禺彊，使巨鳌十五举首而戴之。迭为三番，六万岁一交焉。五山始峙不动。而龙伯之国有大人，举足不盈数步而暨五山之所，

---

①②③ 《李太白文集》卷十，光绪十四年刻本。

一钓而连六鳌，合负而趣归其国，灼其骨以数焉。于是岱舆员峤二山流于北极，沈于大海，仙圣之播迁者巨亿计。帝凭怒，侵减龙伯之国使厄，侵小龙伯之民使短。至伏羲神农时，其国人犹数十丈①。

这个神话故事讲述的是：在渤海之东遥远的地方，有一条无底的深谷，海面上有五座山，分别是岱舆、员峤、方壶、瀛洲和蓬莱。"方壶"也被称作"方丈"。五座山上的台观都是金玉做成的，上面的飞禽走兽都是纯白色的，山上居住着神仙。可是，这五座山没有根，它们漂浮于海面，上下沉浮，从来没有停止的时候。山上的神仙对此非常不满，就向天帝告状，天帝害怕这五座山漂到遥远的极地，失去神仙居住的地方，便命令禺彊派十五只巨鳌，把这五座山驮起来。禺彊是一位海神，这十五只巨鳌分为三组，一组驮山，两组休息，六万年一轮换。这样，这五座漂浮于海上的山就稳定下来了。有一个名叫龙伯的国家，国内有一巨人，据说他身长有百余万里，鲲鹏与之相比，就像蚊子、虱子和跳蚤一样小，这个巨人到海上垂钓，一钩钓上来六只巨鳌，龙伯巨人将它们的甲取下用来占卜。这六只鳌中的两只背负着岱舆和员峤，失去了鳌的支撑，岱舆和员峤便漂到了北极，然后沉没到大海深处。天帝得知此事大怒，将龙伯国的人都变小了。

了解了巨鳌背山的典故，再来看李白的诗，"巨鳌莫载三山去，吾欲蓬莱顶上行"，意思是说，巨鳌不要背负着三山而去，我将行走在蓬莱山顶上，抒发了李白征服巨鳌的豪迈气魄。后来，李白干脆称自己是"海上钓鳌客"，他要像龙伯国的巨人那样，钓得巨鳌。

由此可见，李白是在效仿大鹏鸟，以征服巨鳌，来体现自己的"四方之志"。那么，哪里是效仿大鹏、征服巨鳌最理想的地方呢？李白选择了江浙尤其是浙东一带，因为这里距离大海很近，自古就有"溟海"之称，历史上很多文人雅士都到过这里，并留下若干有名的篇章。李白认为，这里就是

---

① 《列子》卷五。

鲲鹏的故乡，定有巨鳌的出现，是实现"四方之志"最理想的地方。在某次来到浙江的时候，李白登上了天台山，写过一首名为《天台晓望》的诗，抒发了他的豪情壮志。天台山位于现在的浙江省天台县城北，它西南连着仙霞岭，东北遥望舟山群岛。站在天台山顶，可以遥望大海。李白在这首诗中写道：

凭高远登览，直下见溟渤。云垂大鹏翻，波动巨鳌没[①]。

这里的"溟渤"并不是指今天的渤海，因为在天台山上是望不见渤海的。这里的"溟渤"是指东海，因为自秦汉以后一直到元代以前，人们把今日的渤海、黄海和东海都视为东海。这几句诗的意思是说：站在天台山上，登高望远，一直可以看到苍茫的大海，天空中低垂的云彩，就像大鹏鸟展翅翻滚一般，在海中掀起的波浪，使巨鳌沉没于波涛之中。这首诗表明，李白来到浙东沿海，登上天台山，当他遥望大海，看到低垂、翻卷的云彩时，便浮想联翩，眼前浮现出大鹏鸟在海上翻腾、飞翔，巨鳌淹没在波涛之中的景象。李白把大鹏鸟和巨鳌放在同一首诗里加以描绘，足见他追捧大鹏鸟、征服巨鳌的豪情壮志。

第二，海洋是神圣的神仙之地。

年少时期，李白在家乡受到道教神圣气氛的深刻影响，产生了成仙思想，他在《上皇西巡南京歌十首》中写道："锦水东流绕锦城，星桥北挂象天星。四海此中朝圣主，峨眉山上列仙庭。"[②]他特别崇拜当地传说中的一位名叫葛由的神仙，在《登峨眉山》中写有"傥逢骑羊子，携手凌白日"[③]的诗句。诗中的"骑羊子"指的就是葛由。《列仙传》载："葛由者，羌人也。周成王时，好刻木羊卖之。一旦骑羊而入西蜀，蜀中王侯贵人追之，上绥山。

---

① 《李太白文集》卷十九，光绪十四年刻本。
② 《李太白文集》卷六，光绪十四年刻本。
③ 《李太白文集》卷十八，光绪十四年刻本。

绥山在娥媚山西南，高无极也。随之者不复还，皆得仙道。故里谚曰：'得绥山一桃，虽不得仙，亦足以豪。'山下立祠数十处云。"[1]巴蜀地区的人们都非常崇信葛由，年轻的李白也相信葛由成仙的故事，所以后来他在诗篇中屡次提及。

葛由成仙的故事发生在巴蜀，看似与海洋没有直接关系，其实不然。在学术界有一种观点，认为中国神仙思想起源于渤海边的燕齐之地，人们出于海市蜃楼引起的幻觉，形成海上仙山之说，从而产生了神仙思想。道教的神仙思想是从沿海传到内地的。还有学者认为，在考古中发现，有很多墓葬的墓主人头部朝向东方，这与太阳升起于东方大海之中，是人的重生之地这种观念有直接关系，所以神仙思想源于海洋。这些观点都可解释李白向往海洋的原因：既然李白信奉道教，崇尚神仙之说，而神仙思想又与海洋有关系，那么李白对大海的向往也就顺理成章了。

那么，在李白的心目中，海洋是怎样的神仙之地呢？首先他认为，海洋是神圣的地方。他在诗《上云乐》中写道：

西海栽若木，东溟植扶桑[2]。

若木和扶桑是传说中的两种神木，或者说两种神树。清代王夫之在《楚辞通译》中解释得非常清楚："扶桑，日所出，若木，日所入。"[3]这是说，太阳产生于扶桑、消失于若木。这样看来，扶桑比若木更加神圣，因为它是产生太阳的神树。这种观念在许多古代典籍中都有体现。至于扶桑是如何产生太阳的，由于几千年来，人们仅能看到文字记载，而没有图像可观，故只能凭空想象。可是，1929年的一次考古发现，使人们领略到太阳出于扶桑的壮观景象。这次考古发现，就是著名的三星堆商周古遗址。在这次考古发掘

---

① 刘向：《列仙传》卷上。
② 《李太白文集》卷三，光绪十四年刻本。
③ 王夫之：《楚辞通译》卷一。

中，共出土了多棵青铜神树，其中最大的一棵高近四米，有三层枝叶，每层有三根树枝，共有九根树枝，每根树枝上站立着一只鸟，共有九只鸟，这些鸟代表什么含义？《山海经》说，太阳产生于扶桑树之时，是由"鸟"这种鸟背负的，由此判断，青铜树上的九只鸟，实际上代表的是九颗太阳。三星堆位于现在四川省广汉市西北，四川省正是李白的家乡，这棵青铜神树无疑是蜀国人眼中的"扶桑神木"。我们再回到李白的那两句"西海栽若木，东溟植扶桑"的诗句上，可知在李白的想象中，若木生长在西海，扶桑产生于东海，所以我们每天看到的是太阳从东方升起，而在西方落下。如此说来，大海生长着出生太阳的扶桑神树，自然是神圣之地，令人无限向往。

在李白的心目中，大海除了神圣而外，还是聚集神仙的地方。在诗文中，他多次提到这一点。比如他在《古有所思》中说："我思仙人，乃在碧海之东隅。海寒多天风，白波连山倒蓬壶。长鲸喷涌不可涉，抚心茫茫泪如珠。"[1]他还在《拟古十二首》中描绘了仙人出现于海上的一个令人神往的景象：

仙人骑彩凤，昨下阆风岑。海水三清浅，桃源一见寻[2]。

这四句诗的大意是，仙人们骑着彩凤，刚从阆风山上下凡，海水多次变得又清又浅，与深邃浩瀚的大洋形成鲜明的对比，如同海上的世外桃源一般。这样的神仙世界怎能不让人心驰神往？

除了以上两个主要原因以外，大海的深邃、壮阔和美丽，也是李白向往大海的原因。他的《远别离》写道："海水直下万里深，谁人不言此离苦。"[3]这是用海水的深邃比喻人间的离别之苦。《赠裴十四》"黄河落天走东海，万里写入胸怀间。"[4]既写出黄河万里奔涌到东海的气势，又表现出大海接纳黄

---

① 《李太白文集》卷三，光绪十四年刻本。
② 《李太白文集》卷二十二，光绪十四年刻本。
③ 《李太白文集》卷二，光绪十四年刻本。
④ 《李太白文集》卷七，光绪十四年刻本。

河的博大胸怀。

总而言之，李白一生中与海洋的反复交融，给他的思想带来了深刻变化。首先，对海洋的理解和思考，丰富了李白的精神世界。李白虽然多次到过沿海，但他并未随船出过海，更没有远航的经历，因为在他的诗文以及典籍的记载中，我们找不到这方面的内容。海对李白的影响主要是精神层面的，这就大大丰富了他的精神世界，使他具有了博大的胸怀和广阔的视野。有一个例子可以证明：前面已经提及，李白曾称自己为"海上钓鳌客"，当时的宰相问他："先生临沧海，钓巨鳌，以何物为钩线？"李白说："以虹霓为线，明月为钩。"宰相又问："何物为饵？"李白说："以天下无意气丈夫为饵。"[①]宰相听了很吃惊。在这里，李白以彩虹为"线"、以明月为"钩"、以不讲信义的匹夫为"钓饵"的比喻，充分流露出李白内心那个宏大的海天世界，他比别人有更高的站位和更宽阔的视野看待问题。其次，对海洋的理解和思考，助力李白感悟人生。海洋的深邃、广阔和神秘，被先人们赋予了丰富的文化内涵，通过与海的接触和对中华文化的吸收，李白从中获得了若干人生的哲理。李白的一生，曾经历过辉煌的时期，得到唐玄宗的赏识，被召入京，施展自己的政治抱负；也经历过低落的时期，他失去唐玄宗的宠信而离开长安。就在他非常失意的时候，他来到了海边，面对大海，他感到人世的庸俗和渺小，从而从政治失意的困境中走了出来。李白的伟大和不平凡正在于此。

---

① 《唐语林》卷五。

第十五章

双屿港消失之谜

——明代禁海政策下的海外走私贸易

在浙江省舟山群岛的南部有一座岛屿，名六横岛，它辖有六横、佛渡、悬山、对面山等大大小小一百多个岛屿。由于它深水岸线绵长，港口腹地宽阔，邻近多条国际航道，因而是浙江省重要的海洋经济区域，同时也是著名的风景区。然而，当人们每天面对着这片繁忙的海域，畅想着它的美好未来时，很少有人会想到，这片海域中埋藏着一个传奇而神秘的故事，这个故事讲的是一座古港由盛而衰的历程。在四百多年以前，这里坐落着一座不同寻常的国际贸易港口——双屿港（见图15-1），它使得这片海域大船穿梭，热闹非凡，日本学者称港口坐落的地方为"16世纪之上海"，其繁华程度可见一斑。可是，就是这样一座国际化的大港，却在16世纪40年代的某一天突然消失了，而且消失得无影无踪，以至于今天人们面对这片海域时，很难想象当年那座港口的"繁荣"与"辉煌"。那么，这座世界级的港口究竟为何而消失呢？它的消失又意味着什么呢？

图15-1 《兵镜辑要》中所绘的双屿港海域

一、葡萄牙人占岛经商

葡萄牙位于欧洲西南部，处于伊比利亚半岛，与西班牙相邻。从地理位置上看，葡萄牙距离海上丝绸之路比较遥远，难以按照这条传统航线直接开展与东方的贸易，故而在15世纪中叶以前，来自中国的商品如丝绸、瓷器等都相当名贵，只有少数王公贵族才能享用。从15世纪末开始，葡萄牙人依靠自己高超的航海技术，开始了海外的殖民掠夺，与西班牙展开了激烈竞争。在这个过程中，它们完成了一系列地理大发现：葡萄牙人麦哲伦为西班牙政府效力探险，完成了环绕地球的航行；葡萄牙人达·伽马受葡萄牙国王派遣，完成绕过非洲好望角到达印度半岛的航行；意大利人哥伦布受西班牙国王的资助，率领西班牙船队到达了美洲大陆。在这些地理大发现中，最值得一提的是达·伽马，他的航行与麦哲伦和哥伦布不同，他是向东航行进入印度洋的，找到了通往东方最便捷的航路。

在激烈的殖民竞争中，葡萄牙和西班牙为避免两败俱伤，在罗马教皇亚历山大六世的仲裁下，于1493年划定了两国瓜分殖民地的分界线。这条分界线位于亚速尔群岛和佛得角群岛以西100里格的子午线上，故称"教皇子午线"，凡是在这条分界线以东"发现"的土地属于葡萄牙，而以西"发现"的土地则属于西班牙。1494年，两国又签订了《托尔德西里亚斯条约》（或译作《托德西拉斯条约》），规定两国共同垄断欧洲之外的世界，重新将瓜分殖民地的分界线由"教皇子午线"向西推移二百七十里格，大约位于西经46°37分。根据这条分界线，印度、满剌加、暹罗、安南、澳门、宁波、朝鲜半岛、日本列岛等都属于葡萄牙的殖民范围。1511年，葡萄牙船长阿丰索·德·奥布魁克和印度总督率领15艘战船和1600名士兵攻打满剌加，满剌加国王被迫经麻坡、彭亨流亡宾坦[①]。满剌加位于马六甲海峡的中部，处于海峡咽喉要道，葡萄牙人占领这里导致的直接后果，就是切断了中国通往印度洋的航路，使满剌加成为全球丝绸、瓷器、香料等东方物产的商品集散地，中国每年都有数艘商船到这里与葡萄牙人进行交易。正是在此时，中国人第一次接触了葡萄牙人。据《明史》载：

佛郎机近满剌加，正德中据满剌加地，逐其王。十三年遣使臣加必丹末等，贡方物请封，始知其名[②]。

佛郎机本是15世纪末期至16世纪初期流行于欧洲的一种火炮，该炮是后装滑膛加农炮，有铜制和铁制两种，常放置于陆地，也安装于舰船，是那个时代有名的火器。在佛郎机传入中国之前，葡萄牙人已经在苏门答腊、爪哇等地建立了商站，中国商人前往这些地方从事贸易时听说了"佛郎机"一词，但此时并不知道有葡萄牙这个国家，故以"佛郎机"称呼葡萄牙。这个

---

① ［葡］多默·皮列士：《东方志——从红海到中国》，中国人民大学出版社2012年版，第256页。

② 张廷玉：《明史》卷三百二十五。

时期正是明朝"正德中"，葡萄牙人已经占领了满剌加，故有《明史》"佛郎机近满剌加，正德中据满剌加地"之说。明正德八年（1513年），葡萄牙人为了扩大在中国的贸易，其驻马六甲总督阿尔布科尔科派出葡萄牙商人若热·阿尔瓦雷斯（Jorge Alvares）在琉球人蔡迪的带领下，前往中国沿海。《东方志》的作者多默·皮列士于1513年1月7日在写给葡萄牙国王的信中，证实了这次前往中国沿海的航行。他说："陛下的一艘帆船离此赴中国，和其他也去那里装货的船一起，已支付和现正在支付的商货以及费用，在你和本达拉尼纳·查图之间均摊；我们期待它们在两三个月内返回这里。"[1]这艘船到达的地方被葡萄牙人记作 J Veniaga 或 Ilha Tomon，翻译成"贸易岛"或"屯门岛"，《明史》中称其为"屯门"和"大澳"。有学者认为，屯门岛位于中国广州外海，即今广东省台山市上川岛[2]；也有学者认为是南头岛[3]。笔者采信前者。

早在明代初期，明政府为了防范倭寇，就实行了海禁政策，对海外贸易实行严格控制。海外商人来中国的上门贸易只有一种类型，那就是朝贡贸易，不允许实行民间贸易，走出去的贸易可以进行国家贸易和与外国人的民间互市贸易。明朝的法律规定，来华的商人不得在中国登陆，只能在中国海岸做短期停留，进行交易后赶紧离开；对于国内沿海居民，明政府采取更加严格的控制措施，将海岛居民全部迁往内陆，并且从1500年开始制定了严厉的惩戒措施，比如若制造三根桅杆以上的远洋船舶，就要被处死。

葡萄牙人就是在这样一种背景下来到中国的。屯门岛上的居民早就因政府的法令迁往了内陆，此时只是一座荒岛，《大明一统志》载："上川山、下川山在新会县西南一百四十里海中，上川石山而下川土山……居民以贾海

---

[1] ［葡］多默·皮列士：《东方志——从红海到中国》，中国人民大学出版社2012年版，第271页。

[2] 林梅村：《观沧海——大航海时代诸文明的冲突与交流》，上海古籍出版社2018年版，第87页。

[3] 施存龙：《"屯门岛"——葡人始上中国据点考》，《文化杂志》（澳门）1997年第33期。

为业。洪武中迁之，今为荒壤。"①居此荒岛，葡萄牙人无所作为，过了一段时间，只能毫无收获地离去。第一次来华，葡萄牙人没有实现自己的贸易目的。正德九年（1514年），葡萄牙派遣使臣托梅·皮雷斯（Tome Pires）前往中国，他的使命是面见中国皇帝，要求与中国建立贸易通商关系，但是没有成功。正德十三年（1518年），葡萄牙再次派使臣来中国，继续谋求与中国建立通商贸易关系。对于葡萄牙使臣的这次来华，《明武宗实录》有这样的记载：

> 佛郎机国差使臣加必丹末等贡方物请封并勘合，广东镇巡等官以海南诸番无谓佛郎机者，况使者无本国文书，未可信，乃留其使者，以请下礼部议处。得旨令谕还国，其方物给与之②。

葡萄牙使臣抵达广州的目的很明确，那就是面见中国皇帝，进贡方物，期望得到承认，并得到符契文书，但被广州地方官吏阻止，理由是没有听说过佛郎机国这个国家，使臣也没有本国文书，非常可疑。经过请示礼部，得到皇帝谕旨，令他们返回本国，退回方物。有学者认为，葡萄牙与中国开展贸易的失败，其主要原因是两国文化背景迥异，观念和意图完全相反③。

第一次来华贸易就这样吃了闭门羹，这令葡萄牙人于心不甘，所以后来葡萄牙人又多次来到屯门岛，试图在这里建立走私贸易基地，开展走私贸易，但都遭明政府拒绝，并遭明军打击。正德十六年（1521年）中葡之间就发生了一次海战，史称"屯门海战"。这年的阳历8月，广东海道副使汪鋐奉朝廷之命，率兵驱逐驻屯门岛的葡萄牙人，但遭到葡萄牙人的抵抗，当时葡萄牙人的战船为夹板船，"长十丈，阔三尺，两旁架橹四十余枝，周围置铳三十四个。船底尖，两面平，不畏风浪，人立之处用扳捍蔽，不畏矢石，每船二百人撑驾，橹多人众，虽无风可以疾走。各铳举发，弹落如雨，所向

---

① 李贤：《大明一统志》卷七十九。
② 《明武宗实录》卷一百五十八。
③ 王颖、冯定雄：《双屿港命运与东西方历史的分野》，《浙江学刊》2012年第3期。

无敌，号蜈蚣船。其铳管用铜铸造，大者一千余斤，中者五百余斤，小者一百五十斤。每铳一管，用提铳四把，大小量铳管，以铁为之。铳弹内用铁，外用铅，大者八斤。其火药制法与中国异。其铳一举放远，可去百余丈，木石犯之皆碎"①。这段记载表明，葡萄牙夹板船的火力极强，在明朝水军之上。首次交战，在夹板船打击下，明朝水军的进攻被挫败。但汪鋐并不气馁，继续谋求攻势作战。他调集上百艘战船，在数量上先压过葡萄牙海军，然后改变战术，避免与葡军硬拼，借助于强劲的南风风势发起火攻，焚烧葡萄牙夹板船。他还派人潜入水底，用利器凿破葡萄牙夹板船船底，使之漏水倾覆。这些战术果然奏效，火力优势的葡萄牙夹板船，很快处于下风。在海战的最后关头，汪鋐见己方已经取得优势，便下令船队转入总攻。葡萄牙海军随即被打得大败，官兵不得不纷纷跳水逃生，明军取得了海战的最终胜利。此战以后，葡萄牙人不得不逃离屯门。

二、葡萄牙人立足双屿港

经过屯门一役的打击，葡萄牙人不敢再在广东沿海寻求栖身之所，而是把注意力转向了福建和浙江沿海，企图在那里找到一块理想的栖身之地。早在正德十二年（1517年），葡萄牙人佐治·马斯卡伦阿斯奉葡萄牙王国驻马六甲总督之命，率领几艘帆船，来到福建沿海活动。他们到达福建后，通过走私商人，用金钱收买了福建官员，取得了漳州、浯屿（金门）的居住权。不久，葡萄牙人的重心北移，向位于舟山群岛的双屿港靠拢，来到双屿港的时间据说是明正德十三年（1518年）以后，当时他们是跟随中国赴琉球的商船来到这里的，并在这里建立了商站，目的是开拓与中国沿海和日本的贸易②。然而，此后的居住规模并不大。到嘉靖三年（1524年），葡萄牙人一

---

① 严从简：《殊域周咨录》卷九。
② 转引自廖大珂：《葡萄牙人在浙江沿海的通商与冲突》，《南洋问题研究》2003年第2期。

直维持着在双屿港的活动。据明人邓钟《筹海重编》载："自甲申岁凶，双屿货壅，而日本贡使适至，海商遂贩货以随售，倩倭以自防，官司禁之弗得，西洋船原回私澳，东洋船遍布海洋，而向之商舶悉变而为寇舶矣。"[①]"甲申"是指嘉靖三年（1524年），"西洋船"是指葡萄牙商船，而"东洋船"是指日本商船。这段记载说明，在嘉靖三年，双屿港依然有葡萄牙人的身影。嘉靖五年（1526年），一个中国人的出现，让大量的葡萄牙人来到双屿港。郑舜功在《日本一鉴》中记载：嘉靖五年，福建罪因邓獠"越狱通下海，诱引番夷，私市浙海双屿港，投托同澳之人卢黄四等，私通贸易"。所谓"番夷"是指16世纪初盘踞双屿港的葡萄牙人。林梅村先生认为，郑舜功是广东新安人，因熟谙夷务，经负责浙江海防的杨宜推荐，于1555年出使日本。郑舜功对盘踞双屿港的许氏兄弟非常了解，许栋之弟许四就是1557年郑舜功在赣州擒获的，所以他对葡萄牙人在双屿港活动的记述相当相信[②]。此次来到双屿港，葡萄牙人感到这里已经具备了长期居住和贸易的条件，决定在此扎下根来。这一年可以视为双屿港正式成为国际走私大港的开始[③]。

此时的双屿港有哪些条件满足了葡萄牙人的需要呢？主要有如下几点。

第一，双屿港位于贸易航线上。双屿是两座相邻的小岛，明代时隶属于浙江省宁波府舟山卫郭巨所，它地处卫城南方一百里左右，与郭巨镇仅相距十几海里，其军事价值不言而喻。明代晚期，江南比较繁荣的地区包括苏州、松江、杭州、嘉兴、湖州等府，双屿港距这些地方都不远。特别是当时的上海还未开港，宁波港为对外商品交易的官方港口，也是明朝唯一对日本和琉球开放国际贸易港口，日本、琉球往来于宁波的商船都要经过双屿水道，从宁波通往南亚诸国的商船也要经过双屿港。因此，在官方贸易开展的同时，双屿港早就开展了与日本、琉球等地的走私贸易，即使官方贸易船只

---

① 邓钟：《筹海重编》卷十。

② 林梅村：《观沧海——大航海时代诸文明的冲突与交流》，上海古籍出版社2018年版，第97页。

③ 王文洪《十六世纪双屿港"倭寇"的成因分析》，《中国社会科学院研究生院学报》2013年第3期。

有时也会因避风浪开进双屿港，甚至将一些超限额货物卸放在此。据《皇朝经世文编》载，明世宗嘉靖三年，双屿港就堆满了以丝绸、瓷器为主的中国出口货物。葡萄牙人将这里作为贸易基地，不仅便于开展与中国沿海的贸易，而且便于开展与日本、琉球和朝鲜的贸易往来。

第二，双屿港具有地理优势。双屿港位于舟山群岛的六横岛和佛渡岛之间狭长的深水航道中，它具体位置在什么地方，目前学术界对此还存在一定争议，一种比较有说服力的观点认为，它在水道北部的大麦坑和张起港之间①。据蒋文波《六横志》载，双屿航道呈南北走向，东西宽1.4千米至2千米，南北长7.6千米，水深40米至90米，港域面积约13平方千米②。依据这些条件分析，双屿港有三大地理优势：一是生存条件好。据到过双屿港的葡萄牙人平托说，这里山上有淡水溪流，穿过茂密的树林直流而下，能够满足人们的生活需要。树林中有雪松、橡树、五针松等各种树木，不需要付出任何金钱，就可以把这些木材砍伐回去，用来造船和修船。二是避风条件好。双屿港位于岛屿丛中，有很多山体可以阻挡来自海上的风暴，是理想的避风港和候风港。三是安全条件好。这一点是葡萄牙人最为看好的。据后来围剿双屿港的浙江巡抚朱纨说：

访得贼首许二等纠集党类甚众，连年盘据双屿，以为巢穴……前项地方悬居海洋之中，去定海县不六十余里。虽系国家驱遣弃地，久无人烟往集，然访其形势，东西两山对峙，南北俱有水口相通，亦有小山如门障蔽，中间空阔约二十余里，藏风聚气，巢穴颇宽③。

朱纨从军事的角度观察双屿港，说它有山作为屏障，有海口作为通道，

---

① 王慕民：《明代双屿国际贸易港港址研究》，《宁波大学学报》（人文科学版）2009年第5期。

② 转引自王慕民：《明代双屿国际贸易港港址研究》，《宁波大学学报》（人文科学版）2009年第5期。

③ 朱纨：《甓余杂集》卷四。

中间还有宽阔的泊船区域，一旦有海盗把守要隘，很难攻剿，这就是军事上的易守难攻。所以朱纨最后的结论是：双屿港"乃海洋天险"。

第三，双屿港的海商势力强大。明朝政府长期实行海禁政策，使得沿海广大居民无法从事他们赖以生存的海上活动，所以他们不得不冒险海上，从事海上走私活动，于是就产生了一大批海商，形成了若干海商帮派，后来这些海商逐渐演化成了海盗，形成了海商兼海盗的独特身份。当时比较有名的海商兼海盗头目有李光头、许氏兄弟等，后来又有王直，他们形成了一股强大的海商兼海盗力量。从嘉靖初年开始，一些海商兼海盗就盘踞在双屿港，一边从事走私贸易，一边抵抗官府的围剿。葡萄牙人来到双屿港后，恰恰看好这股海商兼海盗的力量，葡萄牙人认为，中国的海商兼海盗，一方面是贸易伙伴，另一方面也是他们的保护力量。

正是由于以上这些优越条件，使葡萄牙人在众多沿海岛屿中选定了双屿港。刚开始，葡萄牙人在双屿港的居住是季节性的，一般是夏季到来、冬季离开。后来，随着人员的不断增加和贸易规模的不断扩大，葡萄牙人逐渐在双屿港定居下来，并促使双屿港走向了"繁荣"。

三、双屿港的"繁荣"

自定居双屿港以来，在二十多年的时间里，葡萄牙人与中国海商兼海盗相互依靠、相互利用，在双屿港建立起了全球性的海上贸易中心，出现了一片"繁荣"景象。当然这种"繁荣"是依靠走私贸易发迹的畸形"繁荣"，是不被明朝政府许可的假"繁荣"，与真正繁荣的贸易港口相比，具有鲜明的特点。

首先，双屿港外国定居者多，人员成分十分复杂。来双屿港从事走私贸易的外国商人来自世界各地，从后来朱纨在围剿双屿港中俘获的外国人来看，有葡萄牙人、日本人、满咖喇（摩洛哥）人、哈眉须（埃塞俄比亚）人等①，以葡萄牙人为最多，来自非洲的人都是葡萄牙人贩卖的黑奴。葡萄牙冒险家费尔南·门德斯·平托（Fernao Mendes Pinto，也译作品笃、宾托）曾经跟随葡印总督安多尼·特·法利亚（Antonio de Faria）船队游历双屿港，后写成《远游记》（Peregrincao），他在这部游记中说："双屿，我在前有详述，它是距此向北二百多里格远的一个葡萄牙人的村落。因一葡萄牙人的胡作非为，双屿在片刻之内被摧毁，夷为平地。我亲身经历了这场灾难。当时我们人力及财产损失无法估计。因为当时那里还有三千多人，其中一千二百为葡萄牙人，余为其他各国人。据知情者讲，葡萄牙的买卖超过三百万金，其中大部分为日银。日本是两年前发现的，凡是运到那里的货物都可以获得三四倍的利钱。这村落中，除来来往往的船上人员外，有城防司令、王室大法官、法官、市政议员、死者及孤儿总管、度量衡及市场物价监视官、书记官、巡夜官、收税官及我们国中有的各种各样的手艺人、四个公证官和六个法官。每个这样的职务需要花三百克鲁扎多购买，有些价格更高。这里有三百人同葡萄牙妇女或混血女人结婚。有两所医院，一所仁慈堂。它们每年的费用高达三万克鲁扎多。市政府的岁入为六千克鲁扎多。一般通行的说法是，双屿比印度任何一个葡萄牙人的居留地都更加壮丽富裕。在整个亚洲，其规模也是最大的。"②从平托的描述看，这里的各色人等虽然为了共同的利益而建立了一定的秩序，但其内部成员成分的复杂性造成了一定的隐患。他们来自多个国家，身份有海商、海盗，还夹杂着少量的倭寇。就葡萄牙人而论，他们不是葡萄牙王国公派的殖民队伍，而是一些自发的冒险家和半海盗商人，因此其成分是相当复杂的，存在着爆发冲突的危险性。

其次，双屿港的走私贸易数额巨大。来自世界各地的商人驾驶着上千艘走私船，把美洲、欧洲、日本等地的特产以及大量白银运到双屿港进

---

① 廖大珂：《明代"佛郎机黑番"籍贯考》，《世界民族》2008年第1期。
② 转引自林梅村：《观沧海——大航海时代诸文明的冲突与交流》，上海古籍出版社2018年版，第98页。

行交换，更换取中国的丝绸、瓷器和茶叶，商人们从这样的交易中赚取三四倍的利润。平托在游记中所谈到的葡萄牙的贸易额超过了三百万金，这个"三百万金"究竟是多少，他虽然没有说明，但必定是一个庞大的数额。

最后，双屿港具有一定的军事防卫能力。由于中外海商、海盗从双屿港的走私贸易中获取了巨额利润，为保护这种贸易，他们不惜一切代价防范明朝政府官军的围剿，保证双屿港的安全。为此，他们建立了军队，打造了战船，购置了兵器，对双屿港形成了防卫力量。朱纨在报告中说："各水口贼人昼夜把守，我兵单弱，莫敢窥视。"[1]这是说，双屿港的地理优势造成了这些中外海商和海盗有屏障可以据守、有通道可以回旋，官兵的围剿很难得手。保维斯在《在印度的葡萄牙人》中讲述了法利亚的航海故事，说1541年法利亚驾船驶往宁波，受到葡萄牙同胞的邀请，到达了双屿港。他看到，这里是一个"设防严密的要塞"，"由两座对峙的岛屿构成，两岛之间是道宽度在'枪弹射程之内'、水深约46.4米的海峡……这里的状况与葡萄牙繁荣的市镇绝无二致"[2]。正因为如此，官兵在二十余年的时间里对双屿港始终无能为力。

双屿港的"繁荣"存续了二十余年，已经成为中外海商、海盗从事走私贸易的巢穴，后来率军围剿双屿港的朱纨描述该港的情形说："浙江定海双屿港乃海洋天险，叛贼纠引外夷深结巢穴，名则市贩，实则劫虏。有等嗜利无耻之徒，交通接济，有力者自出赀本，无力者转展称贷；有谋者诓领官银，无谋者赍当人口；有势者扬旗出入，无势者投托假借。双桅三桅连樯往来，愚下之民一叶之艇送一瓜，运一罇，率得厚利，驯致三尺童子亦知双屿之为衣食父母，远近同风，不复知华俗之变于夷矣。"[3]从朱纨的描述看，双

---

[1]　朱纨:《甓余杂集》卷四。

[2]　转引自杨成鉴:《海上丝绸之路的起点站——双屿港》,《浙江纺织服装职业技术学院学报》2005年第1期。

[3]　朱纨:《甓余杂集》卷四。

屿港不仅在国际贸易中具有影响力，而且在中国沿海普通民众中的影响也深入人心。日本学者藤田丰八在《葡萄牙人占据澳门考》中将双屿港称为"16世纪之上海"毫不为过。

双屿港"繁荣"的原因是多方面的，在政治上，明朝政府长期奉行禁海政策，造成沿海人民生活的极端困难，一些破产的渔民、农民流亡海上，铤而走险，从事走私贸易，进而与海盗合二为一，成为双屿港"繁荣"的重要维护力量。在经济上，"争贡事件"发生后，中日贸易完全中断，为海上走私贸易提供了机会和空间；同时，中国丝绸、瓷器、茶叶等特产越来越受到海外国家的追捧，经营这些商品获利丰厚，吸引了包括葡萄牙人在内的各国商人云集中国沿海，他们急需寻找商品集散地和交易市场，双屿港成为他们的理想之地。此外，沿海人民生活的贫苦使他们把双屿港视为赖以生存的"衣食父母"，积极参与其中，促进了贸易的繁荣。在文化上，葡萄牙等国奉行殖民政策，无视中国主权，长期逃避关税，企图将中国外海变成大明朝法外之地，把双屿港建成他们的殖民地。这些都是推动双屿港走向"繁荣"的重要因素。

双屿港的"繁荣"是一把"双刃剑"，既有它不可忽视的作用，又有它造成的严重后果。从作用来看，双屿港起到了自由港的作用，充当了明朝对外交流和沟通的一个窗口，同时，打破了明朝中期单纯朝贡贸易的单一形式，推动了沿海经济的发展。日本学者藤田丰八把双屿港与上海相提并论，在一定程度上说明了双屿港具有海上经济重心的作用。从负面影响看，双屿港的存在与海禁政策的冲突，给明朝政府带来了三个严重的后果：一是大量税收流失，给国家财政造成了巨大损失；二是滋养了一股海盗势力，骚扰和破坏沿海人民的生活秩序；三是滋长了明朝政府官场的腐败。明朝政府长期保持对双屿港势力的打压和围剿，就是出于这些原因。

双屿港的两面性从根本上决定了它不可能长期保持"繁荣"和发展，覆亡是它必然的结果。

四、双屿港的消失

海上走私贸易的利润都是通过陆商的配合来实现的：海商委托陆商销售、输入货物，同时又委托陆商买取、输出货物。这种委托买卖完全凭借私人的彼此信任或交情来完成，没有信用制度来保障，更没有法律条款可以遵循。在这种情况下，侵吞和勒索事件时有发生，而一旦有这样的事件发生，吃亏的总是海商。要解决这类纠纷，依靠法律是不可能的，因为走私贸易本身就是不合法的，解决的办法，往往是通过暴力。双屿港的毁灭，正是由这样的暴力引发的。

双屿港成为国际走私大港进入21个年头时，浙江沿海的走私贸易规模又有了扩大，使朝廷感受到前所未有的压力。恰在此时，一个由海陆商相互矛盾而引发的杀人事件促使明朝政府最终下决心，要不惜一切代价消除双屿港。

在浙江省余姚县有一个大户人家，姓谢，主人名叫谢迁。谢迁是明朝几朝的显赫人物，他于1475年状元及第，在1495年至1504年间做了内阁大学士，官至兵部尚书。此人仪表堂堂，相貌俊伟，办事坚持原则，为人光明磊落，深得皇帝的器重。由于谢迁的身份很高，谢家在余姚县地位非常特殊。谢迁于1531年去世，他的后代利用谢迁的威望干起了违法勾当，他们长期与海上私商保持着贸易往来，掩护走私，从中获取了巨额利润。但谢氏在走私交易中常常贬低海上私商货物的价值，而且赖账，引起海商的不满。1547年夏天，在一次交易中海商出身的海盗上门要账，谢氏不但不给，而且出言恐吓，说要报告官府，海盗大为痛恨，便在一天晚上采取了激烈的报复行动，洗劫了谢家，杀死了9人，抢走了大量财物，并放火烧毁了谢家宅第。谢氏的大部分财产在这次洗劫中化为乌有。

余姚谢家遭到劫掠的事件引起朝廷的高度重视，皇帝下决心要整治闽浙沿海的倭寇、海盗以及外国不法商人，重点打击双屿港的海盗及不法商人，便派出都察院右副都御使朱纨，赴浙江出任浙江巡抚，并提督闽浙海防，让他"操练兵马，修理城池，抚安军民，禁革奸弊"①，继之"调福清兵船趋温宁地方，听后军门进止"②。朱纨是苏州府长洲县人，为人正直，敢作敢为，他受命后做了充分的准备：第一，挑选了像福建都指挥使司军政掌印署都指挥佥事卢镗、福州左卫指挥使张汉这样能征善战而又责任心强的军官担任领兵官，这两位军官后来都成为抗倭名将。第二，从民间招募大批义勇，从军队中挑选大量勇敢的士兵，组成围剿部队。第三，调用福州府福清兵船30艘，浙江省沿海卫所兵船30艘，共60艘战船加以训练。第四，充分研究了战术，决定利用暗夜，采取围困、邀击、火烧等战术，对双屿港发动突然袭击。第五，战前调兵遣将，令张汉指挥兵船以防夷为名，俱到温州、松门、海门处所湾泊，会同浙江巡视海道副使沈瀚查选沿海堪用官兵默定约束，听候调遣。嘉靖二十七年三月初三日，朱纨令水军各兵船前至温州府港及磐石卫给领行粮、兵火、器械；十三日，又令哨船多方打探海盗船下落，根据情况制定计策；十五日，水军齐至海门卫港内湾泊。三月二十六日，官兵在朱纨的指挥下开始出动，直扑双屿港。港内海商、海盗和外国不法商人在官兵的突然袭击中被打得蒙头转向，他们见官兵来势凶猛，四处奔逃，官兵分路围剿。"四月初二日，至爵溪所，瞭见伍罩山有大贼船一只，头向东南行使"，朱纨"恐两省人心不齐，分拨义勇唐弘臣、余仪、王宗善、唐弘奇、刘大员、余奇、陈孔成、陈志、林国斌等二十名坐驾林望等船，薛佑、李光守、余文等二十名坐驾戴景等船各一只，追至九山大洋。与贼对敌间，百户张铧奋勇当先，督领福清王伯达、郑一显、陈大纪、王辉七、林豪二、魏德平兵船六只齐到"，但"贼亦不知下落"。此后"连日督兵前去马墓、长白、岑港等处海洋哨逻，贼船无踪"。官兵的围剿行动持续了一个多月，在外海缴获了多艘海盗船只，并生擒几百名海盗，海盗头目李光头在四月初五

---

① 朱纨：《甓余杂集》卷一。

② 朱纨：《甓余杂集》卷二。

这一天被官兵擒获。官兵共阵亡6人，伤30人，可谓以小的代价，换取了大的胜利。随后，朱纨一边派官吏带兵进入双屿港，"将双屿贼建天妃宫十余间、寮屋二十余间、遗弃大小船二十七只俱各焚烧尽绝，止留阁坞未完大船，一只长十丈，阔二丈七尺，高深二丈二尺；一只长七丈，阔一丈三尺，高深二丈一尺"，一边亲自督率"指挥张四维、潘鼎、刘隆、马奎，义勇叶光等及各随征家丁卢宗舜、潘昂、卢豹、刘勇益、卢鹿、卢麒等吏，余钺等分拨张四维原调苍山等船，追至海闸门、糊泥头外洋及横大洋二处，齐放铳炮，打破大贼船二只，沉水贼徒死者不计其数，随有贼徒草撇船一只、叭喇唬船二只，前来迎敌。张四维兵船奋勇当先，斗敌数合。贼船被箭，伤落水爬山亦不计其数。得获草撇船一只，长五丈，阔一丈四尺；铜佛狼机一架；连铳一个，重一百九斤；铁佛狼机一架；连铳二个，重一百四十六斤；铁栓五条；番弓七张，番箭十八枝，铁箭十九枝；大小铅弹十八个；火药斗一个；藤牌六面；番帽三顶；倭衣二件"[1]。不过朱纨随后得到探报："佛郎机夷船众及千余，两次冲泊大担外域，俱因有备，开洋远去。"[2]"五月、六月浙海瞭报，贼船外洋往来一千二百九十余艘。"[3]这说明，朱纨所消灭的葡萄牙商船仅仅是一小部分而已，大部分都逃离了海上。但朱纨依然信心十足地说："夷船既退，则其余海寇不足为虑。"[4]五月十六日，朱纨自霩衢所率众亲自渡海在双屿港登陆，察看形势。此时的双屿港，经过焚烧，满目疮痍。朱纨"就留福建指挥张汉、千户刘定、夏纲、百户张铧原领兵船在彼分定中军并南北二哨，各添官兵相兼防守"。可是，"分定中军并南北二哨"实施防守，只是暂时之策，下一步是否安营扎寨、进行长期戍守，众官认为不可，他们了解到"福兵俱不愿留，双屿四面大洋，势甚孤危，难以立营戍守，只塞港口为当"。由是朱纨"因念济大事以人心为本，论地利以人和为先，姑从众议行令，动支钱粮，聚椿采石，填塞双港"[5]。可是五月二十八日，巡按浙

---

①④　朱纨：《甓余杂集》卷二。

②　朱纨：《甓余杂集》卷三。

③⑤　朱纨：《甓余杂集》卷四。

江监察御史裴绅条陈海防事宜，提出"即将此地立为水寨，屯军聚守，勿令空闲，复为贼人所据。庶外足以拒贼，内足以蕃屏。伏乞敕下巡抚都御使查勘，议处施行"[①]。朱纨坚持认为"双屿不可戍守，止可填塞港门"[②]。朝廷同意了朱纨的建议，作出了填港的决定，先派人首先度量港口的水深和宽度，大致计算填港所需物料的多少，然后进行正式填塞。填塞的方法是："工料多用椿木，满港密钉，仍采山石乱填椿内，使椿石相制，冲激不动，潮至则淤泥渐积，贼至则拔掘为难。"朱纨奉旨于六月二十六日与带管备倭署都指挥金事刘恩至，同到双屿港察看。朱纨在港内住居三日，亲自督委指挥王明、定海县典史张贤先打木椿，将大松木做成木栏，内贮石篓，安置水底为基，上垒船石，填塞两港[③]。就是先在港口内密密麻麻地钉上木桩，然后在木桩的空隙中大量填塞从山上采回的石头，这样，当潮水反复涨落的时候，桩和石头都不动，缝隙中就会渐渐积满淤泥，当淤泥积满时，桩和石头都难以拔动，海盗就不可能再在这里建港了。方法确定后，朝廷命令朱纨尽快测量水深和港口宽度，然后打桩填石，在一个月内完成。朱纨接到朝廷的旨意后，亲自前往现场监工，按时完成了工程。

一个著名的古港就这样消失了。那么，我们今天如何来评价双屿港的消失呢？笔者认为应从两个方面来认识：一方面，双屿港的消失具有积极的意义。葡萄牙人长期占据双屿港的行为，是一种殖民侵略行为，严重侵犯了中国的主权，明朝政府填塞双屿港，驱逐葡萄牙人，是反抗侵略的一次正义行动。同时，长期盘踞双屿港的海盗，给沿海人民带来了极大的危害，填塞双屿港也是打击海盗的一项重要措施。另一方面，双屿港的消失又留下了深刻的教训。双屿港是一个天然优良的港口，可惜的是，明朝政府没有充分利用这一地理优势，发展对外贸易，相反却在海禁政策的主导下，对它弃之不用，导致了海盗和外部势力的滋生。双屿港的"繁荣"从一开始出现就是畸形的，填塞双屿港并不能从根本上消除来自海外的威胁。双屿港在填塞后不

----

①②③　朱纨：《甓余杂集》卷四。

久，朱纨就接到报告，说在外海又出现了1290多艘走私船，这说明朱纨在双屿港焚毁的葡萄牙走私船仅仅是一小部分。由此可见，双屿港的消失并未从根本上消除走私活动，相反却更加沉重地打击了沿海经济，这就充分证明，明朝所推行的海禁政策，违背了沿海国家走向世界、走向海洋的大趋势，对国家是毫无益处的。

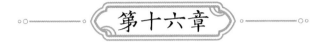

第十六章

殷人横渡太平洋的猜想

——奥尔梅克文明与殷商文化

20世纪30年代，墨西哥考古队在墨西哥中南部发现了几处古人类文化遗址，后来人们把它命名为"奥尔梅克文明"。据考证，奥尔梅克文明大约繁荣于公元前1300年到公元前400年，它是人类已知的最早的美洲文明。在奥尔梅克文明曾经繁荣的地区，存在着大量的金字塔、石雕、宫殿遗址，还出土了大量的玉雕等文物。当考古学家和历史学家在研究奥尔梅克文明的时候，发现了一个令人惊讶的事实：在奥尔梅克文明中包含着大量来自中国商朝时期的文化元素，而且这些元素不是一条两条，而是一个文化信息的集合。人们相信，这种现象的出现绝不是偶然的，中国商朝的文化与奥尔梅克文明之间一定存在着某种联系。人们进一步推测，商朝时期的殷人很有可能到达了美洲，并创造了那里的文明。这里所说的"殷人"，据历史学家范文澜先生解释，是商代国王盘庚迁到殷墟（今河南省安阳市小屯村殷墟）后对商族人的新叫法，这种叫法实际上源于《礼记·祭法》中"殷人禘喾而郊冥"的记载①。那么，奥尔梅克文明中一些什么样的文化信息，使人们得出了殷人有可能东渡美洲的结论呢？

---

① 《礼记》卷十四。

一、奥尔梅克文明中的商朝文化元素

1938年，墨西哥考古学会组织的一支考古队在拉文塔族森林里发现了一些巨大的石头人像，沿着这一线索，考古队进一步追寻，又在墨西哥湾沿岸发现了两处文化遗址：一处是拉文塔（La Venta）遗址；另一处是特雷斯萨波特斯（Tres Zapotes）遗址。经碳十四测定，两处遗址至少存在于公元前1300年前。二十多年以后，人们又在这一地区发现了圣洛伦索（San Lorenzo）遗址。这三处遗址分布于今墨西哥韦拉克鲁斯州和塔巴斯科州，其范围西起帕帕罗阿潘河，东至托纳拉河，面积约1.8万平方千米。这一带曾经生活着奥尔梅克人，故将这里的文明称为"奥尔梅克文明"。

奥尔梅克文明遗迹包括地面巨石人像、城池遗址、塔碑、祭祀高台、出土石人、器物等，人们在研究这些遗存时发现的殷商时期的文化信息，主要包括以下几类。

第一，民俗。民俗是一个民族或一个社会群体在长期的生产实践和社会生活中逐渐形成并世代相传、较为稳定的文化事项，它表现为民间流行的风尚和习俗，它能够反映一个民族的特性。位于墨西哥东海岸的拉文塔，是奥尔梅克文明的发源地之一，在这里存有大量遗迹以及出土文物，一些遗迹和文物反映出的民族风俗与殷人的习俗非常一致。比如，建造祭祀土墩的样式相同。古代有祭祀先人和神灵的习俗，举行祭祀活动时要搭建一个土墩，拉文塔最早的古代祭祀土墩是圆形的，与中国古代典籍中所记载的商朝土墩完全相符，这种样式的土墩在我国河北的张家口也有发现。神父马克·威廉说："对于一个熟悉密西西比河流域土墩的建筑工艺的人来说，把张家口附近的石斧、圆形土墩与之相比，充分揭示出这些土墩可能是同一民族建造的。"[①] 房仲甫先生也认为，拉文塔的土墩既是美洲最早的祭祀遗址，视为殷

---

① 转引自房仲甫：《殷人航渡美洲再探》，《世界历史》1983年第3期。

人所筑并非毫无根据，因其年代彼此相近。同时，拉文塔这个祭祀中心，与同时代在密西西比河下游建造的祭祀土墩和在拉古纳、德洛斯塞罗斯地方的土墩，竟然同样都是向东偏八度。英人李约瑟在《中国的科学与文明》一书中认为，安阳发现的公元前1300年的殷墓也是在正北向东偏五至十二度。从张家口土墩与美洲土墩的偏度看，如出一人之手[①]。再比如人坐的姿势也相同。殷人的坐姿一般采用踞式，也就是上身挺直、双膝跪地的姿势。在奥尔梅克文明遗址中出土的青铜像和石雕像，多采取了踞式的坐姿，与殷人几乎完全相同（见图16-1）。另外，出土的石雕人像头部有畸形现象，又窄又高，据说拉文塔地区古代人有从小用木板把头部夹成长方形的习俗，这种使头变形的习俗在我国商朝时期的华北、辽东半岛等也有。另外，在建筑方面，墨西哥遗存中也带有中国的民俗成分，如在墨西哥山上的104号和105号墓上，留有中国特有的四合院式建筑[②]。

图16-1　奥尔梅克文明的踞坐人石像

第二，纹饰。饕餮是古代中国神话传说中的一种神秘怪兽，《山海经》

① 房仲甫：《殷人航渡美洲再探》，《世界历史》1983年第3期。

② 宋伯胤：《墨西哥古代文化史稿》，《南京博物院院刊》1979年版，第125页，转引自蔡培桂：《说"东"——谈谈"殷人东渡美洲问题"》，《山东师范大学学报》（人文社会科学版）1996年第6期。

中就有记载，它的图案被称作"饕餮纹"，常常出现在玉器和青铜器上，尤其是在商朝的青铜器上，比如铜鼎上非常多，从奥尔梅克文明遗址上出土的器物中有的就带有饕餮纹。法国人类学家列维·斯特劳斯指出，这种装饰主题在中国起源很早，商朝铜器中一些器皿的饕餮纹和玛雅人蛇形面具十分相似，有些简直一样。房仲甫先生也认为，从印第安人所用的饕餮纹大都与殷商时期相同这一点上看，源于商代而为中国特有的饕餮纹，可能也随殷人传到了墨西哥[1]。

第三，人种。在拉文塔的地上和地下所存在的大量青铜和石雕像，其面容与中国人极为相近，如果把它们看成在中国某个地方出土的文物，不会有人表示怀疑。王大有、宋宝忠等学者在其著作中提到，1908年墨西哥发生了杀害华侨311人事件，清政府派欧阳庚为特使前往墨西哥处理索赔案。出发之前，著名学者王国维、罗振玉委托欧阳庚调查一下华侨中有没有殷人东迁的痕迹，并得到宣统摄政王载沣的批准。索赔案处理得很顺利，正当欧阳庚准备调查王国维和罗振玉委托之事时，有一天，居住在当地的一批印第安人围着欧阳庚说，墨西哥还杀死了他们当地的700多人，这些人是有着中国血统的殷人后裔，3000年前从中国经海上迁移来的，请求清政府支持他们索赔。欧阳庚喜出望外，认真听取了他们的申诉，并立即报告清政府外务部，请示载沣是否进一步调查。载沣批复说，印第安人自称是中国人，于法无据，殷人东迁之事没有证据，难以证明发生在3000年以前的事情；指示欧阳庚办完索赔之事，调驻巴拿马第一任总领事，这件事就不了了之了。这件事情虽然没有被当年的欧阳庚记录在案，却被他的儿子欧阳可亮所证实[2]。印第安人的陈述不会是空穴来风，他们先人的口耳相传，延续至今是大有可能的。

在奥尔梅克文化遗存中，还有不少带有明显非洲黑人面部特征的人头像，这些头像都戴有头盔，明显是士兵形象，所以有学者认为，这是奥尔梅

---

[1] 房仲甫：《殷人航渡美洲再探》，《世界历史》1983年第3期。

[2] 叶雨蒙：《殷人东渡美洲》，《大地》2001年第11期。

克文明源于非洲的有力证明。但有学者反对这种观点，认为非洲面孔的士兵头像没有一个是有身体的，这与身躯完整的各种带有中国人面貌特征的神人或儿童雕像形成鲜明对比，他们可能是被殷人征服的原来从非洲进入墨西哥的黑人，可能在与奥尔梅克文明的主体即从中国来的殷人争夺奥尔梅克文明所在地区时被殷人及其后裔斩杀后，以其头颅祭奠殷人先祖的象征，所以在奥尔梅克文化的神人雕像前摆放着这些高大的头像。联系到殷墟王陵区商王大墓周围众多身首异处的祭祀坑和中美洲经久不衰的猎头习俗，这应当是一种合理的解释①。

第四，文字。一个民族的文字，是这个民族的符号，它包含着这个民族丰富的历史文化信息。我国的汉字，发源于华夏大地。可是，在美洲墨西哥出土的多种文物上，都出现了汉字。比如墨西哥阿尔万山神庙的石碑上，有和汉字相同的象形字"水"字。美洲古陶器神座上刻有汉字"天"字。此类汉字在美洲已发现59个，连重复出现的计算共140多个。从字体上判断，自殷至南宋几乎历代都有。意义最大的是甲骨文。在美洲出土的一个陶制圆筒上，刻有20多个与殷商甲骨文完全相同的"帆"字；墨西哥西海岸出土的一块陶片上，共刻有23个甲骨文的"亚"字，这些甲骨文字，在中国国内出土的一些青铜器上也有发现②。后来，学者们有了更重要的发现。2001年3月，南京大学历史系教授范毓周先生与中、美学者一起赴墨西哥考察，重点考察了属于奥尔梅克文明的拉文塔遗址。这次考察，他们有了重大发现：他们看到了在拉文塔四号遗址中发现的十六位小玉人和六根玉圭（见图16-2），这些文物在范毓周他们眼里非同一般：这十六位小玉人颜色不同，其中用红色玉石雕刻的玉人有一位，用墨绿色玉石雕刻的玉人有十二位，用白色玉石雕刻的玉人有三位。更重要的是，他们在两根玉圭上发现了文字。当范毓周先生看到这些文字时，顿时感到非常震惊，这些文字竟然与国内殷墟出土的甲骨文完全一致，一根玉圭上的文字有七个，就是"十示二入三一报"，根

① 范毓周：《殷人东渡美洲新证》，《探索与研究》2011年第2期。
② 房仲甫：《殷人航渡美洲再探》，《世界历史》1983年第3期。

据专家对甲骨文的断句，这七个字应断成："十示二，入三，一报。"另一根玉圭上的甲骨文是两个字："小示。"那么这些小玉人为什么用不同颜色的玉石雕刻？这些文字又表示什么意思呢？范毓周先生作出了这样的解释："示"字在殷墟甲骨文中是常见的一个字，它的一个最主要的意思就是"世"。商朝一共有十二代直系祖先，可称为"十二示"。商朝有合起来祭祀十二代祖先的习惯，在甲骨文中把这十二代祖先记作"十示又二"，这与这根玉圭上的"十示二"极为相似，就是说，"十示二"与"十示又二"的意思应该是一样的，指的是商朝的十二代直系祖先。再看"入三"，甲骨文中的"入"字有两种含义，一种是"进入"，另一种是"贡纳"，这里的"入"，应该是"进入"的意思，"入三"就是指有三个人进入的意思。再看"一报"，"报"字在甲骨文中常常写成"口"字缺少右边一竖的形状，它有两种含义：一种是指庙里盛放神主的器具，延伸为庙号；另一种是指规格极高的祭祀。玉圭上的"报"字可能是指最尊贵的先祖。"一报"就是一位最尊贵的先祖。再看"小示"，"示"与"世"相通，"小示"指的是商朝的旁系后裔，而不是直系后裔。

图16-2　拉文塔遗址出土的小玉人和玉圭

范毓周先生把玉圭上的文字解读得清清楚楚，可是，把这些文字连起来究竟是什么意思呢？范毓周先生发现，如果把文字和十六个小玉人的颜色以及出土时摆放的位置配合起来理解，所有问题就都迎刃而解了。这十六个小玉人有一个红色的、十二个绿色的、三个白色的；红色的小玉人位于中间位置，他的背后是六块玉圭，他的前面，环绕着二十个绿色的小玉人，他的右手侧是三个白色的小玉人，面向红色小玉人，呈前后排列，仿佛刚刚从门外进来。这个位置的摆放，与文字记载就完全吻合起来了：这个红色的小玉人是大家共同的朝拜者，无疑他就是"一报"，可能就是殷人的先祖；围绕先祖的十二个绿色的小玉人，是商朝的十二代直系祖先，也就是"十示二"；三个刚刚从门外进来的白色小玉人，是殷人来到美洲后的商朝的三位旁系首领。范毓周先生的结论是：出土的十六个小玉人和六根玉圭的摆放，代表着一个祭祀先祖的场面①。

在墨西哥首都博物馆还陈列着一批带有汉字的古碑、古砖、古货币以及陶器、青铜器、古装雕刻艺术品和泥塑佛像等，其中的古代货币甚至连穿钱的麻绳都是中国式的。在墨西哥境内还发现了写有"大齐田人之墓"的墓碑，这应该是我国战国时代田齐之后代的遗物②。

以上这些文化信息，仅仅是奥尔梅克文明中包含的商朝文化信息的主要部分，除了奥尔梅克文明以外，在美洲的其他地方，类似的信息还有很多。这些信息强有力地证明了殷商文化与早期美洲文明的关联性，说明早在商朝时期，华夏文明就已经传播到了美洲，传播的途径极有可能是中国人来到了美洲大陆。通过一百多年的研究，中外学者越来越坚信这一点。

除了奥尔梅克文明中包含的殷商时期文化信息之外，中国古代也存在来自美洲传入的文化成果。有学者认为，中国的玉米种子及其种植技术就是殷人从美洲带回来的。该学者说，最早记录我国种植玉米的是《颍州志》，现

---

① 范毓周：《殷人东渡美洲新证》，《探索与研究》2011年第2期。
② 蔡培桂：《说"东"——谈谈"殷人东渡美洲问题"》，《山东师大学报》（社会科学版）1996年第6期。

存天一阁藏本的《颍州志》是明正德六年（公元1511年）重修刊印的，其修志时间是"成化丁酉"（公元1477年）。1492年哥伦布到达美洲大陆，1494年才将玉米带回西班牙，而后再在西班牙种植推广。而我国安徽颍州地区在早于哥伦布到达美洲15年的时候，就已经开始种植，并作为主要谷物之一载入了《颍州志》；即便是正德六年重修《颍州志》时增加了新内容，从1511年推至1494年才仅17年的时间。在当时的情况下，17年间哥伦布将玉米种子带回西班牙，再由西班牙传入我国并大面积种植而载入史册，要完成这样一个周期是困难的，或者说是不可能做到的。因此，对我国种植的玉米，有理由否定是通过哥伦布这一途径传入我国的记载，而是在此之前还有另一条途径的结果。这就是说，我国在哥伦布到达美洲之前就已经有人到达美洲见到了玉米，并且将玉米种子带了回来。这个时间，就是创造甲骨文字的殷商时代。正因为殷人从东方美洲带回了玉米是一件不同寻常的大事，故创造了文字"东"，并赋予它"物从东来"的含义，作为流传后世永作纪念的方位词。至于殷人将玉米带回来一直到明朝以前为什么没有推广成为我国的主要粮食作物，而且文献也没有见到更多的记载？其原因应该另作论述[①]。这一观点是值得重视和研究的。

那么，在3000多年以前，是什么人渡过太平洋来到美洲大陆传播了这些中华文化呢？他们又为什么要远涉重洋踏上这块陌生的土地呢？

二、商朝的什么人渡海到了美洲？

早在1590年，法国学者弗雷琼斯·德·阿科斯塔（Frey Joes de Acosta）就提出，最早的印第安人是从亚洲通过白令海峡来到美洲大陆的亚洲人。1752年，他的这一假说得到法国学者德·吉涅（De Guignds）的进一步推进，

---

① 蔡培桂：《说"东"——谈谈"殷人东渡美洲问题"》，《山东师范大学学报》（人文社会科学版）1996年第6期。

提出中国古籍中的"扶桑国"就是美洲的墨西哥的说法，随后引发西方学术界关于谁先发现新大陆的广泛讨论。最早提出商朝时期中国人到达美洲假说的是英国学者梅德赫斯特（W. H. Medhurst），他于1846年翻译中国古典文献《尚书》时产生了一个观点，他认为，周武王在灭纣的时候，可能有殷人渡海逃亡，途中遇到风暴，被吹到美洲。这仅仅是梅德赫斯特的一个猜想，他并没有提出有力的证据。但是这个观点提出后，迅速在国际学界引起反响，有人表示赞同，有人表示反对，开始了长达一百多年的论争。1964年，美国学者威廉姆·迈克耐尔（William H. McNeill）出版了《西方的崛起：人类社会的历史》一书，其中提出：中国商朝的艺术品和中美洲挖掘出来的文物出奇地相似，文明跨洋可能是一个合理的解释。1967年，美国学者迈克尔·苊（Michael D. Coe）发表了论文《圣洛兰佐与奥尔梅克文明》，其中指出，在墨西哥东海岸的拉文塔发现的奥尔梅克文明有很强烈的殷商影响。之后，他又在1968年出版的《美洲的第一个文明》中指出，奥尔梅克人社会的结构与中国商朝很接近，奥尔梅克的艺术和中国殷商时期的艺术很相似，奥尔梅克文明有可能和中国殷商文明有某种联系。之后，考古学者贝蒂·梅格斯（Betty Meggers）在1975年发表的文章中指出，奥尔梅克文明与商文明的联系最早可以溯源到公元前1200年左右。1996年，旅居美国的许辉教授出版了《奥尔梅克文明的起源》，认为奥尔梅克文明起源于商文明。他的有力的证据是文字。他从奥尔梅克人的陶器、玉器、石雕的照片和实物上找到了近150个文字符号十分近似中国的甲骨文或金文[1]。上述西方学者的观点必然影响到东方学界，日本和中国等亚洲国家也展开了对这一问题的研究。日本考古学者白鸟库吉提出，殷人可能是经由朝鲜移居美洲大陆的。中国学者罗振玉、王国维也发表过相关观点，并委托清政府派往墨西哥处理索赔专案的特使欧阳庚调查有无殷人东渡美洲的痕迹[2]。在此后的研究中，陈志良、朱谦之、卫聚

---

① 美国等西方学者的观点均转引自沈国麟：《殷人东渡，还是源起美洲——中美洲奥梅克文明的起源之争》，《现代人类学通讯》2007年第1期。

② 范毓周：《殷人东渡美洲新证》，《探索与研究》2011年第2期。

贤、张树柏、张虎生、徐松石、罗荣渠、房仲甫、王大有、宋宝忠等诸学者都从不同角度阐发了对殷人渡海的看法。

　　然而，由于商朝时期已经有3000多年的历史了，要论证那时的中国人是否到达过美洲难度之大可想而知，必须从中外典籍以及考古发现中寻找蛛丝马迹。可是，在中国现有的文字典籍中，学者们还没有发现有殷人渡海的记载，甚至连一点迹象也没有，出于无奈，人们只能通过对同时代发生的历史事件的深入研究作出一些推测。后来，人们沿着英国学者梅德赫斯特提出的"周武王在灭纣的时候，可能有殷人渡海逃亡"的假设往前探索，把注意力放在"武王伐纣"的研究上，果然出现了一线曙光。

　　大约在公元前1046年，周武王与各诸侯联军起兵讨伐商王纣，史称"武王伐纣"。在这场战争中，周武王统率大军攻破商朝的都城朝歌，灭掉了商朝，建立了周朝的统治。正是在这场灭亡商朝的战争中，一些被打败的商朝势力有可能成为最早渡海到达美洲者。房仲甫先生认为，周灭商后，周武王封纣子武庚为商后，后来周公旦掌管政事，武庚联络若干方国发动复国战争，但遭失败。武庚死后，复国无望，殷人或因有航海能力，或受崇拜日神并用以为王名的习俗，如"上甲"等六宗这一宗教观念的影响，为了寻得栖身之所，溃军临危，有可能就像以前战败的其他航海民族一样，仓卒夺海而逃①。这就是说，航渡美洲的有可能是沿海的多个方国的殷人。也有学者认为，航渡美洲的也可能是一个名叫攸国的方国的人。商朝实行统治之时，在中央政权之下设置了一些方国，方国是指那些高于部落以上的、稳定的、独立的政治实体，亦即早期城邦式的原始国家。在商朝晚期殷墟遗址出土的甲骨卜辞中，多以"谋方"的形式称呼这些部落国家，故将这些国家称为"方国"②。方国的国君被称为"侯"。人们在甲骨文的记载中发现，商朝有一个方国名叫攸国，它的国君名"喜"，所以被称为"攸侯喜"，他的手中有一支庞大的军队，这支军队有人推测是十几万人，也有人推测是二十几万人，总之

---

　　①　房仲甫：《殷人航渡美洲再探》，《世界历史》1983年第3期。

　　②　王进锋：《殷商史》，上海人民出版社2015年版，第124页。

是一支大军，转战于现在的山东一带。可是在武王伐纣的战争中，这支大军并没有出现，甲骨文和后来的典籍中更没有这支军队被整体消灭的记载。也就是说，这支军队在商朝灭亡的过程中整体无缘无故地消失了。那么，这支大军去了哪里呢？关于攸侯喜的去向，目前学术界有几种猜测：第一，攸侯喜的大军在周朝成立后降周，又回到了现在的河南洛阳，在当地从事商业；第二，攸侯喜的大军外逃到朝鲜半岛；第三，攸侯喜的大军因为不愿臣服于周朝而逐渐被消灭了。这些都是根据朝代更替的逻辑以及史料的暗示作出的推测，并没有特别的意义。还有一种猜测意义就不同了，有学者联想到了梅德赫斯特所提出的殷人渡海的问题，这些学者认为，攸侯喜的大军很有可能漂洋过海去了美洲。

这个猜测从时间上看，与奥尔梅克文明产生的时间是相吻合的。根据中美洲学者的研究，位于拉文塔的奥尔梅克文化遗址的年代应在公元前1200年至公元前300年，商朝灭亡根据目前的研究，其年代应在公元前1000多年，在商朝灭亡后的100年左右时间里，殷人的王室旁系成员逃亡到中美洲，作为新到达美洲后的首领传承三代，也就是墨西哥出土的那3个白色小玉人，这是很自然的，他们将原来在殷墟故里使用的甲骨文东传到了墨西哥。

可是，这样又带来了另一个问题：在3000年以前，殷人是如何越过茫茫的太平洋来到美洲的？

三、殷人是如何渡过太平洋的？

在研究这个问题的时候，有学者对殷人的航海能力严重质疑，认为殷人的航海能力是不足以航行到美洲的，其理由有如下几点。

第一，殷人没有远洋航海的船只和船具。

施存龙先生认为，商殷人都深居中原内地，没有统治海洋，境内只有河流。能局部通航的较大河流是黄河、济水，估计还有滴河等中等河通航，用于水上航行的船只不外乎三类：一是经过改良的独木舟。所谓改良独木舟，以独木舟作基础，上面两舷加装木板，那样就可提高载重量、舱容。二是方舟。方舟是由两艘或多艘简易船拼成一艘船。三是初级木板船。木板船初创，当是初级的，类似今天的内地尚能见到的简易木船。总之，都是内河船。从史籍和甲骨文记载看，商末周初航行都发生在内河，而无一例海上航行。由于近一千年间殷人深居内地，没有机会直接接触海洋，不可能出航海人才。从中原派往东夷的殷人军队也就不会有航海的人。当他们征服航海的方国后，虽有了开始接触海洋的条件，但因时间太短促，还没有来得及去熟悉海洋、学习航海，就已亡国了。留在山东的殷人所赖以逃亡海上的航海力量实际只可能是被胁迫势力的东夷方国人。如果人们定要把被殷人所征服的沿海夷人也算在大概念的殷人范围内，我们为了便于分析、区别起见，也得称之为"殷人"，他们能提供的航行设备也远远达不到航美需要。首先，殷商时期没有帆。甲骨文中的"凡"字与"帆"无关，所有考古出土的文物中见不到有帆和樯，汉代以前的史籍中，迄今找不出有用帆航行的记载。其次，控制船行方向的舵，商末尚未发明。除此之外，殷商时期司南尚未发明，在茫茫大海上无法辨明方向。没有水密舱和水密隔盖，在大洋中无法解决人员、粮食、衣服打湿，火种熄灭等问题，触礁、互撞等事故也不能克服[①]。张箭先生也认为，商代和商周之际没有锯子，不能析解木板，造不出"稳定性强，装载量较大的木板船"。甲骨文中的"凡"字与"帆"字毫无关系，金文中也无"帆"字，甚至在东汉中期许慎著的《说文解字》里也没有"帆"字。甲骨文中的"般"字其意义也与桨舵毫不相干。根据古文字、文献和出土文物，商代、商周之际没有控制航向的船具舵，而桨舵没法使"横渡大洋变为可能"[②]。

第二，殷人的知识达不到远洋航海水平。

施存龙先生认为，商朝时期，中国人的海洋知识是极其有限的：第一，

---

① 施存龙：《历史没有允许殷人航渡美洲》，《世界历史》1995年第2期。

② 张箭：《商代的造船航海能力与殷人航渡美洲》，《大自然探索》1993年第4期。

对于海洋地理的认识仅仅处于神话传说阶段，于近在眼前的尚处于朦胧神话中的殷人，是根本谈不上了解浩瀚太平洋和遥远的美洲的。第二，对海洋气象、水文所知很少，虽然甲骨文中有"四方风"的记载，沿海殷人也会认识一定的潮汐现象，但不可能认识和利用洋流，所谓殷人利用太平洋季风、洋流航抵美洲脱离历史可能性过甚。第三，对于台风、海啸等灾害性现象也认识不了，只能认为是海妖作怪、上天降罪。第四，不掌握导航技术。商朝时期，虽然人们出于农业和畜牧业的需要，学会了利用北斗星等星辰辨别方向，但没有任何史料记载他们把星辰导航应用于航海①。张箭先生也认为，殷人"依日月星辰为判明方向的一般知识"对于跨越太平洋来说是远远不够的，因为在阴天、雨天、雾天、雪天便会迷途不知返了②。

　　正是由于以上原因的存在，施存龙先生的最终结论是："3000年前的'殷人'凭着简陋而脆弱的设备和幼稚而不确的航行知识，面对一无所知的大洋彼岸、2万公里的里程和严峻的航路，纵然有比现代人10倍的敢死精神和百倍的野外生活耐力，奈何海涛无情，大洋难渡。"③张箭先生也得出了类似的结论："在距今3000多年前的商代和商周之际，中国那时不仅没有指南针、海图、星盘等必需的远航仪器和相关的测绘技术，也没有帆和舵，连铁器、造木板船的锯子、凿石锚的铁凿也没有。说那时便有大批的殷军残部和商朝遗民驾乘着浩浩荡荡的船队，靠划桨摇橹，行程3万里，一举跨越太平洋航渡美洲，这样的故事无异于天方夜谭。至于在地理大发现以前是否有个别中国人偶然辗转漂泊流落到美洲，即使有的话也不可考了。如果没有特别重大的考古发现，没有像古文经书、死海古卷那样重大的文献发现，没有像商博良释读埃及象形文那样释读玛雅象形文的特别重大的突破，是不可能证明古代曾有中国人到过美洲的。"④

　　笔者则认为，在奥尔梅克文明中包含着殷商时期的文化信息，是不可否认的事实，这些文化信息绝不是凭空产生的，它一定是由殷人传播到美洲

---

①③　施存龙：《历史没有允许殷人航渡美洲》，《世界历史》1995年第2期。

②④　张箭：《商代的造船航海能力与殷人航渡美洲》，《大自然探索》1993年第4期。

的。至于殷人是如何渡过茫茫的太平洋到达美洲的，就目前我们的认识程度，虽然还不足以解开这个千年之谜，但可以找到一些参照。例如，马达加斯加到印度尼西亚的距离，跟中国东部沿海到美洲的距离差不多。马达加斯加土著人在2000年至3000年前横渡印度洋，从印度尼西亚航海至非洲东岸的马达加斯加，其时代大致跟殷商灭亡差不多。根据对马达加斯加土著人基因分析，马达加斯加这批初始移民数量为300人至500人。如果殷人有同等规模的人口去美洲，足以将殷商文明带到美洲大陆。此外，中国古代典籍也可为我们提供一些线索。北魏的崔鸿在《十六国春秋·前燕录》中记下了一条极有价值的远古传说："昔高辛氏游于海滨，留少子厌次以君北夷，遂世居辽左，邑于紫蒙之野。"[①]高辛氏即帝喾，厌次即殷祖契，滨海指的是现在的渤海之滨，紫蒙是指今辽宁省朝阳市西北以赤峰为中心的老哈河一带。这段记载说明，殷商时期之前，先民们就在渤海沿岸以及渤海海峡形成了大规模的海上活动。施存龙、张箭等诸位先生得出"殷人不可能航渡美洲"结论时，还没有范毓周先生所发现并解读的16个小玉人的地下布局和6块玉圭上的文字的事件发生，如果两位先生获悉了这个事件的细节，不知还能否坚持自己的结论。结合学术界的研究成果，笔者作出如下两点分析。

第一，不能轻易否定商周之际殷人造船和海上活动的能力。

笔者并不同意一些学者提出的殷人所造的船只简陋、船具单一、海洋知识缺乏、导航技术欠缺的观点，笔者认为在以下四个方面，殷人的水平可能已经达到了一定的高度。（1）在造船方面：商代饕餮纹铜鼎上的"荡"字，下部就是一个木板船的形状，船型有头有尾；甲骨文中的"舟"字形状也是木板船，有若干横隔，说明在殷商时期，木板船的制造已经进入了一个比较成熟的时期，绝不会是非常简陋的初期，这些船用于海上航行是没有问题的。（2）在船具方面：虽然到目前为止，青铜器的图案上还没有船上有帆

---

① 崔鸿：《十六国春秋》卷二十三。

和桅的图形，但是甲骨文上的"凡"字是否具有"帆"字的含义，不能从东汉时期的《说文解字》中寻找依据，完全可以根据其字形作出一定的判断。殷商时期不排除船上已经使用了帆。虽然此时橹和舵都没有出现，但甲骨文中的"般"字，从字形上看也不能排除有手拿着工具转动船的含义，从这一点上看，殷商时期出现了从桨到橹和舵的过渡形态是极有可能的，而这种形态的船具用于航海也是毫无问题的。（3）在海洋知识方面：《诗经》中有"相土烈烈，海外有截"的词句，这句话是说，商汤的十一世祖相土威武勇猛，将疆土拓展到海外，这里所说的海外是指现在的黄海以外。这表明，商王相土时代，就已经有大量的海上活动了。在频繁的海上活动中，殷人不可能不积累和掌握一定的海洋知识，比如对风浪、潮汐等规律的把握。（4）在导航知识方面：既然殷人知道在陆地上利用星辰辨别方向，他们不会不把这一知识运用于航海中。至于有学者提出殷人无法克服阴天、雨天、雾天、雪天的问题，笔者倒觉得，在一年中大部分天气应是晴天，连续的晴天在一年中不乏其日，加之海流、季风的存在，逐岛航行的安全性是有保障的。

第二，不能忽视太平洋地理环境为殷人东渡提供的客观条件。

太平洋虽然是世界上最广阔的大洋，但它岛屿众多，为航海者提供了有效的屏障和跳板，也为航海者提供了物资补给和修造船的据点。房仲甫先生为殷人航渡到美洲设想了一条最有可能的航线：殷人南下浙江、福建沿海，或漂至台湾，他们偶然遇到了黑潮海流，并利用这条海流漂向琉球群岛，从琉球群岛沿日本列岛的东北继续漂流，过阿留申群岛南部海域驶向北美，再趁加利福尼亚海流向南至墨西哥。这一路上，这些殷人基本上是沿着岛岸顺海流向东。由于北太平洋暖流存在，使得此路沿途有鱼、禽、果可供食用，从岛上取用淡水也不困难，并且阿留申往南，岛屿之间，隔海相望，为航行提供了便利条件[1]。虽然在出发的时候，这批殷人并不知道他们的目的地是哪

---

[1] 房仲甫：《殷人航渡美洲再探》，《世界历史》1983年第3期。

里，是脑中的神话传说指引着他们去寻找理想之地，但到达美洲之后，他们被这块肥沃的土地深深吸引，便在这里定居下来。

总之，在距今3000年以前，中国人把殷商文化传播到了美洲，这是确定无疑的事实，至于他们是如何传播这些文化的，目前的结论无论是肯定或否定，都摆脱不了猜测和推论的成分。笔者思忖，随着考古发现的日益增多、研究的不断深入，总有一天会解开这个千年历史之谜。

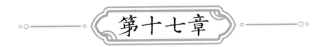

深藏皇宫的海洋生物图谱

——《海错图》解析

　　2003年12月至2004年4月，故宫博物院在绘画馆举办了为期4个月的大型画展——清朝宫廷画谱展。这次画展共陈列清朝康熙至光绪朝画谱7部，包括康熙朝蒋廷锡的《鹁鸽谱》、聂璜的《海错图》，乾隆朝余省、张为邦的《仿蒋廷锡鸟谱》及《兽谱》，道光朝沈振麟、焦和贵的《鸽谱》，光绪朝佚名的《牡丹画谱》和《菊花画谱》。其中最为引人关注的是聂璜的《海错图》，这部画谱展出后，在学术界乃至社会上都引起了热议，有学者甚至为此出版了专著。人们之所以关注这部画谱，主要原因有两点：第一，这部画谱的题材罕见。古代的一般画家都喜欢通过山水、花鸟、人物等题材来展示自己的画技、表达特定的思想、获取艺术上的成就，而《海错图》表现的却是大海中的生物，而且有些生物是稀奇古怪的种类，均是以写实手法绘制，与山水、花鸟、人物相比，似乎缺少一些美感。第二，宫廷中出现这样的画谱是不多见的。宫廷中所收藏的画作，绝大多数出自著名画家，或宫廷画师之手，而《海错图》的作者聂璜却是一位名不见经传的民间画师。乾隆皇帝将这部来自民间画师的作品，存放于自己在紫禁城内的重要住所重华宫内，并且这部作品受到此后历代皇帝的喜爱，更是罕见之事。正因为如此，《海错图》成为人们关注和研究的对象。

那么，这部深藏于皇宫之内、受到历代皇帝钟爱的《海错图》，究竟是一部怎样的作品呢？它又带给我们怎样的海洋文化信息呢？让我们揭开其中的秘密。

一、"海错"含义及《海错图》作者

《海错图》给人们留下的第一个问题就是何谓"海错"？翻开古代典籍，"海错"一词屡屡出现其中，仔细研读，发现其有两种含义：一是指海中杂乱的生物。此意出现较早，《尚书·禹贡》有"海物惟错"的说法，是指非常杂乱的海产品。晋代陆机在其乐府《齐讴行》中有"海物错万类，陆产尚千名"①之句，"海物错万类"与《尚书》所言意思差不多，是指海中生物或海产品种类繁多。清代著名学者郝懿行在《记海错》"小引"中明确指出："海错者《禹贡》图中物也，故《书》《雅》记厥类实繁"，赞同《尚书·禹贡》的观点。晚清郭柏苍在所著《海错百一录》"序"中进一步把"海错"的范围加以廓清，认为海鸟、海兽、海草"稍违海错之例"，就是说，"海错"应以传统意义上的海产品为主。这些记载和评论，认同的是"海错"早期含义。二是指海中珍稀食物，亦即海味，今日叫海鲜。南朝梁人沈约在《究竟慈悲论》中说："秋禽夏卵，比之如浮云；山毛海错，事同于腐鼠。"②意思是：秋禽夏卵如浮云一样没有意义，山珍海味如腐鼠一般毫无价值。这里的"海错"是指海中美味。此后的文学作品，常把"海错"与"山珍"或"江珍"连用，唐代诗人韦应物《长安道》诗有"山珍海错弃藩篱，烹犊炰羔如折葵"③之句，宋代诗人杨万里《毗陵郡斋追忆乡味》诗中也有"江珍海错各自奇，冬裘何曾羡夏絺"④之句。在小说中"海

---

① 陆机：《陆士衡集》卷六。
② 沈约：《沈休文集》卷四。
③ 《御定全唐诗》卷一百九十四。
④ 杨万里：《诚斋集》卷十。

错"的使用就更多了，明代凌濛初小说集《初刻拍案惊奇》有词曰："那酒肴内：山珍海错也有，人肝人脑也有"[1]，形容饭菜的丰盛与珍贵。清代戏剧家孔尚任的《桃花扇传奇·访翠》写道："赴会之日，各携一副盒儿，都是鲜物异品，有海错、江瑶、玉液浆。"[2]这是描述礼品的丰厚。这些文学作品都把"海错"看成海中珍品。《海错图》的作者聂璜作为一位生物爱好和研究者，非一般食客，绝不会将"海错"解释为"海味"，所以他在《海错图序》中说：

夫错者，杂也，乱也，纷纭混淆，难以品目，所谓不可测也。

其意为："错"字的含义是"杂"和"乱"，就是指海中生物混淆在一起，既无法辨别其分属，又难以窥测其种类、数量的状态。在聂璜看来，"海错"一词，是清代以前对于种类繁多、难以数计的海洋生物、海产品的总称。由此看来，他采用的主要是"海错"的早期含义，细读其文，他在谈到海洋生物的食用价值时，也涉及"海错"的后期含义。从"海错"含义的分析可知，《海错图》主要是从生物学角度绘制的海洋生物图谱。

那么，聂璜又是怎样一位人物呢？

在浩瀚的历史文献中，关于聂璜的记载寥寥无几，原因可能是因为聂璜把自己毕生的精力完全投入研究海洋生物的事业。他走南闯北、过江涉海，多奔波于旅途之中，《海错图》等画谱是他一生功业的唯一结晶，所以为后世没有留下太多的有关自己的文字资料。如果我们对一位画家生平中的重要事迹缺乏必要的了解，就很难深入探讨其艺术和思想。庆幸的是，聂璜在《海错图》中留下了《海错图序》《图海错序》和《跋文》等3篇文字和大量图画说明，为我们了解聂璜生平事迹、学识修养以及《海错

---

① 凌濛初：《初刻拍案惊奇》卷八。

② 孔尚任：《桃花扇传奇》卷一。

图》重要价值提供了珍贵的资料。其中涉及他生平的《图海错序》相关文字如下：

> 予图海错，大都取东南海滨所得见者为凭。钱塘为吾梓里，与江甚近，而与海稍远，海错罕观。及客台瓯几二十载，所见无非海物。康熙丁卯，遂图有《蟹谱三十种》。客淮扬，访海物于河北、天津，多不及浙，水寒故也。游滇、黔、荆、豫而后，近客闽几六载，所见海物益奇而多，水热故也。《医集》云：湿热则易生虫，信然。年来每睹一物，则必图而识之，更考群书，核其名实；仍质诸蜑户鱼叟，以辨订其是非……戊寅之夏，欣然合《蟹谱》及凤所闻诸海物，集稿誊绘，通为一图[①]。

聂璜在上述文字中对自己的生平叙述虽然不系统、不完整，但我们依然可以从中了解他的一些情况。聂璜字存庵，号闽客，是浙江钱塘（今浙江杭州）人，生卒年月不详，根据他给《海错图》写的自序判断，他大概生于17世纪40年代，是位生物学爱好者，特别喜欢海洋生物。他也是一位擅长工笔重彩博物画的画师。据《图海错序》推知，他从1667年前后起，"客台瓯几二十载"，即在浙江台州和温州生活了20多年后，于康熙年间的1687年完成了《蟹谱三十种》一书。此后他又云游云南、贵州、湖北、河南、河北、天津、福建等地，详细考察了不同生态环境下海洋物种的特征、习性、迁徙、繁殖、种类等，最后在福建客居了6年时间。在这6年中，他一定是在整理所获得的资料，并将所见的鱼、虾、贝、蟹等现实中和传说中的水族精心绘制成图。康熙三十七年（1698年），聂璜完成了《海错图》。

上面已经谈到，中国古代的画家大多通过山水、花鸟、人物等题材获取自己的艺术成就，即使有少数涉及海洋生物的如鱼、虾、蟹等常见题材，也

---

① 故宫博物院编：《清宫海错图·图海错序》，故宫出版社2014年版，第40—43页。

是采用写意的手法，注重表达它们的情趣和美感，而不是从生物学角度描绘它们的特征和细节。可是聂璜却不同，他的绘画作品大多是从生物学角度描绘生物的细部特征，采用的都是写实的绘画技法。有学者根据聂璜绘制《海错图》的成就，评价他"除具有渊博的学识外，更为重要的还是他对生活观察得细致入微，理解得深入透彻。正是这种来自亲身生活的感受和画家渊博的学识、熟练的技巧所创作出的兼具艺术与自然科学双重价值的作品，使当时那些关门杜撰之作相形见绌"①。

二、聂璜创作《海错图》的动机及其努力

聂璜一生至少有30余年是在潜心研究海洋生物中度过的，他淡泊名利、默默无闻，仅完成了两部主要作品，这就是他在序中谈到的《蟹谱三十种》和《海错图》，那么，他倾其半生只做一件事，动机是什么呢？事实上他在《图海错序》中将创作《海错图》的动机说得十分清楚："海错自昔无图，惟《蟹谱十二种》，唐吕亢守台所著。《异鱼图》不知作者，仅存有赞，图本俱失传，无可考。考《四雅》诸类书数十种，间亦旁及海错，而《南越志》《异物志》《虞衡志》《侯鲭录》《南州记》《鱼介考》《海物记》《岭表录》《海中经》《海槎录》《海语》《江海二赋》，所载海物尤详。至于统志及各省志乘，分识一方之海产，亦甚确。古今来载籍多矣，然皆弗图也。《本草·鱼虫部》载有图，而肖象未真；《山海经》虽依文拟议以为图，然所志者山海之神怪也，非志海错也，且多详于山而略于海。迩年泰西国有《异鱼图》，明季有《职方外纪》，但纪者皆外洋国族，所图者皆海洋怪鱼，于江浙闽广海滨所产无与也……总之，水族以龙为长，鳞介尽属波臣。按其品类，参之典籍，记载每缺，而舛误尤多。图内据书考实者，五六十种。盖昔贤著书，多在中原，闽粤边海，相去辽阔，未必亲历其地，亲睹其物，以相

① 故宫博物院编：《清宫海错图·前言》，故宫出版社2014年版，第12—13页。

质难；土著之人，徒据传闻，以为拟议，故诸书不无小讹。而《尔雅翼》尤多臆说，疑非郭景纯所撰。《本草》博采海鱼，纰缪不少。至于《字汇》一书，即考鱼虫部内，或遗字未载，或载字未解，或解字不详，常使求古寻论者对之惘然。其他可知。此《字汇》补《正字通》之所由以继起也。若夫志乘之中，迩来新纂闽省通志，即鳞介条下，《字汇》缺载之字，核数已至二十之多，要皆方音杜撰，一旦校之天禄，其于车书会同之义，不相刺谬耶？昔太史杨升庵曰：马总《意林》引《相贝经》，不著作者，读《初学记》始知为严助作。汉有《博物志》，非张华作也，读《后汉书》始知为唐蒙作。乃知前人或略，后或有考焉，未可尽付不知也。由是观之，则兹海错一图，岂但为鱼图蟹谱续垂亡哉，其于群书之雠校，或亦有小补云。"（见图17—1）① 由此可知，聂璜创作《海错图》的动机有两点：第一，弥补前人著作缺少海错图的遗憾。聂璜在阅读大量中外有关海洋生物的文献时发现，绝大多数文献都是以文字叙述方式描写海物的情况，仅有的配图著作《蟹谱十二种》和《异鱼图》，其中配图也都失传；有些文献即使有插图，如《本草》和《山海经》，其图不是失真，就是臆造，读后会受到误导。在这种情况下阅读有关海洋生物的文献，只能按照文字描述、想象海物的形体，尤其是深海生物，隐蔽于大海深处，具有浓厚的神秘感，不是深入接触海洋的人，难以窥见真容；就是整天和海洋打交道的人，对一些奇特的海洋生物也不一定目睹，从而大大影响了人们对海洋生物的认识。为改变这种状况，必须绘制一部翔实、直观、准确的海洋生物图谱。第二，为纠正前人著述中的舛误提供帮助。古人对海洋生物的认识是有限的，即使那些文人贤士的著作，也难免出现舛误和未解之处，聂璜以《本草》《字汇》《意林》等名著为例来说明这一点，希望自己的《海错图》能为人们雠校群书、纠正其中的谬误提供帮助。

---

① 故宫博物院编：《清宫海错图·图海错序》，故宫出版社2014年版，第40—47页。

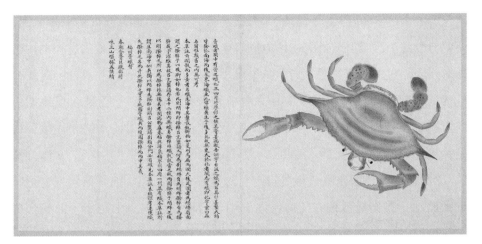

图17-1 《海错图》中的蟹类

然而，在当时的历史条件下，人们对海洋及海洋生物的认识都受到极大的限制，要绘制一部翔实、直观、准确的海错图谱谈何容易！首先，没有如今天这样的照相技术，不可能随时记录下海洋生物的形体细节和动态状况用于反复琢磨与思考，只能通过获取标本或反复观察来得到画家所需要的素材，这样就需要耗费大量的时间和精力。聂璜用了几十年的时间完成一部《海错图》就是例证。其次，没有如今天这样的捕捞技术，不可能及时捞获所需要的海洋生物标本，尤其是深海生物，可望而不可即，即使偶然碰到，也有雾里看花之感，要把大量海洋生物都亲自目睹是完全不可能的，有些细节只能靠耳闻与推想来完成绘制。聂璜在描绘《海错图》时出现的若干不实情节，就是由此造成的。然而，作为一名具有一定科学头脑的海洋生物爱好者和有责任感的画师，不力争目睹，进行相当程度的研究，就难以实现自己的目标。怎么办呢？

为了完成这部图录，聂璜做了充分的准备，并付出了巨大的努力。

第一，阅读中外文献。

为了绘制图谱，聂璜首先借鉴先人的研究成果，研读了大量与海错有关的中外文献，其中汉文文献包括《南越志》《异物志》《虞衡志》《南州志》

《鱼介考》《海物记》《海槎录》《海语》等，汉文外国文献包括《异鱼图》《职方外纪》《西洋怪鱼图》《西方问答》等。在阅读这些文献的过程中，聂璜对亲眼见过的海洋生物，力争从文献中寻找记载，实现相互验证；对那些他无法目睹的海洋生物，在中外文献中力求找到记载，然后结合现地搜集的素材加以综合研究，最终得出结论，绘制成谱。比如他画的"井鱼"就是一例。"井鱼"也就是"鲸鱼"，在《海错图》中既称"井鱼"，又称"鲸鱼"。从聂璜的介绍来看，他是没有见过这种鱼的，那么他是如何把它绘制成图的呢？我们看看他在《海错图》中的说明。他先是引用了《汇苑》的记载：

假成式云：井鱼脑有穴，每喷水辄于脑穴蘧出，如飞泉散落海中。舟人竞以空器贮之。海水咸苦，经鱼脑穴出，反淡如泉水焉[1]。

这段文字是说，井鱼头部有洞，可往外喷水，就像飞泉一样散落海中。每遇到这种情况，在海上使船的人竞相用空容器取鱼喷出的水，因为海水很苦咸，而从鱼头上喷出的水，反而变成了像泉水一样的淡水。他又引用了《博物志》《惠州志》《本草》的记载，说鲸鱼鼓起浪来如雷声轰鸣，喷出水来像下雨一样；鲸鱼的头骨有数百斛，上有一大孔。他还参考了意大利人写的《西方问答》的记载：

西海内一种大鱼，头有两角，而虚其中，喷水入舟，舟几沉。说者曰：此鱼嗜酒嗜油，或抛酒油数桶，则恋之而舍舟也[2]。

西方人认为，大西洋中有一种大鱼，头上有两个角，角是空的，可以从其中喷出水来。如果喷出的水击到船上，船几乎会翻沉。有人说，这种鱼嗜

---

[1][2]　故宫博物院编：《清宫海错图》，故宫出版社2014年版，第82—83页。

酒、嗜油，在海中见到这种鱼，为避免它给船带来伤害，可以将数桶酒和油抛到海中，该鱼贪恋酒和油，就会离船远去。

由此可见，中外文献对鲸鱼的记载五花八门、出入巨大，其中不乏臆想或推测之语，而聂璜自己也从未见过鲸鱼。面对如此情况，为慎重起见，他反复研究、分析了中外文献，最后决定把《西洋怪鱼图》中所附的鲸鱼画像拿来临摹，并在说明中特意注明4个字："以资辩论。"这说明他对自己所画的鲸鱼并没有十足的把握，提出供观者讨论，足见他的严谨态度，也足见参考、研究中外文献对他绘画的影响。虽然他画出的井鱼与现实的鲸鱼出入很大，但在当时的历史条件下已经是尽力之作了。

再一个例子是他画的"海鳅"。从聂璜的介绍来看，他并未见过海鳅，为此聂璜翻阅了大量文献，其中包括《字汇》《尔雅翼》《汇苑》《珠玑薮》《苏州府志》《事类赋》以及其余边海州县志等，对海鳅进行了深入研究。他从《字汇》中了解到，"海鳅"的"鳅"字从"酋"不从"秋"，他认为，是因为"酋健而有力""今鱼而从酋，其悍可知"；从《尔雅翼》中了解到，"海鳅大者长数十里，穴居海底，入穴则海溢为潮"；从《汇苑》了解到，"海鳅长者直百余里，牡蛎聚族其背，旷岁之积崇十许丈，鳅负以游。鳅背平水则牡蛎峙屼如山矣"。虽然这些记载未必真实可靠，但在见到实物之前，聂璜依然把文献的记载作为最基本的认识依据，不敢轻易加以肯定或否定，尝试着把海鳅画于《海错图》中，以供后人参考。他最终的结论是："海鳅甚大，多游外洋，即小海鳅纲（网）中亦不易得，难识其状。"[1]这样的学术态度是严谨的、科学的，也是负责任的。

第二，走访考察沿海。

为了完成《海错图》，聂璜可谓行万里路，他不仅遍历家乡浙江的沿海各地，而且向北考察了河北、天津等地，向南考察了福建、广东等地。作为一个海洋生物爱好者和民间的画师，他没有官方背景，不可能借助于地方

---

① 故宫博物院编：《清宫海错图》，故宫出版社2014年版，第104—105页。

政府的财力去完成考察和绘画任务，完全凭着自己的努力，踏遍中国东南沿海，这是非常不易的。在这些地方，亲眼观察一些常见的海洋物种如各种鱼类、虾、蟹等，获取它们的标本并不困难，聂璜往往如饥似渴地能收尽收，作为创作的参照。对于那些不知是否存在，即使存在也难以目睹的海洋生物，如深海的鲸、鳝、鳄、龙等类，别说眼见或获取标本，就是得到一条信息都十分困难。在这种情况下，聂璜就寻找线索，以访谈的形式，对沿海的居民以及常年奔波于海上的渔人和海商进行调查了解。比如，他自己谈到，1687年，他在山阴道上遇到了一位曾经三次航海前往日本的杨姓商人，他与这位商人一起相处了三天，听其讲述他的经历，聂璜详细做笔记，并依笔记整理出海洋生物十八则。以后他又在苏杭一带访问了一些海商，把所得到的资料加以整理，编纂了《闻见录》和《蟹谱三十种》。他还把从前往日本的商人那里了解的情况整理成《日本新话》，作为《闻见录》的附录。就是在这次访谈中，聂璜了解到渔人捕获海鳝的情况："日本渔人以捕海鳝为生意，捐重。本人数百渔船，数十只出大海，探鳝迹之所在，以药枪标之，鳝身体皆蛎房，壳甚坚，番人验背翅可容枪处，投之药枪数百枝，枪颈皆围锡球令重，必有中其背翅可透肉者，鳝觉之，乃舍窠穴游去，半日仍返故处。又以药枪投之，鳝又负痛去，去而又返，又投药枪。如是者三，药毒大散，鳝虽巨，惫甚矣。诸渔人乃聚舟，以竹缏牵拽至浅岸，长数十丈不等。脔肉以为油，市之。日本灯火皆用鳝油，而伞扇、器皿、雨衣等物皆需之，所用甚广，是以一鳝常获千金之利。"[1]如此捕鱼细节，犹如身临其境，不是潜心调研，如何获知？非常可惜的是，他所撰写、绘制的《闻见录》和《蟹谱三十种》，目前均无发现，可能已经失传了。再比如，康熙三十八年（1699年）春天，聂璜遇到了福建人俞伯谨，俞谈到他曾在安南国亲眼见过海中的鳄鱼，聂璜立刻询问详情，俞说："自康熙三十年，表兄刘子兆为海舶主人，自闽载客货往安南贸易，携予偕往。自福省三月二十五日开船，遇顺风，七

---

[1] 故宫博物院编：《清宫海错图》，故宫出版社2014年版，第104—105页。

日抵安南境，二十四日进港登岸。游其国都，见番人皆被发跣足。适安南番王为王考作周年，令各府及各国献异物焚祭，以展孝思。时东坡蔗地方献犀牛，其角在鼻，体逾于水牯而尾长，尾上毛大如斗，身有斑驳，如松皮状而黑灰色。又，所属新州府官献长尾猴，其猴身上赤下黑，尾长尺余。又，浦门府官献乳虎十三头，仅如狗大而色黄。惟占城国贡鳄鱼三条，各长二丈余，以竹篾作巨筐笼之，尚活。其鱼金黄色，身有甲如鱼鳞，鳞上生金线三行；口方而阔，有两耳目，细长可开阖；四足短而有爪，尾甚长，不尖而扁；牙虽刺而无舌。逢人物在水崖，则以尾拨入水吞之。所最异者，两目之上及四腿之傍，有生成火焰，白上衬红如绘。将祭之日，欲焚诸物，诸番臣以犀牛有角可珍，长尾猴具有灵性，俱不伤人，焚之可惜。番王令放其猴于山，犀牛养于浦村港口，令牧人日给以刍。惟鳄鱼及乳虎昇至淳化地方，架薪木焚祭，远近聚观者数万人。"[①]聂璜虽未见过海中鳄鱼，但根据友人所讲鳄鱼特征，依然将鳄鱼画于谱中。

在《海错图》中，聂璜通过别人介绍而绘制的海洋生物还有不少，虽然这些海洋生物不甚准确，甚至属子虚乌有，但均是作者通过艰苦调查研究所获得的成果，反映了当时人们对这类海洋生物的认识水平，依然是弥足珍贵的。

第三，精心绘制图谱。

聂璜的《海错图》与其他画家画的花鸟鱼虫不同，他不注重追求画中动物的自然风趣，也不追求隐含深刻思想，他追求的是写实。他采用工笔画的技法，使用重彩，注重勾画海洋生物的细节，力求逼真。对于一些他自己认为没有考察清楚的海洋生物，他决不轻易落笔。比如龙鱼，虽然他没有见过，但他确信它的存在，为最大限度地接近真实，他几易其稿，直到他在漳郡遇到一位名叫陈潘舍的朋友，听其讲述龙鱼后才感觉"考验得实"，最后定稿。由此他描绘的海洋生物的鳞、鳍、刺、鬣等部位，乃至蟹螯上的细细

---

① 故宫博物院编：《清宫海错图》，故宫出版社2014年版，第104—105页。

茸毛，都被刻画得清晰生动。因此他的画谱是一份记录中国古代东南海域水生动物的难得资料，也是关于海洋生物的一部科学画谱。有学者这样评价《海错图》："从笔墨形式上看，这些作品既不像宋代刘寀、清代恽寿平所画的那样富于自然情趣的观赏性，也不像清代朱耷、李方膺所画的那样隐含着对现实社会的悲愤之情，而是带有极强的标本式写生特征，已显露出聂璜的艺术特色，可以说反映了他的典型风格及精湛的艺术功力。"[1]除绘画以外，聂璜还在每幅画作中，用标准的正楷写下该海洋生物的形貌特征、脾气秉性、活动规律、所产海域、经济价值以及资料来源、研究心得等，使人观后不仅感觉到海洋生物的丰富多彩，而且思考它们的演化进程，尤其是现代人观后，还能联想到海洋资源的利用和海洋生态的保护等重要问题。

三、《海错图》的主要内容

据《钦定石渠宝笈续编》载：《海错图》"宣纸本，四册，纵九寸八分，横二尺一寸二分，设色画海错三百七十一种，每种各系说赞，间有考辨"。其中第一册48页，第二册37页，第三册39页，第四册44页[2]。这些海洋生物，按照作者对它们的熟悉程度，可以分为三类。

第一类是作者亲眼所见的、一般的海洋生物。这类海洋生物都是当时比较常见的和比较容易获取的，有河豚鱼、刀鱼、鲳鱼、海鲤鱼、石首鱼、海鲫鱼、马鲛鱼、比目鱼、带鱼、鲨鱼、章鱼、海参、墨鱼、江瑶柱、虾（见图17-2）、蛏、蚶、螺、牡蛎、珊瑚、龟、蟹等。例如河豚鱼，聂璜不仅精确地画出了它的图像，而且在文字说明中注明了河豚鱼的毒性来源、烹调方法，甚至连中毒以后的解毒方法也做了详细介绍。这说明，聂璜在沿海和内河地区都详细考察了河豚鱼，可以肯定地说，他亲自品尝过河豚鱼。再例如

---

① 故宫博物院编：《清宫海错图》"前言"，故宫出版社2014年版，第14页。
② 《钦定石渠宝笈续编》第五册，海南出版社2001年版，第95页。

毛蟹，聂璜在说明中将毛蟹认定为食品，说它多生于海边、田河中，长江以北称之为"螃蟹"，浙东称之为"毛蟹"，北起天津，东达淮扬、吴楚，南至瓯闽交广，无不出产。紧接着，聂璜又介绍了它的形貌、习性以及繁衍情况。配图绘制逼真、细节生动，甚至可见螯上之茸毛。还有鲨鱼，聂璜听常出没于海上的人说，凡是鲨鱼产子，虽然能产出如鸡蛋黄一样的卵，但仍然是胎生的；凡胎生小鲨鱼，皆随其母鱼游泳，夜间则进入母鱼的腹中，所以鲨鱼尾间之窍，可容纳下人的手指。对此，聂璜并不相信。后来，他得到1条花鲨标本，解剖后发现，花鲨腹中有5条小鲨鱼，还有2个绿袋囊，其旁尚有若干小卵，聂璜判断，这些小卵可能要等到5条小鱼出生后继续孵化成鱼。于是，聂璜相信了鲨鱼胎生的说法，将花鲨逼真地画于《海错图》中。类似这样常见的海洋生物，聂璜的画以及文字说明，都非常准确和翔实，其科学性和研究价值都不言而喻。

图17-2 《海错图》中的虾类

第二类是作者没有亲眼所见，由其他目击者转述的海洋生物。这类海洋生物虽然是真实存在的，在一些文献中也有记载，但由于聂璜没有亲眼所见，目击者叙述得不一定准确和清晰，故绘画时需要下一番功夫来揣摩、比对和判断。比如第一册中的"麻鱼"就是真实存在的鱼种，至今依然生活在海洋中，聂璜在画图时下了很大功夫。他在沿海考察时了解到，在福建沿海有一种鱼名叫"麻鱼"（见图17-3），它的体型不大，形状像鲇鱼，腹部是白色的，背部有虎纹斑，尾巴像魟鱼，有4根刺。如果打鱼的人网住这种鱼，用手触碰它时，人手就会感到麻木难受，所以人们又称它为"痹鱼"，将其视为毒鱼，渔人捕到后一般不敢食用，将其弃掉。聂璜遍查国内文献，未见有关它的记载，自己也未曾见过实物，于是，他展开了进一步的调查和探访。终于他遇到了一位目击者，此人名叫吴日知，是福建人，曾居住在三沙，整日与渔民打交道，见过麻鱼。当聂璜见到吴日知时，吴将他见到的情形讲给聂璜听，他在叙述完麻鱼的特性后问聂璜：先生听说过这种鱼吗？聂璜答道：我听说过，我阅读过《西洋怪鱼图》，其中有麻鱼的介绍，说麻鱼外貌又丑又笨，饿了的时候就潜藏在其他鱼的聚集之处，如果有鱼靠近，就会麻木不动，麻鱼就将它吃掉。你今天所说的，与我了解的恰好吻合。通过调查探访，加之与外国文献记载的对比，聂璜最终将麻鱼图绘制在《海错图》中，其形貌基本准确。从聂璜所画的麻鱼图以及他讲的该鱼特点来判断，麻鱼不是现在中国南部沿海渔民所说的麻鱼，而是电鳐一类的鱼，它之所以能使人或鱼产生麻木的感觉，是因为它身上能够放电的缘故。再如第一册中的"鹅毛鱼"，实际上就是现代海洋物种分类学中的飞鱼科的一类，如今依然生活在海洋中。聂璜在《汇苑》中看到有关它的记载："东海尝产鹅毛鱼，能飞。渔人不施网，用独木小艇，长仅六七尺，艇外以蛎粉白之，黑夜则乘艇，张灯于竿，停泊海岸。鱼见灯，俱飞入艇。鱼多则急息灯，否则恐溺艇也。即名其鱼为鹅毛艇。"对这段记载，聂璜颇感惊奇，他"以不见此鱼为恨"。后来他客居福建时，拜访渔人，渔人说，他们在海港中捕获水白鱼时也采用这种方法，但并非鹅毛鱼。这使聂璜更感到疑惑。直到他遇到章南人陈潘舍时，心中的疑惑才算解开。陈告诉他："此鱼吾乡亦谓之飞鱼，其捕取正同前法。其形长狭，有细鳞，背青腹白。两划水上，复有二翅，长可二寸许。其尾双岐，亦修长，以助飞势。三、四月始有，可食。腹内有白丝一团如蜘蛛，腹内物多剖弃之。其丝至夜如萤光，暗室透明。此鱼在水，腹下如有灯也。"[1]至此，聂璜始才明白，原来鹅毛鱼就是飞鱼，便把它绘制在《海错图》中，其形貌和姿态与现代飞鱼极为接近。但聂璜对鹅毛鱼腹中出现的如蜘蛛丝一样的一团白丝没有作出解释，实际上这团白丝是飞鱼的卵，呈白中透黄色，由丝状物纠结在一起，看上去就像蜘蛛丝和蜘蛛卵的混合物。如今，飞鱼卵在中国台湾、日本、印度尼西亚、秘鲁等地都是极受欢迎的美味佳肴。

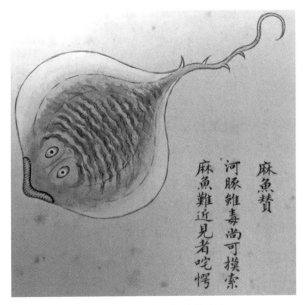

图17-3 《海错图》中的麻鱼

第三类是作者没有见过也没有其他任何目击者的海洋生物，这类海洋生物大多是作者根据文献记载和神话传说或者别人道听途说推测、想象出来的，在现实中不存在或者可能不存在。对这些不知是否存在的海洋生物，聂璜本着宁愿信其有、不信其无的原则，尽量绘图并加以说明，以避免珍稀海洋生物的遗漏，同时提醒人们引起重视，留待以后进一步探究。聂璜在第一册中画的"人鱼"图，就属于这一类（见图17-4）。

---

① 故宫博物院编：《清宫海错图》，故宫出版社2014年版，第66—67页。

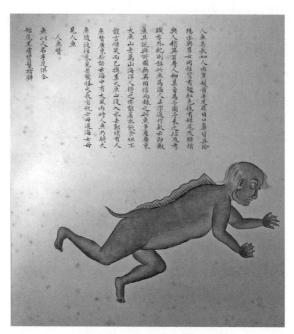

图17-4 《海错图》中的人鱼

　　"人鱼"在中国古代文献中早有记载，《山海经》就有多处谈到人鱼：《西山经》说，丹水出于竹山，其中多人鱼；《北山经》说，有山名龙侯，无草木，多金玉，有一条河从这里发源，水中多人鱼，有四足，叫声如婴儿啼哭；《中山经》说，熊耳山出浮濠之水，西流注于洛水，其中多水玉、多人鱼；傅山出厌染之水，东流注于洛水，其中多人鱼；阳华山出阳水，西南流注于洛水，其中多人鱼；朝歌山出潕水，东南流注于荥水，其中多人鱼；葳山出视水，东南流注于汝水，其中多人鱼。不过《山海经》中的"人鱼"与聂璜所描绘的并不是一类，前者似鱼，后者似人。《狮山掌录》载："南海之外有鲛人，水居，以织绡为业，泣则能出珠。"①其中的"鲛人"是古人描述的与人鱼相似的海洋生物。还说："查道奉使高丽，见沙中一妇人，红裳双袖，髻鬟纷乱，肘后微有红鬣，查（炳）扶于水中，拜手而没，乃人鱼也。"②这

---

① 吴之俊：《狮山掌录》卷十二。
② 吴之俊：《狮山掌录》卷二十二。

里的"人鱼"与聂璜描述的就非常接近了。《广东新语》也说，海中有大风雨时，人鱼就骑着大鱼随波往来。还有《续墨客挥犀》记述的"海人"与聂璜描述的更为相似："李仲游承议知同安县，日有人泛海舟交易外国，经岁始还，云谓为大风飘至一岛屿，时月正明，见十数人自海连臂而出，登屿笑语，语不可解。体貌与人无异，但裸形耳。舟人鸣锣鼓以骇之，复联臂大笑入海而去。近屿人云，此名海人，室在屿下。"[1]《海语》亦如此："人鱼长四尺许，体发牝牡人也。惟背有短鬣微红，耳间出沙汭，亦能媚人，舶行遇者，必作法禳厌，其为祟故也。昔人有使高丽者，偶泊一港，适见妇人仰卧水际，颇发蓬短，手足蠕动，使者识之，谓左右曰：此人鱼也，慎毋伤之。令以楫扶至海中，噀波而逝。"[2] 甚至有《字汇·鱼部》说，汉字中的"魜"字，就是为人鱼而造的。类似这样的记载在古代西方也有。《职方外纪》载，西洋有一种人鱼名叫"海人"，男女两种，通体皆人形。男子有眼睛、眉毛，只是手指相连，像鸭子的蹼。男子赤身，女子生有肉皮一片，自肩下垂至地，如同衣袍一样，但生来就有，不能脱卸。男子只能笑而不能说话，饮食与人相同。有一次在某个国家，有人在西海中捕得一条海人，献给国王，国王与它说话，它不应，给它食物也不吃，国王感到与它无法亲近，便令人将其放归大海。在放生的那一刻，"海人"大笑而去。《职方外纪》还说，在200年以前，喝兰达地（即今荷兰）的人曾在海中捕获了一条女"海人"，给它吃的它也吃，也愿意为人干活，见了十字架也会祈祷，但是不能说话。这条"海人"鱼存活了多年。

阅读了这些中外文献，聂璜相信人鱼的存在，便根据记载想象出人鱼的形象，将其绘于《海错图》中。他在说明文字中写道：

人鱼，其长如人，肉黑发黄，手足、眉目、口鼻皆具，阴阳亦与男女

---

① 彭乘：《续墨客挥犀》卷五。
② 黄衷：《海语》卷下。

同。惟背有翅，红色，后有短尾及胼指，与人稍异耳[①]。

在聂璜的笔下，除了手、尾和背鳍以外，人鱼与人的形貌没有多大差别了。

聂璜想象的海洋生物还有“海蜘蛛”，这种生物在《海语》中有如此记载：“海蜘蛛巨若丈二车轮，文具五色，非大山深谷不伏也，游丝隘中，牢若絚缆，晨辉照耀，光焰烨烨，虎豹麋鹿间触其纲，蜘蛛益吐丝如缟霞，缠纠卒不可脱，俟其毙腐，乃就食之。”[②]聂璜相信海蜘蛛的存在，也认为它产自海山深僻处，大的不知已经生长了几百、几千年。聂璜在《海蜘蛛赞》诗中道：“海山蜘蛛，大如车轮。虎豹触网，如系蝇蚊。”[③]事实上，这样的蜘蛛在现实世界中是不存在的。

在《海错图》中还有一种海洋生物多次出现，这就是龙，有“蛟龙”“神龙”“曲爪蚪龙”“盐龙”四种。众所周知，龙是中华民族最重要的图腾之一，它在几千年历史中始终是中国人心目中的神物而非一般动物。聂璜也认为，“天地之初，未生万物而先生龙”，龙“岂可与凡类伍”[④]？在聂璜笔下，龙分为两种。一是神物之龙，具有图腾的一切特征，聂璜引用《尔雅翼》语，说龙有“九似”：头似驼，角似鹿，眼似鬼，耳似牛，项似蛇，腹似蜃，鳞似鲤，爪似鹰，掌似虎。他画的神龙就是如此。他在《神龙赞》中写道：“水得而生，云得而从，小大具体，幽明并通。羽毛鳞介，皆祖于龙，神化不测，万类之宗。”[⑤]二是神龙之属。聂璜将其看成神龙之后，或为化龙之前。他认为，在海错中也包含着不同种类的龙，这些龙当然与作为神物的龙不一样，它们或是龙种，或是化为龙之前的阶段，总之“必龙精余沥之所结”，就是说，它们身上只存在龙的点滴特性和神通。不过作为海洋生物，

① 故宫博物院编：《清宫海错图》，故宫出版社2014年版，第108—109页。

② 黄衷：《海语》卷中。

③ 故宫博物院编：《清宫海错图》，故宫出版社2014年版，第184—185页。

④ 故宫博物院编：《清宫海错图》，故宫出版社2014年版，第115页。

⑤ 故宫博物院编：《清宫海错图》，故宫出版社2014年版，第113页。

"鳞虫三百六十属，而龙为之长，故诸鱼必统率于龙"。就是抱着这样的认识，聂璜刻画了既有图腾龙的特征，又有鱼的迹象的龙。盐龙就是如此，它"长仅尺余，头如蜥蜴状，身具龙形，产广南大海中"[1]，与神物之龙有很大区别。与盐龙不同，蛟龙却是演化成龙的前一阶段，聂璜引用《述异记》所说，"虺五百年化为蛟，蛟千年化为龙，龙五百年为角龙，又五百年为应龙"，他认为，《述异记》中的"蛟龙"正是他要描绘的蛟龙，它"无角，鱼身而蛇尾"。他还听人说，"其状似牛首，初出局促如牛体，入江河则长大，身尾鳞爪如龙身"[2]。他把蛟龙的这些特征均绘于图画中，栩栩如生。

四、《海错图》的特色及价值

聂璜在《海错图》正图之前写有一篇简短的序言，阐明了他绘制这部图谱的初衷和图谱的特点，全文如下：

《中庸》言，天地生物不测，而分言不测之量，独于水而不及山，可知生物之多，山弗如水也明甚。江淮河汉皆水，而水莫大于海。海水浮天而载地，茫乎不知畔岸，浩乎不知津涯，虽丹嶂十寻，在天池荡漾中，如拳如豆耳。大哉海乎！允为百谷之王，而山何敢与京？故凡山之所生，海尝兼之；而海之所产，山则未必有也。何也？今夫山野之中，若虎若豹，若狮若象，若鹿若豕，若驩若兕，若驴若马，若鸡犬，若蛇蝎，若猬若鼠，若禽鸟，若昆虫，若草木，何莫非山之所有乎？而海中鳞介等物多肖之。虎鲨变虎，鹿鱼化鹿，鼠鲇诱鼠，牛鱼疗鱼，象鱼鼻长，狮鱼腮阔，鹤鱼鹤啄，燕鱼燕形，刺鱼皮猬，鳐鱼翅禽，魟鱼蝎尾，（独）鱼豕心，海獭肉腴，海豹皮文，海鸡足胼，海驴毛深，海马潮穴，海狗涂行，海蛇如蟒，海蛭若蟥，鲽

---

[1] 故宫博物院编：《清宫海错图》，故宫出版社2014年版，第115页。

[2] 故宫博物院编：《清宫海错图》，故宫出版社2014年版，第106—107页。

鱼既侔鹈鹕，人鱼犹似猩猩。海树槎丫，坚逾山木；海蔬紫碧，味胜山珍。海鬼何如山鬼？鲛人确类野人。所谓山之所产，海尝兼之者如此。若夫海之所产，卵胎湿化，其类既繁，鳞介毛螺，厥状尤怪，诚有禹鼎之所不能图、益经之所不及载者矣。然此特具体而微者尔。至稽海上伟观，鲤可堂也，鳙可帘也，蚝可阜也，龟可洲也，鼍可城也，鳛脊任舂也，鳌首戴山也，摩竭之鱼吞舟也，善化之蟹大九尺也，北溟之鲲不知其几千里也，是岂山中鸟兽所能仿佛其万一者？所谓海之所产，山未必能有者如此。况乎网起珊瑚，已胜丹砂之赤；而宵行熠耀，难侔蚌室之光。山川出云，仅为霖于百里；而潮汐与月盈虚，直与天地相终始也。山与海大小之量何如？无怪乎生物多寡相去悬殊，是以《禹贡》惟以"错"称海物也，概可知矣。夫错者，杂也，乱也，纷纭混淆，难以品目，所谓不可测也。今予图海错，甲乙鱼虾，丹黄螺贝，绘而名，名而赞，赞而考，考而辨，不犹然视海以为可测乎？曰：非然也。予图所采，亦取其可见可知者而已，其不及见知者何限哉。然则博物君子，披阅是图，慎毋曰燃犀一烛也，谓吾以蠡测海也可。时康熙戊寅仲夏，闽客聂璜存庵氏题于海疆之钓鳌矶[1]。

事实上以今人的视角观之，聂璜的《海错图》具有更重要的特色和价值，其鲜明的特色主要体现在如下几个方面。

第一，体现了中国古代"化生"生命观。

化生是一个现代概念，它是指一种已分化组织转变为另一种分化组织的过程。虽然古人并不知道化生为何物，但他们知道自然界存在一种生物转化为另一种生物的现象，我们把古人的这种生命学说称为"化生说"。"化生说"是以中国古代哲学中的"气论思想"为理论依据的。古人用"气"来解释生物之间的相互演化现象，认为物质是由"气"构成的，"气"的相互作用乃至重新组合可以使一种生物转化成另一种生物，在此基础上，形成

---

[1] 故宫博物院编：《清宫海错图·海错图序》，故宫出版社2014年版，第34—37页。

了生物循环变化思想。同时，"化生说"又源于古人在实践中对生物变化发育的观察，以及与农事有关的物候观察，如《夏小正》中记载的"鹰化为鸠""鸠化为鹰""田鼠化为䴏""䴏化为鼠""雀入于海为蛤""雉入于淮为蜃"等皆如此。以"雀入于海为蛤"为例，《说文》中说："蛤有三种，皆生于海，蛤蛎千岁雀所化，海蛤百岁燕所化，魁蛤一名复累，老服翼所化。"清代学者王筠解释说："燕及蝙蝠皆化为蛤，不特雀也。"[①]另外，"化生说"又与图腾崇拜有关，如《山海经》《搜神记》等记载图腾与其氏族祖先相互转化的传说。由此可见，"化生说"源远流长，在中国古代形成了一种根深蒂固、长盛不衰的生命观[②]。聂璜继承了传统的"化生说"，在他的《海错图》中体现着这种生命观，他在画草蜢鱼时说：海人曰，草蜢鱼即蚱蜢所化，有人在竹江海边捕得海蜢，长五六寸，足翅横撑，比雀犹大。"予因悟草蜢鱼果有由来也，图之以伸吾变化之说。"综合所获信息，他相信草蜢鱼是由蚱蜢变化而来，所以以图反映他主张的"变化之说"。为进一步阐发他的"化生"观点，聂璜引用《搜神序》"春分之日，鹰变为鸠；秋分之日，鸠变为鹰"之语，认为这是"时之化也"，依此类推，"鹤之为獐也，蛇之为鳖也，蚕之为虾也，不失其血气而形性变也。应变而动，是谓顺常"，"顺常者，如雉为蜃、雀为蛤之类是也"。"今蚱蜢变鱼，如蚊虫化水虫，水虫化蚊虫，亦顺常之事，不为妖异，第人不及见，以为奇耳。海中变化之鱼不一。"[③]"顺常"，就是顺应事物发展的规律，他认为，上述生物之间的演化，都是事物发展的必然结果。他曾听人讲过一个故事，说的是明朝嘉靖年间，一人过嘉兴某处的海滩，忽然看到一条大鱼跃上海岸，有众人欲将其捕捉，可鱼太大，难以徒手擒获，众人便到附近农舍取锄棍等器具，而此时大鱼在岸上不断跳跃。过了一段时间，众人持械回来，发现大鱼已经变成一只老虎状，四肢不全，滚于地上不能行走，莫不惊异。众人担心大鱼将四肢长全后逃逸，

①　王筠：《夏小正正义》。

②　赵云鲜：《化生说与中国传统生命观》，《自然科学史研究》1995年第4期。

③　故宫博物院编：《清宫海错图》，故宫出版社2014年版，第73页。

必伤人命，遂用锄棍木石将其击杀。对这个故事，聂璜信以为真，便将鱼变虎，描绘成谱。所以在《海错图》中出现"枫叶败质化鱼""虎鲨旬日而化为虎""海狸逢人则化为鱼""鹿鱼跳上洲化为鹿""海鳇鱼群飞化而为火鸠""石笋化竹鱼"，以及"黄雀化鱼""石首化凫""乌化墨鱼"等就不难理解了。然而，古代的"化生说"并未建立在科学的基础之上，它把物种与物种之间的无序突变和已分化组织与另一种分化组织的渐变相混淆，显然难以长期坚持，因而当西方"进化论"在18世纪传入中国后，"化生说"便被彻底否定了。不过《海错图》所体现的"化生"观念依然是有价值的，它反映了那个时代中国人对生物进化的认识，推动了人们对物种与物种之间关系的研究与思考。

第二，集知识性、艺术性、文学性、趣味性于一体。

《海错图》是一部图文并茂的科学画谱，它不仅提供了栩栩如生的海洋生物形象，而且提供了内容丰富、长短不一，集知识性、学术性、趣味性于一体的文字说明，包括来自各种典籍的记载、渔人商客的叙述、社会各界口耳相传的传说、亲身考察的真情实景，其中既有海洋生物的形貌、特性、产地及利用价值和方法，又有奇闻轶事、神话传说、凡人箴言、感怀评说，读来既让人得到古代海洋生物的丰富知识，引发深入思考，又获得视觉和情感上的愉悦，这在古代画谱中是极为罕见的。

《海错图》的知识性除了体现在对海洋生物的形貌、特性、产地、烹饪方法等内容的介绍以外，更重要的是体现在对海洋生物的分类上。《海错图》共绘有371种海洋生物，作者对它们进行了大致的分类，分为鳞、兽、介、虫、禽等类别，基本涵盖了海洋中无脊椎动物和脊索动物门的主要类群，为现代海洋生物分类提供了借鉴。《海错图》中所描绘的海洋生物，多数是客观存在的，可其中一些我们今天已经看不到了，或许它们已经灭绝了，这为今天科学家们研究海洋生态变化和海洋生物的演化都提供了重要依据。

另外使人感兴趣的，还有作者在每一种海洋生物的文字说明之后所附上的那首四言小诗。整个图谱共附有几百首小诗，作者着笔角度多端，读后绝无雷同之感。这些小诗，有的直观描绘海物的特征，如《夹甲鱼赞》："鱼裹龟甲，鳞而又介，巧绘难描，水族之怪。"夹甲鱼怪异的形貌跃然纸上；有的赞美海珍品的口味，如《鲳鱼赞》："态娇骨软，鱼比于娟，啖者不鲠，温柔之乡。"以人比喻鲳鱼绵软、温柔的口感，使人瞬间了解到作为食材的鲳鱼的特点，有妙不可言的感觉；有的把海物特征与社会现象联系起来，如《海银鱼赞》："鱼以银名，难比白镪，贪夫羡之，望洋而想。"从"银鱼"之名，联想到白银，再联想到官员贪腐的社会弊端；有的赞美渔人智慧，如《鹅毛鱼赞》："一盏渔灯，海岸高撑，鱼从羽化，弃暗投明。"这是赞颂打鱼之人利用鹅毛鱼特性捕鱼的方法；有的以海物特点比喻人的生活之道，如《青丝鱼赞》："一鸣惊人，鹦鹉柳枝，青鱼碧海，不跃谁知？"鹦鹉靠悦耳的鸣叫惊醒世人，关注"鹦鹉柳枝"的美丽画面，青鱼靠跃出水面，吸引世人关注"青鱼碧海"的美景，暗示人们要学会展示自己亮丽的人生；有的把小小海物与广阔云天相联系，营造文学景象，如《羊角螺赞》："大风起兮，云天漠漠，羊角在螺，扶摇所落。"借助羊角螺盘旋而曲惟、像龙卷风一样的外形，展开想象，把读者的思绪带入大风起兮云飞扬的空间里，让人产生无限遐想。这一首首小诗，有警示，有思考，有诙谐，有激情，读来朗朗上口、妙趣横生，让人兴趣盎然、难以忘怀，体现了作者寓教、寓乐于知识之中的文学功力，无疑对图文起到了锦上添花的作用。

　　《海错图》的价值主要体现在海洋科学价值和海洋文化价值两个方面。从海洋科学方面来说，《海错图》为现代海洋科学研究提供了重要资料。2011年夏天，《中华大典·生物学典·动物分典》编委会的专家受故宫出版社的委托，依据《海错图》前三册中所绘生物实体图形与文字描述，对古名、今名及其分类阶元进行了考证，并给出相应的拉丁学名，目的是在《海错图》已具有的极高史学价值、艺术价值的基础上，向广大中外读者进一步介绍其科学价值，让读者借助本书回溯古人对海洋生物世界认识的漫长历程。该专家组对前三册研究发现，《海错图》有82.6%的物种，后人可以依据其文字记载及图形所提供的分类依据鉴别至科、属及种，这对后人了解中国古代海洋生物的分布、生态习性及其利用等，均有十分重要的意义①。

从海洋文化方面来说，《海错图》的价值集中体现在如下两个方面。

第一，反映了古代中国人探索海洋的精神。

聂璜所生活的康熙年间虽然步入了"盛世"，政治、经济形势都有了前所未有的改观，但是康熙帝在文化上基本放弃了清初推行的吸收与兼容西方先进科技文化的政策，实行闭关自守，将文人学士们引进其钦定的思想禁锢中。这种状况反映在海洋文化方面，则是对海洋进行封闭，延续严厉的海禁政策。顺治朝《大清会典》曾规定，"海船除给有执照许令出洋外，若官民人等擅造两桅以上大船，将违禁货物出洋贩往番国，并潜通海贼，同谋结聚，及为向导劫掠良民；或造成大船，图利卖与番国；或将大船赁与出洋之人，分取番人货物者，皆交刑部分别治罪。至单桅小船，准民人领给执照，于沿海近处捕鱼取薪，营汛官兵不许扰累。"到了康熙朝，《大清会典》的规定进一步严苛："居住海岛民人，概令迁移内地，以防藏聚接济奸匪之弊。仍有在此等海岛筑室居住耕种者，照违禁货物出洋例治罪。汛守官弁，照例分别议处。"②这就使沿海居民与大海形成了隔阂，长此以往，人们渐渐淡化了对海洋的认识，海洋的神秘感愈发浓厚，海洋中究竟蕴藏着多少生物，这些生物究竟处于什么状态，人们对此知之甚少，即使是饱读诗书的文人，也难以窥探大海中真正的奥秘。也就是在这种特殊的历史进程中，考据学逐渐成为清朝学术领域的主流。考据学的基本功就是文字学。看图识字，识别草木虫鱼等，均是从"六经"《尔雅》《说文解字》《山海经》《本草》等史书中的考辨异同、校勘注释中而来的，皆属于小学范畴③。

聂璜就是在这样的文化环境中成长起来的一位名不见经传的民间画师，如果不是《海错图》的留存，可能直到今天人们也不会知道历史上曾经有

---

① 王祖望：《〈海错图〉物种考证纪要》，见《清宫海错图》，故宫出版社2014年版，第15、21页。

② 《钦定大清会典事例》卷六百二十九。

③ 故宫博物院编：《清宫海错图·前言》，故宫出版社2014年版，第12页。

过这样一位人物。他和大多数文人学士一样，从考据学入手，怀揣着对神秘海洋的好奇心和对海洋生物的热爱，本着严谨、科学的态度，利用朝廷海禁政策的间隙，利用自己有限的资源，执着地开始了他对海洋生物的考察与绘画，最终完成了这项对人类有着重大意义的工作。其中的艰辛和困难是可想而知的。他是那个时代探索海洋的代表人物，他的精神值得我们敬仰。

第二，反映了明末清初中国人对海洋生物的认识程度。

人类探索海洋有一个循序渐进的过程，在明末清初处于什么水平，《海错图》给了我们答案：在已知的海洋生物中，大多数是人们熟悉的或比较熟悉的，它们的形貌、品目、习性、分布以及利用价值都被人们所掌握，有些物种甚至是沿海居民赖以生存的物质来源。这类海洋生物在《海错图》前三册中占81.9%，如石首鱼、马鲛鱼、鲈鱼、带鱼、锦魟鱼、剑鲨、白头鲨、花蛤、江珧柱、海兔、海鹅等。有少数是人们确信其有而不甚了解的，它们的形貌、品目、习性、分布以及利用价值均不被人们所掌握。这类海洋生物在《海错图》前三册中占9.2%，如鲸鱼、海鳝、海蜈蚣、鼋、玳瑁、鹰嘴龟等。还有少数是不存在的，人们对它们的了解来源于神话传说，这类想象中的海洋生物在《海错图》前三册中占8.9%，如蛟、海龙鱼、螭虎鱼、神龙、盐龙、三尾八足神龟等。当然，此时人们还未认知、聂璜也不可能将其绘画于图谱中的海洋生物更是大量的，那就无从讨论了。由此我们断定，清代前期海洋生物爱好者的涉猎是比较广泛的，认识也是比较深刻的，他们为当时沿海居民利用海洋资源提供了一定范围的指导，也为我们今天研究中国古代海洋思想史提供了重要例证。

五、《海错图》的经历和归宿

聂璜在《海错图》的自序中，并未提到他的《海错图》是为谁而作，从序、跋以及图谱文字说明的行文看，并无任何敬献之语，不像是专门为进献皇帝而作，更像是为同行进行学术交流而作，单纯为自己和后人保存资料的可能性也不排除。然而，《海错图》却在它诞生几十年后因皇帝的喜爱而进入了皇宫，这恐怕是聂璜始料未及的。那么，《海错图》是如何进入皇宫的呢？

《雍正四年·流水档》记载：

（三月）初七日，入画作，据圆明园来帖内称，副总管太监苏培盛交来《鱼谱》四册，说太监杜寿传：着收在舆图一处，此记①。

由此可知，《海错图》是在雍正四年（1726年）由副总管太监苏培盛交入清宫造办处的，具体是由地方政府呈交，还是从其他渠道流入苏培盛之手，如今已无从考证。《海错图》入宫后沉睡了10多年的时间，到了乾隆时期，乾隆帝对其产生了兴趣。据清宫造办处史料记载，为便于欣赏《海错图》，乾隆帝在乾隆三年（1738年）二月连下两道圣旨，令造办处重新裱糊《海错图》，并盖上御印，存放于乾隆皇帝在紫禁城内的重要住所重华宫内：

初三日，司库刘山久来说，太监毛团传旨："造办处如有收贮《鱼谱》，伺候呈览。钦此。"

初四日，催总白世秀来说，太监毛团交《鱼谱》册页四册，传旨："要着将《鱼谱》四册另换糊锦壳面，收拾。钦此。"

接到第一道圣旨，司库刘山久于当日即将舆图房收贮的《鱼谱》册页4册交给太监毛团、胡世杰、高玉呈进讫。接到第二道圣旨，司库刘山久、催总白世秀将裱糊好的《鱼谱》于十三日交给太监毛团、高玉呈进讫②。乾隆帝将"乾隆御览之宝""重华宫鉴藏宝"等玺印钤于《海错图》上。到了嘉庆

① 《清宫内务府造办处总汇》第一册，人民出版社2005年版，第728页。
② 《清宫内务府造办处总汇》第八册，人民出版社2005年版，第168页。

年间，嘉庆帝依然给予《海错图》以高度重视，把"嘉庆御览之宝"玺印钤在上面，并将其著录于《钦定石渠宝笈续编》中，钤上"宝笈重编""石渠宝笈"等印。《石渠宝笈》是清朝乾隆、嘉庆年间编纂的一部大型书画著录文献，包括初编、续编（重编）和三编，收录了清朝宫廷收藏鼎盛时期的所有绘画作品，将《海错图》收录其中，证明了《海错图》在清宫中的地位。在道光、咸丰、同治、光绪各朝，《海错图》在宫中的境况如何，不见史料记载，仅在其上钤有"宣统御览之宝"的玺印，说明宣统帝也是将它视为珍宝。辛亥革命后，清政府倒台，《海错图》和其他文物一样，屡经战火，历经磨难，庆幸的是它最终被完整地保存下来了，四册中有三册收藏于北京故宫博物院，一册收藏于"台北故宫博物院"。其中的流转过程目前尚不清楚，有待于继续探究。

第十八章

海上丝绸之路

——跨越千年的海上贸易通道

在我国历朝皇帝中有不少才子，南北朝时期的梁元帝就是其中之一。他擅长绘画，虽说不能称为画家，但其水平也堪比有作为的画师。他曾经创作过一本画作名《职贡图》，又名《番客入朝图》，描绘的是南朝时期来中国南京朝贡的波斯、百济、龟兹、倭国等国12位使臣的形象，这些使臣肖像个个栩栩如生，展现了那个时代外国使臣的风格和特点。可惜的是，这部画作原作没有流传下来，我们今天看到的《职贡图》是宋代人临摹的残卷。即便如此，我们依然能从中体会到当年外国使臣来中国朝贡时的盛况（见图18-1）。

南北朝时期处于公元5世纪到6世纪，《职贡图》表明，在这个时期中国与海外国家就已经有了密切的往来。那么，这些远在海外的外国使臣为什么要来到中国，他们又是如何横越重洋来到中国的呢？这就是本章所要探讨的话题：海上丝绸之路。

要说清海上丝绸之路，必须从丝绸开始谈起。

图18-1 清乾隆年间所绘的《职贡图》

一、丝绸在中国的出现与兴盛

丝绸在古代主要是指用蚕丝织造的纺织品，这种纺织品以桑蚕丝为主，也包括少量的柞蚕丝和木薯蚕丝。从现有的文献史料记载来看，中国是发明养蚕和制造丝织品最早的国家。那么，是谁发明了丝绸呢？关于这个问题，我国古代典籍多有记载，以宋代《资治通鉴纲目·前编》记载得最为清晰（见图18-2）：

西陵氏之女嫘祖，为帝元妃，始教民育蚕，治丝茧以供衣服，而天下无皴瘃之患，后世祀为先蚕[1]。

图18-2 《三才图会》中描绘的"先蚕元妃西陵氏"

嫘祖是谁？《山海经·海内经》载："黄帝妻雷祖，生昌意。"[2]这里的"雷祖"即"嫘祖"，她是黄帝的妻子。司马迁的《史记·五帝本纪》在《山海经》基础上做了进一步叙述："黄帝居轩辕之丘，而娶于西陵之女，是为嫘祖。嫘祖为黄帝正妃，生二子，其后皆有天下。"司马迁说，嫘祖是黄帝的正妃，是西陵之女。针对司马迁的说法，皇甫谧的解释是："元妃西陵氏女，曰嫘祖，生昌意；次妃方雷氏女，曰女节，生青阳；次妃彤鱼氏女，生

① 《资治通鉴纲目·前编》卷一。
② 《山海经》卷十八。

夷鼓，一名苍林；次妃嫫母班，在三人之下。"①这就是说，嫘祖是黄帝四个妃子中地位最高者。《史记正义》解释说，"西陵，国名也。"②这些典籍记载的是嫘祖为黄帝生下"皆有天下"的两个儿子的功业。事实上，在古代典籍的记载中，嫘祖在历史上的贡献远不止为黄帝生儿育女、延续香火这么简单，更重要的是，她发明了养蚕织丝。《隋书·礼仪二》载："后周制，皇后乘翠辂，率三妃、三妇、御媛、御婉、三公夫人、三孤内子至蚕所，以一太牢亲祭，进奠先蚕西陵氏神。礼毕，降坛，昭化嫔亚献，淑嫔终献，因以公桑焉。"③说明在后周时期，朝廷不仅把西陵氏女嫘祖尊为先蚕，而且把她作为神灵加以隆重祭祀，体现了当时社会对养蚕织丝的高度重视。《资治通鉴纲目·前编》总结了宋代以前的记载，清楚地说明，来自西陵国的女子嫘祖是黄帝正统的妻子，是她开始教会民众养蚕、抽丝、制成衣服，有了衣服穿，从此天下再也没有手足皲裂、生长冻疮的忧虑了，所以后世将嫘祖尊为制作蚕丝制品的鼻祖。南宋罗泌所著《路史·后纪五》沿用前人说法，谓黄帝"元妃西陵氏曰儽祖……以其始蚕，故又祀先蚕"④。有了这些源远流长的记载，民间感恩于养蚕织丝的发明者，就有了很多关于嫘祖的传说，其中一些传说流传至今：有一次嫘祖在野桑林里喝水，树上有野蚕茧落下掉入碗中，待用树枝挑捞时挂出了蚕丝，而且连绵不断、愈抽愈长，嫘祖便用它来纺线制衣。在著名的丝绸产地苏州的民间传说中，嫘祖被蚕农亲切地称为"三姑娘"。传说轩辕黄帝在天庭十二神兽的帮助下发明了织丝的机器，又从三姑娘梳头的篦子上得到启发而发明了筘簆，使经线在织造过程中不再被割断⑤。正因为如此，在漫长的历史中形成了祭祀先蚕的遗风。

然而，传说毕竟不是事实。根据考古出土的文物判断，我国先民创造丝绸织造技术远在嫘祖所处的时代之前。1958年考古人员发掘了浙江吴兴县钱

---

① 司马迁：《史记》卷一。
② 张守节：《史记正义》卷一。
③ 魏征：《隋书》卷七。
④ 罗泌：《路史·后纪五》。
⑤ 刘治娟：《丝绸的历史》，新世界出版社2006年版，第6—7页。

山漾遗址，出土了一批丝织品，有绢片、丝带和丝线，经浙江纺织科学研究所鉴定，这些丝织品距今已有5300年左右的历史了[1]。1981年至1987年年底，郑州文物工作队对荥阳市青台新石器时代遗址中心区两侧的岗坡进行了7次较大面积发掘，出土了距今5500年左右的纺织物残片和碳化丝织物，经上海纺织科学研究院鉴定，是新石器时代的桑蚕织物[2]。这些考古发现，都比文献记载的嫘祖发明养蚕织丝早了七八百年。这说明，在我国最早发明养蚕和织丝技术的并非嫘祖，而是另有其人，至于这个人是谁已经无从查考了。或许更为确切的表述是：养蚕和织丝技术是新石器时期华夏民族在社会实践中发明创造的。

丝绸诞生以后，在数千年的漫长历程中，逐渐风靡华夏大地。在甲骨文中就出现了蚕、桑、丝、帛等字样，说明在那时丝绸已经影响到了人们的生活。从桑林空桑的地名、桑谷的祥瑞、采桑的说法、立帛牢的制度、工文绣的游女以及锦绣绫纨等传说看来，商朝从早期到晚期，或者早已有了比较发达的蚕桑丝织业[3]。春秋时期，丝绸可以成为商品进行买卖，并成为贵族的主要财富之一。吴越争霸期间，越王勾践大力发展农桑，并以蚕丝织品献给吴国以求得和平，说明此时丝绸的生产已经具有了一定规模。战国时期，丝织业尤为发达，织品不仅种类繁多，而且质地精良。《尚书·禹贡》中记载了全国九个州的物产和进贡情况，其中有六个州盛产丝绸，品种有丝、白丝、五色丝、织贝等，可见战国时养蚕织丝已遍布长江和黄河流域。秦汉时期，桑麻种植相当普遍，在齐鲁出现了"千亩桑麻"的景象。尤其是在汉代，养蚕织丝得到大规模发展，成为家庭经济的重要财源，甚至政府给官吏的俸禄和福利也多以丝绸来支付。此时的蚕丝织品有十多个品种，如纨、缣、绨、绮、绸、素、绢、缟、罗、锦、练、绫、缦、纱、织等，可谓中国古代丝绸史上的转折期。三国时期，丝绸生产在国内不仅十分发达，而且形成了重点

---

[1] 周匡明：《养蚕起源问题的研究》，《农业考古》1982年第1期。

[2] 张松林、高汉玉：《荥阳青台遗址出土丝麻织品观察与研究》，《中原文物》1999年第3期。

[3] 胡厚宣：《殷代的蚕桑和丝织》，《文物》1972年第11期。

区域，吴国丝绸生产出现高潮，丝绸产品成为供应国防、从事外交的重要物资。南北朝时期，中国的丝绸织造越来越精巧、细致，技艺有大幅度提高，葡萄纹、斑纹、凤凰朱雀纹等品种驰名中外。此时，由于北方战乱较多，丝绸生产重心移向江南地区。到唐代时，江浙和巴蜀一带成为全国丝绸生产的中心，仅绫一类就多达十余个品种，如细绫、瑞绫、二色绫、云花绫等，其中最为著名的是江南地区的缭绫。这一时期的丝绸制作工艺也达到了一个新高度。宋代的养蚕织丝已形成完整的流程，从栽桑、养蚕、缫丝到织造成衣，工艺完善，各种织造机器基本定型。由于部分地区已经掌握了桑树嫁接技术，使丝茧产量和质量都大为提高，出现了四十多个名品宋锦。元代不仅保持了宋代的生产规模，而且在养蚕织丝理论上也有了全面的总结，官方和民间都编成不少技术书籍，如王祯的《农书》、鲁明善的《农桑衣食撮要》以及《梓人遗制》《多能鄙事》《农桑直说》等，推动了丝绸技术的进一步推广。明清时期继承了前朝的养蚕织丝技术和规模，丝绸生产进一步专业化、商品化，江浙一带的名丝成为全国丝绸织造的主要原料，其成品也畅销海内外（见图18-3）。

图18-3　外销画中的蚕丝制作图

在漫长的历史进程中，随着商品经济的不断发展，在丝织业大规模发展的基础上，精美绝伦的丝织品的交易规模也日益扩大，从国内扩至海外，极大地推动了海外商业贸易通路的开辟，为海上丝绸之路的繁盛奠定了基础。

二、从"陆上丝绸之路"到"海上丝绸之路"

丝绸发明以后，不仅其织造技术在中华大地上传播开来，而且成品开始向国外输出。有学者认为，从妇好墓出土的和田玉雕看，大约在公元前13世纪，从中原地区出河西走廊进入西域的交通路线就开通了[①]。在这条通道上，输出国外的商品多种多样，其中就包含丝绸。此后，伴随着中外贸易的不断扩大，这条贸易通道不断向西延伸，最终到了西亚。张骞成功出使西域，标志着这条贸易通道的"全线贯通"[②]。由于来往于这条通道上的商品丝绸占了相当大的比重，并逐渐成为主要外销商品，所以当人们要给这条陆上古道命名的时候，自然就想到了丝绸。

1877年，德国地理学家李希霍芬（Ferdinand von Richthofen）在他的名著《中国》中首次把中国古代通往中亚的陆上交通路线称为"丝绸之路"（Seidenstrassen）。他对丝绸之路的经典定义是："从公元前114年到公元127年间，连接中国与河中以及中国与印度，以丝绸之路贸易为媒介的西域交通路线。"[③]后来，"丝绸之路"的内涵不断扩大，用来泛指古代中国通往外部世界的所有交通路线。

陆上丝绸之路繁盛了千年，然而由于战争、货物运输量以及运输成本等原因，在它"全线贯通"之前就出现了趋弱的征兆：商人们开始另寻他道，贸易量逐渐减少。陆上丝绸之路贸易量的减少，并不代表中外贸易的衰落，

---

① 林梅村：《丝绸之路考古十五讲》，北京大学出版社2006年版，第58页。
② 杨巨平：《亚历山大东征与丝绸之路开通》，《历史研究》2007年第4期。
③ 林梅村：《丝绸之路考古十五讲》，北京大学出版社2006年版，第2页。

因为一条海上贸易通道随即开辟，中国与海外国家的贸易悄然由陆地向海上转移。以瓷器为例，瓷器也是丝绸之路上的主要商品，陆路上的运输主要依靠车马或者骆驼，破损率比较高，迫使商人们要增加包装，运输成本越来越高，造成瓷器的运输量逐渐减少。而海上的运输就大不一样，瓷器用船装载，数量增大。海上考古发现表明，有些大船能装载几万件甚至十几万件瓷器，而且包装简单，破损率低，这就大大降低了瓷器的运输成本。所以，当海上的贸易通道开通后，陶瓷商人自然而然地喜欢选择走海路。虽然丝绸与瓷器不同，谈不上破损率，但陆上的车马劳顿和战争风险以及载货量的差距，依然使得丝绸商人在权衡利弊之后选择走海路。

与陆上丝绸之路一样，当海上航线形成后，大量的丝绸、瓷器、香料等货物往来于这条航线上，人们自然把它与陆上丝绸之路相提并论，沿用陆上丝绸之路的名字，称之为"海上丝绸之路"。"海上丝绸之路"的说法是法国汉学家埃玛纽埃尔·爱德华·沙畹于1913年在他所著的《西突厥史料》中首先提及的，他虽然没有直接命名"海上丝绸之路"，但他说"丝路有海陆两道"。之后，日本学者三杉隆敏于1967年出版了著作《探索海上的丝绸之路》，沿用了沙畹之说。海上丝绸之路是指相对固定的远洋航线，这条远洋航线应为当时的人们所熟悉，航线上应当有一定规模的、比较频繁的、双向往来的船只。按照这一定义，有学者认为，海上丝绸之路南洋航线形成于秦汉之际，即公元前200年左右，并提出岭南地区所发现的南越国（公元前203年至公元前111年）时期的象牙、香料等舶来品就是明证[1]。也有学者认为，秦统一中国，于岭南设番禺、桂林、象郡三郡，辖地直达南海沿岸。汉代岭南或已通过越南中北部港口与东南亚、印度次大陆建立了海上联系。广州南越王墓出土实物中的波斯银盒、中东玻璃器，表明其时岭南与中东间经印度为中转地的海上贸易航道已经开通[2]。由此，在汉代出现了陆海两条丝绸之路并存的局面。据《魏略·西戎传》记载："大秦道既从海北陆通，又循海而

---

① 龚缨晏：《关于古代"海上丝绸之路"的几个问题》，《海交史研究》2014年第2期。
② 马建春：《海上丝绸之路的历史贡献》，《社会科学战线》2016年第4期。

南与交趾七郡外夷通；又有水道通益州、永昌。故永昌出异物。"其中"大秦道既从海北陆通"是指陆上丝绸之路，而"循海而南与交趾七郡外夷通"是指海上丝绸之路。不过，在海上丝绸之路形成之后的近千年中，古代中国主要还是通过陆上丝绸之路与外部世界进行交往的，海上丝绸之路则处于相对次要的地位。直到唐朝灭亡之后，随着中国经济文化中心的南移，以及亚洲内陆地区政治局势持续动荡，海上丝绸之路的地位才不断凸显，最终取代了陆上丝绸之路而成为连接中国与世界的主要纽带[1]。

海上丝绸之路主要由两大航路组成：一条是中国通往朝鲜半岛及日本列岛的东海航路；另一条是中国通往东南亚及印度洋地区的南海航路。这两条航路又由多条线路组成。关于东海航路，徐福东渡日本时即已开辟，只不过当时仅为单向，有去无来。汉代以后遵循此路，将通往朝鲜半岛及日本列岛的航线变成了往来航线。《后汉书·东夷传》载："建武之初，复来朝贡时，辽东太守祭肜威詟北方，声行海表，于是涉、貊、倭、韩万里朝献。"[2]由此可知，此时自辽东至日本一线已有航行往来。这条航线是沿辽东半岛北岸与朝鲜半岛西岸而行，然后转向东南岸，穿过对马海峡，东渡至日本北九州沿岸。

关于南海航路，《汉书·地理志》中有如下记载（见图18-4）：

自日南、障塞、徐闻、合浦船行可五月，有都元国；又船行可四月，有邑庐没国；又船行可二十余日，有谌离国；步行可十余日，有夫甘都庐国。自夫甘都庐国船行可二月余，有黄支国，民俗略与珠崖相类。其州广大，户口多，多异物，自武帝以来皆献见。有译长属黄门与应募者，俱入海市明珠、璧流离、奇石异物，赍黄金杂缯而往。所至国皆禀食为耦，蛮夷贾船，转送致之。亦利交易，剽杀人。又苦逢风波溺死，不者数年来还。大珠至围二寸以下。平帝元始中王莽辅政，欲耀威德，厚遗黄支王令遣使献生犀牛。

① 龚缨晏：《关于古代"海上丝绸之路"的几个问题》，《海交史研究》2014年第2期。
② 范晔：《后汉书》卷一百十五。

自黄支船行可八月到皮宗。船行可二月到日南、象林界云。黄支之南，有已不程国。汉之译使自此还矣①。

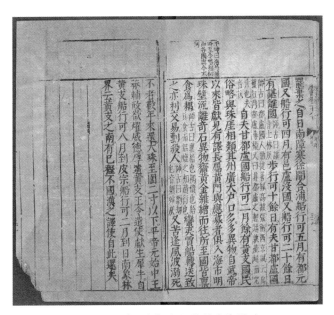

图18-4 《汉书》中记载的南海航路

在南海航线的基础上，海上丝绸之路穿过马六甲海峡，向印度洋延伸，在公元前200年左右正式与西亚航线接通，最远到达印度洋的"已程不国"。从印度到红海再至亚历山大里亚城的航程则由南阿拉伯人或埃及人去完成，即所谓《三国志·魏书》所说的"蛮夷贾船，转送致之"。当时，北非的文明古国埃及正处于托勒密王朝（公元前305至公元前30年）时期，造船技术也是相当发达。埃及的海船出红海，远航印度洋，到达印度等地，把中国的丝绸和印度的象牙、珍珠以及阿拉伯的宝石等转运到埃及和地中海沿岸各国。显然，汉帝国和罗马帝国的商人和海员，早在公元前后已相会在印度洋②。这条闻名世界的海上贸易之路、文化交流之路，一直兴盛了两千多年，

① 班固：《汉书》卷二十八。
② 《非洲的中国形象》，人民出版社2010年版，第6页。

直到中国进入近代社会才戛然而止。关于海上丝绸之路的终结，多数学者认为应以1840年爆发的鸦片战争为标志，对此，龚缨晏先生有比较全面的论述。他认为，第一，海上丝绸之路是中国人长期主导的远洋航线，而鸦片战争以后，这条航线的主导者已经变为西方列强。第二，在漫长的历史中，往来于海上航线的主要是属于中国人、阿拉伯人、东南亚居民等众多民族的商船，很少发生大规模的武装冲突，海上丝绸之路基本上是一条和平的商贸之路。然而自鸦片战争起，这种情况就发生了重大变化，成为西方列强远侵中国的炮舰之路。第三，海上丝绸之路是木帆船时代的航线，而鸦片战争后的远洋航线则是蒸汽轮船的航线。第四，1840年以前，从海外输入中国的货物主要是各式香料、奇珍异宝、名贵药材等。这些昂贵的奢侈品，基本上是供上层社会享用，与普通民众的关系不大。鸦片战争后，罪恶的鸦片成了输入中国的最重要商品。同时，西方的工业制品也大规模地输入中国，并深刻改变了中国人的日常生活。此外，西方的机器设备、科学技术、文化知识等主要也是通过海上航线传入中国的，不仅导致了中国近代工业的产生，还影响了中国人的精神世界。第五，鸦片战争前，中国移民海外的主体是各类商人，他们在海外享有很高的地位和应有的尊严。鸦片战争后，中国人扩散到海外各地，绝大多数不是作为主人，而是作为苦力，也可以说，远洋航线已经变成了中国劳工的死亡之路。总而言之，同样是海上航线，鸦片战争前后的变化如此之大，因此不能把它们混为一谈。海上丝绸之路是古代中国通向外部世界的远洋航线，它的历程随着鸦片战争的爆发而结束了。鸦片战争之后，中国远洋航线被迫转型为国际航线[①]。

三、海上丝绸之路的起点与终点

海上丝绸之路是双向的，任何一个港口既是始发港，又是中转港和终点

---

① 龚缨晏：《关于古代"海上丝绸之路"的几个问题》，《海交史研究》2014年第2期。

港，这样的港口遍布中国沿海，如用今日名称来描述，由北而南有大连、天津、蓬莱、烟台、青岛、扬州、上海、杭州、宁波、福州、泉州、厦门、广州、澳门等。这些重要港口虽然形成的时间不一样，它们在海上丝绸之路中所发挥的作用也有差别，但它们都与这条闻名世界的航路相连接，发生过无数传奇而精彩的故事。有些港口笔者在前面的章节有所涉及，例如泉州、杭州、扬州等，这里不再着墨。笔者在此要着重介绍的是一个不太被人们所熟识的古代海上丝绸之路起点——胶州。

胶州即现在青岛市所属的胶州市，宋代《舆地广记》记载："胶西县，春秋介葛卢国。二汉为黔陬县，属琅邪郡。晋属城阳郡。元魏属高密郡，后置平昌郡。隋开皇初郡废，十六年置县，曰胶西。大业初省黔陬入焉，属高密郡。唐武德元年省胶西入高密，后以其地为板桥镇。皇朝元祐三年复置胶西县。"[1]这表明胶州地界自春秋至宋代以前，先后置黔陬县、胶西县、板桥镇，分别隶属于琅琊郡、城阳郡、平昌郡、高密郡等。清代《读史方舆纪要》又载："胶州，春秋介国地，战国属齐。汉属琅邪郡，后汉属东莱郡，晋属城阳郡，刘宋属高密郡。后魏尝置胶州。隋属密州，唐、宋因之。元至元十二年置胶州于此，隶益都路。明洪武初以州治胶西县省入，属青州府，九年改今属。领县二。""胶西废县，今州治。汉黔陬县地。隋开皇十六年置胶西县，属密州。唐武德六年省县入高密，以其地为板桥镇。宋元祐二年复置胶西县，兼领临海军使，仍属密州。金仍曰胶西县。宋史：'嘉定四年时胶西当登州宁海之冲，百货辐辏，李全使其兄福守之，为窟宅，多收互市之利。'元置胶州治此，明初省。今城周四里有奇。"[2]由此可见，宋代胶州依然为胶西县，元代才正式改为胶州，并一直延续到清代。上述两种文献对胶州沿革记载大致一致，唯三处有出入：《舆地广记》说，胶西县"春秋介葛卢国"，"唐武德元年"省胶西入高密，由板桥镇改胶西县的时间为"元祐三年"。而《读史方舆纪要》则说，胶州，"春秋介国也"，"唐武德六年"省县

---

① 欧阳忞：《舆地广记》卷六。

② 顾祖禹：《读史方舆纪要》卷三十六。

入高密，由板桥镇改为胶西县的时间是"元祐二年"。对此出入，结合其他典籍不难辨明。"介葛卢国"和"介国"是指一国，《重修胶州志》说得很清楚："葛卢本山名，见于黄帝之世（管子：蚩尤取葛卢雍狐之金，以为兵路，史称葛卢山）。介先君取以名子，汉以之氏其县矣。"①就是说，汉代将葛卢山山名纳入国名，称之为"介葛卢国"。对于胶西入高密的时间，多数史料记载为"唐武德六年"，如《重修胶州志》载："《唐书·地理志》注：武德三年置高密县，六年省胶西入焉。"②"武德元年"当为"武德六年"之误，因为在字体模糊时"六"字容易误写为"元"字。至于板桥镇改胶西县的时间，《宋史·地理志》载：胶西"元祐三年，以板桥镇为胶西县，兼临海县军使"③。《重修胶州志》援引《宋史·地理志》也谓："元祐三年，以板桥镇为胶西县，又为临海军。"④很显然，由板桥镇改为胶西县的时间应为元祐三年，而设立市舶司也在此时。

胶州位于胶州湾畔，今天的胶州市区已经是一片陆地了，在新石器时期，胶州市区所在地曾经濒临大海。20世纪60年代，在胶州城南的三里河村发现了龙山文化遗存和大汶口文化遗存，在这两层文化遗存中，除了出土石器、铜器、陶器以外，还出土了大量的贝壳、鱼鳞和鱼骨，而这些鱼骨经过鉴定是蓝点马鲛鱼的骨骼，而蓝点马鲛鱼是外海的鱼类，这就证明了在新石器时代胶州人就经常活动于外海。此后，经过数千年的发展，胶州沿海逐渐形成了港口。据古籍《齐乘》记载，在胶州西南百余里的海边有一座山名叫徐山，这里就是一个重要古港。北宋时期编成的典籍《太平寰宇记》，引用了古籍《三齐记》的一段记载，说徐山曾经是徐福东渡出海的港口。原文如下：

徐山三齐记始皇令术士徐福入海，求不死药于蓬莱方丈山，而福将童男女二千人于此山集会而去，因曰徐山⑤。

---

①②④ 《重修胶州志》卷二。

③ 脱脱：《宋史》卷八十五。

⑤ 《太平寰宇记》卷二十四。

这段记载是说，在我国秦代，秦始皇令方士徐福入海，到蓬莱、方丈求取长生不老之药，徐福将选出的2000名童男童女集中于徐山，并从这里出发入海，"徐山"由此而得名。当然，这是古人的一种说法。那么，徐福为什么会把胶州沿海作为出海的港口呢？通过对典籍记载的分析，笔者认为可能有以下三个原因：第一，这里与徐福和秦始皇两次会面的琅琊相毗邻，有利于获得琅琊方面的后勤支持；第二，这里港湾宽阔而且水深，可以停泊众多大船；第三，徐山有茂密的丛林，用于造船和修船的木材资源比较丰富。

自秦代以后，又经过几百年的发展，胶州的海上贸易开始兴盛起来，到了唐朝的武德六年（623年），朝廷为了适应港口发展，将胶西县并入密州，"以县东鄙置板桥镇"①。后来，板桥镇成为唐朝对外通商和文化交流的重要窗口。到了北宋时期，由于战争的原因，北方的一些重要港口逐渐成为海防要地，北方的海外贸易中心逐渐向板桥镇转移，使板桥镇的海外贸易迅速繁盛起来。元祐二年（1087年），知密州范锷"欲乞于本州置市舶司于板桥镇"，为的是"置抽解务，笼贾人专利之权，以归之公"②，也就是设立海关，得到朝廷批准。南宋《续资治通鉴长编》载："今相度板桥镇委堪兴置市舶司，户部勘当欲依范锷等奏从之，改板桥镇为胶西县，军额以临海军为名。"③元祐三年（1088年），北宋政府正式在板桥镇设立了市舶司，这是当时中国北方唯一的一个市舶司，胶州也就成了海上丝绸之路的重要出发地和中转站。范锷在探访密州板桥镇市舶司后说："板桥镇隶高密县，正居大海之滨，其人烟市井交易繁多，商贾所聚，东则二广、福建、淮、浙之人，西则京东、河北三路之众，络绎往来。"④他还发现："本镇自来广南、福建、淮、浙商旅，乘海船贩到香药诸杂税物，乃至京东、河北、河东等路商客般运见钱、丝、绵、绫、绢往来交易，买卖极为繁盛。""明杭贸易止于一路，而板桥有西北数路，商贾之交易，其丝、绵、缣、帛又蕃商所欲之货，此南

---

① ② ④ 李焘：《续资治通鉴长编》卷三百四十一。
③ 李焘：《续资治通鉴长编》卷四百〇九。

北之所以交驰而奔辏者，从可知矣。"①可见板桥镇作为海上丝绸之路的起点之地，在宋代繁盛一时，在聚集的货物中丝、绵、缣、绫、绢、帛等丝织品占有相当高的比重。2009年，考古人员在胶州市区发现了板桥镇市舶司遗址，不仅出土了大量瓷器等文物，而且发现了建筑遗迹，证明了当时市舶司官署建筑的雄伟、壮观。

与胶州一样，中国沿海的所有港口，都有一段不同寻常的发展历史，它们作为一个个枢纽，把海上丝绸之路的若干条航线连接起来，构成了一个庞大的航线网络，承载着繁盛的海上贸易。那么，海上丝绸之路的另一端在哪里呢？

这里所说的另一端，是指中国贸易船舶抵达的海外目的地。在近两千年的时间里，沿着海上丝绸之路驶向海外的中国船只，自然是由近而远。东海航路主要通向朝鲜半岛、日本列岛和琉球群岛；南海航路先是到了中南半岛、菲律宾群岛、加里曼丹岛、苏门答腊岛、马来半岛等，后又穿过马六甲海峡，进入印度洋，抵达印度半岛诸国。再后来航路继续往西延伸，到达了西亚，并沿海岸南下到达非洲。而位于这些地区的国家的船舶，也沿着同样的航路前往中国。这里以位于印度半岛的古里国为例。

在古代，印度半岛有若干个小国家，古里国就是其中之一，它位于现在印度喀拉拉邦的卡利卡特一带。在古里国建立之前，这里就已经形成了港口，印度半岛盛产的香料有一部分是从这里销往海外。当海上丝绸之路延伸到南亚次大陆的时候，古里港自然就成为一个重要的目的地和中转港。

在我国的宋朝时期，古里国就出现在中文典籍中了，被称为"南毗国"，说明此时中国人已经通过海上丝绸之路与古里国建立了贸易关系。到了元代，航海家汪大渊有可能到达过古里国，他将古里国称为"古里佛"。明朝时期，古里国与中国的关系更加密切，朝廷多次派遣使者访问古里国，古里国也派出使臣到中国朝贡，进献了宝石、珊瑚、胡椒等物品。郑和第一次下西洋也到达了古里国，给古里国王带去了明朝皇帝赐给古里国王的诰命和银

---

① 李焘：《续资治通鉴长编》卷四百〇九。

印，并将陶瓷和丝绸等物品带到古里国进行交易。在此后的下西洋中，郑和在古里国建立了贸易据点，即"官厂"。官厂囤积着郑和下西洋所需要交易的各种商品。古里国的官厂是什么样子，文献中没有记载，但马欢在《瀛涯胜览》中曾经描述过郑和在满刺加所建立的官厂，他说：

中国宝船到彼，则立排栅，城垣设四门更鼓楼，夜则提铃巡警。内又立重栅小城，盖造库藏仓廒，一应钱粮顿放在内[①]。

这段记载说明，官厂像一座小城，有两层栅栏。第一层栅栏有四个门，分别设更鼓楼，有留守人员提铃巡逻；第二层栅栏内建有仓库，储藏钱粮。就是说，官厂就像一个小城堡一样。

建于古里国的官厂应与满刺加的大同小异，葡萄牙人绘制的一幅《古里中国城堡图》（见图18-5），与马欢对官厂的描述非常吻合。

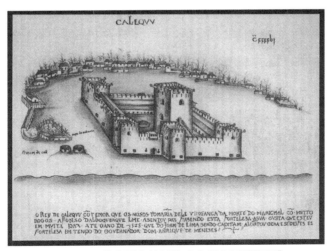

图18-5　葡萄牙人绘制的《古里中国城堡图》

官厂的建立，说明在明朝时期，中国和古里国都非常重视双方的贸易。那么，两国为什么都同意在这里为郑和船队设立贸易基地呢？笔者分析可能

① 马欢：《瀛涯胜览》。

有两个原因：第一，建立官厂能够促进贸易长久发展，符合明朝和古里国的共同利益；第二，与两国的贸易方式有关。郑和船队与古里国开展的贸易主要是国际贸易，中国的产品是陶瓷、丝绸等，而古里国的产品主要是以胡椒为主的香料，双方的交易额非常大。胡椒的成熟期比较长，郑和下西洋是根据季风的变化航行的，到达古里国的时候往往是胡椒还没有成熟的时节，双方无法进行交易，郑和不能坐等胡椒的成熟，他还要率领船队继续前往其他国家进行外交和经济活动。如此郑和只好先与古里国签订类似购销合同的契约，确定价格，同时将中国的货物存放在古里国，等待胡椒成熟后回来交易。这样就需要有一个存放货物的地方，于是官厂就出现了。

像古里国这样的重要港口，在海上丝绸之路沿线还有很多，例如忽鲁谟斯。打开今天的世界地图我们会发现，在波斯湾和阿曼湾之间有一个海峡，名霍尔木兹海峡，在这个海峡的北部有一个小岛，名霍尔木兹岛，霍尔木兹海峡就是因这个岛而得名。在霍尔木兹海峡中，比霍尔木兹岛更大的岛屿还有，为什么要以这个小岛的名字来命名这个海峡呢？原来，霍尔木兹岛虽小，在古代却是一个赫赫有名的地方，它是海上丝绸之路上的一个重要港口，所以以它来命名整个海峡。霍尔木兹岛就是中国典籍中记载的忽鲁谟斯。明代郑和下西洋时，多次到过忽鲁谟斯，在有关郑和下西洋的文献中，"忽鲁谟斯"频频出现在其中，表明这里的国际贸易非常发达。总之，海上丝绸之路在东亚、南亚、西亚、非洲等地区的始发港、中转港、终点港比比皆是。南宋赵汝适在《诸蕃志》中列举了50多个国家，元代航海家汪大渊在《岛夷志略》中列举了近百个国家和地区，明代跟随郑和下西洋的马欢在《瀛涯胜览》中列举了20个国家，他们的叙述和记载，被现代的水下考古所证实。据报道：有学者在泰国曼谷大学东南亚陶瓷博物馆查到的数据表明，唐代以后，海上丝绸之路的"印记"越来越丰富。东南亚国家正式登记的已经打捞出沉船的地点截至目前共有100多处，打捞出的沉船有200余艘，大多为20世纪80年代以后所发现。其中，菲律宾最多，为41处，印度尼西亚27处，泰国23处，马来西亚17处，越南10处。这200余艘沉船，恰似一个庞大的多国舰队，从历史的深处驶向近代。在被打捞的沉船中，有来自中国的，也有来自欧洲、中东地区的，而所有这些沉船都装载着来自中国的精美陶器、瓷器和金属器皿，有的甚至还装有瓜子和茶叶。

四、海上丝绸之路上的主要商品

近2000年来，来往于海上丝绸之路上的商船所装载的商品不计其数。从中国的角度说，分为出口商品和进口商品，从总体上看，出口商品数量远远多于进口商品。就出口商品而论，由于历史悠久，每一个历史时期销往海外的商品侧重点各有不同，不过有些商品在这条古海道上千年不衰。例如瓷器，数量多得难以估量。在海上丝绸之路沿途发现的大量从中国出发的沉船中几乎都装载有瓷器，这些瓷器不仅横跨的年代久远，从唐代到清代都有，而且数量庞大。比如20世纪90年代末，在印度尼西亚勿里洞岛附近海域发现的唐朝时期阿拉伯海船"黑石"号，上面装载了超过十万件瓷器，这艘海船有可能是从我国扬州或广州出发，驶往巴士拉或巴格达。从这个意义上说，海上丝绸之路又可以被称为"海上瓷器之路"。除了瓷器以外，茶叶也是海上运输的大宗商品，20世纪八九十年代，瑞典考古人员在哥德堡港外发现的瑞典东印度公司的贸易商船"哥德堡"号，上面就装载了360多吨茶叶，这艘船是1744年从广州载运茶叶回瑞典时沉没的。从这个意义上说，海上丝绸之路也可以被称为"海上茶叶之路"。除了瓷器、茶叶之外，还有一些商品数量也很庞大，比如铁器。在广东省阳江海域发现的宋代古船"南海一号"，出水文物超过18万件，其中铁器和瓷器为主要物品，铁器主要是铁锅和铁钉，数量很大。这艘船从福建泉州出发，它可能要驶往东南亚地区或中东地区进行海外贸易。当然，在海上丝绸之路上也少不了丝绸。在中国古代典籍中，不乏丝绸通过海路销往海外的记载，比如《汉书·地理志》中记载，中国海船驶往海外国家时，就装载了"杂缯"，这里所说的杂缯，就是指各种丝织品。只是丝绸与瓷器、铁器、茶叶等物品不同，它在海水中是很难长期保存的，所以在水下考古中鲜有丝绸被发现，这是需要特别说明的。

关于海外国家沿着海上丝绸之路运往中国的商品，根据史料记载和水下考古发现可知，最常见的是香料，其产地主要在东南亚、东非及阿拉伯地区，包括乳香、没药、安息香、龙脑香、丁香、芦荟、血竭、没石子、胡椒等。宋代熙宁十年（1077年），仅广州、杭州、明州三地市舶司收到的乳香，就有35万多斤。绍兴六年（1136年），大食蕃客罗辛更是一次就于泉州市舶输入价值30万缗的乳香①。1974年在泉州后渚港发掘的宋代沉船，其中就装载了大量的香料。为此，有些学者将海上丝绸之路也称为"海上香料之路"。除了香料以外，还有珠宝、水银、玻璃制品、毛皮、葡萄酒以及动物、植物等大量物品被运往中国。

除了上述谈到的中外商品之外，历代出现于海上丝绸之路上的商品还有纸张、白银、炉甘石、石硫黄、绿盐、白铜、生银、硼砂、金钱矾、白矾、珊瑚、琥珀、工艺品、金属制品、波斯枣、胡薄荷、齐暾、指甲花、象牙、牛黄、犀角、狗宝、蔷薇水，以及动物如麒麟（长颈鹿）、犀牛、鳄鱼、鸵鸡（鸵鸟）、花福鹿（斑马）等，经济作物如番薯、玉米、烟草、马铃薯、花生等。

在商品贸易不断繁荣的同时，政治、文化的交流也迅速发展起来，这种繁荣的景象才促使梁元帝产生了创作的冲动，完成了本章开头笔者所说的《职贡图》。

总而言之，海上丝绸之路的开辟，不是一朝一代、一地一方完成的，它是古代东西方商旅共同奋斗的结果。其中贡献最为突出的当属古代中国人，因为在海上丝绸之路上的若干航线是中国人开辟的，这一航路系统以"丝绸之路"来命名，足以说明这一点。海上丝绸之路有效地促进了沿途国家文明的交流。古代人开辟海上丝绸之路的目的，就是实现国与国之间的交流，从

---

① 马建春：《海上丝绸之路的历史贡献》，《社会科学战线》2016年第4期。

事实来看，这个目的不仅达到了，而且产生了无比深远的影响，以至于人们今天依然在享受着当时交流带来的成果。比如中国的瓷器、茶叶等物品向海外国家的输出，在一定程度上改变了这些国家的生活方式、推动了这些国家的文明与进步，影响至今；同样，海外国家向中国输入的番薯、玉米、烟草、马铃薯、花生等农作物，大大丰富并改变了中国人的物质生活，也影响至今。同时，海上丝绸之路也推动了世界航海事业的发展。海上丝绸之路虽然给沿途国家带来了和平、文明和财富，但它毕竟不是一条坦途，它是一条充满艰辛和风险的海上之路，在这条道路上牺牲的人，无以计数，各国发现的大量沉船就说明了这一点。为了减少牺牲和损失，人们势必要想方设法提高航海技术，所以在近2000年的时间里，人类的航海技术的发明和提高，无一不是伴随着海上丝绸之路的开辟而实现的。今天，中国政府发起"一带一路"的倡议，其中一个重要目的就是要让新时期的海上丝绸之路发挥更大的作用，这自然会得到海外国家的热烈响应。

近代海军人才的摇篮

——福州船政学堂办学的得与失

中日甲午海战是发生于中日之间前所未有的铁甲舰队之间的较量，是东方海战场上最早的近代海战战例，它对双方海军指挥员的考验程度，完全出乎战争筹划者、参与者和旁观者的意料。在这个近代海战的崭新舞台上，北洋海军管带（舰长）群体理所当然地被推到了中心位置，他们的一举一动、一招一式，无不关乎战争的成败，进而与整个中华民族的命运相联系。然而这场海战失败了，北洋海军全军覆没的结局，必然触动若干关于海军建设的重大问题，其中与北洋海军管带群体关系最为密切的，当是中国近代海军教育问题，因为它直接决定了北洋海军管带群体是否具有赢得这场海战的素质和能力。一百多年来，在总结甲午战败的教训时，虽然我们屡屡涉及中国近代海军教育与甲午战败之间的关系问题，但反思得并不深刻和彻底。有些学者在检讨甲午海战时，完全规避了中国近代海军教育与北洋海军军官素质之间的内在联系，单纯从海战本身探究失败的原因；有的学者虽然关注了中国近代海军教育与北洋海军军官素质之间的关系，但过度强调开先河的近代海军教育对近代海军产生的划时代意义，忽视了这种新式教育中所存在的消极因素；有的学者甚至把中国近代海军教育与西方海军教育的共性加以夸大，掩盖了它们之间的本质区别。因此，深入探讨中国近代海军教育的得失，对于总结甲午战争失败的教训意义重大。

一、一个故事引发的沉重话题

郭嵩焘是清政府派出的第一位驻外使节，1875年他出任了驻英国公使。1878年2月2日，正是中国农历的正月初一，他在英国的住处来了6位中国学生，他们是来给郭嵩焘拜年，同时汇报在英国学习的情况的。这6位学生在汇报情况的时候讲述了一个故事，这个故事不仅引起了郭嵩焘的高度重视，而且引出了一个近代海军教育的沉重话题。所以他把这个故事认真地记录在他的日记中。那么，这6位学生有何来历呢？在洋务运动中，清政府为了培养建设近代化海军的人才，决定从福州船政学堂毕业生中选拔一批优秀学生派往英国留学，目标学校是世界著名的海军院校——格林尼茨皇家海军学院（见图19-1）。第一批留学生共选拔了12名，他们于1877年来到了英国。可是，按照英国的规定，这12名留学生不能全部进入格林尼茨皇家海军学院学习，只能挑选部分最优秀的进入这所世界名校。后来在选拔中，12名学生有6名通过了考试，他们顺利进入了格林尼茨皇家海军学院，其他6名学生被直接派往英国地中海、大西洋等各舰队进行实习。进入学校学习的这6名学生正是来给郭嵩焘拜年的这6个人，他们是方伯谦、严宗光（后改名复）、何心川、林永升、叶祖珪和萨镇冰。

图19-1　英国格林尼茨皇家海军学院

郭嵩焘在国内筹办洋务时，曾极力倡导向西方派遣海军留学生，所以他对学生们的学习情况高度关注，认真听取他们的汇报。在6位学生中，严宗光最为健谈，他向郭嵩焘讲述了前面提到的那个故事。郭嵩焘在日记中记录道：

严又陵又言："西洋筋骨皆强，华人不能。一日，其教习令在学数十人同习筑垒，皆短衣以从。至则锄锹数十具并列，人执一锄，排列以进，掘土尺许，堆积土面又尺许。先为之程，限一点钟筑成一堞，约通下坎凡三尺，可以屏身自蔽。至一点钟而教师之垒先成，余皆及半，惟中国学生工程最少，而精力已衰竭极矣。此由西洋操练筋骨，自少已习成故也。"其言多可听者①。

严复所说的，实际上是格林尼茨皇家海军学院构筑单兵掩体的一堂普通实操课，训练的是学生作为军人的基本功。该掩体深约一尺，堆积的土高约一尺，长度为三尺。这样的单兵掩体素常构筑工程并不困难，这次可能教习增加了难度，选择了土质坚硬的地方，所以才要求学生在一小时内完成。然而，操作的结果令严宗光等中国学生感到吃惊，与西方学生相比，中国学生不仅完成的工程量最少，而且已经筋疲力尽了，所以严宗光才特别强调"西洋筋骨皆强，华人不能"，并且找出了原因："此由西洋操练筋骨，自少已习成故也。"这堂实操课，充分暴露了中国学生在实操能力和体质方面与西方学生存在的差距。

郭嵩焘十分清楚，这6名学生是从福州船政学堂毕业生中优中选优才选拔出来的，是中国近代海军教育造就的最优秀的人才，他们在实操能力和体力方面与西方学生尚且有如此大的差距，更何况其他毕业生。于是，郭嵩焘对此事给予高度关注，将其认真记录于自己的日记中，以便日后引起国内的重视。

① 郭嵩焘:《伦敦与巴黎日记》卷十六。

事实上，严复在寻找原因时仅仅谈到了西方学生为何"能行"，而没有谈到中国学生为何"不行"，或许他压根就不敢揭露中国学生"不行"的真正原因。那么，就让我们回到福州船政学堂的史料中去仔细探寻吧！

二、福州船政学堂的建立及其初衷

第二次鸦片战争后兴起的洋务运动，是清政府为避免统治秩序的崩塌而发起的一场自救运动，其中振兴军事和发展教育是两项主要内容。军事的振兴从建设新式陆军、发展新式军事工业，逐渐向建设近代海军、发展近代海防工业聚焦；教育的发展从外文教育迅速向军事教育转移。这两股潮流的延进和汇集，推动了中国近代海军教育的诞生。

新式教育兴起之始，洋务派从实用出发，先办同文馆，推广外语教学，后随着海防工业和海军建设对人才需求的不断提升，而逐渐及至天文、算学、轮船制造、船舶驾驶等自然科学领域，这样，就诞生了中国近代第一所海军学校——求是堂艺局。

"求是堂艺局"之名是由闽浙总督左宗棠拟定的，他负责筹划福建船政，同时也肩负着开展早期海军教育的使命。他在给皇帝的奏折中郑重提出："开设学堂，延致熟悉中外语言文字洋师，教习英、法两国语言文字、算法、画法，名曰求是堂艺局，挑选本地资性聪颖、粗通文义子弟入局肄习。"[1]从"求是堂艺局"的名称即可推断出他创办这所学校的初衷：他试图以实事求是的态度，打破士子不屑从事技艺工作的传统，把理论和实践结合起来，开近代海军教育的先河，培养出适合海防建设的人才来。这就意味着他把创办海军学校的着重点放在了理论知识的掌握和技艺水平的提高上，而培养的这批人才能否适应近代化潮流，成为未来海军建设的中坚力量，从"求是堂艺局"的名称上是读不出任何信息的，或许此时左宗棠还没有想得太深太远，

---

[1] 《左宗棠全集》第三册，奏稿三，岳麓书社1996年版，第337页。

这个关键问题还没有进入他的思考范围。

在提出创建"求是堂艺局"之前的 1866 年 7 月，左宗棠给皇帝上了一道奏折，规划福建船政，他向皇帝坦露了自己的心迹，认为"欲防海之害而收其利，非整理水师不可；欲整理水师，非设局监造轮船不可"，因而建议在福建设局制造轮船。在提出进一步建设措施时，左宗棠建议购买机器、雇募洋将，还特别指出，在与洋匠"定议之初，即先与订明，教习造船即兼教习驾驶"①，就是说，左宗棠要充分利用这些洋将的知识优势，为中国近代海军教育开个头。这就意味着此时在左宗棠的脑海中，已经萌发了边建造轮船边培养人才的船政发展思路。不久，他又在给总理衙门的上书中强调，要能自己造船，必期能自己驾驶，只有这样才"不至授人以柄"。他认为，虽然目前中国人管带的战船上使用的都是中国的舵工，但他们多属于"粗人"，难期精致，必须进入学堂，经学习英、法语言文字之后，才能精通"船主之学"②。左宗棠创办学堂，培育造船与驾驶专门人才的想法越来越明确。随后，左宗棠利用私人关系，聘请了法国人日意格和德克碑担任福建船政的正、副监督，兼顾创办学堂事宜。日意格是一名法国海军军官，曾随法军参加了侵略中国的第二次鸦片战争，后奉驻上海法国海军舰队司令命令，担任"常捷军"③帮统，协助时任浙江巡抚的左宗棠与太平军作战。据《清史稿》载，日意格自同治元年改调税务司，"徙宁波，复郡城，与有功"。在清军攻打慈溪时，他遣法兵驰往策应，又与前护提督陈世章勒兵攻陷余姚四门镇的太平军，战斗中日意格"斩级千"。随后又率军攻克奉化。在进攻安吉思溪、双福桥时，他驾驶小轮舶赴荻港，"毁袁家汇贼垒，浙江平"，以军功被清廷赏加总兵衔。德克碑也是法国海军军官，是"常捷军"的重要头目，在进攻奉

① 《海防档》（乙）福州船厂（一），（中国台湾）"中央研究院"近代史研究所 1957 年版，第 6、7 页。

② 《左宗棠全集》第十册，书信一，岳麓书社 1996 年版，第 712—713 页。

③ "常捷军"又称"信义军""中法混合军"等，是一支成立于 1862 年，由法国政府主导、协助清政府对抗太平军的洋枪队，由法国驻宁波舰队司令勒伯勒东任统领，宁波海关税务司日意格任帮统。

化时担任助攻，旋奉左宗棠之命驻守萧山。后多次帮助清军围剿太平军，获胜颇多。特别是他率领所部协助清军进攻安吉思溪时，"驾小舟泊河汊，火八角亭，支木桥以济"的经历，令清军官兵折服，遂以军功被清廷授浙江总兵，赏加提督衔。左宗棠看好日意格和德克碑在镇压太平军作战中的"忠诚"与"勇敢"，更看重他们驾舟使船、深谙水上作战的功夫，遂对他们器重和依赖，便上奏皇帝说，日意格、德克碑各有所长，上海总领事白来尼声称，日意格通晓官话汉字，办事安详，令德克碑推日意格为正监督、德克碑为副监督，一切船政事务均责成该两员承办①。随后左宗棠将日意格和德克碑招来福建，妥商建造轮船事宜，他们表示愿意帮助中国置办机器，代为监造轮船，同时帮助培养人才。1866年8月23日，日意格将厘定完成的保约一件、条议十八条、清折一扣、合同规约十四条一并呈予左宗棠，在这四份文件中，日意格、德克碑为未来船政建设提出了投资超过二百万两银子、为期五年的发展计划，称为"五年计划"。左宗棠对这些文件进行了反复研读和修改，认为"日意格等禀呈保约、条议、清折、合同、规约各件，业经法国总领事官白来尼印押担保。臣逐加复核，均尚妥恰"，于1866年12月11日连同《详议创设船政章程购器募匠教习折》具奏，正式提出在船政局内敷设"求是堂艺局"的设想，并将"船政事宜十条"章程一并附上，得到皇帝的批准。左宗棠在"船政事宜十条"中明确指出，创设"求是堂艺局"的目的，是培养通晓英、法两国文字，精研算学，能依书绘图，深明制造之法，并通船主之学、堪任驾驶的人才。而这些学成的制造和驾驶人才，其主要去向是"为将来水师将才所自出"，并"拟请凡学成船主及能按图监造者，准授水师官职"②。左宗棠在这里实际上明确了这所学校的军事性质，这与他设局主要为建造战船的宗旨是相吻合的。在接下来拟定的《艺局章程》中，左宗棠进一步规定："各子弟学成后，准以水师员弁擢用"，"各子弟之学成监造者，学成船主者，即令作监工，作船主"③。这就表明，"求是堂艺局"是中国近

---

①② 《左宗棠全集》第三册，奏稿三，岳麓书社1996年版，第339页。

③ 《左宗棠全集》第三册，奏稿三，岳麓书社1996年版，第344页。

图19-2　福州船政学堂的创办者
之一沈葆桢

代以培养海军指挥和技术人才为目的而专门创设的军事教育机构。

在商讨、拟定求是堂艺局开办事宜期间，左宗棠接到调任陕甘总督的命令，但他请求缓赴陕甘总督任所，并推荐丁忧在家的前江西巡抚沈葆桢（见图19-2）继任船政大臣，得到皇帝许可。

求是堂艺局的招生工作在皇帝批复后迅速展开，福建补用道员胡光墉因"才长心细，熟谙洋务，为船局断不可少之人，且为洋人所素信"[1]，而被朝廷指令交沈葆桢差遣，总理一切工料及延请洋将，以及雇华工、开艺局等事宜，自然负责招生工作。招生的地区先限定在福建省范围内，后又扩大至广东省。之所以集中在这两个地区招生，主要原因是福建和广东两省对外开放较早，人民思想较为开化，对近代海军教育这类新事物接受起来相对比较容易。1866年12月，求是堂艺局在福州城内张榜招生，后又在香港招生。即使福建、广东两省较为开化，初期应招者也寥寥无几，且多为贫家子弟。经过广泛宣传后，有105名学生被首批录取[2]。1867年1月6日，求是堂艺局正式开学，第一届学生包括来自福建的严宗光、罗丰禄、林泰曾、刘步蟾、方伯谦、林永升、黄建勋、蒋超英、叶祖珪、邱宝仁、何心川等，以及来自广东的张成、吕翰、邓世昌、叶福、林国祥等。艺局的地址"城内暂设两处，城外分设一处"共三处[3]，城内两处分别设于白塔寺和仙塔街，城外一处设于亚伯尔顺洋房[4]，这些地方都是暂时的教学点。到1867年年底，位于马

---

① 《船政奏议汇编》卷一，光绪十四年刊印，第12页。
② 刘传标编纂：《近代中国船政大事编年与资料选编》第一册，九州出版社2011年版，第57页。
③ 《海防档》（乙）福州船厂（一），（中国台湾）"中央研究院"近代史研究所1957年版，第69页。
④ 包遵彭：《清季海军教育史》，（中国台湾）国防研究院出版部1969年版，第6页。

尾的福州船政局船坞、厂房以及附设的艺局建筑全部落成，艺局的教学地点便集中在了船政局内，其名称也由"求是堂艺局"改成了"福州船政学堂"（见图19-3）。船政局各房舍布局大致是：船坞设于马尾中岐，坞外东北面是总理船政大臣及办事员绅公所，其南又有外国匠房30间，外国匠房之南为船政学堂学生房舍30间，式样与外国匠房差不多，沈葆桢将亚伯尔顺洋房艺童移住于此，作为讲授法文、专学制造的法国学堂；法国学堂之南又有学生房舍30间，沈葆桢将白塔寺、仙塔街艺童移住于此，作为讲授英文、专学驾驶的英国学堂。由于两处学堂由北至南分布，从船政衙署位置观之，离衙署近的为前、远的为后，故将法国学堂又称为前学堂或制造学堂，英国学堂称为后学堂或驾驶学堂（1868年增设管轮学堂并入驾驶学堂，故又称为驾驶管轮学堂）。如此，船政学堂主体构建完成。

图19-3 福州船政学堂旧影

1868年2月2日，鉴于日意格提出"造船之枢纽不在运凿挥椎，而在画图定式，非心通其理，所学仍属皮毛。中国匠人多目不知书，且各事其事，恐他日船成未必能悉全船之窾要"，沈葆桢决定在学堂主体完成基础上，"特开画馆二处，择聪颖少年通绘事者教之，一学船图，一学机器图，庶久久贯通，不至逐末遗本"[1]。这样，又在前学堂中附设绘事院和艺圃，专门训练匠人绘制船图和机器图之技能。

---

① 《沈文肃公政书》卷四。

学堂开学之初，聘自欧洲国家的教习尚未全部来华，学堂只有来自法国的制造教习博赖一人，船政局只能先从国内物色教习以解燃眉之急，当时从福建省本地招募了两名粗通西学的人员黄绍本、林宪曾来堂担任助教，辅助讲授算术和英语。嗣后，又从南洋华侨中聘用曾兰生、曾锦文为教习。曾锦文祖籍福建，生于槟榔屿，自小习读英文，入福建船政学堂时是以驾驶学生身份考入的，但因其体质较弱，不胜从军，而英文和算学是其特长，便由学生转为助教，讲授英文和算术。曾兰生祖籍广东潮州，生于新加坡，早年跟随美国传教士学习英文，应聘福州船政学堂后，担任后学堂航海教习英人嘉乐尔的助手和翻译①，自然也参与教学。学堂开学九个月以后，日意格从欧洲雇用的洋员洋匠12人以及家属抵达福州赴任，其中包括前学堂讲授物理的法国人迈达、讲授化学的法国人鲁斯特等人。洋员的到来，使船政学堂的教学步入正轨。

由于前后学堂制造和驾驶、管轮专业划分得十分明确，开设的课程也就有了针对性，除了算术、代数、几何、三角等课公共课以外，前学堂还开设了解析几何、物理、微积分等课程，后学堂还开设了航海天文、航海计算、地理等课程。

同治六年6月19日，沈葆桢在复定章程的同时规定前后学堂日常课程外，令学生读圣谕、广训、孝经等，兼习论策，以明义理。

从上述左宗棠、沈葆桢等人创办福州船政学堂的经过来看，他们从创办学堂的指导思想，到学堂的结构设置、师资的聘用、课程设置等，都开了近代教育的先河，对后来近代海军建设的影响是显而易见的。然而，在此后的办学实践中，根深蒂固的封建教育理念并没有与西方近代海军教育理念有机融合在一起，而是对西方教育理念的渗透进行了顽强的抵制，从而使培养的人才并未完全与近代海军建设的需求相适应。

---

① 曾锦文和曾兰生详情见马幼垣：《福州船政教习曾锦文传奇——兼述另一船政教习曾兰生》，载《北洋海军新探——北洋海军成军120周年国际学术研讨会论文集》，中华书局2012年版。

三、福州船政学堂存在的主要问题

福州船政学堂创办的初衷，凝聚着创办者对中国近代海军教育的思考，无论是左宗棠还是沈葆桢，都十分希望从这里走出一批能担当大任的近代海军人才，他们也倾尽全力去实践自己的初衷。然而，在1878年春节期间却发生了严复讲述的令郭嵩焘十分忧虑的故事。那么，是什么原因造成了近代海军人才的现状呢？

认真研究沈葆桢留下的文稿就会发现，在这些近代海军教育倡导者的头脑中所留存的封建教育观念，是造成近代海军人才培养不尽如人意的根本原因。

福州船政学堂创办于晚清时期，虽然此时西方的教育理念已经风靡东方，给晚清教育者的思想观念带来了冲击，并使之发生了一定程度的转变。然而，晚清文化的保守性使教育者的思想观念形成了壁垒，造成它们的转变不可能是彻底的，传统的"重文轻武"思想依然成为近代军事教育观念的主导因素，重视自然科学知识的吸收，轻视军人特质和技能的培养，依然是军事教育的常态。沈葆桢曾经说：

今日之事，以中国之心思通外国之技巧可也，以外国之习气变中国之性情不可也[①]。

沈葆桢所说的"中国之心思"指的是中国学生的聪明和才智，而"中国之性情"指的是中国学生的思想和认识。他认为，以学生的聪明和才智通晓外国的自然科学是完全可以的，但用外国的习惯和思想改变学生的思想和认识是完全不可以的。正是因为存在这种认识，沈葆桢忽视了对学生进行军人

①　《沈文肃公政书》卷四。

素养的锻造。

1874年秋天，也就是福州船政学堂第一次开课的七年以后，英国军舰"田凫"号访问了马尾。在这艘军舰上，有一名有心的军官名叫寿尔，他认真观察了这所已经有了相当名气的海军学校的学生，将他们的"心思"和"性情"进行了一番考察，并将其记录在案，使我们今天得以了解这些学生的状况。寿尔说：

我访问学校那天，学生大约五十人，第一班在作代数作业，简单的方程式，第二班正在一位本校训练出来的教师的指导下，研习欧几里几何学。两班都用英语进行教学，命题是先写在黑板上，然后连续指定学生去演算推证各阶段；例题的工作完成后，便抄在一本美好的本子上，以备将来参考。我查阅其中几本，它们的整洁给我很深刻的印象。有的口授的题目是用大写的。当我们想到用毛笔缮写的中国文字和用钢笔横书的拼音语言间的区别时，便更知道这是一件非凡的事。学生每天上学六个小时，但课外许多作业是在他们自己的房间里做的。星期六休假。学生们一部分来自广州与香港，一部分来自福州。这些从南方来的，常是最伶俐的青年，但是他们劳作上不利之处是不懂官话；不懂官话在政府工作便没有升迁的希望。因此他们每天花一些时间同一位合格的本地老师学官话。在另外一方面香港来的学生差不多都英文好，因为曾在那岛上官立学校学过英文……海军学校招收学生的方法是在福州城所有明显的地点遍贴告示。规定年龄为十六岁以下，但这项并未很严格执行，因为有一些由香港方面的广告招收而来的学生是在二十岁以上。报名学生，给以中国经典知识的考试，直到最近，学校未曾录取过对自己国家的经典与文献没有相当知识的学生。考取生由政府发津贴，每月四两（约五元），并可依成绩增至九两或十两。Carroll先生的职务并不伸展到学生们的私人住宿区去，那是一位官吏管理的。广州和福州的学生分开住，用不同的厨师。Carroll先生称赞这些学生，说他们勤勉与专心工作，也许超过英国的学生。因为他们不管他在场不在场，都坚毅地工作，未曾给他麻烦。

从智力来说，他们和西方的学生不相上下，不过在其他各方面则远不如后者，他们是虚弱屠小的角色，一点精神或雄心也没有，在某程度上有些巾帼气味。这自然是由抚育的方式所造成的。下完课，他们只是各处走走发呆，或是做他们的功课，从来不运动，而且不懂得娱乐。大体说来，在佛龛里呆着，要比在海上作警戒工作更适合他们的脾胃。他们学习经典的方法是有些奇怪，这几乎不能叫作是一件新鲜的事，因为这种制度或者已经沿袭一千年了。各位学生将他的功课大声朗诵，而二三十人这样学习功课，其结果喧嚣嘈杂是可想而知了。

在寿尔的记录中，还转述了一封学生们写给外籍教师Carroll的信，信中除表达对Carroll的感恩之心外，还表达了对国家的忠诚。他们表示："生等愿尽所能为国效劳……我们和你分别，虽觉难过，但我们为政府服务之心甚切，是以不能不把个人的意愿放于次要地位。我们的爱国心将不减少。"[1]

寿尔笔下的福州船政学堂学生认真努力、忠君爱国，对西方自然科学知识表现出极大的兴趣，但总体素质文强武弱，反映了中西文化冲突与融合所产生的教育后果。

英国远东舰队司令斐利曼特（E.Freemantle）海军中将对中国海军学堂培养的学生也素有观察，他的印象是，"肄业于水师学堂者，西师教以战阵所需之测算格致诸学，尚觉易于听授；若教以养身练力，则皆不甚喜习。西人常谓华人好静不好动，即此一端，亦为明证"[2]。后来李鸿章与寿尔、斐利曼特等人的感觉差不多，他对福州船政学堂学生的评价是："闽厂学生大都文秀有余，威武不足，诚如来示，似庶常馆中人，不似武备院中人，然带船学问究较他处为优，在因材器使，随事陶成而已。"[3]

① 中国史学会主编：《洋务运动》（八），上海人民出版社1961年版，第385—388页。

② 中国史学会主编：《中日战争》（七），新知识出版社1956年版，第542页。

③ 《李鸿章全集》32，信函四，安徽教育出版社2008年版，第642页。

对于学生的文强武弱，沈葆桢实际上也是知道的，但他并不认为这是多么严重的问题，他认为，通过进一步促使学生心智的开发和技能的提高，就可弥补这一不足。于是，他在受命钦差大臣离任赴台办理海防之前，向朝廷提出仿照幼童赴美的先例，分遣学生前往英、法两国学习的主张。他在奏折中言道："前学堂习法国语言文字者也，当选其学生之天资颖异学有根柢者，仍赴法国深究其造船之方及其推陈出新之理。后学堂习英国语言文字者也，当选其学生之天资颖异学有根柢者仍赴英国，深究其驶船之方及其练兵制胜之理。速则三年，迟则五年，必事半而功倍。盖以升堂者求其入室，异于不得其门者矣。"更值得注意的是，他提出学生中有学问优良而身体荏弱不克入厂上船之任者，亦可使之接充学堂教习，指授后进天文、地舆、算学等科，三年五年后，有由外国学成而归者，则以学堂后进之可造者辅之，斯人才源源而来[1]。

对于沈葆桢的建议，总理衙门指示南、北洋大臣进行会商。李鸿章深表支持。他说："至闽厂选派学生赴英法学习造船驶船，洵属探本之论。"福州船政的创始人、闽浙总督左宗棠也时刻关注船政学堂的建设，他对派学生出洋留学的建议不仅举双手赞成，而且建议扩大规模和范围。他说："遣人赴泰西游历各处，藉资学习，互相考证，精益求精，不致废弃，则彼之聪明有尽，我之神智日开，以防外侮，以利民用，绰有余裕矣。就此一节而论，沈议遣赴英法，曾议遣赴花旗。窃意既遣生徒赴西游学，则不必指定三处，尽可随时斟酌资遣。"[2]后来由于沈葆桢职位的变动，继任者丁日昌身体欠佳，不久专任福建巡抚，使派生出国留学之事延误下来。直到1877年1月，李鸿章与南洋大臣、两江总督沈葆桢以及福建巡抚丁日昌、督办船政候补三品京堂吴赞诚等再次上奏朝廷，要求选派学生出洋。这次，无论是李鸿章还是沈葆桢，都对选派学生赴欧学习表示出更加迫切的心情，他们的认识也愈加深刻了。他们的会奏阐明这样几个观点：一是造船技术方面，学生在国内学堂

---

① 《沈文肃公政书》卷四，光绪六年刻本，第64—65页。
② 《海防档》乙2，（中国台湾）"中央研究院"近代史研究所1957年版，第486—488页。

谋求技术提高，已跟不上世界先进技术发展的速度，"如造船一事，近时轮机铁胁一变前模，船身愈坚，用煤愈省，而行驶愈速。中国仿造皆其初时旧式，良由师资不广，见闻不多。官厂艺徒虽已放手自制，止能循规蹈矩，不能继长增高。即使访询新式，孜孜效法，数年而后，西人别出新奇，中国又成故步。所谓随人作计终后人也"。所以，必须"赴西厂观摩考索"，以"探制作之源"。二是驾驶操战方面，"近日华员亦能自行管驾，涉历风涛，惟测量天文沙线、遇风保险等事，仍未得其深际。其驾驶铁甲兵船于大洋狂风巨浪中，布阵应敌离合变化之奇，华员皆未经见"，如果不到英法等国"目接身亲"，"断难窥其秘钥"。三是李鸿章听说，"日本近时已有七人在英兵船学习"，他到烟台阅视洋操时，又看见"日本武弁在英国铁甲船随同操演"，感到派学生出洋学习，已刻不容缓①。这些观点说明，为福州船政学堂设定最初培养目标的沈葆桢，此时已经把培养目标定得更高了，他希望无论是经过留学的学生，还是在国内历练的学生，都能有"驾驶铁甲兵船于大洋抗风巨浪中，布阵应敌离合变化"的能力和素质。

然而，人才培养是一个复杂的系统工程，要在中西文化的差异中把"文强武弱"的中国学生真正打造成能在惊涛骇浪中英勇战斗的战士，谈何容易！所以，也就不可避免地出现了严复在英国格林尼茨皇家海军学院训练场上所看到的那一幕。这就说明，福州船政学堂对学生的军人素质的培养是欠缺的，从而影响了军人血性和责任意识的形成，对战争产生了不利影响。笔者在此列举两个战争中的实例来加以说明。这两个实例，一个是林泰曾的自杀，另一个是方伯谦的逃跑。

林泰曾是北洋海军左翼总兵兼"镇远"铁甲舰的管带，在北洋海军中是仅次于提督丁汝昌的二号人物，他的地位是举足轻重的，因而后人对他的要求也就更高。林泰曾参加了黄海海战，在海战中的表现是值得肯定的。可是，战后的表现却出现了争议。1894年11月14日这一天，无论对于"镇远"

---

① 《李鸿章全集》7，奏议七，安徽教育出版社2008年版，第257—258页。

舰还是林泰曾来说，都是一个黑暗的日子。这天的凌晨，"定远""镇远"两舰由旅顺开来，依次沿威海港西口进入海锚地，就在此时，意外发生了。在"定远"舰上坐镇指挥的丁汝昌突然接到报告，说航行在后面的"镇远"舰受伤漏水。丁汝昌大惊，赶忙下令"定远"抛锚，自己乘小船亲赴"镇远"询问情况。靠近"镇远"，丁汝昌才发现，情况远比他想象的糟糕，"镇远"受伤颇重，已经因漏水而倾斜，管带林泰曾正组织弁兵在漏水船舱抽水。眼前的场景让丁汝昌不知所措。这究竟是怎么回事呢？丁汝昌在心情烦乱中听取了林泰曾的汇报。

原来，自甲午战争开战以来，进入威海港的东西两个海口均布设了大量水雷，西口的水雷布设在水道的西侧。为舰船进出安全起见，北洋舰队在水道上安放了两个浮鼓作为航行标志。西侧浮鼓靠近水雷，东侧浮鼓靠近刘公岛，两个浮鼓之间相距六百码，是为安全通道。而靠近刘公岛的浮鼓距离刘公岛岛嘴三百尺，而岛嘴延伸出来的礁石有二百五十尺。11月14日这一天西北风很大，加之前行的"定远"舰分水力大，致使浮鼓被推向东南，这样两浮鼓之间距离拉大，将岛嘴礁石阔进安全通道。另外，当时正值低潮，礁上的水深只有二丈一尺，而"镇远"舰因战争缘故，装足了煤水，又多装了弹药，使原来二十尺八寸的吃水深度又增加了八寸。这些因素综合在一起，导致"镇远"舰在进口时触上了礁石。据林泰曾说，当时靠近东侧浮鼓行驶，突然感到舰身摇动了两次，随后发现船舱进水。

丁汝昌听完汇报，立即组织人力下水探摸"镇远"舰的伤情，几经周折，终于摸清伤情，发现"镇远"多处受伤。弹子舱下有三处伤：一处宽八寸，长六尺半；一处宽十寸，长三尺半；还有一处宽一尺八寸，长九尺。帆舱下有一处伤，宽十寸，尾渐尖小，长十七尺。煤舱锅舱下也有三处伤：一处宽二尺四寸，长十一尺，近伤前后左右有数个小孔；一处宽二尺四寸，长五寸；还有一处宽四寸，长一尺八寸。水力机舱下有一处伤，宽二尺六寸，长三尺九寸。

面对如此严重的伤情，丁汝昌慌了手脚，要知道，黄海海战已经造成了北洋海军的重大伤亡，舰艇损失也令人难以接受，"镇远"舰万一再丧失战斗力，北洋海军将如何应对强大的敌人？将如何向朝廷交代？所以丁汝昌赶忙从上海雇来潜水洋匠二人，乘"北平"轮由烟台到威海，下水补塞。同时也希望林泰曾尽快从惊恐中清醒过来，打起精神，投入"镇远"舰的抢修工作。可是，令所有人都没有想到的是，就在人们因抢修"镇远"舰忙得不亦乐乎的时候，林泰曾却于11月15日夜吞下鸦片自杀了。

那么，"镇远"舰为何会触礁呢？林泰曾又为何要轻生呢？这一事件很快惊动了朝廷。11月19日皇帝降下谕旨：

　　览奏不胜诧异。丁汝昌电称，"镇远"前因进口时为水雷擦伤，似此电之前，已有电将此事原委报明李鸿章，而李鸿章并无电奏。此船原泊何处，进何口被水雷浮标；既是水雷浮标，应碰伤船帮，何以擦伤船底，又何致派查数次未能觅出伤处；林泰曾纵因船损内疚，何至遽尔轻生。来电叙述既属含糊，情节更多疑窦，殊堪愤闷，难保该船无奸细勾通，用计损坏。著李鸿章严切查明，据实详晰复奏，不得一字疏漏。京津耳目甚近，此事实情无难即日发觉，谅该大臣亦不敢代为掩饰也[1]。

这道充满愤怒的上谕让李鸿章心里一紧，最让他害怕的是"难保该船无奸细勾通，用计损坏"几个字，因为这不仅关系到"镇远"舰受伤和林泰曾自杀的原因，而且关系到北洋海军的声誉，还关系到人们对未来战争是否还有信心的问题，特别关系到李鸿章本人的责任问题。李鸿章不敢怠慢，迅即展开调查。

尽管李鸿章对林泰曾的表现历来都不十分满意，但说他是日本的奸细，李鸿章并不相信。再说提出这一说法的人也只是因疑惑而猜测，并无真凭实据。所以，李鸿章在林泰曾自杀的第四天就匆匆将初步调查结果向皇帝

---

　　[1]《李鸿章全集》25，电报五，安徽教育出版社2008年版，第172页。

做了汇报。他说：据丁汝昌报告，他率队由旅顺回威海进口时，"镇远"舰船帮被水雷浮标擦伤进水，因为水还没有被全部抽干，水下的伤情还不明确。在下正命令丁汝昌赶紧提水补漏。林泰曾向来胆小，想必是因为疏忽内疚而轻生，未必有奸细勾通用计损坏。目前，正在寻觅工匠利用威海机器厂设法对"镇远"舰进行修补。奉到皇帝的旨意后，我进行了查询，等马格禄来到威海后，再令他查报转奏，对此事决不会有意掩饰[1]。从李鸿章的这封奏折可以看出：第一，此时的李鸿章对"镇远"舰的伤情还不了解，还没有意识到"镇远"舰受伤的严重性；第二，对林泰曾是否是奸细，李鸿章还来不及作认真细致的调查，凭直觉他坚信林泰曾的自杀是他"向来胆小"所致；第三，李鸿章把向皇帝报告的重点放在了如何安排修船上。这说明，李鸿章对"镇远"舰受伤和林泰曾自杀的性质是看得很清楚的，他认为这件事并没有像朝廷中有些人想象的那样复杂。不过，这里值得注意的是，李鸿章明确地给林泰曾作出了"向来胆小"的评语，这还是第一次。

李鸿章本以为如此向上汇报就可以使事件很快得到平息，以便集中精力修理"镇远"舰。可是，他在注意一个问题时却忽视了另一个问题。那就是用人问题。光绪皇帝看到李鸿章的报告，显然是相信了他的说法，便把注意力从"奸细"问题转移到用人问题上，降旨责问：北洋海军的管带应该用那些奋勇之人来担当，既然林泰曾向来胆小，为什么派令他来担当如此大任？由此可见该大臣平日用人是不恰当的[2]。

李鸿章看到皇帝的圣旨无言以对了。几天后，由总教习马格禄担负的调查事件真相的任务基本完成，调查结果也就出来了，丁汝昌迅速向李鸿章做了详细报告。他说，林泰曾平时是谨慎的，现在，正值时局方棘之时，北洋海军最重要的一艘铁甲巨舰受了重伤，林泰曾感到"辜负国恩，难对上宪"，同时，又担心局外之人不察事实真相，动辄就说是因为畏葸故意损伤战舰，

---

① 戚其章主编：《中日战争》1，中华书局1989年版，第671页。

② 《李鸿章全集》25，电报五，安徽教育出版社2008年版，第181页。

感到"退缩规避，罪重名恶"，所以"痛不欲生，服毒自尽，救护不及"，并没有其他原因，更没有奸细勾通日人之事，这就是实情。马格禄所调查的结果是与事实相符的。

李鸿章鉴于马格禄的调查、丁汝昌的报告以及光绪皇帝的指责，感到事件本身对北洋海军的声誉并无大的损害，于是对林泰曾的问题重新考虑，在转奏皇帝时改了口，他说，林泰曾素精船学，自知获咎颇重，故尔轻生，并无别故[①]，再也不提林泰曾"向来胆小"的问题了。在随后的奏章中，李鸿章更进一步申明：北洋海军左翼总兵林泰曾因所带"镇远"船为水雷浮标擦损服毒自尽，当经电达总理各国事务衙门奏闻在案。查林泰曾由闽厂学生出洋肄业，西学优长，历任船政大臣沈葆桢等迭次保荐，回华后历充师船管驾，及北洋设立海军，蒙恩简授左翼总兵，管带"镇远"铁舰，频年巡历重洋，驾驶操练，均极勤奋。日前大鹿岛一役，苦战多时，坚韧不拔，方冀从此历练，可成海军将材，乃因所带铁舰被伤，引义轻生，知耻之勇，良可悯惜[②]。这就给了林泰曾以全面肯定。李鸿章态度的变化，是容易理解的。起初，他指责林泰曾"向来胆小"，是在心情极度愤懑之下，向皇帝指出林泰曾在"镇远"舰受伤中的过错，以为伤舰事件做一个合理的解释。但他没有想到，皇帝降旨却要追究他用人不当之责，这让李鸿章有些紧张，于是他很快就改了口。

方伯谦是福建侯官人，生于1854年，15岁考入福州船政学堂后学堂学习驾驶，毕业后与刘步蟾、林泰曾等人一起参加了远航实习。1874年，方伯谦被派往"伏波"舰充正教习，旋调"长胜"轮船大副。1875年，调任"扬武"练船管带。1877年3月，方伯谦作为清政府派出的第一批赴欧留学生前往英国，进入格林尼茨皇家海军学院深造驾驶，次年6月毕业，成绩优良。1880年期满回国，先任福建船政管轮学堂正教习，保升都司，并加参将衔。1881年出任"镇西"炮舰管带，一年后调任"镇北"炮舰管带。1883年，调任

---

① 《李鸿章全集》25，电报五，安徽教育出版社2008年版，第189—190页。

② 《李鸿章全集》15，奏议十五，安徽教育出版社2008年版，第489页。

"威远"练船管带。

1885年，方伯谦奉命出任"济远"舰管带。1888年《北洋海军章程》颁布，标志着北洋海军正式成军，而方伯谦参加了章程的起草工作，表明他对西方海军建设的熟识，也表明朝廷对他的信任。1889年，北洋海军正式定编，方伯谦升署北洋海军中军左营副将（1892年实授），委带"济远"舰。此后一直到甲午战争爆发，方伯谦多次率舰执行巡航、操演、运送等任务，并获赏"捷勇巴图鲁"勇号。1894年2月，朝鲜发生"东学道"起义，日本决定利用这一事件发动战争，为避免遭袭，李鸿章决定雇用英国商船"爱仁""飞鲸""高升"等三艘轮船，载运两千余人增援朝鲜。方伯谦奉命率"济远"舰带领"广乙"和"威远"两舰赴朝鲜牙山协助登陆。7月25日在丰岛海面突遇三艘日本军舰，双发爆发"丰岛海战"。海战是在敌强我弱的形势下发生的，方伯谦率舰进行了英勇抵抗。然而，他在海战中的一个行为却为后人诟病。当遭到日舰"吉野"和"浪速"追击的时候，方伯谦命令挂起白旗，后来又挂起了日本海军旗①。此后，在"吉野"追击迫近之时，"济远"炮手王国成、李仕茂怒不可遏，用尾炮连发四炮，有三炮命中"吉野"，"吉野"遂停止追击，"济远"得以逃回威海。当年赫德有这样的评价："水师里也有它的成功的逃阵者，即方伯谦管带。他在'高升'号沉没时，就抛下他所护送的'广乙'号逃走了。"②

方伯谦在丰岛海战中以保存战舰为由，不顾"高升"和"操江"的安危，以挂白旗和日本海军旗逃离战场的行为，就连李鸿章也难以容忍，战后他曾经致电丁汝昌警告说："林泰曾前在仁川畏日遁走；方伯谦牙山之役敌炮开时躲入舱内，仅大、二副在天桥上站立，请令开炮尚迟不发，此间中西人传为笑谈，流言布满都下。汝一味颟顸袒庇，不加觉察，不肯纠参，祸将

---

① "济远"舰在遭到日舰追击时挂白旗和日本海军旗，《东方兵事纪略》《中东战纪本末》以及日"浪速"舰长东乡平八郎日记均有记载，为确凿事实。

② 《中国海关密档》6，中华书局1995年版，第125页。

不测，吾为汝危之。"①但考虑到北洋海军的声誉，李鸿章不想让北洋海军背上"临阵逃跑""挂旗辱国"的骂名，对方伯谦的行为也就没有追究。

1894年9月17日，黄海海战爆发，当激烈的海战进行到下午三时三十分时，方伯谦故伎重演，率"济远"舰撤离战场，逃回旅顺基地。这次他没有挂白旗和日本海军旗，也不需要挂这些旗子，因为没有日舰穷追不舍。然而，这次逃跑，后果远比丰岛海战那次严重，这次海战毕竟是中日两国海军主力的交锋，关系到黄海制海权的归属。北洋舰队的黄海之败，方伯谦难辞其咎。战后，方伯谦被清政府处以就地正法。

方伯谦的海军生涯再次表明，花费了中兴臣子们若干心血的晚清海军教育，没有把方伯谦这位聪明过人的年轻人锻造成合格的军舰管带，是值得后人反思的。

四、福州船政学堂为反侵略战争作出了贡献

19世纪70年代，清政府开始筹划创办中国第一支近代化的海军——北洋海军，其中所需要的人才绝大多数来自福州船政学堂，各主力军舰的舰长，几乎清一色是福州船政学堂的毕业生，包括林泰曾、刘步蟾、邓世昌、方伯谦、林永升、叶祖珪、邱宝仁、黄建勋、林履中、萨镇冰等，他们很快就担负起了反侵略的历史重任。

1894年，日本挑起了甲午战争，在这场战争中，北洋海军的舰长们率领各自的战舰，与日本海军进行了三场惨烈的海战，这就是丰岛海战、黄海海战、威海卫保卫战，在这些战斗中，他们付出了巨大牺牲。黄建勋是"超勇"巡洋舰的管带，在黄海海战中，当他的战舰被日军击沉时，他毅然和战舰一同殉国。林履中是"扬威"巡洋舰管带，海战中当他的战舰遭遇搁浅时，他愤然蹈海殉国。林永升是"经远"巡洋舰的管带，海战中他英勇作

---

① 《李鸿章全集》24，电报四，安徽教育出版社2008年版，第207页。

战，当他的战舰被日军击沉时，他也壮烈牺牲。笔者在此要重点介绍邓世昌和刘步蟾。

与林泰曾、方伯谦等管带相比，邓世昌并不是福州船政学堂最优秀的学生，他甚至没有获得出国留学的机会。然而他的思想意志的转变和塑造，却远远超过了前者。

邓世昌（见图19-4）是广东省番禺县人，生于1849年。19世纪60年代初，他跟随父亲来到上海求学，接受了若干新事物，产生了远大的理想和抱

图19-4　北洋海军"致远"舰管带邓世昌

负。1867年，他考入福州船政学堂，是后学堂的第一届学生。四年以后完成堂课，登上"建威"号练习舰实习。1874年，钦差大臣沈葆桢委派邓世昌担任"琛航"号运输船大副，并奖以五品军功。1875年，升"海东云"炮舰管带，他率舰承担扼守澎湖、基隆等要塞的任务，参加了清政府组建近代海军以来第一次反侵略战争行动。

北洋海军建立之初，李鸿章在从外国购置军舰的同时，积极从其他水师中物色优秀人才，将邓世昌调入北洋，委以"飞霆"号炮舰管带。1879年11月，又委以"镇南"舰管带。清政府从英国订购的"超勇"和"扬威"两艘建成后，邓世昌又奉命赴英接带"扬威"，回国后被任命为"扬威"舰管带。1888年北洋海军正式成军，按照《北洋海军章程》规定，邓世昌任北洋海军中军中营副将，管带"致远"巡洋舰。

甲午战争爆发后，邓世昌的表现更加值得注意，他被誉为"忠勇为全军之冠"。特别是在黄海海战中，他率"致远"舰英勇作战，军舰受了重伤，他毅然开足马力撞击日本联合舰队本队旗舰"吉野"号，想与"吉野"同归于尽。当他发现官兵情绪有所波动时，他高呼："吾辈从公卫国，早置

生死于度外。今日之事，有死而已！奚纷纷
为？"官兵顿时为之肃然。但遗憾的是，在
撞击"吉野"号之前，"致远"舰受到日舰炮
火轮番攻击，不幸沉没。邓世昌落水后遇救
出水，自以阖船俱没，义不独生，大呼："吾
志靖敌氛，今死于海，义也。何求生为？"①
仍复奋掷自沉，忠勇性成，殊功奇烈，一时
为世人所称叹。

　　刘步蟾（见图19-5）以优异成绩考入福
州船政学堂，是该学堂第一届学生，也是清
政府选拔赴欧洲留学的第一批海军学生，他
少年时代性格沉毅，成人后"豪爽有不可一
世之概"②，这一思想和意志的转变，极具典型
意义。

图19-5　北洋海军"定远"舰管
带刘步蟾

　　刘步蟾是福建省侯官人，生于1852年。15岁入福州船政学堂，成绩名列
前茅。与邓世昌不同，刘步蟾自小很少接触西洋文化，直到入船政学堂后，
才第一次了解自然科学知识。但他以传统治学方法对待格致之学，很快产生
浓厚兴趣，学习驾驶、枪炮诸术，勤勉精进，试迭冠曹偶，实在难能可贵。
1870年，刘步蟾登"建威"号练船练习航海，毕业后奉派"建威"号管带。
1877年3月，清政府派出第一批赴欧留学生启程，刘步蟾是其中之一，于9
月上英国皇家海军"马那多"号军舰，赴地中海实习。1879年7月实习完毕，
返回国内，被任命为"镇北"舰管带。

　　1882年，刘步蟾奉李鸿章之派前往英国，担任伦敦公使馆的海军武官③，
其间前往德国照料铁甲舰工程。1885年7月，"定远"和"镇远"回华时，刘

步蟾帮同德国员弁驾驶两舰，远涉风涛数万里回国，不久被任命为"定远"舰管带。1888年北洋海军成军时，刘步蟾为右翼总兵兼"定远"舰管带，加头品顶戴，成为北洋海军中仅次于提督丁汝昌和左翼总兵林泰曾的第三号人物。

战争是对一个军人思想道德和意志品质的真正考验。对北洋舰队来说，真正的检验是中国海军历史上史无前例的黄海海战。在这场海战中，刘步蟾在丁汝昌受伤、舰队失去统一指挥的情况下，坐镇旗舰"定远"，"号令指挥，胆识兼裕"，与日军鏖战至最后一刻。战后以提督记名简放[①]，并获赏"格洪额巴图鲁"勇号。当丁汝昌伤重暂时不能料理舰队事务时，李鸿章毫不犹豫让他代理丁汝昌行使职责。北洋舰队退守威海后，刘步蟾依然希望聚集残存舰只力量，与敌作决战。当"定远"舰被日军鱼雷击中受伤时，他果断下令开船，将"定远"舰搁浅于刘公岛浅滩，作炮台用。当"定远"舰被自行炸沉时，他恪守"船亡与亡之义"，仰药以殉，实现了"苟丧舰，将自裁"的誓言。

行文至此，人们不免会提出一个问题：同样是福州船政学堂的毕业生，同样受到海军教育，为什么有的勇敢，有的怯懦？这是一个非常复杂的问题。笔者认为，一个军人的责任和勇气，取决于多种因素的影响，包括个人的先天气质、家庭影响、学校教育、战争实践等，其中学校教育是重要因素之一。纵观邓世昌、刘步蟾、林泰曾、方伯谦等管带的成长经历及在战争中的表现我们不难发现，他们从懵懂少年成长为舰长，担负保卫国家海防的重任，其"心思"与"性情"的转变历程是不一样的，他们的表现也大不相同，大半以个人性格为依归，这说明近代海军教育体制解决"文强武弱"的问题并不彻底。造成这种状况的原因不外乎四个方面：第一，中国近代社会环境无法营造崇尚爱国、奉献、牺牲的教育环境，难以树立海军军人崇高的信仰和荣誉感；第二，中国近代海军教育，强调的是他们心智的开发和专业

---

① 《李鸿章全集》15，奏议十五，安徽教育出版社2008年版，第467页。

技术技能的提高，依然忽视对他们军人特质的培养；第三，国内的海上练习，特别是赴欧实习、接舰的实践，尽管使他们经历了狂风浊浪、暴雨惊涛的洗礼，对锻造他们的坚强性格和意志大有裨益，但传统和习惯依然使他们把掌握"风涛海线"等航海技术放在首位，心性的改造始终不能成为他们必修的科目；第四，管带们不同的性格，都在对他们"心思"和"性情"的转变产生着决定性影响。这就给我们留下了深刻启示：要培养合格军事人才，军校教育必须文武兼备，既要培养思想、道德、文化素质，又要锻造尚武精神。

丰岛海战引发的外交官司

——"高升号事件"始末

2001年，一艘沉没于朝鲜半岛西海岸某处20米深水下的沉船被发现，韩国的一家打捞公司随后对这艘沉船进行了打捞，潜水员从沉船上发掘出水了清朝钱币、枪支等大量文物，同时发现了7具清军士兵的遗骨。打捞公司还宣布，根据探测和历史记载，这艘船上装载有600吨左右、价值1100亿韩元、约合8800万美元的银锭。这艘沉船就是在甲午丰岛海战中被日本海军无端击沉的"高升"号。"高升"号本是一艘英国轮船，在甲午战争爆发之前被清政府雇用，向朝鲜运送清军，日本海军在没有宣战的情况下无端将其击沉，酿成了震惊世界的"高升号事件"。"高升号事件"并未因甲午战争的结束而结束，而是不断发酵，引发了一场扑朔迷离的国际官司和外交大战。那么，这一事件对甲午战争产生了怎样的影响，又暴露了甲午战后各国间怎样的外交角逐呢？

一、日本海军不宣而战

1868年，日本发生了明治维新运动，走上了资本主义的发展道路。此后，日本政府制定了旨在吞并亚洲、征服全世界的"大陆政策"，把矛头直指朝鲜和中国。在"大陆政策"的指导下，日本疯狂扩军备战，大力发展海军力量，不断挑起局部战争。1874年发动"侵台事件"，1875年挑起"云扬号事件"，1879年吞并琉球，并先后在1882年和1884年趁朝鲜发生内乱之机，将军事势力渗入朝鲜。1894年2月，朝鲜宗教组织"东学道"发动起义，再次给了日本进一步控制朝鲜的机会。按照中国和朝鲜之间的约定，清政府有帮助朝鲜平定内乱的义务。日本为了达到出兵朝鲜的目的，怂恿清政府首先出兵，李鸿章不知是计，既不出重兵控制朝鲜局势，又不拒绝出兵，避免给日本留下口实，而是调直隶提督叶志超和太原镇总兵聂士成仅统率淮军2400多人入朝，进驻牙山一线。虽然后来清政府将兵力增至3800余人，但日本在清军入朝后的第三天，便派7000余人登陆仁川，占据了朝鲜的军事主动权。

中、日两国的出兵，给了"东学道"起义军以巨大的压力，他们很快与朝鲜政府签订了停战条款，起义得以平息。清政府令防营总理营务处袁世凯向日本驻朝公使大鸟圭介提出双方撤军的要求，日本迅速撕下假面具，荒唐地提出帮助朝鲜"改革"内政的要求，要彻底介入朝鲜内政，这是中朝两国都不能接受的。此时的李鸿章并没有作进一步的军事部署，而是选择国际调停，试图借助俄、英等国的斡旋，劝说日本撤兵。可是，李鸿章的算盘完全打错了，日本不仅没有撤兵，而且将大批兵力源源不断地开进汉城，准备通过发动战争，迫使清政府承认日本对朝鲜的控制，这样，驻守牙山的2400名清军就处于孤立无援的境地。在这种情况下，李鸿章不得不考虑对朝鲜的增兵。

就在李鸿章筹划增兵朝鲜的同时，1894年7月20日，大鸟圭介向朝鲜政府发出两份照会，要求驱逐牙山的清军，废除中朝间一切条约章程，限于22日答复。与此同时，日本陆军在朝鲜各要隘均"派兵驰守"，这就意味着日本准备动手了。叶志超匆忙给李鸿章发电求援。然而，直到此时，李鸿章依然认为仗打不起来，他给叶志超回电说："日虽竭力预备战守，我不先与开仗，彼谅不动手，此万国公例，谁先开战即谁理诎，切记勿忘，汝勿性急。"①李鸿章哪里知道，日本国内为发动战争正在作最后的军事调整。

7月17日，日本召开第一次大本营御前会议，决定发动战争。同一天，解除了持"守势论"的中牟田仓之助的海军军令部部长职务，以持"主战论"的预备役海军中将桦山资纪取代之。桦山资纪早就主张整备日本海军力量，组成强大舰队，以攻势作战消灭北洋海军有生力量，夺取黄海制海权。

日军的作战计划最初是由其大本营陆军首席参谋、陆军参谋次长川上操六陆军中将主持拟订的，规定开战之初即在直隶平原与清军进行决战。大本营作出开战的决定之后，海军省主事山本权兵卫海军大佐坚决反对这一计划，认为如果没有获得制海权，在直隶平原决战的计划不过是纸上谈兵。因为当时的日本海军不仅没有战胜北洋海军的把握，而且还怀有一丝恐惧的心理。考虑到海军内部的这一强烈主张，大本营最后形成的作战计划不得不将海军的胜负因素考虑其中，于是，作战计划分为两期，第二期作战计划根据海军作战情况设定了三种方案。

第一期作战计划将第五师团派往朝鲜，以牵制清军。舰队则引诱清朝舰队出来，将其击毁，夺取制海权。其他陆海军部队则在日本作出征准备。

第二期作战计划有下列三个作战方案，其选择取决于第一期作战的结果。（1）在海战大胜，取得黄海制海权时，陆军则长驱直入北京；（2）在海战胜负未决时，陆军则固守平壤，舰队维护朝鲜海峡的制海权，从事陆军增遣队的运输工作；（3）如日本舰队大败时，陆军则全部撤离朝鲜，海军守卫沿海②。

为适应战争需要，7月10日，日本大本营即对海军舰队进行了第一次改编，在原有常备舰队（司令官为海军少将坪井航三）基础上，增设了警备舰队（司令官为海军少将相浦纪道）。7月19日，大本营对海军舰队又进行了第二次改编，将警备舰队改称西海舰队，并将常备舰队和西海舰队合编成联合

---

① 《李鸿章全集》24，安徽教育出版社2008年版，第148页。
② ［日］外山三郎：《日本海军史》，解放军出版社1988年版，第42—45页；［日］藤村道生：《日清战争》，上海译文出版社1981年版，第78页。

舰队，任命海军中将伊东祐亨为司令长官，并向其发出命令："贵司令官当率领联合舰队，控制朝鲜西岸海面，在丰岛或安眠岛附近的方便地区，占领临时根据地。"①

7月23日，伊东祐亨接到大本营作战密令，率领舰队自佐世保港起锚向朝鲜海面进发，准备对中国海军发动突然袭击。上午11时，伊东祐亨首先派出坪井航三率领"吉野""秋津洲""浪速"3艘快速巡洋舰组成的第一游击队，作为联合舰队的前锋前往牙山湾，侦察北洋海军的动静。"且赋与内命，谓牙山湾附近如有优势的清国军舰驻泊，可由我方进而攻击。"②下午4时，伊东祐亨做好了亲率其余12艘军舰出发的准备，桦山资纪亲自乘"高砂丸"号到港口送行，桅杆上高悬"发扬帝国海军荣誉"的信号③。伊东祐亨则在"松岛"舰上升起信号："坚决发扬帝国海军荣誉"，遂率舰队出发，以单纵阵队形航行，舳舻相接，开往朝鲜西海岸。

与北洋海军不同的是，日本海军的出击行动采取了严格的保密措施，大本营除了在全国范围内实行舆论控制之外，对联合舰队的出动严密封锁消息。舰队夜间航行，实行严格的灯火管制，除向导舰和旗舰之外，其他各舰一律熄灭灯火。就这样，日本联合舰队的主力军舰在北洋海军毫无察觉的情况下，于7月24日上午全部驶过济州海峡。

再说中国方面。李鸿章于7月21日得到情报，说泊于佐世保港的日本联合舰队，有11艘舰船出海，不知去向，他担心叶志超部陷入危局，增援牙山的清军难以登岸，遂命令丁汝昌（见图20-1）"统大队船往牙山一带海面巡护"，并特意叮嘱丁汝昌，"如倭先开炮，我不得不应，祈相机酌办"④。其实，李鸿章得到的情报并不准确，此时日本联合舰队正在集结，并未开始行动，但李鸿章对这一消息还是十分重视的。

① ［日］藤村道生：《日清战争》，上海译文出版社1981年版，第79页。
② ［日］田保桥洁：《甲午战前日本挑战史》，南京书店1932年版，第186—187页。
③ ［日］日本海军军令部：《廿七八年海战史》上卷，东京水交社1905年版，第82页。
④ 《李鸿章全集》24，安徽教育出版社2008年版，第153页。

图20-1　北洋海军提督丁汝昌

接令后，丁汝昌随即进行了部署，准备率领"定远""镇远""致远""靖远""经远""来远""超勇""广甲""广丙"等九船，以及鱼雷艇二艘出航。他对李鸿章"如倭先开炮，我不得不应，祈相机酌办"的命令是这样回应的："惟船少力单，彼先开炮，必致吃亏，昌惟有相机而行。倘倭船来势凶猛，即行痛击而已。"从丁汝昌的电报中，我们丝毫感受不到他在大战来临之际的积极情绪，字里行间透露的都是无奈和无助，假如国人明晰这位身担民族大任的海军司令在大敌当前之时如此消极，将是怎样的悲哀和愤懑！更加奇怪的是，在电报中，他说了一句让李鸿章既莫名其妙又十分气恼的话："牙山在汉江口内，无可游巡，大队到彼，倭必开仗，白日惟有力拼，倘夜间暗算，猝不及防，只听天意，希速训示。"[1]看到此话，李鸿章立刻回电训斥："牙山并不在汉江内口，汝地图未看明。大队到彼，倭未必即开仗，夜间若不酣睡，彼未必即能暗算，所谓'人有七分怕鬼'也。"[2]

丁汝昌长期现身于黄海海域，对朝鲜海岸特别是西海岸的地形应当十分熟悉，在这关键时刻，怎会错将牙山置于汉江口内呢？它究竟释放了一种怎样的信号？时至今日，人们对此都难以作出合理解释。戚其章先生认为，按当时的习惯，江华岛与永宗岛之间称汉江口，因此，丁汝昌所说的"汉江口"系泛指江华湾而言，而"汉江口内"即深缩在江华湾内的牙山湾[3]。其实，戚先生的解释是很牵强的，既然按照当时的习惯，汉江口系指江华岛与

---

① 《李鸿章全集》24，安徽教育出版社2008年版，第157页。

② 《李鸿章全集》24，安徽教育出版社2008年版，第158页。

③ 戚其章：《甲午战争与近代社会》，山东教育出版社1990年版，第143页。

永宗岛之间的狭小区域，怎能造成丁汝昌对江华湾的泛指呢？一个军事指挥员在作战时如此泛指，还怎样指挥打仗呢？陈悦先生认为，丁汝昌这里所称的"汉江口"指的就是"牙山湾"，这是过去与李鸿章"约定俗成"的称法，是李鸿章忘记了过去的约定俗成[①]。可是，陈悦先生并未提供他们"约定俗成"的证据，笔者也未从档案史料中找到这样的佐证。再者，将两个相距既不遥远又不很近的地理概念"约定俗成"为一个地方，实在是没有道理。笔者认为，导致丁汝昌出错的原因，或者是丁汝昌接到李鸿章电报后内心确有慌乱，发报时心不在焉，从而致错；或者是丁汝昌对牙山湾并不熟悉，一时反应不及，将两个地方搞错。总之，是丁汝昌出错了。而丁汝昌的出错所释放的，并不是有些论者所说的是积极求战信号。

正当丁汝昌准备出航之时，一个人的出现改变了李鸿章的主意。此人就是俄国驻华使馆参赞巴布罗福（A. I. Pavlov）。巴布罗福前来拜谒李鸿章的目的是与李鸿章就日本在朝鲜的行动交换意见。巴布罗福说，日本兵在汉城筑炮台，守城门，作据城状，俄使馆不安，已电请国家派兵驱逐。李鸿章问俄国海军现驻摩阔崴的军舰有几艘，巴布罗福说有大舰10艘，如果要调往仁川是很便利的。李鸿章顿时心中升起希望，立刻表示，如果俄国能派军舰赴朝，中国也可派海军提督前往会办。巴布罗福说甚好，待国内回电后即知会中方。

巴布罗福的拜见，使李鸿章心头几乎已经熄灭的"和平之火"又重新燃烧起来。恰在当天晚上，李鸿章接到了中国驻英公使龚照瑗的电报，说英国政府已经电令其驻日公使，警告日本，以后如有开战，要承担一切责任[②]。李鸿章以为，这是英国发出的干预日本侵略朝鲜的信号，日本不会不有所顾忌。此外，也正是在这一天，李鸿章安排罗丰禄向日本驻天津领事荒川已次表达了派罗做密使，赴日本东京与伊藤博文谈判朝鲜问题的意向，日方还未回话。所有这些因机缘巧合而聚集到一起的因素，使李鸿章作出了日本不至

---

①　陈悦：《甲午海战》，中信出版社2014年版，第15页。

②　《李鸿章全集》24，安徽教育出版社2008年版，第155、157页。

于马上发动战争的判断。于是，他改变了主意，电告丁汝昌："叶号电尚能自固，暂用不著汝大队去。将来俄拟派兵船，届时或令汝随同观战，稍壮胆气。"①

然而，对于李鸿章改变主张的内情，丁汝昌并不清楚，所以他颇有微词，抱怨说："海军进止，帅意日一变迁，殊令在下莫计所从也。昨者之电，意在令昌亲带大队赴牙，今日之电，复又径庭。只有将应需所未备逐事通筹至足，以待调遣之明令耳。"②

就这样，仅仅持续了一天的派大队出航计划，被抱着和平希望的李鸿章瞬间放弃了。然而这一最终决定，不但没有消弭李鸿章最不愿意看到的战争之祸，反而把增援朝鲜的陆海军官兵推向了死亡的深渊。

二、"高升"号葬身海底

7月24日凌晨4时，"爱仁"号轮船抵达牙山湾，此时，北洋海军的"济远""广乙""扬威"三舰已在湾内，"威远"舰被派往仁川送交电报。方伯谦见"爱仁"到来，立即安排驳船载兵上岸。6时，驳船全部到齐，仅一个小时，1150人和116箱弹药就全部上了驳船。8时，已卸载人员、物资完毕的"爱仁"号驶出牙山口，返航烟台。下午2时，"飞鲸"轮船到达，方伯谦派出各船小艇，拖带驳船装运士兵、马匹和军需上岸。

下午5时30分，前往仁川送交电报的"威远"舰返回牙山，管带林颖启给方伯谦带来了一个糟糕的消息，说昨日日军已经攻入朝鲜王宫，劫持了国王，并据英国军舰舰长罗哲士透露，日军海军大队舰船将于明日开到。听到这一消息，方伯谦有些紧张，他立即命令官兵帮助陆军加紧卸载"飞鲸"上的物资，又令"广乙""威远"两舰升火，准备开船回国，并叮嘱两船管

① 《李鸿章全集》24，安徽教育出版社2008年版，第158页。
② 《北洋海军资料汇编》上册，中华全国图书馆文献缩微复制中心1994年版，第528页。

带，回国途中，如遇"高升"等运兵船，可令其返回威海或大沽。可此时"广乙"舰上携带的小艇因拖带驳船上驶白石浦未回，还不能返航。方伯谦遂改令让航速慢、防护力弱的"威远"舰先行，赴大同江口一带，等待"济远""广乙"到齐后一起回国。

由于"飞鲸"所载人员、物资较杂，卸载耗费了很长时间，直到25日凌晨下载数量刚刚过半。方伯谦心急如焚，决定不等"飞鲸"完成卸载即先撤离。4时，"济远"和"广乙"在方伯谦的率领下鱼贯驶出牙山湾。

这天天气晴朗、夜色清澈，海上风平浪静。方伯谦率舰平稳地航行了一个半小时，当行至丰岛海面时，情况出现了：在南方海天相接之处的微微白光中，突然出现了一缕缕黑烟，像是舰艇编队，方伯谦下令加速前进。7时半，天已大亮，远处驶来的军舰已经看得很清楚，方伯谦判断是日本军舰，"一吉野，一浪速，一不知名"[①]，那艘不知名的军舰后来判明为"秋津洲"。15分之后，方伯谦下达了全体官兵进入战位，准备迎敌的命令。

"吉野""浪速"和"秋津洲"为何此时出现于丰岛海面？原来，日本联合舰队第一游击队自离开佐世保港后便一路侦察北洋海军动向，但直至24日上午也没有发现异常情况。坪井航三遂向伊东祐亨报告，要求离开本队继续往朝鲜西海岸侦察，伊东祐亨表示同意。25日凌晨4时30分，第一游击队的"吉野""浪速""秋津洲"三舰途经朝鲜忠清道西岸浅水湾安眠岛西方的瓮岛附近时将航速提高至12节，以单纵阵向丰岛一带搜索前进，此时，三舰的舰影已进入"济远"和"广乙"的视线。6时30分，坪井航三遥见丰岛附近有两艘舰船正向南疾驶，遂提高警觉，下令各舰戒备，并将各舰航速提高至15节，加速接近目标。当与前方舰船相距5000米时，坪井航三辨认出该两舰船是北洋海军的"济远"和"广乙"。面对明显弱于己方的对手，坪井航三在是否立即发起攻击的问题上产生了瞬间的犹豫，因为在第一游击队离开本队前，伊东祐亨曾有训令：在牙山湾附近如遇到弱小的中国舰队，不必发

---

① 中国史学会：《中日战争》（六），新知识出版社1956年版，第84页。

动攻击；如遇到强大的中国舰队，立即发动攻击并将其击败。这明显体现了他的决战意图。可是，当遇到"济远"和"广乙"两艘并不强大的中国军舰时，常备舰队参谋釜谷忠道大尉却指出，"究竟是强还是弱，都必须通过战争来判断。总之，无论如何也要进击。这就是执行命令的主旨"①。坪井航三采纳了釜谷忠道的建议，于7时20分下达了战斗命令②。

可是此时，日舰所处的位置水域狭窄，不便机动，坪井航三遂下令三舰快速向右转向180度，驶入宽阔水域，然后再左转180度，正面对向"济远"和"广乙"，拉开作战架势。"广乙"舰管带林国祥后来回忆说，他以为与日本军舰初次相遇时日舰"必欲请战"，不料日舰转轮向东，林国祥又以为日舰要放弃作战，可当双方军舰相距约3000米时，"倭船返轮，如欲拦阻济远、广乙去路"③。这说明，林国祥并未意识到日舰实施迂回的战术目的，或许方伯谦祈祷着：这仅是一场虚惊。可是，日舰的行动使他们都如梦方醒。据"吉野"舰上的军官田所广海所记的《勤务日志》记载，7时52分，根据信号，"吉野"以左舷炮向"济远"射击，打响海战第一炮，拉开丰岛海战的序幕。"浪速"和"秋津洲"也在"吉野"之后相继开火④。

《济远航海日志》的记载在时间上与《田所广海勤务日志》的记载有些出入，认为7时43分半，日舰"吉野"放一空炮，45分，日三舰同时发炮轰击中国军舰，"济远"和"广乙"即刻还击⑤。据林国祥说，"吉野"舰施放的第一炮轰击的是"广乙"舰⑥。然而，这一些都不是最重要的问题，最重要的，是日舰打响了海战的第一炮。所以，1894年8月1日光绪皇帝在发布的对日宣战谕旨中严厉指出：中国为保护朝鲜百姓及中国商民添兵赴朝，"讵行至中途，突有倭船多只乘我不备，在牙山口外海面，开炮轰击，伤

---

① ［日］藤村道生：《日清战争》，上海译文出版社1981年版，第89页。
② 中国史学会：《中日战争》（六），新知识出版社1956年版，第32页。
③⑥ 《中倭战守始末记》，（中国台湾）文海出版社有限公司1987年版，第34页。
④ ［日］《田所广海勤务日志》，上海书店出版社2015年版，第413页。
⑤ 戚其章：《中日甲午战争史论丛》，山东教育出版社1983年版，第168页。

我运船"①。

可是，日本为掩盖其不宣而战的卑劣行径，竟篡改历史，谎称坪井航三命令各舰进入警戒备战状态，同时命舰炮填装礼炮弹，准备向中方军舰鸣炮致礼。"清舰对我将旗不仅不发礼炮，反而作战斗准备。为此，司令官推断彼已启战端，将碇泊仁川之帝国军舰八重山等击毁，进而对我舰队邀击而来。果如是，彼之本队必在近海附近，因而更加戒备……七时五十二分，彼我相距三千公尺左右距离时，济远首先向我发炮。旗舰吉野立即应战，以左舷炮向济远轰击。接着，秋津洲在五十五分，浪速在五十六分，亦以左舷炮向济远猛射。"②这显然是无稽之谈，"司令官"对"彼已启战端，将碇泊仁川之帝国军舰八重山等击毁，进而对我舰队邀击而来"的推断毫无根据，只是借口而已。这些谎言，遭到日本国内学者的批评和纠正。东京帝国大学法文学部教授田保桥洁在1930年4月发表了题为《近代日支鲜关系研究》的论文，1940年3月又写成《近代日鲜关系》著作两卷，其中对丰岛海战责任问题进行了全面分析与澄清。他指出："济远管带方伯谦，面对数倍于己的敌舰，不可能有先行攻击的意图。清舰此航的本务是护送运兵船，任务正在随行中。况且清舰和日舰相比，舰少速慢呈明显劣势，在远离基地的公海上作战，必会以卵击石、燃火自焚。按照正常理智的情况，当军力处于不对称状况下，弱小的一方一定会尽量避免战斗。"他还引用了釜谷忠道主张开战的言论，为日本海军首先挑起事端的结论提供论据③。日本九州工业大学教授藤村道生也纠正说："上午七时五十二分，在三千米的射击距离内，（日舰）发射了第一炮。"④如是，日本海军首先发炮挑起丰岛海战是确凿无疑的事实。

那么，日本海军是如何将自己掩饰成北洋海军首先攻击的受害者的呢？

① 《清实录》（影印本）56，中华书局1987年版，第396页。
② ［日］日本海军军令部：《廿七八年海战史》上卷，东京水交社1905年版，第88页。
③ 转引自宗泽亚：《清日战争》（1894—1895），世界图书出版公司2012年版，第336页。
④ ［日］藤村道生：《日清战争》，上海译文出版社1981年版，第89页。

田保桥洁在他的论文中揭露了事情的真相：海军省主事山本权兵卫篡改了联合舰队司令长官伊东祐亨电报的内容，将日舰先行攻击改成"济远"舰先行发炮。当时，论文提交给东京帝国大学申请学位时，论文审查委员会担心影响日本军的名誉、追究东京帝国大学的责任，拒绝了田保桥洁的学位申请。可是，就在田保桥洁去世多年后，收藏于大本营副官部《着电缀》内的山本权兵卫篡改的电报原文被发现，证实了田保桥洁的观点。伊东祐亨的电报称："7月28日上午八时四十五分发，午后三时十七分着。25日七时，坪井司令官率吉野、秋津洲、浪速舰为了与八重山、陆奥丸会合，回航至丰岛附近时与清舰济远、广乙舰相遇，我舰未发礼炮便投入战斗准备状态，即刻开战炮击。经过一小时二十分猛烈攻击后，敌一舰逃亡牙山方向，一舰向直隶湾遁去……"时任大本营大佐的山本权兵卫，以电报字句不明确为由，在电报纸括号内加笔篡改了语句："济远舰从我舰侧面通过，施放鱼雷袭击我舰，我舰随即开炮应战。"[1] 后来，日本外相陆奥宗光在他的《蹇蹇录》中公然将其作为依据，称："丰岛之海战，为七月二十五日，尤以该战由中国军舰先袭击我军舰。不论其胜利归于何人，其曲直已明白，故我国无招战时国际公法上非难之虞。"

　　丰岛海战爆发时，中日海军参战舰艇实力相差悬殊，中方"济远"舰排水量2300吨，装备有210毫米炮2门、150毫米炮1门，航速16.5节；"广乙"舰排水量1000吨，装备有150毫米炮1门、120毫米炮2门、14英寸鱼雷发射管1具，航速16.5节。两艘军舰的总排水量为3300吨，舰炮6门，鱼雷发射管1具，平均航速16.5节。而日方"吉野"舰排水量4200吨，装备有150毫米速射炮4门、120毫米速射炮8门、47毫米速射炮22门、360毫米鱼雷发射管5具，航速22.5节；"秋津洲"舰排水量3100吨，装备有150毫米速射炮4门、120毫米速射炮6门、47毫米速射炮8门、360毫米鱼雷发射管4具，航速19节；"浪速"舰排水量3700吨，装备有260毫米炮2门、150毫米炮6门、

---

　　① 宗泽亚：《清日战争》（1894—1895），世界图书出版公司2012年版，第336—337页；戚其章：《中日战争》6，中华书局1993年版，第33页。

25毫米机关炮10门、11毫米格林炮4门、360毫米鱼雷发射管4具，航速18节。三舰的总排水量为11000吨，舰炮70余门，鱼雷发射管13具，平均航速19.8节。特别是日方三舰均为新式巡洋舰，安装有大量速射炮，三舰17门速射炮每分钟可发射炮弹80余发①。日方的优势是显而易见的。

由于日本海军是有备而来，所以海战从一开始就十分激烈。航行在前的"济远"舰首先受到攻击，方伯谦反应敏捷，在开战的第一时间便指挥官兵进行英勇反击，边打边走。"浪速"舰还未来得及发炮，即遭到"济远"210毫米大炮的轰击，一发炮弹在距离"浪速"舰舰首20余米处爆炸，纷飞的弹片将其信号索削断。与此同时，日舰炮弹也纷纷射向"济远"舰，一发炮弹击中了指挥台，弹片四处飞溅，与方伯谦并列站在指挥台上的大副沈寿昌头部被弹片击中，当场牺牲。又一发炮弹击中前炮台，二副柯建章也洞胸而亡。目睹大副、二副壮烈牺牲的天津水师学堂练习生黄承勋奋然登台，召集炮手装弹，试图窥准时机收得一击之效。正在指画之际，一块弹片飞来，将其手臂击断，他顿时扑倒在地。两名水兵前来挽扶他进舱治疗，他摇头拒绝了，说道："尔等自有事，勿我顾也。"说完闭目而逝，年仅21岁②。管旗头目刘鹗、军功王锡山等也先后中弹牺牲。

"济远"舰部分官兵敢于牺牲的行为表明，战争初期，北洋海军官兵的抗敌决心是坚定的，这种决心来源于对日本欺弱凌小行径的愤慨、对国家不遗余力建设新式海军的感恩、对人生荣耀的追求。黄承勋在出征之前就托付好友医官关某为其收拾骸骨③，说明他早已作好牺牲准备。

正当日舰集中攻击"济远"舰之时，在三艘日舰形成的阵形中，突然冲进一艘中国军舰，此舰便是跟随"济远"舰之后同样遭到日舰攻击的"广乙"舰。与"济远"不同，"广乙"并没有且战且退，而是主动出击，直奔"吉野"，试图利用舰首两具鱼雷发射管，攻击日舰，同时解"济远"之

---

① 〔日〕黛治夫：《海军炮战史谈》，原书房1972年版，第82页，转引自陈悦：《甲午海战》，中信出版社2014年版，第39页。

②③《清末海军史料》，海洋出版社1982年版，第366页。

围。可是，"济远"并未"回轮助战"、配合"广乙"的攻击行动，而是"加煤烧足气炉逃遁回华"[1]。坪井航三和"吉野"舰舰长河原要一大佐十分清楚"广乙"的意图，他们担心遭到鱼雷攻击，便下令"吉野"转舵向左规避。"吉野"以其高航速在海上留下一个大大的圆弧形航迹。仅靠16.5节的航速，"广乙"是无法追击"吉野"的，林国祥只好下令向"秋津洲"和"浪速"逼近。"秋津洲"舰舰长上村彦之丞大佐和"浪速"舰舰长东乡平八郎大佐也都被"广乙"的举动所震惊，他们暂时放弃对"济远"的攻击，集中火力轰击"广乙"。7时58分，当"广乙"逼近"秋津洲"舰尾600米时，遭到"秋津洲"速射炮的攻击，"广乙"桅杆被炮弹击中，桅炮炮手瞬间坠落牺牲，鱼雷发射室也中了一发炮弹，"广乙"遂失去发射鱼雷的机会。几分钟后，"广乙"又出现在"浪速"舰尾三四百米处，东乡平八郎指挥军舰向左转舵，用左舷炮和机关炮猛轰"广乙"。虽然"广乙"的大炮洞穿了"浪速"后部的钢甲板，击毁了它的备用锚和锚机[2]，但自身中弹更多，全舰110余名官兵阵亡30余人。其中有一枚开花弹在"广乙"舱面爆炸，造成20多人死伤[3]。东乡平八郎在日记中写道："广乙号在我舰的后面出现，即时开左舷大炮进行高速度射击，大概都打中。"[4]有一发炮弹在"广乙"舰桥附近爆炸，击坏了轮机，导致"广乙"的航速下降。在这种情况下，林国祥被迫指挥"广乙"撤出战斗，8时30分向朝鲜西海岸退却。"秋津洲"和"浪速"正欲追击，接到"吉野"发来的归队信号，"广乙"因此逃脱。

退却途中，林国祥对全舰进行了检点，发现船舵已毁坏，不堪行驶，勉强驶近十八家岛搁浅。林国祥又清点了船上的武器装备，对未毁之炮自行击毁，然后纵火烧船，率残部70余人登岸。8月5日，日舰"吉野"和"高千穗"找到了搁浅的"广乙"，据"吉野"军官田所广海描述，"广乙"舰体多

---

① 《中倭战守始末记》，（中国台湾）文海出版社有限公司1987年版，第34页。

② ［日］日本海军军令部：《廿七八年海战史》上卷，东京水交社1905年版，第89—90页。

③ 《中倭战守始末记》，（中国台湾）文海出版社有限公司1987年版，第34—35页。

④ 中国史学会：《中日战争》（六），新知识出版社1956年版，第32页。

破，带有燃烧过的红色，三桅皆倒。而"高千穗"的报告称，"广乙"船体中部已大遭破坏，可见到日方炮弹痕迹。另发现十数名死伤兵员，其中日方弹丸击破其司令塔，塔内有两名死者，另有一名坚守瞄准器战死之炮手。大炮或连射炮尚有部分可使用，鱼雷亦剩有数枚[①]。这些情况说明，林国祥在率领残部撤离时是十分狼狈的，竟然连战友的尸体也未曾处理。后来，登岸的70余人有20余人逃至朝鲜大安县，辗转回到国内；林国祥率领54人赶赴牙山寻找叶志超部，当找到叶营时，叶营已空，原来在两天以前，叶志超已率部离开牙山，赶赴平壤。此时的牙山地方政府已由日军控制，当地朝鲜百姓不敢接济清军，林部遂陷于绝境。幸有英国领事帮助，使林部登上英舰"亚细亚"号，此时，林国祥身边仅有17个人了。"亚细亚"号在驶往中国途中，遭遇了日舰拦截，林国祥等人被迫签署永不与闻兵事的"服状"后，才得以回国。"服状"由日本人起草，其中写道：

舰长林国祥以下广乙号船员十八名，蒙英国军舰搭救，值此日清战争期间，今后决不再参与战事，兹作出誓言，保证履行誓言之义务[②]。

对于具结的这些弁兵，李鸿章认为，北洋海军未经战者过多，这些弁兵应分置各船备用，未便锢弃，应将他们送回海军营内效力，谁也无从查究。后丁汝昌照此办理[③]。

就在"广乙"冲入敌阵之际，"济远"依然边战边向西撤退，摆脱了"广乙"缠斗的三艘日舰穷追"济远"不舍。8点20分左右，"济远"后主炮发出的一发"十五厘米硬铁弹"在"吉野"右舷海面跳弹，穿透舰载大舢板及吊艇杆上的木划艇，并穿透甲板室，破坏上甲板发电机之一部分，因失去冲击力，落于防御钢板，最后从检修孔掉落机舱内，但未爆炸，"吉野"官

① ［日］《田所广海勤务日志》，上海书店出版社2015年版，第419页。

② ［日］《日清战争实纪》第6编，东京博文馆藏版，第99页。

③ 《李鸿章全集》24，安徽教育出版社2008年版，第320页。

兵未有伤亡①。就在此时，西方海面又出现了几缕黑烟，像是有船驶近战场，坪井航三下令各舰自由运动。"浪速"和"吉野"继续向"济远"发炮轰击，"浪速"已超越"吉野"航行在前，此时东乡平八郎看清了，先前驶进战场的舰船是北洋海军的"操江"号和英国商船"高升"号，"操江"是于24日凌晨3时离开烟台前往威海，取得丁汝昌托带的文书后，于下午2时前往牙山的，舰上载有20万两饷银和一批军械。舰长王永发见炮战激烈，遂准备下令调头回驶，"高升"则继续前行，东乡平八郎对此均未理会。8时53分，"济远"突然挂起一面白旗，但并未停船，依然保持奔逃状态。东乡平八郎怕其中有诈，命令继续追击。当两舰相距3000米时，"济远"的桅杆上又升起了一面日本海军旗和一面白旗，这时东乡平八郎才相信方伯谦是真的要投降了，于是他命令"浪速"发出信号："立即停轮，否则炮击！""济远"随即停止了炮击，航速也减缓下来，并慢慢停船。"浪速"见状向旗舰"吉野"报告：敌舰已经降服，已发停轮信号，准备与它接近②！

正当"浪速"向"济远"靠拢之际，先前驶进战场的"高升"号迎面而来，从"浪速"右舷驶过，遂吸引了东乡平八郎的注意力。东乡平八郎发现"高升"号上有中国士兵，便用旗语打出"立即停轮"的信号。方伯谦见"浪速"发生了迟疑，便抓住时机，重新展轮向西疾驶。他明知"高升"号上有1100余名陆军官兵，但全然不顾其安危，一心只想摆脱日舰追击。航行在后的"吉野"于是超越"浪速"，追赶"济远"。

当两舰相距2500米时，"吉野"开始射击，连发6炮，均在"济远"周围爆炸，激起冲天水柱，"济远"亦发炮回击。"吉野"的航速是22.5节，而"济远"的航速只有16.5节，如此追击下去，"济远"定无逃脱可能。恰在此时，"吉野"停止追击，"济远"获得逃脱机会，于26日凌晨6时回到威海卫基地。

"高升"号于7月23日上午9时50分从塘沽出口，直航牙山。"操江"号

---

① 〔日〕《田所广海勤务日志》，上海书店出版社2015年版，第413—414页。
② 〔日〕日本海军军令部：《廿七八年海战史》上卷，东京水交社1905年版，第91—95页。

在塘沽装载饷械后，奉命经烟台抵威海，然后携带丁汝昌的文书等件，于24日下午2时由威海启航赴朝。这2艘舰船在途中相遇，结伴而行。

25日上午8时左右，"高升"号行驶到丰岛附近，船长高惠悌（T. R. Galsworthy）和汉纳根注意到，有一艘日本军舰远远地迎面驶来。10分钟后，又有3艘日本军舰从许岛后面驶出，尾随第一艘军舰疾驶。9时许，第一艘军舰接近"高升"号，高惠悌和汉纳根看见军舰上挂有一面日本旗，其上还有一面白旗。该舰在驶过"高升"号时，把旗降落一次，又升上去，汉纳根以为，这是"表示敬意"，于是，他的紧张的心情放松下来，对日本军舰的"和平的意旨感到安慰"[1]。其实，这艘军舰并不是日本军舰，而是北洋海军的"济远"舰。据"济远"帮带大副何广成说："正在酣战，陡见西南烟起，知是高升装兵船至，操江护之。当即升旗告操江，我已开仗，尔须速回。其时烽烟弥天，旗升而操江未答。"[2]可是没有史料证明"操江"和"高升"看到了"济远"发出的"我已开仗，尔须速回"的信号，汉纳根近距离看到的仅仅是"济远"不明其意的"把旗降落一次，又升上去"的动作。搭乘"操江"赴朝鲜汉城接管电报局的天津电报局丹麦籍洋匠弥伦斯（H. L. Mihlensteth）称，"济远"并"未悬旗通知"[3]。

9时15分左右，被"高升"号吸引了注意力的"浪速"舰鸣两响空炮，令"高升"下锚停驶，"高升"立即停轮并发出停船信号。"浪速"继续追击"济远"。"高升"船长高惠悌及其他船员以为"浪速"正与其他两日舰磋商，便发信号询问："我们是否可以开船？""浪速"答复："停航，否则后果自负。"[4]不久，东乡平八郎接到坪井航三让其向旗舰靠拢的命令，继之又接到将"高升"号带回群山冲锚地的命令。东乡平八郎命令"浪速"驶近"高升"，在400米左右的距离上停泊。随后他派出海军大尉人见善五郎乘小

---

① 中国史学会：《中日战争》（六），新知识出版社1956年版，第20页。

② 中国史学会：《中日战争》（六），新知识出版社1956年版，第84—85页。

③ 陈旭麓：《甲午中日战争》（下册），上海人民出版社1982年版，第146页。

④ 戚其章主编：《中日战争》11，中华书局1996年版，第337页。

艇前往"高升"号检查。当中国官兵远远望见日小艇驶来的时候群情激愤，负责统领部队的仁字军营务处帮办高善继和营官骆佩德、吴炳文等，强烈要求知道英日之间互通信号的语意。负责安抚中国官兵的汉纳根建议部队全部进舱，但入舱后的官兵情绪依然无法平息。汉纳根后来回忆说："我们见一只小船离该船（'浪速'舰）向我们方面开来。我们船上的中国管带告诉我，并请我告诉船长：他们宁愿死在这地，不愿当俘虏。他们都很激昂。我极力安定他们，对他们说：'在谈判进行中，维持船上的秩序是很为必要的。'我把管带的意旨告诉船长高惠悌。"①

人见善五郎登上"高升"号后，对各处进行了检查，并查看了注册本。"高升"号大副田泼林（L. H. Tamplin）提醒他，"高升"号是一艘英国船，在离港时还不曾宣战，请求他征求他舰长的许可，允许"高升"号返回中国。但人见善五郎并不理睬，告诉高惠悌跟随"浪速"舰走。高惠悌表示："如果命令跟着走，我没别的办法，只有在抗议下服从。"人见善五郎遂返回"浪速"舰②。

回舰后的人见善五郎向东乡平八郎报告说，"高升"号是清国雇用的英国船，船中载有清军1100多人和一些武器，本月23日离开大沽，正要开往牙山。东乡平八郎听完汇报后，立即下令发信号通知"高升"号，"即时拔锚随我舰出发"③。中国官兵已经弄明白英国人与日军交涉的结果，并了解到高惠悌已同意跟日舰走，顿时人声鼎沸、全船骚动，表示宁死不做降虏。高善继警告高惠悌："我们宁愿死，决不服从日本人的命令。"④随后，高善继派人将高惠悌等外国船员看管起来。高惠悌后来回忆说："中国将官听说我将以本船跟随浪速舰行进以后，表示拒绝，告诉我不允许跟随日本军舰行进。我回答曰，浪速舰一发炮弹足以使"高升"号沉没，抵抗无益。中国将官曰，宁死不跟随浪速舰；我们有1100名勇兵，浪速舰乘员只不过四百人，与

---

① 中国史学会主编：《中日战争》（六），新知识出版社1956年版，第20页。

②④ 中国史学会主编：《中日战争》（六），新知识出版社1956年版，第23页。

③ 中国史学会主编：《中日战争》（六），新知识出版社1956年版，第33页。

之作战又有何难。我对他们说，这是愚蠢的。我又说，如果中国将官打算作战，我将和我的职员、轮机人员一起登陆。这时，他们暴怒，对我施加威胁，断言我若弃船而去，或跟随浪速舰行进，就要把我杀死或枪毙。"①在这种情况下，高惠悌不得不发信号给"浪速"，请求再派小船来，以便"传知事件的情形"。东乡平八郎再次派出人见善五郎乘小船靠近"高升"，高惠悌委托汉纳根与人见善五郎谈判。汉纳根说："船长已失去自由，不能服从你们的命令，船上的士兵不许他这样做，军官与士兵坚持让他们回原出发的海口去。"并转达了高惠悌的意见："考虑到我们出发尚在和平时期，即使已宣战，这也是个公平合理的请求。"人见善五郎表示，须把这些情况转告东乡平八郎②。

事件随后的进展完全出乎汉纳根、高惠悌等人的意料。田泼林记述道："我们全体高级船员和汉纳根上校聚集在驾驶台，试图商讨所面临的事态，中国士兵在前甲板上吵吵嚷嚷。我离开驾驶台去船尾取我的文件，在后甲板上我遇到了轮机长和副轮机长，我向他们说明了事态的严重性。我说，如果日本人向我们射击，我们将不得不跳水，这是我最后一次见他们。一回到驾驶台，我发现日本军舰打出旗语：'立即弃船！'我们立刻派船尾的一名舵工向轮机手们发出警告：做最坏的准备。接着我们向日舰示意：'不准我们弃船，请派小艇来。'命令我们弃船的信号仍在飘着，同时日舰又打出另一信号：'不能派救生艇。'浪速拉响了警笛，并掉转舰身与我们成正横位置。这期间，警笛一直响着。接着，日舰仍打出先前两种信号，又在前桅上升起了红旗，几乎与此同时向我们发射了鱼雷。我们见到鱼雷射来，但未击中我们③。约四分之一英里以外的浪速见状，即用右舷全部共五门炮④和顶部的机

---

① 戚其章：《中日战争》8，中华书局1994年版，第9页。

② 中国史学会：《中日战争》（六），新知识出版社1956年版，第21页。

③ 汉纳根的证言称，鱼雷击中了"高升"号，东乡平八郎在日记中，仅谈到发射右舷炮，未谈发射鱼雷。见中国史学会：《中日战争》（六），新知识出版社1956年版，第21、33页。日军的事后调查证实，"浪速"舰发射了一枚鱼雷，但没有命中。见戚其章：《中日战争》8，中华书局1994年版，第10页。

④ 汉纳根称是六门炮。见中国史学会：《中日战争》（六），新知识出版社1956年版，第21页。

枪向我们射击，舷炮击中了我们船底中部，舷身向右倾斜。"①

"浪速"是在离"高升"150米的距离发炮轰击的，"高升"这艘毫无抵抗能力的轮船经不起"浪速"舰炮和机枪5次齐射的打击，锅炉发生爆炸，"顿时白天变成黑夜，空气中全是煤屑、碎片和水点"②，经过30分钟的挣扎最终沉没。"飞鲸"号船主瓦连在回航时目睹了"高升"号沉没的全过程，他当时将"高升"误认为是"图南"。他看到"浪速"向该商船放炮约十五六响，该商船开始下沉，船头先沉，船尾向上，忽然又翻转45度，即全沉下，桅杆复直立出水40英尺。此时是1时30分③。

"高升"号轮船是一艘英国籍商轮，排水量1355吨，最大航速为14节，船上共有79名工作人员，除了船长高惠悌和大副田泼林以外还有5名英国船员，另有4名菲律宾舵手和68名来自中国广东、福建、浙江的船员。"高升"号属于伦敦印度支那轮船航海公司（Indo-Chinese Steamship Navigation Co.）所有，其代理商为上海贾丁—马西森公司（Jandine, Matheson and Co.），这个公司的中国名为"怡和洋行"。"高升"号的租赁是有合同的，此次被日本军舰无端击沉，必将成为重大国际事件。

面对日舰的攻击和"高升"号的缓缓下沉，高善继毫无惧色，他大声说道："我辈自请杀敌而来，岂可贪生畏死？吾家身受国恩，今日之事，有死而已。"骆佩德和吴炳文闻听此言，也高呼："公死，我辈岂可独生？"④言毕跳入大海。在他们的鼓舞下，清军士兵有的跳入大海，有的在高处以步枪进行英勇抵抗。

东乡平八郎见"高升"已经沉没，便派出小艇搭救落水的欧洲人，高惠悌、田泼林等均被救上船，汉纳根则凭借水性在海上漂流四五个小时，游至丰岛。与此同时，日艇四处寻找落水的中国官兵，对他们进行惨无人道的射

① 戚其章：《中日战争》11，中华书局1996年版，第338—339页。

② 中国史学会：《中日战争》（六），新知识出版社1956年版，第21页。

③ 陈旭麓：《甲午中日战争》（下册），上海人民出版社1982年版，第82页。

④ 《清末海军史料》，海洋出版社1982年版，第367页。

杀，"浪速"舰炮也向水中射击。汉纳根在后来的证词中证实："这个时候，日舰一直在不停地开炮……我看到一个装满士兵的小船从日舰上被放下水，我还以为他们是来救我们这些幸存者的，可悲惨的是，我完全搞错了，他们把子弹射向正在被淹没的船上的人们。"①英国驻日本长崎领事奎因从"高升"号大副田泼林那里也了解到："当高升号的救生艇在一百码开外时，遭到救大副那只日本小船的射击。救生艇上挤满了中国人，还有一些人抓住船边的救生索。开枪的日本军人数约八至十人。大副不知道艇上人的最终命运。当他最后一次望这艘小船时，它已沉没……约下午六时，大副见到过约三英里外的高升号船桅，当时已经没有人抱在船桅上了。"②一位被法国军舰搭救的清军士兵后来描述说，他落水后，游到一只长的小船上。日人向他们开枪，小船中有8个人被打死。小船内共有40多人，船被击沉，船的舵被击掉。因为潮流甚急，他不能游至岸上③。后来，有100余名清军几经挣扎，漂到丰岛，他们躲到山坳里，忍饥三日，后"为渔人所见，转语村人，赠以粮食，复邀至山前，让室以处之，推食以哺之，虎口余生始有生还之望"④。

汉纳根落水后，泅水奋力游上丰岛。他找到一只渔船辗转到了仁川港，在那里，他说服了德国军舰"伊尔达"号开赴丰岛营救泅水上岸的清军官兵，使一百余名被困在岛上的清军官兵获救。英国军舰也参加了营救落水清军的行动。

下午3时，"浪速"启航归队，6时以后与"吉野"和"秋津洲"会合。

日舰撤出丰岛海面后，其他国家的军舰便赶来搭救落水人员，法国军舰"利安门"号从"高升"号桅杆上和水里救起45人，德国军舰"伊力达斯"号搭救了包括游到岸上的汉纳根在内的112人，英国军舰"播布斯"号则救援了87人，其余870多名官兵，以及"高升"号二副威尔士、三副维

---

① 万国报馆：《甲午——120年前的西方媒体观察》，生活·读书·新知三联书店2014年版，第119页。

② 戚其章：《中日战争》11，中华书局1996年版，第349页。

③ 中国史学会：《中日战争》（六），新知识出版社1956年版，第27页。

④ 《申报》1894年8月8日。

克、大伕戈尔顿、二伕哈雷、三伕普利罗斯等5名英国船员，菲律宾籍舵手格雷戈里奥和56名中国船员全部殉难。这是日军在甲午战争中制造的第一起惨案。

就在"高升"号遭到攻击的同时，"操江"这艘已经服役25年的老旧军舰也遭遇了厄运。上午9时，舰长王永发见"高升"号已被日本军舰拦住，便转舵返航。此时"操江"距离"高升"3英里。向西行驶了约1小时后，王永发又发现"济远"突然从靠近陆地的一个岛屿之后驶出，向傍岸行驶，与日舰开始炮击。"操江"的航速只有9节，至上午11时30分，"济远"驶近"操江"，突然改变方向，向西偏北2度行驶，由"操江"船头驶过，两舰相距约半英里。此时"济远"悬白旗，白旗之下悬日本海军旗，舱面水手奔走张惶①。

下午1时40分，一艘日舰接近"操江"，这艘日舰便是坪井航三派出追击"操江"的"秋津洲"。原来，"秋津洲"在"吉野"和"浪速"分别追击"济远"和"高升"的同时，舰长上村彦之丞奉命截击"操江"，"秋津洲"遂以19节的速度向"操江"扑来，并向"操江"发出了停轮的信号。"操江"并未理会，继续向西南方向航行，"秋津洲"遂发一空炮加以警告，并加速追击。1时50分，当两舰相距4000米的时候，"秋津洲"发一实炮，炮弹掠过"操江"上方，舰长王永发在恐惧中欲自尽，被弥伦斯劝止。弥伦斯告诉王永发，船上还有带往朝鲜的提督丁汝昌的文书以及20万两饷银，如果轻易自尽，这些重要物品将悉数被日军俘获，不如将文书烧毁，将饷银投入大海。王永发从惊恐中回过神来，接受了弥伦斯的建议，遂落下中国国旗，挂起白旗，并抓紧时间处理文书和饷银。可是刚刚把文书毁掉，还未来得及将饷银投入大海，"秋津洲"派出的舢板已经到达，舢板上有吉井幸藏海军大尉、管轮等3名军官和24名水兵，他们全副武装，很快登上了"操江"舰。

---

① 陈旭麓：《甲午中日战争》（下册），上海人民出版社1982年版，第146页。

日军登舰后，翻箱倒柜，肆意破坏，搜寻文书和重要物品。随后将王永发押上"秋津洲"，并驾驶"操江"跟随"秋津洲"返航。下午6时以后，"吉野""浪速""秋津洲"三舰会合。7月28日，"操江"舰连同83名官兵被日舰"八重山"号押往佐世保，遭受了非人的待遇。

中国国内的报纸对"操江"舰官兵的遭遇进行了报道。《字林沪报》称，日本人将被俘官兵"发辫尽行剪去，下诸狱中，不堪凌虐，禽兽之行，固当如是"①。《申报》亦称：被俘官兵被"倭奴看管甚严，不能轻出一步，每日派役提出十余人，逼视自带大帽联行街市以示侮辱中国之意。"② 王永发等83人直到战争结束后才得以回国。

丰岛海战就是这样以北洋海军被追击、被击沉、被俘虏的方式结束的。这场海战对北洋海军来说是一场毫无准备的仓促之战，是一场实力相差悬殊的一边倒之战，是一场损失惨重、毫无战果可言的窝囊之战，是一场充满争议、留下无尽余音的悬疑之战。毫无疑问，中日之间的首次较量便出现这样的结局，无论是决策者李鸿章、丁汝昌，还是当事者方伯谦，都应负难以推卸之责（见图20-2）。

1894年7月27日，自始至终经历了丰岛海战的方伯谦向李鸿章概要报告了战况。然而，李鸿章此时最关注的问题并不是"济远"舰在海战中的表现，而

图20-2　法国报纸的铜版画描绘的"高升"号被击沉的情景

是日本采取偷袭手段挑起海战所引起的外交问题，他认为，日本违反国际公法不宣而战，以突然袭击的方式击沉"高升"号，必在英国国内引起公愤，

---

① 《禽兽之行》，《字林沪报》1894年8月15日。

② 《倭人凶状》，《申报》1894年9月26日。

英国政府也必然作出激烈反应，中国、英国与日本之间新一轮的外交斗争即将上演。7月27日，李鸿章在给中国驻英公使龚照瑗的复电中说："日兵船在牙山口遇我兵船，彼先开炮接仗，'济远'轰坏日船一，惜所租怡和'高升'装兵船被日击沉。有英旗，未宣战而敢击，亦藐视公法矣。"[1] 实际上他是期望龚照瑗传来关于英国方面作出反应的信息。

那么，事件的发展真如李鸿章所期望的那样吗？

三、"高升号事件"的处理

"高升"号被击沉，令清政府上下感到措手不及，在7月27日上午得到李鸿章的报告后，军机处作出了强烈反应，随即上奏皇帝："现据李鸿章电报，倭兵已在牙山击我兵船，并击沉英船一只，狂悖已极，万难姑容。且衅自彼开，各国共晓，从此决战尤属理直气壮。现拟先将汪凤藻撤令回国，再以日本种种无理情状布告各国，然后请明发谕旨，宣示中外。至一切布置进兵事宜，拟请寄谕李鸿章妥筹办理。"[2] 与军机处相比，总理衙门要冷静得多，于当天夜里给李鸿章发去电报，商讨如何处理。电报称："倭先开衅，并击毁英船，事已决裂。英使已电本国，并云论中倭国势，久持倭必不支。惟初截宜慎，彼意在毁我兵船，必须聚泊严备，不可单船散泊，致堕狡计。"并询问李鸿章，驻日公使汪凤藻是否立即撤回，或者等布告各国之后再撤回？电报接着说："至布告各国照会必应及时办理，本署现已拟稿。此事在我理直气壮，可以详细声叙。其应如何措词，以臻雕密，希将尊见详电本署，公酌缮发。"[3] 李鸿章接电后，于第二天上午回电："倭先开战，自应布告各国，俾众皆知衅非自我开。似宜将此案先后详细情节据实声叙，钧署拟稿必臻周妥……汪使应撤回，倭驻京使及各口领事应讽令自去。倭土货多赖华销，应

---

① 《李鸿章全集》24，安徽教育出版社2008年版，第169页。

② 《清光绪朝中日交涉史料》卷十五。

③ 《李鸿章全集》24，安徽教育出版社2008年版，第171页。

橄行各关暂停日本通商。"①同一天，李鸿章还分别致电驻英公使龚照瑗和驻日公使汪凤藻，通知撤回日使的决定。

从李鸿章作出的反应看，他处理"高升号事件"的办法，除了暂停与日本的通商以外，就是撤回驻日公使，再无更有力的反制措施。特别在军事上，除了让丁汝昌率舰队加强巡弋之外，没有其他进一步的行动。李鸿章之所以如此"淡定"和"沉稳"，是因为他对英国政府的干预重新燃起希望，他认为，这一次日本直接损害了英国的利益，英国政府决不会善罢甘休。

英国对中日之间冲突的调停，虽然一度因英日间达成协议而趋于冷淡，但始终没有中断，毕竟其中涉及英国在远东的利益。就在丰岛海战爆发的当天，驻华公使欧格讷还到总理衙门就调停之事进行沟通，声言日本不听退兵劝告，"我政府甚为不悦，已电日本"，并说，为不让"贵国有伤体面处"，除了英、俄之外，又约了德、法、意三国"同办此事，合力逼著日本讲理，谅亦不敢不从，此时说话总在日本一边用力。我今日即发电我政府，加力催著日本，并往西山请德国钦差回京，令各电各政府同向日本政府说去。此是好机会，难得五国同心帮助贵国"②。在说这番话的时候，欧格讷显然不知道丰岛海战已经发生。

7月26日下午，负责总理衙门的庆亲王奕劻派出章京舒文、俞钟颖前往英国公使馆，告以23日日本围攻朝鲜王宫并挟持朝鲜国王的消息，表达了总理衙门"拟即以开衅失和论布告各国"的意向。然而，欧格讷不以为然，说："尚未闻有拘韩王之说，似与北洋大臣所报情形较轻。中国若即照会各国，未免可惜，我意可稍缓数日，即此数日内中国亦可妥速布置。我今日尚与各国大臣商量，拟请华兵退至平壤，日本兵退至釜山。日本如不听话，各国均不能答应。或请贵衙门速电北洋大臣与俄国喀大臣即定办法。"③27日下午，欧格讷终于从驻天津领事宝士德处得知了"高升"号被击沉的消息，表示了愤慨的情绪，他在给英国外交大臣金伯利（J. W. Kinberly）的电报中指

---

① 《李鸿章全集》24，安徽教育出版社2008年版，第172页。

②③ 《清光绪朝中日交涉史料》卷十五。

出："日本的行为是完全非法、无理的，因为高升号毫无防卫能力，又载有一千人，日本将其击沉，无论怎么说都是一种蛮横、残暴和无耻的行径。"①

英国驻远东地区的外交官、海军将领等，也都对日本的行径表示了强烈的情绪。英国驻朝鲜仁川副领事务谨顺最先从"高升"号幸存者那里了解到日本的暴行，于7月28日致函英国驻华公使欧格讷，认为"高升"号提出返回起锚地的要求是完全正当的，鉴于日本并没有向中国宣战和发出任何照会，即使该船当时悬挂的是中国而非英国国旗，要求返回中国仍然是正当的。在谈到击沉"高升"号后日本士兵对中国士兵进行的屠杀时，务谨顺愤怒地表示："炮击无防卫能力的抛锚商船，向在水中挣扎求生的人射击，日本人的残忍真难以想象。"②7月30日，英国驻上海总领事韩能亲自到日本总领事馆向日方提出强烈抗议。英国远东舰队司令斐利曼特海军中将获悉"高升"号被击沉后，立即派出英舰"射手"号给日本联合舰队司令长官伊东祐亨送了一封信，信中指出："'高升号'是在船长未获得宣战消息，并未接到不得从事此项任务的任何命令的情况下，于法律上正常地从事于运送清国官兵的英国轮船。"并质问伊东祐亨："'浪速'舰的行为是否奉司令官之命，还是征得司令官之同意？"③斐利曼特还给日本海军省发去一封措辞严厉的电报，要求日本对事件作出解释。他说，中日倘有战争之事，则当预先照会各国，然后各国按照万国公法，不使轮船载运中国兵马。今日本并无照会至英国，则英国之"高升"轮船自应载运中国兵马，并无一毫背理之处。日兵无端燃炮轰击，以致全船覆没，船中司事均遭惨毙，是何理耶？明明见有英国旗号，而肆无忌惮一至如此，将与中国为难耶？抑与英国为难耶？请明以告我④。他还致电英国海军部，建议英方要求立即罢免并拘捕"浪速"号舰长和那些在两国政府谈判期间指挥军舰卷入事件的高级官员。如果日方不遵从，

① 戚其章：《中日战争》11，中华书局1996年版，第308页。
② 戚其章：《中日战争》11，中华书局1996年版，第391—392页。
③ ［日］高桥作卫：《英船高升号之击沉》，第58—60页。
④ 《中倭战守始末记》，（台湾）文海出版社有限公司1987年版，第22页。

英国海军应授权实行报复。最重要的是，应当做些事情以弥补大英旗帜所遭受的侮辱。考虑到此种野蛮屠杀，还应敦促交战国在战争中信守人道①。

"高升"号所属的印度支那轮船公司在得知"高升"号被击沉的消息后，更是无法按捺心中的愤怒，立即指令董事长马堪助和秘书崔讷致函英国外交大臣金伯利，强调指出："作为英国运输船高升号的船主，谨向您报告。我们今天收到了公司代理人贾丁（Jardine）、马西森（Matheson）先生及上海殖民部来电，说高升号被中国租用，向朝鲜运送军队，在朝鲜沿海被日本鱼雷击沉。除四十来名中国人获救以外，所有人员随船遇难……我们所以抗议日本当局不友善的行径，并请您出面干预、迅速采取措施，是因为一艘悬挂英国国旗的船只（对此我们尚无确切的情报），在交战双方未经宣战，局势仍然和平的情况下，未接到投降警告就遭袭击致毁。这是令人无法容忍的……我们向您请求，一旦掌握了更为确切的情况，立即通报日本政府这一严重的、不可原谅的粗暴行径，要求他们对人员伤亡和财产损失负责。"②上海的怡和公司作出了更加强烈的表示，公司代理人贾丁和马西森对欧格讷说："我们认为，这是公海上发生的一种海盗行为，请您以英国公使的身份将这起对英国国旗犯下的暴行报告政府，相信他们在获悉事实后定会立即要求赔偿……不论赔偿多少钱财，都无法挽回这些不幸的英国人和中国人的生命。但我们仍强烈认为，应迫使日本政府因残害他们的生命而对其遗属给予赔偿，赔偿额应足以使侵略者感到非常沉重。"③

在英国国内，媒体的舆论对日本的残暴行径进行了强烈谴责，普遍认为，中日战争主要的起因就是日本的野心，日本对"高升"号的攻击践踏了人类准则和英国国旗④。《北华捷报》的一篇报道也称："最近几天发生的事，暴露了日本人的真实天性，他们再也不能伪装自己是文明人了。人们之前与

---

① 戚其章：《中日战争》11，中华书局1996年版，第132页。
② 戚其章：《中日战争》11，中华书局1996年版，第95—96页。
③ 戚其章：《中日战争》11，中华书局1996年版，第393页。
④ ［英］The Frencb Mail Papers, The North-China Herald, Sep14, 1894, pg437.

他们打交道，对他们自称的文明并无信心，但现在，他们已经公开表明了自己是野蛮人。日本军舰进行的这场屠杀，或者说海盗行为，证实了针对他们的任何严厉指责。"①英国的其他报纸也不断建议政府，要求日本对英国国旗施加的横暴行为给以赔偿②。

来自各方的反应和要求，最终都汇集到了英国外交部，在此种情况之下，外交部必须代表英国政府作出正式表态。然而英国外交部在这之前，并未认真对待来自各方的强烈反应和强硬要求，而是将注意力第一时间集中于经济赔偿。7月31日，英国副外交大臣柏提代表外交部在给司法局的信函中询问："英国政府是否有权向日本索取赔偿？"③很显然，此时的英国外交部不想如李鸿章所希望的那样，将"高升号事件"演变成政治事件或军事争端，而是希望通过经济赔偿的方式来解决问题。8月1日，中国和日本相互宣战，英国外交部立即意识到英国在华利益将面临威胁的现实，柏提于当天通报商务部："驻上海总领事报告，中国政府打算一经宣战就封锁黄浦江，我国政府遂立即谋求日本的谅解，不要对上海及附近地区采取军事行动。"④8月2日，司法局致电金伯利，对外交部提出的问题进行了正式答复："我们认为，英国政府有权要求日本政府对沉船及由此带来的英国公民的生命财产损失提供全部赔偿。"⑤8月3日，金伯利通报日本驻英公使青木周藏："上月31日晚及本月2日，我及时收到你关于日本海军击沉高升号事件各函。英国政府就来函所述与司法官们进行了商讨。最后认为，由于日本海军的行为而使英国公民生命、财产所遭受的一切损失，日本政府必须完全负责。我满意地注意到，日本政府已经表示愿意为其指挥官的失误提供适当赔偿。"⑥从中可以看出英国政府急于与日本达成妥协的迫切心情。

---

① ［英］News from Chemulpor，The Norh-China Herald，Aug10，1894，pg235.

② 戚其章：《中日战争》7，中华书局1996年版，第380页。

③ 戚其章：《中日战争》11，中华书局1996年版，第102页。

④ 戚其章：《中日战争》11，中华书局1996年版，第107页。

⑤ 戚其章：《中日战争》11，中华书局1996年版，第110页。

⑥ 戚其章：《中日战争》11，中华书局1996年版，第113页。

在英国政府提出经济赔偿之前，日本国内由于"高升号事件"的发生而产生了一轮紧张的密谋和策划。7月26日，亦即丰岛海战发生的第二天，"浪速"舰舰长东乡平八郎即向日本联合舰队司令长官伊东祐亨报告了击沉"高升"号的经过，报告称：

明治二十七年七月二十五日午前八时三十分，于济物浦海面与"高升"号相遇，判定其为奇怪之船只，放空炮二发，令其停泊，又令其抛锚。该船立即抛锚。然后，根据司令官将其带往根据地之命令，再次派分队长人见大尉至船内查讯。该船为清国人所雇，乘清兵一千一百余人，并载有武器，正在驶向牙山途中。当交谈该船须随从本舰时，船长答曰："吾无他助，仅听尊命。"于是，立即下令抛锚。因该船发出希送来小艇之信号，本舰立即送去小艇。派军官与"高升"号船长对话："为何需要小艇？"船只曰："清国兵不许我随从贵舰，主张归航大沽。因彼等于外国船中，当于本国出发之际，并未得交战之通知。"军官答曰："待我等归舰后，可以信号传令。"于是归舰。因得知船长以下受清国人之胁迫，本舰立即以信号令其舍弃该船。商船发出送来小艇之信号，我发出可以彼之小艇前来之信号，商船答以我等不被允许。故认定清兵胁迫船长拒绝我之命令。先于前桅杆悬挂红旗，同时以信号令其立即舍弃该船。至此，决定破坏之。午后一时半将其击沉。片刻，为袭击清兵派出之小艇二艘归舰[1]。

由于这一报告是东乡平八郎递交给上司伊东祐亨的，所以实话实说，所反映的细节是基本符合事实的。当这样一份报告的内容被日本外务大臣陆奥宗光获悉时，这个在外交场上左右逢源的"老狐狸"顿时意识到问题的严重性，他担心日英两国间或将因此意外事件而引起一场重大纷争。他在写给首相伊藤博文的信中说："此事关系实为重大，其结果几乎难以估量，不堪忧虑。"[2]

---

① 戚其章主编：《中日战争》9，中华书局1994年版，第344—345页。

② ［日］藤村道生：《日清战争》，上海译文出版社1981年版，第90页。

可他很快又冷静下来，寻思着如何变被动为主动，争取在外交上的优势。他一面稳住英国人，向英国驻日本临时代理公使巴健特保证，"如果日本军舰打错了英国船，日本将赔偿全部损失"①，一面指令法制局局长末松谦澄抓紧时间进一步调查事件真相，以便找到掩盖真相的办法。7月29日，"八重山"舰舰长平山藤次郎给海军省上呈了一份海战报告，这份报告与东乡平八郎的报告相比有很大不同，笔者判断，这份报告可能是在某种授意之下写成的，它留给人们的突出印象是：第一，将发动战争的责任推给了中国一方，说"济远"舰首先表示敌意；二是回避了"浪速"舰击沉"高升"号的细节；三是把击沉"高升"号与中日军舰之间的战斗混为一谈。海军省主事山本权兵卫接到报告后，依然不满意，便亲自操刀，对报告进行了修改。他特意把平山报告中的"操江号、悬挂英国旗之运输船高升号（印度支那轮船公司之轮船）满载清国兵，自大沽向牙山驶来"，改成了"操江保护搭载清兵之运输船从大沽向牙山驶来"；把"与此同时，运输船横越浪速之前，浪速开炮（使彼注意之号炮），并发出令其停泊抛锚之信号。运输船抛锚，将英国旗降下"，改成了"但此时，上述运输船横于浪速船头，浪速发空炮引其注意。并以信号令其'停泊抛锚'，该运输船应其命令"；把"运输船船长虽降，但士兵不从"，改成了"运输船船长投降，但船员士兵拒绝并抵抗"②。这样的改动不仅造成了日舰不知"高升"号是英国船的假象，而且突出了"高升"是在"操江"的护航下和士兵的抵抗下被击沉的。在炮制这份经过悉心"润色"报告的同时，末松谦澄的调查结果也出来了，他于8月10日向陆奥宗光报告说："关于此事，依据国际公法，我浪速舰的行为是否得当，不需下官论述。但根据上述事实，凡持公正态度的评论家，将会毫不怀疑地认为，其行为无不当之处。"③对报告的修改和作出的结论，都令陆奥宗光感到满意，他认为，如此炮制便可使日本政府不再承担击沉"高升"号的法律责任，他

---

① 戚其章主编：《中日战争》11，中华书局1996年版，第99页。

② 戚其章主编：《中日战争》9，中华书局1994年版，第346—348页。

③ 戚其章：《中日战争》8，中华书局1994年版，第11页。

迅速将报告内容和自己的态度告知青木周藏，以作为日后与英国进行交涉的依据。

青木周藏接到国内的指令，便在英国展开了工作，其手段可谓无所不用其极。首先，他在国内支持下，利用金钱收买英国媒体，左右舆论导向，他在给陆奥宗光的电报中称："《每日电讯报》、友好的《泰晤士报》和其他主要报纸，由于审慎地雇用，均就上述消息改变了腔调。除路透社外，几家主要报纸和电讯报社都保证了合作。英国权威人士魏斯特拉基（Westlake）公开表示，根据国际法浪速舰是对的。在德国科隆报的政治通讯员、友好的大陆报也因此而受到影响。你要提供我约一千英镑做特工经费。"[1] 其次，他派出公使馆德籍雇员亚历山大·西伯尔特男爵前往英国外交部游说，试图改变英国官方的看法。西伯尔特与柏提进行了长时间的争论，无论柏提如何列举事实证明日本军舰不应该击沉"高升"号，西伯尔特都始终按照日方的口径加以辩解。西伯尔特指出："我相信在浪速舰开始阻拦之后，是中国军舰开了第一炮。这是毫无疑义的，因为'济远'号升起了停战旗。这样的事无论如何也不清楚，因为'济远'号在升起了白旗的情况下，还向它的敌人靠近，这就很像是一个骗局。""根据战争法，交战一方有权阻止中立船只载运战争禁运品。我想你会承认军队和弹药是禁运品的。"他还强调，"浪速舰完全有理由采取这样的军事措施，作为控制船上配备的武装和采取敌对行动的船员之反抗是完全必要的。"最后他以威胁的口吻说："如果英国政府由于某个军官之行为而改变其对日本之友好态度，那就更令人遗憾了。"[2]

日方的措施，触动了英国国内一些学者对英日关系的战略思考，他们从维护英日同盟共同对付俄国的角度出发，主张为日本辩护。剑桥大学教授韦斯特莱克博士在8月3日的《泰晤士报》发文，为日本击沉"高升"号的行为进行辩护。他认为：第一，"高升"号是悬挂英国商船旗的清国运输船，是为中国军方提供服务，这是一种敌对行动，不可以获得英国国旗和船籍的

---

① 戚其章：《中日战争》9，中华书局1994年版，第357页。

② 戚其章：《中日战争》9，中华书局1994年版，第362—364页。

保护；第二，不能因双方未宣战而禁止日本将"高升"号视为敌船，无论是否宣战，中日的敌对行动已经开始，"高升"号都是在从事敌对活动，这与英国的中立无关；第三，日本能够证明"高升"号的清军是开赴朝鲜应对日本军队的，这毫无疑问是敌对行为，日本将其击沉的确有军事上的需要①。

8月6日，《泰晤士报》又发表了牛津大学教授胡兰德的文章，该文章指出：日本军官用武力威胁"高升"号服从其命令，这一事实本身就是一个充分的战争行为；"高升"号也已充分了解到了战争的存在；况且，"高升"号从事的是地面作战部队的运送，这无疑是一种敌对行动，日本为了不使其到达目的地，有权使用一切必要的实力。因此，日本不需要向英国道歉，也不需要向"高升"号的船东，或那些罹难的欧洲船员的亲属道歉或赔偿。胡兰德还认为：日本军队射杀落水的中国官兵的证据是不充分的，即使日本军队这样的行为成立了，也只是涉及敌对的中日双方，而不影响到与中立国之间的法律关系。他宣称自己只关心法律层面的问题，日本军官的行为就留待他人用骑士准则或人道精神进行判断②。

韦斯特莱克和胡兰德的这些观点，对后来"高升号事件"的司法认定产生了对日本有利的影响。为此，多年后日本天皇向韦斯特莱克和胡兰德颁发了二等旭日勋章，以表彰他们对日本的支持③。

韦斯特莱克和胡兰德的观点虽然在英国国内引来了一些反对意见，但毕竟是站在外交战略的高度进行的"论证"，自然是符合英国国家利益的，得到了英国外交部的认同。随后，英国外交部出于联日抗俄的战略考量，决定公开挑明对"高升号事件"的处理态度，认定日舰击沉"高升"号并不违反国家法，英国无权向日本提出索赔要求，相反，"高升"号的拥有者印度支那轮船公司应向中国索取赔偿。英国外交部在给印度支那轮船公司的信函中

---

① ［英］John Westlake：The Sinking of the Koushing—To the of the Times，The Times，Aug 3rd，1894，pg10.

② ［英］Thomas Erskine Holland：The Sinking of the Koushing—To the editor of the Times，The Times，Aug 7th，1894，pg3.

③ ［英］The Manchester Guardian，Feb14，1903.

指出：

第一，在"浪速"舰拦截并登上"高升"号之前，两国海军已经发生敌对行动，实际上人们也承认，国际法准则也不反对，无须任何正式宣战，战争即可开始，战争状态即可存在。

第二，"高升"号所从事活动的性质尽管从一开始可能是和平、合法的，但是，当战争爆发后，便使得日方有足够的理由对其行使交战国权。"高升"号上的中国军官强行夺取了对该船的指挥权，事实上它已经成为一艘交战船。没有任何一条国际法准则可作为船主向日本政府提出赔偿要求的根据。

第三，对英国臣民和财产因此而蒙受的损失进行赔偿的责任在中国，而且，正如诸位所可能期望的那样，支持贵公司向中国政府提出任何合理的赔偿要求，或是通过我国驻北京公使馆提出此类要求[①]。

这一告知，完全站在侵略者的立场上，把战争和赔偿的责任转嫁到受害国中国身上，使世人完全看清了英、日两国在经过了一场肮脏的交易之后，所得出的最卑鄙的结论。

印度支那轮船公司董事会接到此函后，表示失望，他们不明白，为什么"日本人在制造了这场野蛮屠杀，使如此多的英国臣民无辜丧生（这一暴行曾使举国震惊），以及对英国国旗表示不敬之后，竟能逃脱任何惩罚"。当然，他们随后关心的焦点，已非正义和公理所在，而是担心向中国索赔"似乎会导致无限期的拖延"，"建议立即电令贾丁和马西森先生通知中国当局，我们将在适当的时候提出索赔要求"[②]。1895年5月，印度支那轮船公司向中国提出的索赔金额是"四十八万八千八百八十美元"[③]。9月，英国外交部又按照苏格兰恤寡章程推算，向中国索赔共计英金46166镑9先令[④]。

对于英日之间的幕后交易，李鸿章一无所知，在"高升号事件"发生

---

① 戚其章：《中日战争》11，中华书局1996年版，第544—545页。
② 戚其章：《中日战争》11，中华书局1996年版，第569、601页。
③ 戚其章：《中日战争》6，中华书局1993年版，第649页。
④ 《光绪年间中英"高升"轮索赔交涉案》，《历史档案》2002年第2期。

后不久，他曾经组织人员进行过调查，但他倚重的还是同为受害国英国的干涉。他坚信，英国绝不会让事件不了了之。正当英日之间进行秘密交易的时候，中日战争全面爆发，陆海战场上剧变的战局，牵扯了李鸿章的全部精力，他再也无力顾及"高升号事件"处理中的是非曲直，偶尔想起"高升号事件"，也只关注英国的干预将对战争产生的影响。他丝毫没有料到，在他费尽心机调兵遣将的时候，英国政府不仅没有通过"高升号事件"的处理对日本形成抑制，反而借助这一事件向日本示好，加强了英日之间的同盟关系，不仅把"高升号事件"的一切后果转嫁给了中国，而且使日本解除了来自英国干涉的后顾之忧，这无疑让面临空前劫难的中国雪上加霜。

"高升号事件"的处理，虽然有了明确的方向，但毕竟演化成了中英之间的纠葛，由于战争等诸多因素的影响，英国政府无法立即推动实施，只好暂时搁置下来。直到八国联军侵华战争结束时，英国政府趁中国战败之机旧事重提，要求兑现赔偿。英国首相兼外相索尔兹伯里向当时的中国驻英公使罗丰禄表示："高升"号轮船案，不论理之曲直，只论款之赔否，向中国强索赔款。最终经过双方的几番争论和交涉，清政府向英国赔偿英金33411镑，按市价合规平银312922两5钱4分，以九六折实库平银285513两2钱6分6厘4毫。这些款项由两江总督魏光焘从宁、苏藩司应缴中央的款项下照案解还归垫[1]。这已经是1903年5月的事了，此时李鸿章早已不在人世。

"高升号事件"的最终结局再次表明，在弱肉强食的强权时代，国际法绝不是弱国争取正当权利可依靠的有效武器，而是列强玩弄于股掌之中的恃强凌弱的工具，国际秩序是按照强国意愿用大炮和军舰建立起来的，弱小民族的出路在于图强和抗争。

---

[1] 《光绪年间中英"高升"轮索赔交涉案》，《历史档案》2002年第2期。

后　记

　　中华民族数千年海上活动历史，绵延成为"沧海岁月"，我从"沧海岁月"中撷取二十个历史瞬间加以讨论，为的是从多角度给读者打开认识中华海洋文明的窗户。然而这还远远不够，中华海洋文明史的深邃和厚重，如同汪洋深不见底、神秘莫测，许许多多超乎我们思维和想象的东西，如同三星堆之于古蜀国一样，有待于我们去发现和澄清。因此，我们必须破除程式化观念，把古人的行为和思想从我们僵化的思维中解放出来，给予最接近事实的解读。这是我努力的方向。

　　本书在各方的共同努力下终于出版发行了，书稿的质量如何，能否实现我的初衷，读者自有评判。在此，我要真诚感谢中央广播电视总台《百家讲坛》栏目的各位老师，特别是孟庆吉老师多年来对我的指导和帮助；感谢中国财政经济出版社的同仁，特别是高进水副总编辑、潘飞主任为本书出版所做的大量工作；感谢刘公岛管理委员会、中国甲午战争博物院和威海文旅集团的领导和同事，特别是刘震书记、周德刚主任、张军勇院长为我的工作和生活提供的良好条件；感谢陈伟文将军、高翔老英雄和张炜女士对本书的大力举荐；感谢广大读者和电视观众长期以来对我的认同和厚爱。还要感谢我的家人对我自始至终的鼓励和支持。

　　由于各方面条件所限，本书难免存在缺点和疏漏，敬请广大读者批评指正！

马骏杰

壬寅年于山东威海